机械制造现场实用经验丛书

焊接技术经验

李淑华　郑鹏翱　编著

中国铁道出版社

2014年·北京

内 容 简 介

本书以问答的形式,针对焊接过程中的焊接操作技能、焊接方法与常用焊接结构焊接、典型材料焊接、焊接缺陷控制与防止、设备与构件的现场抢修和焊接应力变形控制等焊接施工现场中经常遇到的技术问题,介绍相应的焊接工艺措施与解决方案。本书图文并茂,简明实用,书中内容和施工焊接现场紧密结合,实践性和针对性强。

本书可供广大焊接技术工人和工艺人员学习与应用,也可供相关专业师生参考。

图书在版编目(CIP)数据

焊接技术经验/李淑华,郑鹏翱编著.—北京:中国铁道出版社,2014.6
(机械制造现场实用经验丛书)
ISBN 978-7-113-18462-9

Ⅰ.①焊… Ⅱ.①李… ②郑… Ⅲ.①焊接—问题解答 Ⅳ.①TG4-44

中国版本图书馆 CIP 数据核字(2014)第 084568 号

书　　名:	机械制造现场实用经验丛书 焊接技术经验
作　　者:	李淑华　郑鹏翱

责任编辑:	徐　艳　　编辑部电话:010-51873193
编辑助理:	袁希翀
封面设计:	崔　欣
责任校对:	龚长江
责任印制:	郭向伟

出版发行:	中国铁道出版社(100054,北京市西城区右安门西街8号)
网　　址:	http://www.tdpress.com
印　　刷:	北京鑫正大印刷有限公司
版　　次:	2014年6月第1版　2014年6月第1次印刷
开　　本:	850 mm×1 168 mm　1/32　印张:13.75　字数:329千
书　　号:	ISBN 978-7-113-18462-9
定　　价:	36.00元

版权所有　侵权必究

凡购买铁道版图书,如有印制质量问题,请与本社读者服务部联系调换。电话:(010)51873174(发行部)

打击盗版举报电话:市电(010)51873659,路电(021)73659,传真(010)63549480

前　言

　　焊接技术是现代制造业中较为重要的材料成型和加工方法之一,焊接技术的发展对我国制造技术的发展和成为制造强国有着极其重要的意义。

　　在各类材料和各种构件的焊接过程中,常常会遇到这样或那样的技术问题,只有解决了这些问题,才能多快好省地把各种材料和各种构件焊接成型。对于焊接技术工人和焊接工艺人员来说,只有充分认识和掌握了这些技术问题产生的原因、防止措施与解决方法,才能更好地解决焊接现场突发的各种难题,并不断提高其焊接技术水平。

　　焊接中经常遇到的难题有三大类:一是针对一些操作位置如何进行焊接;二是针对不同材料和典型工件怎么进行焊接;三是针对损坏后的设备与构件如何进行焊接才能使修复后的构件满足其使用性能要求并经久耐用。要解决好以上这三大类问题,只能从提高操作者技术水平、掌握材料的可焊接性、学会制备合理的焊接工艺、利用现场可连接构件的能源供给等方面入手,才能保证其材料或构件的有效连接与高强度连接。

　　本书是编者集多年的生产实践技术经验,并参考相关技术书籍和文献编写而成。全书汇集了焊接操作技能、常用焊接结构焊接、焊接缺陷控制与防止、设备与构件的焊接修复和焊接应力与变形等在焊接过程中经常遇到的问题及其解决方法,并且针对个别问题,还提供了多个解决方案,供读者选择。

在本书的编写过程中,得到了军械工程学院和白城兵器试验中心的大力支持,并参考了其他作者的相关文献。在此,一并表示衷心的感谢!

由于作者技术水平和实践范围所限,书中所涉及的范围较窄,难免有错误之处,恳请读者批评指正。

编者
2014 年 3 月

目 录

第一章 焊接操作技术与焊接缺陷的控制 … 1

第一节 焊接操作技术 … 1

1. 工件单面焊双面成型方法 … 1
2. 单面焊双面成型操作 … 5
3. 怎么焊接操作才能使平焊位置的单面焊双面成型的根部焊缝熔透？ … 10
4. 怎么才能掌握对接立焊单面焊双面成型技术？ … 11
5. 如何保证仰焊位置的单面焊双面成型根部焊缝熔透并成型良好？ … 15
6. 如何避免手工电弧焊单面焊双面成型焊缝背面接头处产生凹坑？ … 19
7. 如何避免手工电弧焊单面焊双面成型焊接时产生冷缩孔？ … 20
8. 如何避免单面焊双面成型过程中产生焊接缺陷？ … 20
9. 手工焊接单面焊双面成型掌握不好怎么办？ … 24
10. 如何使用衬垫焊接工艺实现单面焊双面成型？ … 29
11. 如何焊接观察受限位置的焊缝？ … 33
12. 如何在水下完成构件焊接？ … 35

第二节 焊接过程中如何防止与减少焊接缺陷 … 42

1. 如何防止焊接过程中产生气孔？ … 42
2. 如何避免焊接过程中产生夹渣？ … 43
3. 如何防止焊接过程中产生凹陷或咬边？ … 44
4. 如何防止焊接过程中产生未焊透与未熔合？ … 45
5. 如何防止焊接过程中产生焊缝尺寸不符合要求

  现象？……………………………………………………… 46
 6. 如何防止焊接裂纹的产生？ ……………………………… 46
 7. 如何防止焊接过程中产生焊瘤或弧坑未填满？ ………… 48
 8. 控制哪些因素可以避免焊接缺陷的产生？ ……………… 49
 9. 补修焊接缺陷时应该注意哪些问题？ …………………… 52

第二章　通用焊接结构焊接 …………………………………… 53

第一节　极薄钢板的焊接 ……………………………………… 53
 1. 极薄钢板焊接中容易产生哪些问题？如何避免？ ……… 53
 2. 哪些方法可以焊接极薄钢板？ …………………………… 55
 3. 如何利用手工电弧焊焊接极薄钢板？ …………………… 56
 4. 如何采用二氧化碳气体保护焊焊接极薄钢板？ ………… 60
 5. 如何采用钨极氩弧焊(TIG 焊接)焊接极薄钢板？ ……… 66
 6. 如何采用高能量密度焊接方法焊接极薄钢板？ ………… 68
 7. 如何采用搅拌摩擦焊焊接极薄钢板？ …………………… 69
 8. 如何进行不锈钢波纹管的焊接？ ………………………… 70

第二节　特厚钢板的焊接 ……………………………………… 77
 1. 如何解决特厚钢板焊接过程中热影响区组织性能不均
  匀、焊接应力与变形和层状撕裂等问题？ ……………… 77
 2. 采用哪种焊接方法焊接特厚钢板比较好？ ……………… 81
 3. 如何利用手工电弧焊焊接特厚钢板？ …………………… 82
 4. 如何采用混合气体保护焊焊接特厚钢板？ ……………… 83
 5. 如何采用二氧化碳气体保护焊焊接特厚钢板？ ………… 84
 6. 如何采用氩弧焊焊接特厚钢板？ ………………………… 88
 7. 如何采用埋弧焊焊接特厚钢板？ ………………………… 92
 8. 如何进行特厚钢板的窄间隙焊接？ ……………………… 93

第三节　复合钢板与异种钢板焊接 …………………………… 95
 1. 如何进行不锈钢复合钢板的焊接？ ……………………… 95
 2. 如何进行钛复合钢板的焊接？ …………………………… 100
 3. 如何进行镍基合金贴衬板的焊接？ ……………………… 102

第四节　镀锌钢板的焊接……………………………… 106
　　1. 如何利用电阻焊焊接镀锌钢板?……………… 106
　　2. 如何采用钎焊焊接镀锌钢板?………………… 109
　　3. 如何利用脉冲电弧和变化气体焊接镀锌钢板?…… 109

第五节　梁、柱、钢架的焊接………………………… 111
　　1. 如何进行梁的焊接?…………………………… 111
　　2. 如何进行十字型钢柱的焊接?………………… 116
　　3. 如何进行工字钢拼焊柱的焊接?……………… 117
　　4. 如何进行钢架的焊接?………………………… 117

第六节　管道的焊接…………………………………… 118
　　1. 如何进行转动管道的焊接?…………………… 118
　　2. 如何进行水平固定管道的焊接?……………… 120
　　3. 如何进行垂直固定管道的焊接?……………… 125
　　4. 如何进行倾斜固定管道的焊接?……………… 128
　　5. 如何采用手工电弧焊焊接 45°固定管?……… 129
　　6. 如何进行热交换器的焊接?…………………… 138
　　7. 如何进行轧制管道的焊接?…………………… 138
　　8. 如何采用气焊焊接管道?……………………… 140
　　9. 如何采用钨极氩弧焊焊接管道?……………… 143
　　10. 如何进行复合管的焊接?…………………… 148

第三章　现场焊接修复……………………………… 152

第一节　现场焊接抢修………………………………… 152
　　1. 如何在低温条件下对 ZG35SiMn 轮带裂纹进行现场
　　　 修复?………………………………………… 152
　　2. 如何进行管道的带压补漏焊接?……………… 157
　　3. 油水罐车的罐体渗漏如何进行焊接修复?…… 161
　　4. 如何进行 5CrMnMo 模具的焊接修复?……… 163
　　5. 如何对重要管道焊缝进行焊接返修?………… 164
　　6. 如何对 ASTMA4876A 铸钢粉碎盘进行焊接修复?… 172

· 3 ·

7. 如何焊接修复槽形齿座? ………………………………… 174
8. 如何进行 20CrMnMo 转向辊裂纹的补焊修复? …… 177
9. 如何对大口径 X70 低碳微合金管线进行焊接
返修? …………………………………………………… 181
10. 如何焊接修补大面积损坏的球磨机筒体? ………… 186
11. 如何采用气焊修复损坏的铝合金构件? …………… 189
12. 如何焊接修复正在使用中的渗漏压力容器和
管道? …………………………………………………… 194
13. 如何防止淬火 T8 工具钢焊修后再次出现裂纹? … 196
14. 如何在不加热条件下焊接修复 9Cr2Mo 钢构件? … 197
15. 如何快速修复难以焊接补漏的压力容器和管道? … 200

第二节 铸铁或铸钢的焊接与修补………………………… 202
1. 铸铁构件损坏了怎么办? ……………………………… 202
2. 如何采用电弧冷焊铸铁? ……………………………… 206
3. 冲床床身产生裂纹怎么焊接修复? …………………… 210
4. 如何进行大型耐热铸钢件冷补焊? …………………… 213
5. 如何焊接修复铸铁轴承座上的裂纹? ………………… 218
6. 如何焊接修复汽轮机高压缸缸体? …………………… 222
7. 如何采用结构钢电焊条冷焊法修复机床床身的铸造
裂纹? …………………………………………………… 227
8. 如何焊接修复铸铁柴油机机体裂纹? ………………… 232
9. 如何焊接断裂的铸造铝合金 ZL104 齿轮轴承
支架? …………………………………………………… 234
10. 如何对 ZG15Cr2Mo1 高压外缸裂纹进行焊接
修补? …………………………………………………… 237
11. 如何进行铸铁发动机缸体的焊接修复? …………… 241
12. 如何解决铸铝汽车发动机缸体破损焊修成功率低
问题? …………………………………………………… 242
13. 如何焊接变质处理后的白口铸铁? ………………… 244
14. 如何焊接变质铸铁? ………………………………… 246

15. 如何焊接球墨铸铁？ ………………………………… 250
16. 如何在不加热条件下补焊铸铁？ …………………… 252
17. 如何采用冷焊工艺修补阀门密封面？ ……………… 260
18. 如何补焊铸钢C12A高温再热蒸汽管道水压
    堵阀？ ………………………………………………… 261
19. 如何用普通低碳钢焊条补焊灰口铸铁 ……………… 265

第三节　冷焊与粘结技术 ………………………………… 267
1. 如何采用冷焊技术修复损坏的零件？ ……………… 267
2. 如何使用化学密封技术修理使用中的设备与零件？ … 269
3. 如何快速"冷焊"修复渗漏的油罐？ ………………… 271
4. 如何利用"冷焊"技术修复渣浆泵？ ………………… 274
5. 如何利用"冷焊"技术修复铸造缺陷？ ……………… 277
6. 如何正确使用"冷焊"技术及粘结产品修复工程机
   械产品？ ……………………………………………… 281
7. 如何进行复合材料的冷焊粘结？ …………………… 284
8. 如何提高冷焊刃具和量具的精度和强度？ ………… 288
9. 如何采用冷焊技术对汽缸体进行修补？ …………… 290
10. 粘结修补精密件时如何准确定位？ ………………… 291
11. 如何采用无机粘结技术进行机械设备或零件的
    修复？ ………………………………………………… 294
12. 如何将小块的石墨粘结形成大尺寸的石墨？ ……… 301
13. 车辆传动系统中如何使用工程胶粘剂进行粘结与
    修复？ ………………………………………………… 303
14. 如何采用粘结技术密封车身和玻璃？ ……………… 308
15. 如何使用粘接技术对损坏的化工设备进行修复？ … 315
16. 如何进行破断管道的非焊接抢修？ ………………… 318
17. 如何非焊接处理湿式螺旋煤气柜的泄漏？ ………… 322

第四节　应急焊接 ………………………………………… 324
1. 如何制备火药复合型焊条？ ………………………… 325
2. 如何使用火药复合型焊条快速抢修断裂或有缺陷

的构件？…………………………………………………… 329
3. 如何在无电情况下修复断裂磨损的设备构件？…… 330
4. 如何控制燃烧性焊条的燃烧速度？………………… 336
5. 如何采用自蔓延技术焊接具有一定倾角的焊缝或构件？……………………………………………………… 338

第四章 焊接中的应力变形控制与矫正焊接变形的方法…… 340

第一节 焊接应力……………………………………… 340
1. 如何减小和控制结构中的焊接应力？……………… 340
2. 构件焊接中采用什么方法能直接减小焊接残余应力？………………………………………………… 345
3. 框架结构的焊接中如何利用"加热减应区法"减小和控制焊接残余应力？…………………………… 345
4. 如何利用"加热减应区法"减小和控制轮缘在焊接中的残余应力？……………………………………… 346
5. 如何利用"加热减应区法"减小和控制轮辐在焊接中的残余应力？……………………………………… 346

第二节 焊接变形控制与矫正…………………………… 347
1. 焊接过程中如何防止与控制储罐底板的变形？…… 347
2. 焊接中如何控制扶梯上下平台的焊接变形？……… 354
3. 焊接时如何防止与控制法兰的焊接变形？………… 362
4. 如何减小和避免钢结构焊接中的弯曲变形？……… 364
5. 如何计算与估计焊接角变形和波浪变形的大小？… 369
6. 如何控制钢结构的焊接变形？……………………… 374

第三节 焊接变形的矫正………………………………… 383
1. 矫正焊接变形的方法有哪些？……………………… 383
2. 如何采用火焰矫正焊接后工字梁的上弯变形？…… 385
3. 如何采用火焰矫正法矫正工字梁的旁弯变形？…… 386
4. 如何利用火焰矫正工字梁的扭曲变形？…………… 387
5. 如何采用火焰矫正箱形梁的角变形？……………… 388

  6. 如何采用火焰矫正钢结构构件的焊接变形?……… 389

第五章　焊接安全……………………………………… 396

  1. 如何防止和避免手工电弧焊焊接过程中发生触电?… 396
  2. 如何防止操作者换焊条的时候发生危险?………… 399
  3. 操作者在高频感应焊接场所感到不适怎么办?…… 403
  4. 如何减小焊接中烟尘对人体的危害?……………… 408
  5. 如何避免高空焊接作业带来的危险?……………… 417
  6. 操作者的眼部与面部应该如何防护?……………… 420

参考文献……………………………………………… 426

第一章 焊接操作技术与焊接缺陷的控制

第一节 焊接操作技术

1. 工件单面焊双面成型方法

为了保证焊缝根部焊透和获得正反两面均好的焊缝成型,一般焊件都需要进行双面焊,这样不但焊接工时较长,而且有的结构不能任意翻转,势必带来大量封底仰焊缝,这给焊接生产带来了一定的困难。单面焊双面成型是指焊工以特殊的操作方法,在坡口背面不采取任何辅助装置的条件下进行焊接,并使背面焊缝有良好的成型。单面焊双面成型技术是焊条电弧焊中难度较大的一种操作技能。

(1)焊前准备

单面焊双面成型的焊前准备要求较高,否则将影响焊缝的质量。对于单面焊接双面成型的工件来讲,无论采用什么材料都必须加工出"V"形(或"U"形)坡口,然后将坡口及坡口边缘 30 mm 以内用角向磨光机打磨干净,露出金属光泽,磨削钝边尺寸为 1~2 mm,如图1-1所示。

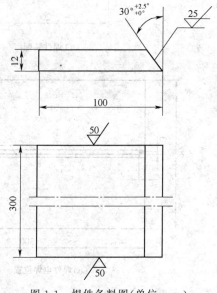

图1-1 焊件备料图(单位:mm)

(2)装配定位

装配时焊口应预留钝边 p 和间隙 b。钝边和间隙应视工件的大小,材料的薄厚而定。钝边一般为 1.0～2.5 mm,间隙一般为 3～5 mm,如图 1-2 所示。装配时考虑焊接整体收缩,焊接终端预

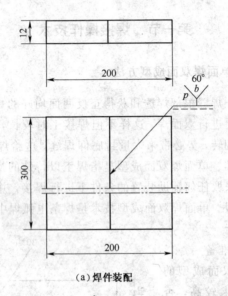

(a)焊件装配

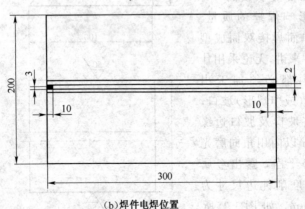

(b)焊件电焊位置

图 1-2　焊件装配图(单位:mm)

留的间隙要大于焊接始端预留的间隙;同时,要考虑焊接变形趋势,预留反变形量为3°左右,如图1-3所示。定位焊时使用的焊条和正式焊接时所使用的焊条相同,定位焊的位置最好选择在焊件背面,每隔一定间距要进行一处固定点焊。焊点长度不能小于10 mm,终焊端定位焊缝不能小于15 mm,必须焊牢,以防止因焊接过程中的收缩,造成未焊段坡口间隙变小而影响焊接。

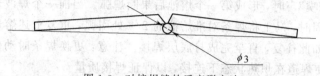

图1-3 对接焊缝的反变形方法

(3) 焊接工艺参数

中厚度板焊条电弧焊平焊位置单面焊双面成型的焊接工艺参数,见表1-1。

表1-1 平焊位置单面焊双面成型的焊接工艺参数

焊接层次	焊条直径(mm)	焊接电流(A)
定位焊	3.2	90~120
打底层	3.2	80~110
填充层	4	140~170
盖面层	4	140~160

(4) 焊接材料及辅助工具选择

焊条:可根据焊接材料等级选用焊条,焊条直径可选 $\phi 3.2$ mm和 $\phi 4.0$ mm两种。

焊机:可根据焊条选用焊机类型。

辅助工具:角向磨光机、焊条保温筒、錾子、敲渣锤、钢丝刷、焊缝量尺等。

(5) 焊接操作

焊接操作可分为打底层操作、填充层操作、盖面层操作。单面焊双面成型的打底层焊接宜采用熔透焊道法。即从间隙较小的一端定位焊处起焊,焊条与焊件之间的前倾夹角(向焊接方向倾斜)

为30°～40°,这个角度主要以腕关节为支点摆动焊钳来实现。打底层的焊接主要有连弧焊法和断弧焊法两种,断弧焊法是靠调节电弧的燃灭时间来控制熔池的温度,这种方法的优点是焊接参数选择范围较宽,是目前生产中常见的打底层焊接方法。

运条过程中注意在坡口两侧根部均应做瞬间停顿,使钝边每侧熔化1～2 mm,当钝边的铁液与焊条金属熔滴熔在一起,并听到"噗噗"声时,形成第一个熔池后果断熄弧。当前一个焊波未完全凝固时,马上将焊条对准熔池的2/3处引弧,重复上述熔透过程。如此往复,直至完成打底层焊接。注意:更换焊条时动作要快,使焊道在炽热状态下连接,以保证焊接质量。

填充层操作施焊前,应将底层溶渣和飞溅清除干净,并修正焊缝过高处与凹槽。焊接填充层时可根据焊件的厚薄和坡口的填充程度选用 $\phi3.2$ mm 或 $\phi4.0$ mm 焊条,焊接电流根据焊条直径可选择105～120 A 或 120～150 A。运条方法为月牙形或锯齿形,并在坡口两侧稍做停留,焊接运条和焊条倾角如图1-4所示。这样能保证熔池及坡口两侧温度均衡并有利于良好熔合及排渣。在焊接第四道焊缝时应控制整个坡口内的焊缝比坡口边缘低0.5～1.5 mm,最好呈凹形,以便盖面时能看清坡口,并不使焊缝超高。对于填充层具体需要焊接几层一般应可在焊接前规划好(如图1-5所示),以保证焊接后的焊缝高低合适。

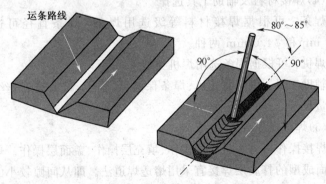

图1-4 运条方法与焊条倾角示意图

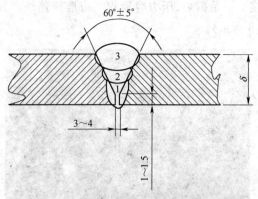

图 1-5 根据板厚规划焊缝层数(单位:mm)

盖面层焊接时宜选用 $\phi 4$ mm 直径焊条,运条时采用锯齿形横向摆动。焊条与焊接方向夹角为 75°左右,摆动及坡口边缘应稍作停留,以防止咬边。焊接时注意熔池形状和大小保持均匀一致。盖面层焊接接头应在弧坑前 10 mm 引弧,然后将电弧退至弧坑的 2/3 处,先左后右使焊缝与弧坑接上,防止接头脱节或过高,盖面层收弧可采用 3、4 次断弧引弧收尾,以填满弧坑,使焊缝平滑为准。

(6) 焊接检验

焊后待焊件冷却后,用錾子敲去焊缝表面的焊渣及焊缝两侧的飞溅物,用钢丝刷刷干净焊件表面。目测焊缝外观质量焊缝表面应圆滑过渡至母材金属,表面不得有裂纹、未熔合、夹渣、气孔和焊瘤等缺陷。

2. 单面焊双面成型操作

单面焊双面成型技术是采用普通焊条,在不需要任何辅助措施条件下,按焊接操作者的不同操作手法只是坡口根部在进行组装定位焊时,留出不同的间隙,在坡口的正面进行焊接,在坡口的正、背两面都能得到均匀整齐、成型良好,符合质量要求的方法焊缝。这种焊接方法主要适用于板材对接接头、管状对接接头和骑座式管板接头。是锅炉、压力容器焊工应该熟练掌握的操作技能(如图 1-6 所示)。

图 1-6　焊工操作示意图

由劳动人事部颁发的《锅炉压力容器焊工考试规则》、《蒸汽锅炉安全监察规程》及《压力美容器安全监察规程》的规定可知,对焊工考试和受技术监督的焊接产品,不论采用哪种焊接方法,都要求焊缝达到射线探伤二级或三级以上的技术标准,有的重要构件或产品还要求必须达到一级以上的射线探伤标准。这样,对于只能从单面焊接的压力管道、压力容器、封头及有关类似的焊接产品,只有在一侧形成根部焊透的焊缝(不能加垫板或垫圈)才能满足这一技术要求。因此,要求焊工必须掌握"单面焊双面成型"的焊接工艺方法。

对于手工电弧焊"单面焊双面成型"的焊接操作方法,可分为连续焊接法和间断灭弧焊接法两种。在低碳钢和低合金钢焊接第一层时,一般单面焊双面成型都采用间断灭弧焊接法。间断灭弧焊接的焊接方法特点是可以使用较大电流,利用电弧所具有较大的穿透力,操作者根据燃弧或者熄弧可以较好地控制熔池温度和熔池形状。焊接过程中,如果控制好熔池温度和熔池形状,就能够做到焊透根部。而连续焊接法,即在不间断电弧的情况下连续焊接,连续焊接的熔池温度不容易控制。连续焊接法一般应该使用较小的焊接电流,这样在起焊时工件温度低,但是经过一段时间焊接后,焊件温度不断升高,温度不断升高就使得操作者不容易控制熔池的大小和形状,因而很难保证焊缝根部的焊接质量,容易引起根部焊不透或焊缝根部出现焊瘤等。

间断灭弧焊接法主要是焊接操作者通过控制燃弧和熄弧的时间,利用合理的运条动作和运条速度来控制熔池温度、熔池形状、熔池存在时间和液态金属层的厚度等,通过控制焊接冶金过程来达到获得良好的正面、反面焊接成型和满足设计要求的焊缝内部质量的目的。

单面焊双面成型的操作方法,不论是对碳素钢还是对低合金钢,无论是对耐热钢还是对不锈钢或是对其他材料,无论是采用直流电源还是交流电源,尽管焊接性能有一定差别,但其基本操作要领和考虑的问题基本是一致的,操作者在操作前主要考虑以下两个方面问题:

(1)坡口角度和钝边尺寸要合理

焊接时坡口角度直接影响焊接接头的质量和焊缝尺寸。因此,坡口角度必须按"规则"和有关设计的技术条件规定进行加工,坡口形状一般可加工成"V"型或"U"型,"V"字形坡口角度一般为$60°\sim70°$。钝边是沿焊件厚度方向未开坡口的端面部分。根据工件厚度,一般加工坡口时可预留$0.5\sim3.0$ mm尺寸的钝边。壁厚较薄的工件钝边可小些,壁厚比较大的工件钝边应大些。当工件壁厚3 mm时,钝边0.5 mm较为合适,当工件壁厚在$12\sim20$ mm时,一般钝边预留$1.5\sim2$ mm较合适,工件壁厚在20 mm以上时,钝边可预留$2.5\sim3$ mm。但正常情况下,钝边最大厚度一般不超过3.5 mm为宜。钝边太厚容易出现根部未焊透。钝边太薄易出现焊缝根部被击穿,出现较大的熔孔形成焊瘤。钝边的大小也要与装配间隙相配合才能取得较好的焊接效果。

坡口预留钝边后,操作时引弧可用电弧预热工件的时间稍长些,工件坡口内预热的范围也可以大一些,从而改善焊接和熔合的条件,可以增加液体金属的流动性,确保构件的熔合和焊透。同时,钝边的存在可以使工件能够承受较大的焊接电流,以至于不会在焊接过程中出现引燃电弧的同时就击穿焊缝根部的现象。钝边的存在使得操作者容易控制熔池大小和形状,有利于根部熔透。特别是进行仰焊位置的焊接时,有了钝边,操作者可以选用稍大一些的焊接电流,以利于操作过程中将熔化的铁水送入焊缝和保证焊接成型。否则,焊接时既无法保证良好的焊缝成型也很难克服仰焊焊缝中的气孔和夹渣等工艺缺陷的产生。

(2)根部装配间隙要适当

在坡口角度合理的情况下,对接后的焊口必须要有适当的根部间隙,以保证焊条送到根部,确保电弧熔透根部。为了易于做到根部熔透度均匀,一般焊口根部间隙尺寸偏差应在 1 mm 左右。焊口根部间隙尺寸应相当于所用焊条直径或大于所用焊条直径的 0.5~1.0 mm 左右为宜。焊口根部间隙选取的大小和许多因素有关,应综合考虑决定。

1)工件厚度 如焊件较薄、散热较慢、焊件热量不易散失,根部间隙就可以小些;而较厚的焊件装配间隙应适当大些,以利于根部熔透。

2)工艺参数 焊接电流较小时,根部间隙应稍大,当焊工习惯使用较大电流操作时,根部间隙就应相应减小。

3)焊接位置 平缝和横缝的根部间隙可以小些,而对仰缝和立缝的间隙又需要稍大些。

4)钝边尺寸 钝边厚大,根部间隙也要大些。

5)焊接顺序 根部间隙小的部位应先焊,根部间隙大部位的应后焊,此外还要考虑焊接过程中所受的热膨胀等因素。

6)装配焊口的根部间隙时,还要考虑所使用焊条酸碱度、药皮类型的性质和操作者的运条手法和技术水平等因素。

(3)击穿根部的焊接方法

击穿根部的焊接方法就是在焊接过程中,利用电弧的穿透力,熔化击穿焊口的根部,确保根部焊透成型的一种焊接方法。

具体操作过程是:引弧后,拉长电弧进行预热,预热的时间视焊接位置不同而不同。一般平焊预热时间较短，立焊和仰焊位置则可以适当延长预热时间。预热时，在电焊护目镜下看到被预热的坡口边出现"汗珠"时(约 3~4 s)，则应迅速将电弧向根部压，随着电弧的压低，可见坡口边缘熔化并击穿钝边，使之焊口出现一个比对口间隙稍大的"熔孔"(此过程可听到"噗噗"的电弧穿透根部的声音)，从而保证熔敷金属一部分过渡到焊缝根部及背面并与熔化的母材共同形成熔池。随焊接过程进行，焊条不断熔化，击穿的熔孔不断的被熔化的焊条填充上并形成新的熔孔。此过程配合连续的引弧和熄弧手法，使之冷却形成焊缝。然后再击穿、熔化坡口边缘、击穿钝边，再形成熔孔，再填充焊上熔孔以此往复达到焊口背面焊缝成型的目的。

在此焊接过程中，熔孔形成即表示根部已焊透。熔孔尺寸的大小，标志背面焊缝的尺寸的宽窄。正常情况下，控制熔孔直径为对口间隙的 1.1~1.5 倍左右比较合适。具体焊缝背面熔透的尺寸应根据工件厚度、焊接位置、规范参数及根部间隙、钢种等诸因素综合调整，以满足不同构件和受力的要求。

第一层焊缝焊接完成后，第二层与中间层的焊接应采用连续焊法，但焊接过程中要注意减少产生焊接缺陷的可能性。为避免焊接过程中产生各种焊接缺陷，焊接电流要适中，对于低合金钢焊件，焊后要注意控制焊接冷却速度，为焊接接头能获得良好的组织和性能，也为在焊接过程中产生的气体能顺利逸出焊缝创造条件，当进行奥氏体不锈钢构件的焊接时，则要求选择较小的焊接工艺规范(即小电流、低焊接电压、短弧焊接)，焊后自然冷却或使之快冷，防止因过热产生晶间腐蚀的倾向。

次表面层焊缝焊接时，应先采取"填平补齐"的焊接方法，使焊肉高低一致，但焊缝金属的高度并不超过坡口面，注意保留坡口轮廓，为表面盖面层的焊接做好准备。

盖面层焊缝(加强焊层)焊接时，调整好焊接电流，焊接时注意观察坡口两边的边缘，使之熔化的金属能全部压住坡口两侧 1.5 mm 左右为宜，并使熔化的金属能形成一定的加强高度(一般焊缝的加强高度可控制在 1.5～3 mm 左右为宜），做到一次盖面焊接成型。这样，才能使焊接完的焊缝外型美观。

3. 怎么焊接操作才能使平焊位置的单面焊双面成型的根部焊缝熔透？

平焊位置的单面焊双面成型是焊接中较难操作的一种。平焊位置的单面焊双面成型使焊缝背面处于自由状态，而且需要焊缝在保证根部全部熔透的条件下才能形成。在平焊位置，由于操作者在操作时很难观察清楚根部熔池，只能凭经验听电弧熔透坡口与钝边发出的"噗噗"声音判断其熔透根部与成型的情况，加上平焊位置的单面焊双面成型焊接时铁水受重力作用向下倾泻与渗透快，控制不好极易形成根部未焊透或根部焊瘤等缺陷。

平焊位置的单面焊双面成型的焊接特点：

（1）平焊时，熔池在高温作用下表面张力减小，铁水在重力条件下容易产生下垂，且在高温条件下容易引起背面焊缝产生下坠或出现焊瘤。因此，平焊位置的单面焊双面成型的对口间隙一定要合适，操作者的运条要灵活，焊接时的焊条角度要根据焊接过程中的熔池温度和判断根部熔透情况不断变化。

（2）焊接时的运条手法、焊接速度及焊条角度在单面焊接双面成型焊接中非常关键。如果其一选择不正确，熔渣和铁水就容易混在一起产生夹渣。因此，平焊时的单面焊接双面成型应根据实际熔池情况，运条时摆动不宜过大或过小。焊接时，焊条向焊接方向倾斜 50°～60°为宜，且整个过程中宜于采用短弧焊接。

（3）焊接工艺参数选择非常关键。平焊位置的单面焊双面成型焊接中，如果焊接工艺参数选择不当，易在根部形成未焊透或者焊瘤。一般，打底层宜采用较小的焊接电流和较小直径焊条并配以适当的运条手法。

平焊位置的单面焊双面成型的焊接操作要点：

（1）打底层焊缝的焊接。打底层焊接是保证单面焊双面成型的关键，运条方法可以采用压住电弧运用直线往复运条法，也可以采用间断电弧焊法焊接。无论采用那种焊接方法或运条方式。它的操作要点主要是五点:"看"、"听"、"准"、"稳"、"快"。

打底层焊接时的"看"就是要看熔孔的大小,尽量使熔孔的大小保持一致;"听"就是要听电弧击穿坡口边发出的"噗噗"声音,如果听不见电弧发出的"噗噗"声音了,就一定没有焊透;"准"就是把焊条准确的送进、引弧、熄弧点,以保证熔化的金属连续不断的形成底层焊缝;"稳"就是在单面焊双面成型的过程中,操作者的手要稳、运条要均匀,整个操作过程要保持熔池能熔透钝边并在反面成型良好;"快"就是在单面焊双面成型焊接过程中,手随眼睛观察的情况快速变化,控制好焊接熔池。如果操作者能熟练地掌握以上这五点操作要领,运用自如的运条方法,眼睛观察与手操作相互配合的恰到好处,焊出质量优异的打底层焊缝是可以实现的。

(2)注意各层间焊缝的熔合良好。打底层焊缝焊接完成后,还要注意其它层焊缝的焊接质量。填充层焊缝的焊接施焊中要注意分清铁水和熔渣,焊接过程中防止出现坡口两侧夹角或中间鼓两侧凹的焊道。运条方式可以采用"月牙形"或"锯齿形"进行摆动焊接,运条摆动时应"中间快、两侧慢",即焊条在坡口两侧稍作停顿,避免坡口两侧产生夹渣和未熔合等缺陷。

(3)盖面层的焊缝要保证成型良好。盖面层焊缝的焊接继续保持横向摆动焊接方法,运条方式也可以采用"月牙形"或"锯齿形",盖面焊缝的关键是焊工手要稳,焊条横向摆动要均匀,在坡口边缘要有意识的多停留一会,使其边缘熔合良好。

4. 怎么才能掌握对接立焊单面焊双面成型技术?

进行立焊的单面焊双面成型焊接时,由于熔池温度过高,在重力的作用下,焊条熔化所形成的熔滴及熔池中的铁水易下淌形成焊瘤,焊缝两侧形成咬边。温度过低时易产生夹渣,反面易形成未焊透、焊瘤等缺陷,造成焊缝成型困难。熔池的温度是不易直接判明的,但它和熔池的形状和大小有关。因此,焊接时只要细心观察并控制熔池的形状与大小就能达到控制熔池温度,确保焊接质量的目的。对接立焊的单面焊双面成型技术的关键是要掌握好以下几点：

(1) 焊接过程中的焊条角度很重要,焊接规范不可少。

立焊位置的单面焊双面成型焊接时,应掌握正确的焊接规范及根据焊接过程实时变化的熔池情况来调整焊条角度及运条速度。一般情况下,焊条与焊件表面的夹角在左右方向为90°,焊条与焊缝的角度,在焊接刚开始的起焊位置时应为70°～80°(如图1-7所示),焊接到中间过程时焊条角度可调整为45°～60°,焊接到收尾时焊条角度变化为20°～30°。装配间隙

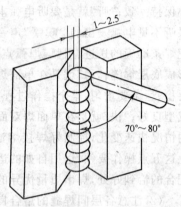

图 1-7　起焊位置的焊条角度示意图(单位:mm)

为2.5～4 mm,应选用较小的直径的焊条(如 $\phi3.2$ mm)和较小的焊接电流进行焊接。打底焊时,如何选择 $\phi3.2$ mm 焊条,焊接电流可选择为110～115 A;中间过度层焊接的电流可选择为115～120 A,盖面层的电流可选择为105～110 A。立焊单面焊双面成型所用的焊接电流应比平焊时小12%～15%,以减小熔池的体积,使之受到重力的影响减小,有利于熔滴过度和防止焊瘤与咬边缺陷的产生。立焊位置的单面焊双面成型焊接时,应采用短弧焊接,缩短熔滴到熔池中去的距离,也防止有害气体侵入焊缝。

(2) 眼观熔池、耳听弧音,眼手紧密配合保持好熔孔形状时刻要记在心。

焊缝根部的打底焊是保证焊接质量的一个关键。立焊的单面焊双面成型可采用灭弧焊接法进行,立焊单面焊双面成型的灭弧节奏要比平焊单面焊双面成型的灭弧节奏稍慢,每分钟大约30～40次为宜。由于灭弧形成的每个焊接点焊接时电弧燃烧的时间

稍长,所以立焊焊接形成的焊肉要比平焊时厚一些。立焊单面焊双面成型焊接时是由下端开始施焊,打底焊接的焊条角度大约70°～80°。采用两点击穿焊,即在坡口一侧引燃电弧后稍许预热,然后顺着坡口向焊缝根部进行预热熔化,听到电弧穿透坡口而发出的"噗"、"噗"声,看到焊缝前方形成熔池座和熔孔后,立即提起焊条熄灭电弧。然后再重新引燃坡口的另一侧,以同样的方法进行焊接,但此时应注意要让形成的第二个熔池应压住第一个开始凝固的溶池 1/2～2/3,这样采用左右灭弧击穿便看得到整条熔透的焊缝。

采用灭弧法进行立焊单面焊双面成型的关键是焊接过程中运条的手腕一定要灵活,每一次都干净利落地将电弧熄灭,使熔池有瞬时凝固的机会。灭弧时明显看到被击穿的钝边所形成的熔孔,立焊的熔孔大约在 0.8 mm 左右比较合适,因为熔孔大小与背面成型紧密相关,熔孔过大背面很容易形成焊瘤,熔孔过小焊缝背面往往焊不透,所以操作时要求保持熔孔大小均匀,这样才可以保证坡口根部熔透均匀,背面焊道饱满,宽窄高低均匀。

打底焊接头时,每次都要把接头部位药皮清理干净,在坡口内从新引燃电弧,电弧沿已形成的焊缝约 10 mm 处连续焊接并需变化焊条角度,到 90°时伸入焊缝中心左右稍加摆动,并同时向下压一下电弧,听到弧使焊条电弧伸入焊缝根部,形成溶孔立即灭弧。然后与第一根焊条打底焊法相同,左右交替循环灭弧击穿,每一动作都要精神集中,注意观察熔孔的轮廓和两侧被熔化的缺口,坡口根部熔化的缺口,只有当电弧移到另一侧的时候方可看到,如在焊接过程中观察到钝边有尚未熔合好的时候,焊接的手法就要稍微往下压点电弧或向下一点电弧,才能达到熔合良好。每次灭弧时间控制在熔池尚有三分之一未凝固时就要重新引弧。收弧时,应注意每根焊条剩下 80～100 mm 长时,焊条由于过热,熔化加快,这时灭弧时间应相对增长一些,以使熔池有瞬时凝固时间,以防继续运条产生的高温熔池下坠形成焊瘤。当焊条焊接到只剩 30～40 mm 时,就要准备做好灭弧动作,灭弧时要将熔池某侧连续滴两三下,使其熔池达到缓慢降温目的。填满弧坑和缓慢的弧坑冷却速度可防止焊道正面和背面产生缩孔及弧坑裂纹等缺陷。

(3)焊接过程中熔池温度控制好,焊缝质量能提高。

立焊单面焊双面成型要求中间层焊波必须平正。中间两层按焊条直径 $\phi 3.2$ mm 选择焊条,焊接电流为 115~120 A,焊条角度大约在 $70°$~$80°$,中间两层可以采用锯齿形运条方法。中间层焊缝的焊接要利用焊条角度、电弧长短焊接速度和坡口内两侧停留时间来控制熔池温度,并使两侧良好熔合,保证扁圆形熔池外形。

第三层焊接时,注意一定不能破坏坡口两侧的边缘,最好在坡口内留下 1 mm 左右的深度,使整条填充焊道平整?给盖面打下基础。盖面焊接应采用左右摆动焊接在运条到坡口两侧稍微多停一下,使坡口边缘熔化 1~2 mm,并保证熔池及坡口两侧温度均衡。注意观察熔池形状,把熔池控制成月牙形,熔池多的一面少停留,少的一面多停留。因立焊的焊肉比平焊厚,焊接过程中应注意观察熔池形状及焊肉的厚度,若熔池的下部边缘由平缓变下凸,说明熔池温度过高,这时应缩短电弧燃烧时间,延长灭弧时间来降低熔池温度。更换焊条前必须填满弧坑,以防止出现弧坑裂纹。

(4)运条手法根据焊缝的宽窄选择,根据熔池控制好焊条角度并注意焊缝两侧的停留时间,焊缝方能成型好。

立焊单面焊双面成型的盖面焊时,焊接时可采用锯齿形或月牙形运条法,运条要稳,在焊道中间速度要稍快,在坡口两侧边缘要稍作停留。盖面层焊缝的焊条可以选择 $\phi 3.2$ mm 和 $\phi 4.0$ mm。选择 $\phi 3.2$ mm 焊条的优点是焊接过程比较好控制,选择 $\phi 4.0$ mm 焊条的优点是焊接接头少。如选择 $\phi 3.2$ mm 焊条焊接,焊接电流可以控制在 90~110 A 之间;如果选择 $\phi 4.0$ mm 焊条进行盖面层焊接,焊接电流可以控制在 100~115 A 之间。盖面层焊接的焊条角度均应保持 $80°$ 左右,焊条左右摆动,使坡口边缘熔化 1~2 mm,两侧停顿时稍微上下颤动。但焊条从一侧到另一侧时,中间的电弧可稍微抬一点,观察整个熔池形状。如果熔池呈扁平椭圆形,说明熔池温度较合适,进行正常焊接,焊缝表面成型好。若发现熔池的下方出现鼓肚变圆时,说明熔池温度已稍高,应立即调整运条方法,或使焊条在坡口两侧停留的时间增加,加快中间过度速度,并尽量缩短电弧长度。

若焊接过程中不能把熔池恢复扁平椭圆状态,而且鼓肚有增大时,则说明熔池温度已过高,应立即灭弧,给熔池冷却时间,待熔池温度下降后再继续焊接,或者将焊接电流进行调节得小一些。

盖面时要保证焊缝边缘好,发现咬边焊条稍微动一下,或多停留一下以弥补缺陷,表面过度才能圆滑。盖面接头起焊时,焊件的温度偏低,易产生熔合不良和夹渣、接头脱节、过高等缺陷,因此盖面的好坏直接影响焊缝的表面成型。故在接头时运用预热法施焊,在起焊端以上 15 mm 左右,用划擦法由上至下引燃电弧,并将电弧拉长 3~6 mm,对焊缝起焊处进行预热。然后压低电弧,在原电弧坑 2/3 处连摆 2~3 次,以达到良好溶合后转入正常焊接。虽然焊缝所处的位置不同,但是它们也有着共同的规律。实践证明,选择合适的焊接工艺参数、保持正确的焊条角度和掌握好运条三个动作、严格地控制熔池的温度,焊接立焊时,就能得到优良的焊缝质量和美观的焊缝成型。

5. 如何保证仰焊位置的单面焊双面成型根部焊缝熔透并成型良好?

焊条电弧焊仰焊位置的单面焊双面成型焊接是手工电弧焊操作中难度最高的一种焊接工艺。在仰焊位置的单面焊双面成型焊接中,如果操作不当,易造成焊缝正面产生焊瘤或高低偏差过大,背面易产生凹陷的现象。其中,仰焊位置的打底焊道是单面焊双面成型焊接质量的关键。仰焊位置的打底焊道操作手法有连弧和灭弧施焊 2 种方法。

仰焊位置的单面焊双面成型,实施焊接前的准备工作较重要。工件坡口形式一般可加工成单面 V 形坡口,坡口角度一般根据设计图纸要求或者开为 60°坡口,钝边 0.5~1 mm。装配定位预留间隙在始焊端可预留 3.2~4 mm 左右(如图 1-8 所示);考虑焊接收缩,终焊端间隙可预留稍大些,一般可在 3.5~4 mm 之间变动。如果是平板对接焊接,焊前可采取反变形方法。反变形的预留量应在 3°~5°范围内。定位焊缝应在焊缝两边各 20 mm 范围以内,两边的焊点大小应根据焊接位置来确定,焊缝的开始位置、结束位置及焊缝的转弯处,必须实施定位焊,防止焊缝错边和间隙发生变化影响根部熔透;定位点焊时,始焊端焊点可小些,终焊端焊点应有一定的长度和足够的刚性,以防止受热膨胀裂开影响焊接正常进行。且开坡口的焊缝的点位焊点尽量选择在坡口背面实施;重要焊缝施焊前,定位焊点的收弧与起弧处必须进行打磨,保证焊点两边缘圆滑、稍薄,以便施焊时容易焊透根部并使之过渡均匀。焊条应根据其性质和规定的要求进行烘干,使用前的焊条要放入保温箱或放入保温筒内随用随取。

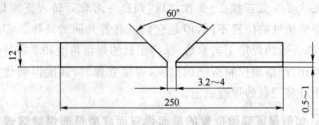

图 1-8 坡口形式及尺寸(单位:mm)

(1)打底层焊接采用连弧焊接方法

仰焊位置的单面焊双面成型建议采用连弧施焊法。连弧施焊法对焊接参数要求较严格,焊前应将工件固定在操作台上,并严格调整好焊接工艺参数。选用焊条时,尽量选用小直径焊条,小直径的焊条有利于焊缝根部熔透。引弧时应在始焊端前方 20 mm 处坡口一侧面采用划擦法引弧后将定位焊缝及坡口根部熔化形成熔池。即,当看到坡口两处出现明显的熔孔并听到"噗噗"的穿透声后便可转入正常的焊接运条。仰焊打底层的焊接一定要采用短弧焊接。否则,熔化的金属容易下坠或下落使焊接过程难以保证。仰焊位置的单面焊双面成型,运条可采用直线往复法运条,也可采用月牙形或锯齿形摆动运条。但直线往复型运条方法焊接的背面成型要优于月牙形和锯齿形运条方法的背面成型。在焊接的过程中,要注意观察并保持熔孔的大小一致,以坡口的钝边完全熔透并保持熔透母材边缘 0.5~1 mm 为好。打底层焊缝焊肉要尽量薄,并尽量使熔池始终保持清晰明亮。操作时焊条与焊接方向及试板的夹角应成 70°~85°左右(如图 1-9 所示),以减小电弧对熔池的加热作用,防止铁水下坠。为防止仰焊位置的单面焊双面成

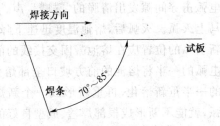

图 1-9 打底焊时的焊条角度

型的背面焊缝产生凹坑和边缘熔合不良,焊条的左右夹角各为 90°为宜。此外,焊接时电弧要短,运条时,要将电弧尽量向上顶,用电弧的吹力将熔化的铁水填入焊缝,避免背面出现凹坑。

焊接过程中,焊接接头或换焊条前应在熔池前端用电弧将其"冲出"一个熔孔,然后将电弧引向单侧坡口熄弧;换焊条时在弧坑前引弧,把电弧拉到弧坑后 8~10 mm 处,提前对弧坑预热,当焊条运行到弧坑根部时,将焊条沿着熔孔上升、顶弧,听到"噗噗"声音后,稍作停留,然后再正常运条即可保证根部焊透并熔合良好。

连续焊接仰焊打底层的具体操作要点是:
1)焊接时,要压低电弧顶弧焊接;
2)焊接过程中,焊条的运动摆动幅度要小;
3)打底层的焊肉要尽量薄,使得每根焊条可焊接的长度尽可能长,使得焊接接头尽可能减少;
4)焊条角度要正确,并根据根部熔透情况能及时调整焊条角度。

掌握了以上这几点就能使焊缝成型良好,焊接质量得到提高。

(2) 用灭弧焊接方法进行打底层焊接

灭弧焊接方法就是将工件固定在操作台上,选用直径小一些

的焊条与合适的焊接电流进行燃弧与熄弧间断焊接的方法。

采用灭弧焊接方法焊接时应注意的问题是：引弧预热时，当焊条运行到定位焊根部，要使其形成一个半圆形的熔孔，此时可听到电弧击穿间隙发出清脆的"噗噗"声。听到明显的"噗噗"声音后马上灭弧。灭弧后，熔池温度迅速下降，此时趁热再引燃电弧。重新引弧的位置应在熔池凝固交接线的前部边缘 1~2 mm 处，这样电弧的一半将熔池的前方坡口全部熔化，另一半将已凝固的熔池的一半重新熔化，再重新形成一个新熔池。如此反复的引弧、熄弧，就能不断形成根部焊透、成型良好的焊缝。灭弧焊更换焊条的方法与连弧焊相同，收尾时弧坑应填满。第 1 层打底焊缝焊完后要仔细清理熔渣，焊缝表面应均匀平整，焊缝背面应无未焊透及塌陷现象。

填充层的焊接：填充层如果选择 2 层，第 2 层填充层焊接时，可选用直径 3.2 mm 的电焊条，焊接电流要合适，（一般 3.2 mm 焊条的焊接电流可在 100~110 A 左右选择），焊条与试板的夹角大致为 95°~105°（如图 1-10 所示），焊条要作月牙形或锯齿形摆动，当焊条摆动到两侧坡口时，要稍作停留，以便使其熔合良好。接头时，引弧位置应选择在弧坑前 10 mm 处，引弧后填满弧坑以后再正常运条。收尾时，弧坑应填满。每层焊道焊完后均应仔细清理焊渣。

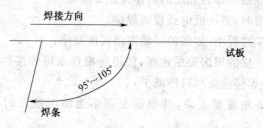

图 1-10　各层焊缝焊接时的焊条角度

第 3 层填充焊接时，也应选用直径 3.2 mm 的焊条，焊接电流仍然可选在 110 A 左右。焊缝的高度应控制在低于母材表面 1~

2 mm,以便于盖面焊缝的焊接,运条手法采用月牙形或锯齿形,当焊条摆动到两侧坡口时,稍作停留,以使两侧边缘熔合良好。接头与收尾的方法与第2层操作相同。

盖面层焊缝的焊接。盖面层焊缝焊接时,宜选用直径为4 mm的焊条,焊接电流不能太大,如果焊接电流太大,焊接熔化的金属容易下坠。焊接电流也不能太小,焊接电流过小,焊缝边缘熔合不好,焊缝成型美观性欠佳。如果采用直径为4 mm的焊条,焊接电流根据每个人技术水平和掌握程度的不同,电流可在100～120 A之间选择。运条手法采用月牙形或锯齿形,运条速度要均匀,焊条与工件试板的夹角应为95°～105°为宜(具体可参见图1-10所示)。

盖面层焊缝的焊接,焊条运行到坡口边缘时,还要稍作停留,以免焊缝边缘产生咬边或熔合不良。焊接过程中还要保持熔池清晰、明亮可见。更换焊条时要在弧坑前引弧并预热,同时注意填满弧坑,然后再正常运条。收尾时弧坑应填满。焊完后要进行清渣,清渣后的盖面焊缝应平整、宽窄一致、高低一致、并使焊缝饱满,焊缝两边熔合良好。

6. 如何避免手工电弧焊单面焊双面成型焊缝背面接头处产生凹坑?

手工电弧焊单面焊双面成型背面产生凹坑主要是由于以下几个方面原因造成:一是操作时电弧没有压到位;二是换焊条时速度太慢;三是熔化的金属送入量不够。避免手工电弧焊单面焊双面成型焊接焊缝背面产生凹坑的方法主要有三点,一是在进行起始位置的焊接时要预热;二是更换焊条的速度要快,且在接头前也要利用电弧在焊缝的接头处预热,使接头处于红热状态下再接头与继续焊接;三是引燃电弧预热后,接头时利用电弧的压力往熔池里多送些铁水。按照以上三个要点进行焊接,基本可解决手工电弧焊单面焊双面成型焊接焊缝背面接头处产生凹坑问题。

7. 如何避免手工电弧焊单面焊双面成型焊接时产生冷缩孔？

手工电弧焊单面焊双面成型产生冷缩孔的主要原因与操作者换焊条的速度和熔池的冷却时间有关，焊接时如果采用热接头的方法对避免产生冷缩孔有利。所谓热接法，就是在前一根焊条收弧时将电弧拉向坡口的下侧，慢慢在运条的过程中将电弧抬起，使焊接熔池逐渐变浅、缩小直至消失。换下一根焊条的动作要迅速，引弧尽量在远离接头处进行，在焊接后方引弧再拉向接头处，并用电弧将前一根焊条留下的收尾处烤热并迅速下压电弧使之穿透坡口和钝边，这样即可实现焊接接头过程中熔透前面收弧时留下的冷熔池又可以避免焊接过程中的高温过程形成冷缩孔。在焊接收弧处，也应将电弧拉向坡口的下侧，慢慢在运条的过程中将电弧抬起，并多滴几滴铁水，使焊接熔池逐渐变浅、缩小直至消失，这样就可以避免单面焊双面成型焊接过程中产生冷缩孔。

8. 如何避免单面焊双面成型过程中产生焊接缺陷？

由于单面焊双面成型难度大，操作者在焊接过程中稍有不慎就可能使焊缝的不同部位产生焊接缺陷。

单面焊双面成型焊接中常见的缺陷主要有：

(1)焊缝结构上的缺陷。包括气孔、夹渣、非金属夹杂物、熔合不良、未焊透、咬边、裂纹、表面缺陷等。

(2)焊缝尺寸上的缺陷。焊缝尺寸上的缺陷主要有焊缝尺寸误差和焊缝形状不佳等。其中包括焊缝宽窄不一、高低不平、宽度不符合要求和高度不符合要求等。

(3)焊缝机械性能与化学偏析方面的缺陷。包括力学性能和化学性质等不满足焊件的使用要求的缺陷。力学性能指的是抗拉强度、屈服点、伸长率、硬度、冲击吸收功、塑性、疲劳强度、弯曲角度等。

影响单面焊双面成型焊接缺陷产生的原因主要有：

(1)设备原因造成焊接质量问题。焊接设备是影响焊接质量的最重要的因素。焊接薄板时,一般选用小电流,也常用直流弧焊电源。低氢型焊条用直流电源焊接时,一般采用反接法,因为反接法电源输入给工件的热量小且电弧比正接法稳定,尤其是焊接较薄板时,一般采用的焊接电流很小,而小电流焊接,电弧不稳定,因此焊接薄板时,不论是用碱性焊条还是用酸性焊条,都建议选用直流反接法。这样,即可获得稳定的焊接过程,又可使工件获得较小热能量,防止其在焊接过程中产生烧穿或坍陷等缺陷。

(2)工艺因素对单面焊双面成型焊接质量的影响。工艺因素主要包括焊接电流、焊接速度、电弧电压、焊接层数、焊条类型以及焊条直径等。

焊接电流大小直接影响最终焊接质量。电流过大,可提高生产率,并使熔透深度增加,但易使焊道出现咬边、焊穿。而且,随着焊接过程进行,大电流会增加焊件热输入使焊接工件变形的趋势加大和增加焊缝熔融金属飞溅量,也会使焊接接头的组织因过热而发生变化,并有增大气孔倾向。

焊接速度是表征生产效率的主要参数。焊接速度应该均匀适当,既要保证焊透又要保证不焊穿,同时还要使焊缝宽度和余高等符合要求。

电弧电压。电弧电压与焊接过程中的电弧长度有关,因此焊接过程中合理的控制电弧长度是保证焊缝质量稳定的重要因素。焊条电弧焊电弧电压主要由弧长决定。焊接过程中,电弧长度越大,电弧电压越高,有害气体就非常容易地侵入熔池,使焊接质量下降;电弧长度越短,电弧电压越小,有害气体侵入熔池的量就少,焊后金属纯净度高。焊后,短弧焊接的焊缝质量就好于长弧焊接焊缝的质量。因此为保证与提高焊缝的质量,各种焊接中尽量采用短弧进行焊接。

焊接层数选择。焊接层数对焊缝质量也有一定的影响。焊接层数主要根据焊件厚度、焊条直径、坡口形式和装配间隙等来确定。

焊条类型及焊条直径的影响。焊缝金属的性能主要由焊条和焊件金属熔化后的组织来决定。焊条直径一般应根据焊件的厚度选择,同时考虑接头形式、施焊位置和焊接层数。一般"T"形接头、搭接接头为了提高生产率宜选用较大直径的焊条;对接接头为了使坡口边缘熔合良好和使焊缝获得较好的外观成型,宜选用中等直径的焊条。但是,为了操作中焊条的角度转化方便,也为了将熔化的铁水顺利送入根部并使之根部熔透,对接接头的打底焊应该选用较小直径的焊条。

(3)操作因素。操作因素主要是指焊工的操作技术水平。如果焊接工作者的焊接技术水平欠佳,运条方法、运条速度、焊条角度、接头方法、中间层及盖面层的运条、接头、收尾等掌握得不熟练,就容易引起焊缝缺陷,致使焊接后的焊接接头质量差。

(4)工件的焊前处理状态。工件焊接前应进行严格的清理。否则,如果焊前工件上的油、锈、水分、油污等清理干净或不仔细,都会促使焊缝产生夹渣、未熔合、气孔或其它一些焊接冶金缺陷。

(5)焊条的准备条件。焊条药皮不清洁,焊条未经烘干处理、焊条烘烤温度不够以及烘干温度不正确等,都会促使焊缝产生气孔或其他一些冶金缺陷。

防止单面焊双面成型焊接过程中产生缺陷的主要措施有:

(1)作好焊前准备。焊前应对焊机进行测试与试焊,确认焊机的引弧性能和稳定性能良好,确保焊机调节性能灵活、方便方可使用。

(2)工件应根据工况或图纸要求加工成一定形状和一定尺寸的坡口并预留钝边,钝边的尺寸应根据板厚选取,一般钝边可在 $0.5 \sim 2.0$ mm 之间选取,坡口边缘 20 mm 以内应用磨光机打磨,并将表面的铁锈、油污等清除干净,使之露出金属光泽。锅炉压力容器及重要结构的焊接应采用碱性低氢型焊条,打底层焊接应选择直径稍小的的焊条,中间层和盖面层可选用择直径大一些的焊条,并对焊条应按规定进行严格烘干,对于烘干后的焊条应进行一定措施的保温,使用时需要将焊条放在保温筒内,随用随取。焊条在炉外停留时间一般不得超过 2 h。没有使用完的焊条隔天再次使用时,应该按规定温度重新烘干,但焊条反复烘干的次数不能多于三次。对于药皮开裂和偏心度超标的焊条不得在正式焊接结构中使用,以免产生焊接气孔和焊接裂纹。

(3)焊接操作。焊接操作时应注意选择合适的焊接工艺参数。焊条电弧焊的工艺参数通常包括:焊条直径、焊接电流、电弧电压、焊接速度、电源种类和极性、焊接层数等。

焊接电流应根据焊接工件厚度、焊接位置、焊接层数、焊条类型、焊条直径和焊接经验等进行选择,保证所选择的电流不易造成焊缝咬边、烧穿、夹渣、未焊透等缺陷。

一般情况下,焊接电流增加时,电弧的电磁压缩力增加,促使熔滴很快地脱离焊条端部并向熔池过渡;同时,电弧输入热也增加,熔池的温度升高,表面张力下降。此外,焊条熔化速度增加,使单位时间内过渡到熔池的熔滴数量增加,熔池的体积增大,背面焊缝成型就会出现塌陷、余高过高或产生焊瘤。反之,焊接电流减小时,电弧对熔池的压力下降,熔池体积逐渐减小,表面张力增大,阻碍了熔滴过渡,就会使背面焊缝出现低于母材或未焊透现象。

电弧长度。焊接过程中合理的控制电弧长度是保证焊缝质量稳定的重要因素。焊条电弧焊的电弧电压主要是由电弧长度决定的。电弧过长对熔化的金属保护差,空气中的氧、氮、氢等有害气体容易侵入熔池,使焊缝易产生气孔,焊缝金属的机械性能降低。但弧长也不易过短,若电弧弧长过短,会引起粘条现象,且由于电弧对溶池的表面压力过大,不利于溶池的搅拌,使溶池中气体及溶渣上浮受阻,从而会在焊缝中引起气孔、夹渣等缺陷的产生。

焊接燃弧与熄弧影响。焊接时,燃弧时间越长,电弧对熔池的搅拌作用时间越长,输入热量越多,线能量越高,熔池的温度越高,熔滴变小,焊条向熔池过渡的熔滴数量也越多,熔池的体积也就越大,背面焊缝就会出现余高超高或焊瘤。反之,背面焊缝出现余高过低或产生未焊透。在燃弧时间正常的情况下,焊接中间断灭弧时间过短,就会使背面焊缝出现超高或焊瘤;焊接中间断灭弧时间过长,就会使背面焊缝出现余高过低或未焊透。这主要是由于间断灭弧时间过短,等于前一次燃弧时一部分输入给熔池的热量与后一次燃弧时输入给熔池热量的叠加量在增加,熔池的温度相对增高,焊条向熔池过渡的熔滴数量也越多,熔池体积增大。反之,对前一次燃弧时的熔池热量利用过少,熔池的温度相对降低,熔池体积减小。此外,焊接中间断灭弧时间过长,焊缝金属冷却到较低的温度后,已成型的焊缝在焊接操作不当时会形成未熔合,再次引燃电弧接弧焊接时很难将这种未熔合的焊接缺陷熔化和消除,从而就形成了未熔合的焊接缺陷。

焊接速度要合适。焊接过程中焊条的移动速度不宜过快,以免造成未溶合、未焊透等缺陷。焊接速度也不易过慢,防止单位时间内向焊缝中输入的热输入量过大,影响焊缝的机械性能。但是,焊接速度直接影响焊接生产率。所以,焊接过程中应该在保证质量的前提下尽量采用较大的焊条直径、焊接电流和焊接速度,以提高生产率。一般在合适的焊接速度条件下焊接时,焊接接头的机械性能好,焊缝成型也美观。

焊接层的厚度对焊接质量也有一定的影响。焊接时,每层焊接厚度以不大于 4～5 mm 为宜,这样可以避免焊接接头的局部高温停留时间增长,也可以避免焊接缺陷的产生。

焊接工艺参数对焊接热影响区的大小和焊接接头组织性能有直接的影响,焊工技术水平直接决定了焊接接头质量的优劣。焊接生产中,尤其是单面焊双面成型这种对焊工操作技术水平要求较高的操作方法,焊工的技术水平掌握的程度和经验,往往决定了焊缝的质量。因此,加强焊工单面焊双面成型操作技能的练习及焊接参数的配合与掌握是保证焊缝质量的关键。

9. 手工焊接单面焊双面成型掌握不好怎么办？

手工焊接单面焊双面成型是一种比较难掌握的技术。由于自由成型是焊缝的背面不加任何承托材料,仅依靠熔化金属的表面张力防止熔池下漏而形成背面焊缝。自由成型要求工件间隙合理,间隙过小难以保证焊透,间隙过大则容易发生烧穿等缺陷。自由成型时对焊接工艺要求很严格,工艺的规范性不仅影响熔池的受力情况,同时也影响熔池的体积和形状。焊接工艺直接决定是否会出现未焊透或者烧穿等缺陷,所以自由成型时焊缝质量难以保证。这时可采用强制成型焊缝背面加衬垫的方法,如图1-11所示。

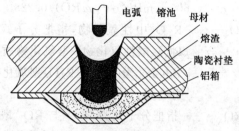

图1-11 衬垫强制成型示意图

由于衬垫的存在,使得熔池金属在工件烧穿的情况下也不至于流失。强制成型对接头间隙要求没有自由成型严格,适用的焊接范围较宽,同时焊缝质量易于保证。衬垫强制成型焊缝的质量除了与工艺参数和焊接规范有关外,与衬垫本身的形状和性能有很大的关系。

(1)衬垫的设计原则:
1)焊接时衬垫不能对焊缝成分有不良影响。
2)背面焊缝成型要美观合理,无成型缺陷。
3)衬垫制造方便且有良好的制造工艺性能。

重要工程焊接时,为满足以上要求可考虑使用陶瓷衬垫。如选择主要成分为 $MgO(CaO)-Al_2O_3-SiO_2$ 三元体系的陶瓷衬垫配方,见表1-2。

表1-2 陶瓷衬垫配方(重量百分比)

配方	CaO	+MgO	SiO_2
1	22%	49%	29%
2	24%	50%	26%

衬垫性能参数对焊缝的背面成型有着极其重要,主要性能参

数有耐火度、始熔温度和酸碱度。由于这些参数的影响因素复杂,测定困难,一般不进行直接的测定,而是用经验公式计算和预测。

耐火度是衬垫对高温的承受能力,一般而言在此温度时产品能保持原有的形状且已开始熔化,并且有一定的强度;耐火度用 t 表示

$$t = (360 + mR_2O_3 - mRO)/0.228 \quad (1\text{-}1)$$

式中 mR_2O_3 ——R_2O_3 中性氧化物,指把分子式为 R_2O_3 与 RO_2(酸性氧化物)型氧化物质量之和作为 100%,分子式为 R_2O_3 型氧化物所占的百分含量;

mRO ——指把分子式为 R_2O_3 与 RO_2 型氧化物质量之和作为100%,RO(碱性氧化物)型氧化物所占百分含量之和。

衬垫一般含有多种化合物没有固定的熔点,为玻璃态化合物,有一个熔化温度区间,这个区间是指衬垫开始熔化到完全熔化温度区间。始熔温度是衬垫开始出现软化变形的温度。一般认为耐火度乘以 0.85 作为始熔温度与实际情况比较接近。始熔温度用 T 始表示,则有公式(1-2)

$$T = 0.85t \quad (1\text{-}2)$$

酸性系数是指酸性氧化物与碱性氧化物当量之比,用 s 表示有公式(1-3)

$$s = nRO_2/(nRO_2 + nRO + 3nR_2O_3) \quad (1\text{-}3)$$

式中 nRO_2、nRO、nR_2O_3 ——相应氧化物的分子数。

根据配方成分,结合配料,表 1-2 中两种配方性能参数计算结果见表 1-3。

表 1-3 表 1-2 中两种配方的耐火度、始熔温度和酸性系数

配方	耐火度(℃)	始熔温度(℃)	酸性系数
1	1610	1368	0.675
2	1560	1326	0.663

衬垫的性能参数对焊接质量有重要影响。熔点过高或过低都会影响背面焊缝成型,熔点过高,背面焊缝余高不够,熔渣不易浮出;过低则熔化过多,背面余高过高,影响接头的疲劳性能。$s>1$,焊接时熔渣为酸性渣;$s<1$,焊接时熔渣为碱性渣。碱性渣有利于提高焊缝的冲击韧性。

(2)衬垫制备

衬垫在制备过程中,考虑手工单面焊的生产实际情况,设计衬垫的形状和尺寸如图 1-12 所示。衬垫边缘的坡口是考虑到粘贴时衬垫与板材结合的紧密性。衬垫的凹槽不宜太深,主要是考虑在焊接过程中,熔池的高温将使衬垫部分熔化,所以凹槽太深,则会造成余高过高。

将经过预处理的材料按配方均匀混合后进行成型加工。成型是将坯料加工成为有一定形状和尺寸,并有一定强度的半成品的工艺过程。衬垫的成型方法主要有

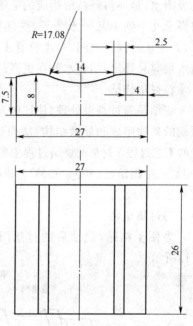

图 1-12 衬垫形状(单位:mm)

可塑成型、注浆成型和压制成型三种:可塑成型方法过程复杂,成品率低;注浆成型法生产的衬垫几何尺寸光滑,但生产周期长;压制成型是将含有一定水分的粒状粉料填充到模型之中,然后施加压力,使之成为具有一定形状和强度的陶瓷坯体;其粉料含水量为 3%～7%时为干压成型,粉料含水量为 8%～15%时为半干压成型。压制成型的特点是工艺过程简单,坯体收缩性小,致密度高,产品尺寸精确,且对坯料的可塑性要求不高。但衬垫的尺寸精度

受到成型模具及机械设备精度的影响。衬垫的制作包括以下过程:

1)干燥

衬垫在烧结前应排除生坯中的水分,即进行生坯的干燥,干燥的目的在于提高生坯的强度,便于检查、搬运及烧结。生坯内的水分有三种:一种是化学结合水,是坯料组成物质结构的一部分;二是吸附水,是坯料颗粒所构成的毛细管吸附的水分,吸附水膜厚度相当于几个到十几个水分子,受坯料组成和环境影响;三是游离水,处于坯料颗粒之间,基本符合水的一般物理性质。干燥时,游离水很容易排出,结合水要在更高的温度下才能排除。

2)衬垫烧结

烧结是通过高温处理,使坯体发生一系列物理化学变化,形成预期的矿物组成和显微结构,从而达到固定外形并获得所要求性能的工艺过程。衬垫的烧结过程主要有三个阶段:低温阶段(室温~300℃)、中温阶段(300~950℃)和高温阶段(950℃~最高烧成温度)三个阶段。

3)衬垫组装

为便于粘贴,烧结后的衬垫用铝箔粘结组装成的形状如图1-13所示。

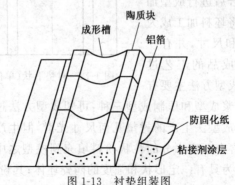

图1-13 衬垫组装图

4)衬垫的安装

在衬垫安装之前,先将工件进行点焊,固定试板的间隙,使两块试板对齐。试板的间隙确定以后进行衬垫安装,先去除铝铂上的胶纸,使衬垫的中心线对准间隙中心,最后贴紧铝箔,固定好衬垫后,在铝箔上打上出气孔,以便于焊接过程中气体的排除。衬垫安装如图 1-14 所示。衬垫安装好后既可以进行焊接。

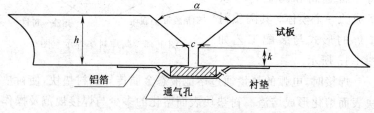

图 1-14 衬垫安装图

其中,坡口角度 $\alpha = 60°$,钝边高度 $k=1.5$,根部间隙为 2.5 mm。

10. 如何使用衬垫焊接工艺实现单面焊双面成型?

焊接中,针对焊工的操作技术水平而言,单面焊双面成型是焊接中最难操作的一种。单面焊接双面成型技术的应用中,无论构件采用那种焊接方法,其单面焊双面成型都是铁水在焊缝背面处于自由状态,而且焊缝是在全部焊透的条件下形成的。因此,对于初学者的技术水平要求较高,也成为制约和困扰焊工进行一些高难度要求构件焊接的障碍。

为解决这一难题,衬垫焊接应运而生。衬垫焊是一种高效、节能、低成本、高质量的焊接技术,目前在船体建造中已得到非常广泛的应用,尤其是陶质衬垫焊备受一些企业和厂家的关注。

陶质衬垫焊是一种以特殊陶质材料为衬托,使焊缝强制成型的高效、优质、低成本的焊接方法。使用陶质衬垫焊这种辅助焊接方法可以避免焊接过程中由于各种原因造成的根部焊缝没有焊透现象,减少了未焊透产生清根工作量。防止仰焊以及狭窄封闭环境内作业带来的危害,减轻了焊工劳动强度,使焊接生产效率成倍提高,焊接质量得到保障。

由于陶质焊接衬垫是由陶质衬垫块和铝箔胶带组成。因此,焊接前应将陶质衬垫块粘贴于铝箔胶带上。采用陶质衬垫焊接时,焊接前应先将母材金属和陶瓷衬垫块组成的一个模体,其陶质衬垫焊的形式与装配工艺如图 1-15 所示。

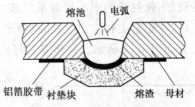

图 1-15 陶质衬垫焊示意图

焊接时,电弧的热量通过熔池液态金属传导到衬垫块,使衬垫块表面熔化形成熔渣。衬垫块表面熔化的多少与焊接规范及操作过程有直接关系。在焊接过程中,衬垫块中所含的水分会向焊缝金属扩散,导致焊缝增氢,影响焊缝质量。因此,控制陶质衬垫块的吸湿量是保证衬垫焊焊缝质量的关键。

目前使用的陶质焊接衬垫中的衬垫块大多是由矿物原料经过配料、混料、造粒、成型、烧结而成的,其生产工艺与一般陶瓷的生产工艺类似。

陶瓷的烧结过程分为固相烧结和液相烧结两种,衬垫块的烧结属于液相烧结。这类陶瓷除主要成分是 SiO_2、Al_2O_3、MgO。除此以外,还含有 K_2O、Na_2O 等其它几种至十几种氧化物杂质。这些氧化物杂质在高温作用下会形成一系列低熔点的物质,在烧结过程中这些低熔点的物质会逐步熔化形成液相。随着温度的升高和时间的延长,液相逐渐增加,通过这些液相填满坯体的孔隙,使坯体颗粒相互连接,形成具有一定强度的整体,这就是液相烧结过程。

从理论上讲,只要液相足够多,液相在衬垫块形成过程中能填满所有坯料孔隙就能得到无孔隙的致密物体,但实际烧结过程得不到理论上所设计的致密物体。

在局部液相的形成过程中常常会伴有体积收缩。一般坯料液相越多,体积收缩越大,烧结过程中完全靠坯体的整体收缩来弥补局部液相的收缩是很困难的,这就会在烧结体中形成孔隙。

另外在液相填充坯料孔隙的过程中,孔隙中原先含有的空气会被排出。当空气排出过程中受到阻碍时,空气就会保留在坯体中形成气孔。一般液相烧结的陶质材料孔隙分为两类:闭口气孔和开口气孔,两种气孔形态如图1-16所示。

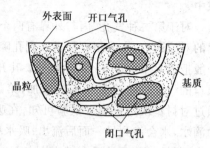

图1-16 陶瓷烧结体结构示意图

开口气孔又可分为两种,一种是孤立的气孔,这种气孔与外界只有一个连通口;另一种气孔与外界有两个以上的多个连通口的气孔,如图1-17所示。

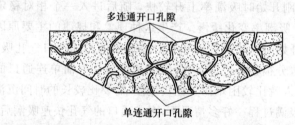

图1-17 衬垫块开口气孔示意

对于闭口气孔,由于其位于坯体内部,不与坯体外部介质连通。因此,闭口气孔只会影响坯体的密度和强度;而开口气孔与坯体外部介质连通,除影响坯体密度和强度外,还要受介质的影响。由于其闭口气孔的检测比较困难,实际生产过程中经常用开口气孔的多少表示坯体的致密程度,通过坯体吸水的体积来检测开口气孔。为了直观和检测方便,一般直接用吸水率代替开口气孔率(显性气孔率)来表示陶瓷材料的致密性。

对于第一种开口气孔,外界的水分只能通过一个连通口扩散进入孔隙,由于不能形成有效的对流通道,孔隙内的空气排出和外界水分进入都只能通过同一个连通口,需要比较长时间的扩散对流水分才能进入。有关吸水率试验结果表明,采用长时间煮沸加强对流及抽真空排除空气的方法,可以使水分顺利地进入孔隙中。

对于第二种气孔,因与外界有两个以上的连通口,可以形成有效的对流通道,水分很容易进入到孔隙中。在陶质材料的分类中,一般把吸水率小于3%的叫陶瓷,其开口气孔主要是第一种单连通口的气孔。随着吸水率的增加,第二种多连通口的气孔增加。通过对衬垫块进行滴水试验可知,在吸水率4%以上的衬垫块一面滴水,水会渗到另一面后流出;吸水率4%以下的衬垫块滴水不会渗到另一面,而是浮在衬垫块表面,在自然状态下很难通过单连通口进入衬垫块孔隙。因此,4%以下吸水率的衬垫块具有防水性能。

衬垫块有一定的吸潮性,衬垫块的吸潮呈现一定的规律性。一般而言,刚开始时吸潮率上升较快,随后进入一个相对稳定的吸潮过程,吸潮率变化缓慢。产生这种现象和规律的主要原因主要是由于开始时衬垫块表面和有对流通道的多连通口气孔吸潮,这些孔隙水分很容易进入,因此吸潮速度较快。而单连通口的气孔,水分进入就比较困难而且比较缓慢,需要比较长的时间沉淀块才能完成吸潮过程。好多情况下,多连通口的气孔快速吸潮后,单连通口的气孔吸潮还在缓慢进行。另外,不同吸水率的衬垫块所达到的稳定吸潮率是不一样的。这个吸潮率的大小实际上反映了衬垫块多连通开口气孔的多少。吸水率4%以下的衬垫块,其稳定吸潮率很低,在0.1%以内,说明其多连通开口孔隙很少,这类衬垫块的耐吸潮性和对环境的适应性很好。

衬垫块坯料中所含的水分有3种形式:结晶水、吸附水和游离水。结晶水是衬垫块坯料制备过程中物质结晶产生的水分。吸附水,即衬垫块坯料表面吸附的几个到十几个水分子层。游离水,具有水的一般特性,可存在于孔隙中。结晶水、吸附水和游离水这3种水分在衬垫块经过1 000 ℃以上的烧结过程均可以被排除。但在衬垫的生产、储存、运输、周转及使用过程中,随着温度、湿度等环境条件的变化,衬垫块还会重新吸收水分,结晶水和吸附水存在于衬垫块坯料表面,结晶水和吸附水的多少与衬垫块坯料表面积的大小有直接的关系。衬垫块的表面由衬垫块的外表面和内部开口气孔表面组成,当湿度增大、温度变化时,水分子扩散对流进入衬垫块多连通开口气孔,并凝结成游离水存在于孔隙中,随着时间的延长及环境的变化,游离水会逐渐充满衬垫块的多连通开口气孔。在焊接过程中,衬垫块受熔池的加热作用温度升高,衬垫块中所含的水分蒸发扩散进入熔池会直接影响焊缝质量,严重时焊缝会出现大量气孔。

因此,焊接过程中控制衬垫块的含水量是保证衬垫焊缝质量的关键。要使衬垫块的含水量减少,不但要在包装、运输及使用等过程中防止衬垫块受潮,防止水分进入衬垫块。在衬垫块的生产过程中,也要通过调整配方和生产工艺,将衬垫块的吸水率控制在4%以下,即提高衬垫块的致密度,减少水分存在的空间,减少多连通开口气孔,从源头上彻底阻止水分进入到衬垫块中,从而使得焊接中得到优质的陶质衬垫焊焊接质量。

11. 如何焊接观察受限位置的焊缝?

在焊接施工或修补焊接中,由于受结构所限,有很多待焊接位置存在很难观察到的现象。由于操作者观察不到待焊接的位置,只能凭经验摸索焊接,因此焊接接头容易产生气孔、夹渣、咬边、电弧擦伤、未熔合、未焊合等一系列缺陷,为焊接构件的使用安全埋下隐患。为了反复修补这些缺陷,消耗了大量人力、物力和财力。鉴于这种情况,一些有经验的高级焊工总结了几十年的焊接经验,利用其焊接位置的特殊性,采用小镜子用磁石吸附在有关结构的另一个位置上,通过观察镜子的反射面来进行焊接以达到保证焊接质量的目的。这样,即解决了操作者因观察受限无法在正确位置进行焊接的难题,又保证了焊接质量。经过观察镜面进行施焊后,焊缝可以达到平整光滑、无气孔、无夹渣和无未熔合等焊接缺陷。

镜面焊接过程中要注意的问题是镜子反面照射和平常焊接的

方向是相反的,所以在操作时要观察好起焊位置,手眼并用。焊枪运行时要注意观察镜子,焊接距离距管子远近对焊接质量都有很大的影响。

例如,采用钨极氩弧焊进行某大型结构的焊补。焊接工程中,钨极距离管子过近时会造成钨极与管子相碰引起夹钨使焊缝污染。钨极过远又会引起保护气体对焊接区保护不良形成气孔、未焊透等缺陷。因此当焊接操作人员通过观察镜子焊接,决定并控制焊枪与工件距离时,如观察到镜子中的焊接距离远,焊接人员就要压低焊接电弧。反之,如观察到镜子中的焊接距离近,操作人员就要抬高电弧。在整个焊接过程中,焊接操作人员观察镜子的经验和焊接手法的熟练程度直接导致焊接质量的好坏。

观察镜面焊接操作要领:

(1)在施焊前检查焊枪的喷嘴,观察焊枪导电嘴是否沾有飞溅物或污物,氩气的气体流量的调节是否适中,镜子是否用磁铁吸附好(镜子不能晃动),如镜子晃动将影响焊接操作过程中对焊接过程的判断;要严格清理待焊部位根部焊缝和表面施焊部位的铁锈、油污,焊接过程中始终保持规定的层间温度。

(2)因为焊接层间填层、盖面焊用惰性气体保护(这里基本上用氩气作为保护气体),钨极伸出喷嘴的长度将直接影响到焊接的稳定性和质量。钨极伸出喷嘴越长,钨极的电阻就会增大,钨极将因为导热量大造成电弧偏吹,致使焊接过程中氩气保护不良出现缺陷(夹钨、气孔等),从而影响到熔池保护区的焊接质量,使得焊缝成型不美观。相反,如果钨极伸出长度缩短,焊枪喷嘴与被焊管件的焊接距离减小,将会因喷嘴阻隔影响到焊接观察者的视线,造成焊接管件焊缝成型不良,如果钨极伸出长度过短的话,电弧燃烧将使得焊枪喷嘴过热,其结果会导致焊丝熔化致使喷嘴堵塞,其结果会减少氩气的流通量,影响氩气对焊接区的保护。

(3)管件焊接过程中,焊枪角度要和管件保持垂直距离,这是因为管件是圆形的,所以焊枪角度要随着管件的弧度而变化始终垂直于管件,这样既能保证焊接质量,又能避免焊接时产生气孔、未焊透、夹渣等状况。焊接运条方法可采用月牙形两边摆动,焊条摆动到焊缝两边稍作停留,以保持熔合良好。中间过度注意观察和保持熔池形状,避免管件的焊缝凸凹不平。焊缝的焊接接头要超过中心线 5~10 mm,在起弧焊时要注意观察坡口两边不要被焊接电弧造成电弧擦伤,为盖面焊做好准备。对于表面层的焊接应在坡口两边稍作停留,以确保焊缝熔池与坡口边缘更好的熔合。焊接过程中,焊枪的摆动幅度和频率要相适应,以保证达到规定的焊缝尺寸。

(4)焊接检验(焊工自检和金相检验)。焊工施焊结束后,操作者首先要自检,自检确定合格后才能进行无损检验及机械性能实验。采用镜面焊焊接时,可以克服位置视觉差所带来的困难,可以基本保证困难位置的施焊质量,提高了焊口合格率。正是这种镜面焊焊接方法,使某企业焊接操作者在焊接两台锅炉受热面改造中完成了大量焊口的焊接,经射线探伤检验,焊口合格率较以往普通焊法相比大大提高。因此,这种镜面焊焊接工艺值得在困难位置焊接中推广和使用。

12. 如何在水下完成构件焊接?

水下焊接由于水下环境和水下压力的存在,使焊接过程与平时我们常见的在空气中焊接相比存在更大的难度。

在水下,由于水对光线的吸收、反射、折射等作用,致使水中的能见度比空气中差很多。在水下焊接过程中,焊接材料燃烧时产生的气体和烟雾也使操作者对焊接过程难以做到有效地把握和控制。另外,在水下可能还会含有污物,在深水和海中还会含有有大量水草、海藻和淤泥等情况,这些都使操作者对焊接过程中熔池观察的难度增加,使焊接观察的可见性降低。因此,在水下焊接过程中,操作者对焊接熔池、焊缝的成型及焊接的弧光很难做到精确控制和准确把握,致使整个焊接过程基本属于凭操作者经验的"盲焊",造成焊后焊缝缺陷较多,焊接接头质量较差。

在水下焊接,由于电弧的高温作用,电弧燃烧过程中极易使焊材周围的水分解,产生大量的氢气和氧气,使焊缝中的氢含量过高,形成裂纹。

水下焊接时,由于水具有高传导热系数将电弧周围和焊缝热量迅速传走,致使焊件的热影响区和焊缝金属急速冷却,焊后金属呈现大量的淬硬组织,使工件的塑性和韧性变差,使构件的寿命降低。并且随着水下焊接深度的增加,水压会越来越大,致使焊接电弧的弧柱变细,焊道变窄,焊缝高度增加,构件应力集中增加,致使构件在使用过程中易于产生裂纹。水下焊接,在水压增加的同时,导电介质密度增加,从而增加了电离难度,电弧电压随之升高,电弧稳定性降低,电弧金属飞溅增加,焊接产生的烟尘也增多。随之而来的是对焊接过程的工艺特性、焊缝组织性能以及焊缝的化学成分等带来极为不利的影响。

由于水下焊接的特殊环境和水下焊接操作的不方便等特性,常用水下焊接可以分为两种:即,水下湿法焊接和水下干法焊接。

(1)水下湿法焊接

水下湿法焊接是指工件直接置于水中,水与焊件之间没有任何隔离措施。焊接的熔滴过渡和焊缝的结晶直接在水中完成。整个焊接过程中,电弧仅仅依靠焊材在燃烧过程中产生的气体及水汽化产生的气泡对焊接熔池进行保护。因此,水下湿法焊接所得的焊接质量较差,一般可用于一些非关键性的构件。目前,水下湿法焊接的深度不超过 100 m。

水下湿法焊接相对于陆地上普通手工电弧焊而言,主要区别还在于焊接工作环境的不同。水下焊接过程中,由于水的存在导致引弧过程难度增大。水下焊接,焊接操作人员又远离焊接电源,焊接线缆压降大,焊接操作人员控制焊接输出既不方便。另外,潮湿的工作环境也对焊接操作人员的安全和焊接电源的防水性能提出了更高的要求。

众所周之,焊接电源是获得稳定焊接过程和高质量焊接接头的关键因素。对于水下湿法手工电弧焊而言,焊接电源的选型应注意考虑所选焊接电源的空载电压、焊接电压和设备的防护等级等指标。

1) 空载电压

焊接电源的空载电压是影响焊接引弧过程中引弧成功率的主要因素。陆地上接触引弧进行焊接时,有时会因为焊条端部的铁芯没有露出来、焊条头部的形状不规则以及焊件表面油污、铁锈、杂质、污迹等问题使接触点处的接触电阻大,难以击穿形成通路,导致引不着电弧。陆地上焊接遇到这种现象时,焊接人员可以通过清理工件表面或者对焊条进行相应的处理来解决,使得焊接引弧能正常进行。但是在水下焊接时,这种情况的处理将会变得比较困难。焊接时引不燃电弧,既要考虑到水的影响,还要考虑水温、水深等因素。所以,要想顺利引弧,焊接设备就需要较大的空载电压。

2) 焊接电压

焊接电压的输出能力也是考察水下焊接设备的一个主要的性能指标。陆地上使用下降特性的焊接设备进行焊接工作时,要保证电弧稳定燃烧,应满足焊接设备的陡降电源外特性要求。即,引弧时有一定的空载电压。引着电弧后,随着焊接电流的增加,焊接电弧电压很快下降,短路时焊接电压等于零,以确保焊接操作者和焊接设备的安全。水下焊接,焊接电源一般远离施工地点。一般焊接电源放在特定的船舱内,焊接电源通过较长的焊接电缆连接工件和焊钳处。这样,焊接电缆的压降较大,表1-4为焊接电缆导线截面与导体最大电阻值的技术参数。

表1-4 焊接电缆导线截面与导体最大电阻值的技术参数

导体标称截面(mm^2)	20 ℃导体最大电阻(Ω/km)
16	1.190
25	0.780
35	0.552
50	0.390
70	0.276
95	0.204

例如,长 200 m、截面面积为 95 mm² 的电缆,通过表 1-4 可知,该段电缆阻抗为 0.204 7 Ω。如果使用的焊接电流为 200 A 时,根据欧姆定律可知,电缆的压降为 8 V。除此之外,电缆连接点、焊接回路切断装置(如闸刀开关)以及工件接地处,都会由于环境的湿度大发生锈蚀而导致接触电阻增加以及由此引入的压降。因此,为水下焊接进行焊接电源选型时,根据焊接工艺要求,需要保证一定的电弧电压。对于焊接电源而言,要考虑在有压降的情况下,焊机能否输出足够的功率,以满足焊接工艺和焊接工作过程的要求。

图 1-18 是水下湿法手工电弧焊焊接时的焊接电源外特性曲线。在进行水下湿法手工电弧焊时,焊接过程中焊条会产生大量保护气体,电弧电压较高。因此,对焊接电源特性曲线中的自然特性段,也就是图 1-18 中的 BC 段要求较高,一般要求电压至少达到 50 V,这要求焊机要有较大的输出能力。如图 1-18 中 BC 段的

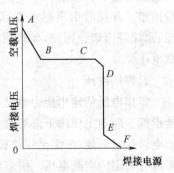

图 1-18 焊接电源外特性示意图

电压较低,焊接过程中会由于水流的影响或者焊接工作者的人为因素可能将电弧拉长。这时,焊接电源的工作点会从恒流段(DE 段)进入自然特性段,使焊接达不到稳定工作要求,同时也增大了断弧的概率。

3)焊接电源的防护等级

IP 防护等级系统将电器依其防尘防湿气特性加以分级。这里所指的外物含工具、人的手指等均不可接触到电器内带电部分,以免触电。IP 防护等级是由两个数字所组成,第 1 个数字表示防止外物侵入的等级,第 2 个数字表示防湿气、防水侵入的密闭程度,数字越大表示其防护等级越高。

水下焊接电源与普通焊接电源类似,水下焊接用的焊接电源

为防止固体异物进入的防护等级为2级,即直径12.5 mm的球形物体等试具不得完全进入壳内。对于水下焊接应用场合的焊接电源,主要多用于船舶、码头等潮湿环境中,因此相对于普通焊机,水下焊接使用的点焊机需要加强对防水性能的要求,防水等级需要3级以上,也就是至少要满足焊接电源的机壳在各垂直面60°范围内淋水时无有害影响。

4) 水下通信设备

潜水作业有较大的危险性。潜水焊接在工作过程中,为了方便的和陆地上的工作人员实时保持联系,需要有效而又可靠的通信手段。常用的通信工具有信号绳和水下电话。信号绳是潜水焊接人员与水面工作人员之间传递约定信号的绳子,一般情况下,这种信号绳采用优质油麻或尼龙绳,每根约长100 m,信号绳设备简单,传递的信息有限。而潜水电话可以在潜水焊工在工作过程中遇到的各种状况时及时通知陆地上的工作人员,以便得到及时的处理。因此,潜水电话是一种通信及时有效的通信工具。

5) 焊接电源控制电路

水下焊接时,空载电压越高,对焊接操作者的安全影响也就越大。但湿法水下焊接时,为了提高引弧性能,保证焊接质量,又不得不提高焊接电源的空载电压。从安全角度和顺利焊接角度考虑,焊接人员安全与提高空载电压是一对对立的矛盾。在水下焊接时,一般来讲当为焊接而开展的准备工作尚未准备好时,焊接电源没有输出;当准备工作充分做好后,甚至焊条位于焊缝处时,电源再有电流输出,并迅速引燃电弧;当焊接操作结束时,水下焊工应及时通知陆地上的工作人员及时关断焊机的电源输出,避免焊接电压影响焊接操作人员人身安全。

(2) 水下干法焊接

水下干法焊接是指把包括焊接部位的较大范围内的水排开,使操作者能在干的气相环境进行焊接的方法。这种方法多用于深水,需要预热或焊后热处理的材料,且结构较重要,或质量要求很高的结构的焊接。

根据水下气室中压力的不同,水下干法焊接又可分为高压干法焊接及常压干法焊接。除此之外还有局部干法水下焊接和可移动气室式水下焊接等。

水下干法焊接分为高压干法焊接、常压干法焊接和局部干法水下焊接三种。

高压干法焊接是指焊接过程中,在气室底部通入气压稍大于工作水深压力的气体,把气室内的水从底部开口排除,焊接是在干的气室中进行的。即,操作者在水下一个大型干式气室中焊接。气室的尺寸和形状应根据焊接结构的需要设计。同时,气室要配有维持生命、湿度调节、监控、照明、安全保障、通信联络等系统。一般采用焊条电弧焊或惰性气体保护电弧焊等方法进行。高压干法焊接可达到陆上在空气中焊缝的水平,最大焊接水深可达300 m或者更高。

高压干法焊接面临的主要问题有以下几个方面:

1)因为高压干法焊接气室受到工程结构形状、尺寸和位置的限制,适应性较弱,目前仅能应用于海底管线等形状简单、规则结构的焊接。

2)由于高压干法焊接的辅助工作时间较长,它需要的水面支持人员众多,施工队伍较庞大。因此,施工成本较高。例如:美国TDS公司用于直径813 mm管线的焊接的一套高压干法装置(MOD-1)的价值高达200万美元。

3)高压干法焊接同样存在"压力影响"等问题。在深水进行焊接(如几十米到几百米深处)时,随着电弧周围气体压力的增加,焊接电弧性、冶金特性及焊接工艺特性都要受到不同程度的影响。因此,要认真研究和采取相应措施才能减小或避免气体压力对焊接过程的影响,才能获得优质的焊缝。

高压干法焊接虽然能消除水对焊接过程的影响,但装备复杂,施工费用较高,且对水深压力的影响无法完全排除,适用的接头形式也有限,一般常应用在管线接头的焊接方面。

常压干法焊接是指在深水下,操作者仍然在与陆地环境相当的气相环境中焊接,这种方法排除了水深的影响。常压干法焊接的最大优点是可以有效地消除水对焊接质量的影响,焊接条件几乎和陆地一样,焊接质量好,但焊接设备复杂,提供保障的人员比高压干法焊接更多、施工的费用更高,焊接过程准备比高压干焊法更复杂,且焊接接头的形式也有局限性,一般只能用于管线接头的焊接。

局部干法水下焊接技术是利用气体使焊接局部区域的水排开,形成局部干的气室进行焊接。该法既具有湿法焊接简单灵活的优点,又能像干法焊接那样获得优质的焊缝,它有效降低了水对焊缝的影响,从而提高了焊缝的质量,是一种比较先进的水下焊接方法。小型局部干法设备简单并易于进行自动及半自动焊接。

局部干法焊接种类较多,较典型的有可移动气室式水下焊接法、水帘式焊接法、钢刷式焊接法、干点式焊接法及气罩式焊接法,此外还有旋罩式焊接法。

可移动气室式水下焊接是利用一个可以移动的一段开口的气室,通入的气体既是排水气体又是保护气体,用气体将气室内的水排出,气室内呈气相,电弧在其中燃烧。焊接时,将气室开口端与被焊部位接触,在开口端装有半透密封垫与焊枪柔性密封,焊枪从侧面伸入气室,排水气体将水排出后,便可借助气室中的照明灯看清坡口位置,而后引弧焊接,焊一段移动一段气室,直至焊完整条焊缝。该方法可用于进行构件的全位置焊接。

可移动气室式水下焊接法的优点是气室内的气相区较稳定,电弧较稳定,焊接质量较好,焊接接头强度不低于母材,面弯和背弯均可达到180°,焊缝无加渣、气孔、咬肉等缺陷,焊接区硬度也较低。焊接接头性能满足设计要求,并可在最大水深 30~40 m 中应用。但可移动气室式水下焊接法也存在一些不足之处。例如,焊接时不能很好地降低焊接烟雾的影响;气室与潜水面罩之间仍有一层水,这虽然对在清水中焊接时对可见度影响不大,但对在浑水中焊接的可见度仍是很难解决的问题;由于焊接时焊枪与气室是柔性连接,焊接时必须焊一段停一段,移动一次气室。因此,这些过程使得焊缝不连续,使焊道接头容易产生一些焊接缺陷。

由以上几种水下焊接的方法可见,合理采用局部排水措施可有效解决水下焊接的主要问题,解决好排水问题才能提高电弧的稳定性,改善焊缝成型,减少焊接缺陷。排水问题处理得好,在水深不超过 40 m 的情况下,可以获得性能良好的焊接接头。另外,局部干法水下焊接施工难度相对较小,是很有前途的水下焊接方法。

第二节 焊接过程中如何防止与减少焊接缺陷

焊接是保证所焊接构件致密性和强度的关键,是保证被焊件正常承载使用的首要条件。如果焊接件存在缺陷,就可能造成结构断裂、渗漏,甚至引起爆炸。

根据有关资料统计,40%脆断事故是从焊缝缺陷处开始的。在对设备进行检验的过程中,对焊缝的检验尤为重要。因此,焊接生产中及早发现缺陷,把焊接缺陷限制在一定范围内,是确保结构生产和使用的前提。

构件的生产中,焊接过程中产生的缺陷形态各异,焊接缺陷种类很多,但大体上焊接缺陷可分为外部缺陷和内部缺陷。常见的焊接缺陷有气孔、夹渣、焊接裂纹、未焊透、未熔合、焊缝外形尺寸和形状不符合要求、咬边、焊瘤、弧坑等。

1. 如何防止焊接过程中产生气孔?

气孔是指在焊接时,熔池中的气泡在凝固时未能逸出而形成的空穴,如图 1-19 所示。简单地讲,焊接中气孔产生的原因主要有:焊件不清洁,尤其是被焊接件的坡口边

图 1-19 焊缝中的气孔缺陷

缘不清洁,被焊接坡口及其附近存在水份、油污和锈迹等。同时,

焊条或焊剂未按规定进行焙烘,焊芯锈蚀或药皮变质、剥落等也是引起气孔的主要原因。

焊件中由于气孔的存在,使得焊缝的有效截面减小,过大的气孔会降低焊缝的强度,破坏焊缝金属的致密性。

焊接过程中预防气孔的措施主要是认真清理坡口边缘水份、油污和锈迹,严格按规定保管、清理和焙烘焊接材料,不使用变质焊条。焊接时选择合适的焊接电流和焊接速度。进行自动化程度较高的焊接时(如埋弧焊),应选用合适的焊接工艺参数。

2. 如何避免焊接过程中产生夹渣?

夹渣就是焊后熔渣仍然残留在焊缝中的现象(如图1-20所示)。夹渣的产生不但会降低焊缝的承载能力,夹渣如存在于动载结构中不但会降低焊缝的强度和致密性,也是引起焊缝裂纹的根

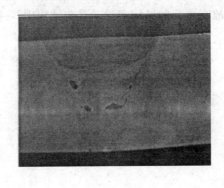

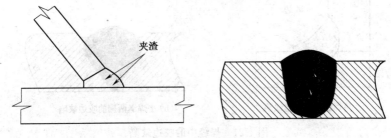

图1-20 夹渣缺陷

源。产生夹渣的原因主要有焊缝边缘有氧割或碳弧气刨残留的熔渣,构件坡口角度或焊接电流太小,或焊接速度过快,在使用酸性焊条时,由于电流太小或运条不当形成"糊渣",使用碱性焊条电弧过长或极性不正确也会出现此种情况。进行埋弧焊封底时,焊丝偏离焊缝中心,也易形成夹渣。

防止产生夹渣的措施主要是:正确选取坡口尺寸,认真清理坡口边缘,选用合适的焊接电流和焊接速度,运条摆动要适当;封底焊渣应彻底清除再焊接上层的焊缝;埋弧焊要注意防止焊偏。

3. 如何防止焊接过程中产生凹陷或咬边?

焊缝边缘留下的凹陷,称为咬边(如图 1-21 所示)。咬边产生的原因是由于焊接电流过大、运条速度快、电弧拉得太长或焊条角度不当等。咬边减小了母材接头的工作截面,从而在咬边处造成应力集中,故在重要的结构或受动载荷结构中,一般是不允许咬边存在。

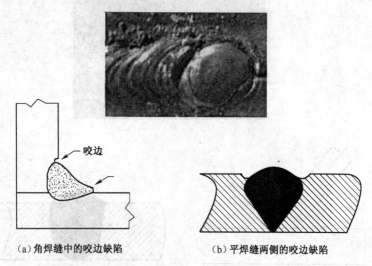

(a)角焊缝中的咬边缺陷　　　(b)平焊缝两侧的咬边缺陷

图 1-21　焊缝中的咬边缺陷

防止咬边的办法是:选择合适的焊接电流和运条手法,随时注意控制焊条角度和电弧长度;埋弧焊工艺参数要合适,特别是焊接速度不宜过快,焊机轨道要平整。

4. 如何防止焊接过程中产生未焊透与未熔合?

焊接时,接头根部未完全熔透的现象,称为未焊透(如图1-22所示)。在焊件与焊缝金属或焊缝层间有局部未熔透现象,称为未熔合(如图1-23所示)。未焊透或未熔合是一种比较严重的缺陷,焊缝会出现间断或突变,焊缝强度大大降低,甚至引起裂纹。

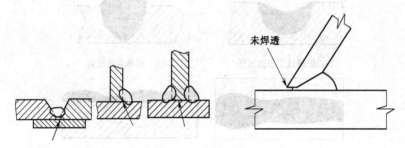

图1-22 未焊透形态

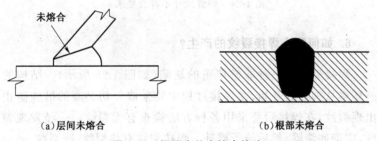

(a)层间未熔合　　　　　(b)根部未熔合

图1-23 焊缝中的未熔合缺陷

未焊透或未熔合产生原因是:焊件装配间隙或坡口角度小、钝边厚、焊条直径大、电流过小、速度快及电弧过长等。防止方法是:正确选取坡口尺寸,合理选用焊接电流和速度,坡口表面氧化皮和油污要清除干净;封底焊清根要彻底,运条摆动要适当,密切注意坡口两侧的熔合情况。

5. 如何防止焊接过程中产生焊缝尺寸不符合要求现象?

焊缝尺寸不符合要求是指焊缝长宽不够,焊波宽窄不齐,高低不平,焊脚两边不均,如图 1-24 所示。焊缝尺寸不符合要求产生的原因主要是焊件坡口角度不当或装配间隙不匀;焊接电流过大或过小;焊接速度不当或焊条仰角不合适;电弧长度控制不准,电弧长则焊缝宽;对埋弧自动焊来说,主要是焊接规范选择不当。

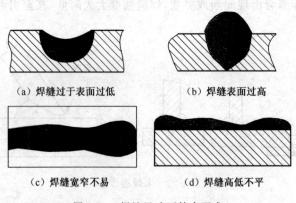

(a) 焊缝过于表面过低　　　　(b) 焊缝表面过高

(c) 焊缝宽窄不易　　　　(d) 焊缝高低不平

图 1-24　焊缝尺寸不符合要求

6. 如何防止焊接裂纹的产生?

焊接裂纹是一种非常严重的缺陷(如图 1-25 所示)。结构的破坏多从裂纹处开始,在焊接过程中要采取一切必要的措施防止出现裂纹,在焊接后要采用各种方法检查有无裂纹。一经发现裂纹,应彻底清除,然后给予修补。焊接裂纹有热裂纹、冷裂纹。

焊缝金属由液态到固态的结晶过程中产生的裂纹称为热裂纹,其特征是焊后立即可见,且多发生在焊缝中心,沿焊缝长度方向分布。热裂纹的裂口多数贯穿表面,呈现氧化色彩,裂纹末端略呈圆形。

产生热裂纹的原因一般是焊接熔池中存有低熔点杂质(如 FeS 等)。由于这些杂质熔点低,结晶凝固最晚,凝固后的塑性和

(a) 结晶裂纹

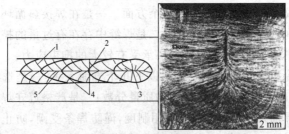
(b) 结晶裂纹与弧坑裂纹

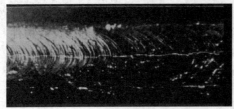
(c) 纵向裂纹

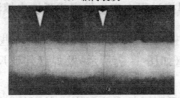
(d) 横向裂纹

图 1-25 焊缝中裂纹的各种形态

强度又极低,因此在外界结构拘束应力足够大和焊缝金属的凝固收缩作用下,熔池中这些低熔点杂质在凝固过程中被拉开,或在凝固后不久被拉开,造成晶间开裂。焊件及焊条内含硫、铜等杂质多时,也易产生热裂纹。

防止热裂纹的主要措施是一要严格控制焊接工艺参数,减慢冷却速度,适当提高焊缝形状系数,尽可能采用小电流多层多道焊,以避免焊缝中心产生裂纹;二是认真执行工艺规程,选取合理的焊接程序,以减小焊接应力。

焊缝金属在冷却过程或冷却以后,在母材或母材与焊缝交界的熔合线上产生的裂纹称为冷裂纹。冷裂纹可能在焊后立即出现,也有可能在焊后几小时、几天甚至更长时间才出现。

冷裂纹产生的主要原因有三个方面。一是在焊接热循环的作用下,热影响区生成了淬硬组织;二是焊缝中存在有过量的扩散氢且具有浓集的条件;三是焊接接头承受有较大的拘束应力。

防止冷裂纹的措施主要应从以下几个方面入手:一是选用低氢型焊条,以减少焊缝中扩散氢的质量分数;二是严格遵守焊接材料(焊条、焊剂)的保管、烘焙、使用制度,谨防焊条受潮,防止中的水分进入焊缝;三是仔细清理坡口边缘的油污、水份和锈迹,减少氢的来源;四是根据材料等级、碳当量、构件厚度、施焊环境等,选择合理的焊接工艺参数和线能量;五是焊接后及时进行焊后构件的热处理,以达到去氢、消除内应力和淬硬组织,改善接头韧性的目地;六是采用合理的施焊程序,采用分段退焊法等,以减少焊接应力。

7. 如何防止焊接过程中产生焊瘤或弧坑未填满?

除以上各种焊接缺陷外,焊接中还常见到一些焊瘤(如图1-26所示)、弧坑未填满(如图 1-27 所示)及焊缝外形尺寸和形状上的缺陷。

产生焊瘤的主要原因是电流过大运条不均,造成熔池温度过高,液态金属凝固缓慢下坠,因而在焊缝表面形成金属瘤。立、仰焊时,采用过大的焊接电流和弧长,也有可能出现焊瘤。

产生弧坑的原因是熄弧时间过短,焊接突然中断或焊接薄板时电流过大等。

焊缝表面存在焊瘤影响美观,并易造成表面夹渣;弧坑常伴有裂纹和气孔,严重削弱焊接强度。防止产生焊瘤的主要措施是

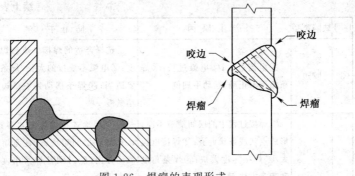

图 1-26　焊瘤的表现形式

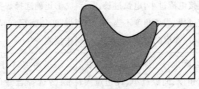

图 1-27　弧坑未填满

严格控制熔池温度,立、仰焊时,焊接电流应比平焊小 10%～15%,使用碱性焊条时,应采用短弧焊接,保持均匀运条。防止产生弧坑的主要措施是在手工焊收弧时,焊条应作短时间停留或作几次环形运条。

8. 控制哪些因素可以避免焊接缺陷的产生?

手工电弧焊过程中各种焊接缺陷的产生与焊接操作密切相关。手工电弧焊常见焊接缺陷与操作的关系见表 1-5。

表 1-5　手工电弧焊常见焊接缺陷与操作的关系

序号	缺陷类型	产生原因	防止措施
1	弧坑裂纹	①收弧过快,未填满弧坑;②熔池冷却过快	①采用回焊法或间断灭弧法填满弧坑;②减缓熔池冷却速度
2	气孔	①焊条受潮;②电弧过长,熔池保护不好;③焊接电流过大;④运条方法不当,接头、引弧操作不正确	①严格执行焊材保管、发放、回收的管理规定;②保证焊缝坡口及坡口两侧的清洁;③提高焊工操作技术水平

续上表

序号	缺陷类型	产生原因	防止措施
3	咬边	①电流过大;②电弧过长;③焊条角度不正确,摆动不到位	①选择合适的焊接电流和焊接速度;②电弧不能拉的太长,焊条角度要适当;③焊条摆动到坡口边缘要稍微慢一些
4	夹渣	①焊接过程中的层间清渣不净,形成点状或条状夹渣;②焊接电流太小、焊接速度太快;③焊条角度和运条方法不当	①合理地选择焊接工艺参数;②认真清除层间熔渣;③注意熔渣的流动方向,随时调整焊条角度和运条方法
5	未熔合	①焊接电流过小,电弧过长;②运条速度过快,焊条角度不当,焊条摆动不到位;③层间清渣不彻底	①正确选择焊接工艺参数,短弧施焊;②加强层间清理;③提高焊工操作技能
6	未焊透	①电流太小、焊接速度过快;②坡口角度、间隙过小、钝边过大;③焊工操作技能不熟练	①提高坡口、钝边、间隙的装配质量;②选择合适的焊接电流和焊接速度;③提高焊工的操作技能
7	烧穿	①组对间隙过大、钝边过小;②焊接电流过大;③焊接操作技能不熟练	①提高组对质量;②根据间隙钝边选择焊接参数;③提高焊工操作技能

根据多年的焊接实践,避免焊接缺陷的产生,在操作过程中主要注意以下几个方面:

(1)操作过程中焊条的施焊角度要灵活和正确。如果以焊条纵轴线垂直于熔池正中心为基准,焊接时不管焊条向任何方向倾斜,焊条与基准线的夹角都不要超过30°(即,焊条与焊接工件的角度不能小于60°)。施焊过程中,焊条与焊接件角度的大小,直接影响着母材和熔敷金属上线能量的分配,因而直接影响着焊缝的组织的形成、熔透能力。施焊角度越小,有益合金元素损耗越多,焊接热输入越少,咬边、未熔合、未焊透、气孔等焊接缺陷也就越容易产生,焊波纹也越粗糙。

(2)电弧长短要合适。电弧长度并不是以某一长度为基准,而是随着焊芯直径、药皮种类和电流极性而有所改变,一般以焊条的焊芯直径作依据,焊接电弧长度大于此数值时的电弧称为长弧,小于此数值的弧长称为短弧。

电弧长短与电弧电压相关联。焊接时,电弧越长,电弧电压越高,熔宽越大,熔深越浅,焊接过程中越容易产生咬边、未熔合和未焊透等现象。焊道外观扁、平、宽,较有利于对接焊缝的盖面成型。焊接过程中,长弧焊接可使熔池的保护效果变差,外界空气容易侵入熔池焊道,容易造成合金元素的烧损及产生气孔等缺陷,但是较长的电弧有利于施焊者对熔池的观察。焊接过程中,采用短弧焊接则正好相反,焊接电弧短,熔宽较小,不利于多层多道焊的填充,熔深大,适用于打底层的焊接,以保证根部焊缝的熔合与熔透。

(3)焊接速度要适中。焊接速度主要影响焊接热输入和生产效率。在其它焊接参数一定的前提下,焊接速度越快,热输入越低,层间温度越低,过快的焊接速度可能会造成焊缝某些区域内一定范围内的熔合不良问题。因此,对于生产中需要提高焊接速度的要求,一定要谨慎,一定要在保证焊接质量的前提下提高焊接速度。

(4)焊条摆动的模式应满足熔池变化的需求。焊接过程中,焊条以熔核焊点为轴心而作的游动模式称为焊条的摆动模式。一般情况下,焊接电弧停顿点的位置、往返时间、游动速度和密度等不同形式的摆动会影响焊缝外观成型以及生产效率。焊接过程中,焊条做合理的摆动,可达到不同的焊接层填充的目的,其焊接质量也较好。摆动的模式有直线型、直线往复型、正月牙形、反月牙形、之字形、"8"字形等,具体选用那种模式还要看操作者对不同模式掌握的熟练程度和焊缝宽窄及具体应用在那层焊缝中等具体要求。一般情况下,打底层焊缝宜于采用直线型与直线往复型,盖面层焊缝宜采用月牙形或之字形,而中间层焊缝则应视焊缝的宽窄情况具体情况具体分析选择。

(5)整个焊接过程的关键是观察和控制好熔池。焊接接头质量的好坏与焊接中的熔池密切相关。焊接熔池虽然小,但是它相当于一个小炼钢炉,炼钢过程中的冶金现象在焊接过程中都可以观察到，只不过它的冷却速度快，冶金过程进行得不充分，再加上焊缝金属的定向凝固，外加应力与不均匀的加热与冷却收缩，使之非常容易产生焊接缺陷。因此，操作者如果仔细观察焊接过程中的现象，熔池中气体的外逸及熔池的结晶都可以看得很清楚。焊接过程中操作者只要控制好熔池金属的冷却速度和冷却时间，就可以使气体外逸，避免各种焊接缺陷的产生。

9. 补修焊接缺陷时应该注意哪些问题？

焊接后的接头如果产生了焊接缺陷，就要对其进行返修。对焊缝缺陷进行修正时应注意以下几个问题：

(1) 缺陷补焊时，宜采用小电流、不摆动、多层多道焊，禁止用过大的电流补焊。

(2) 对刚性大的结构进行补焊时，除第一层和最后一层焊道外，均可在焊后热状态下进行锤击。每层焊道的起弧和收弧应尽量错开。

(3) 对要求预热的材质，对工作环境气温低于 0℃ 时，应采取相应的预热措施。

(4) 对要求进行热处理的焊件，应在热处理前进行缺陷修正。

(5) 对 D 级、E 级钢和高强度结构钢焊缝缺陷，用手工电弧焊焊补时，应采用控制线能量施焊法。每一缺陷应一次焊补完成，不允许中途停顿。预热温度和层间温度，均应保持在 60℃ 以上。

(6) 焊缝缺陷消除的焊补，不允许在带压和背水情况下进行。

(7) 修正过的焊缝，应按原焊缝的探伤要求重新检查，若再次发现超过允许限值的缺陷，应重新修正，直至合格。焊补次数不得超过规定的返修次数。

第二章 通用焊接结构焊接

第一节 极薄钢板的焊接

1. 极薄钢板焊接中容易产生哪些问题？如何避免？

大量的生产实践证明，薄板电弧焊时的主要问题有两个：一是烧穿；二是焊接变形。

（1）烧穿

烧穿是薄板电弧焊时的主要问题之一，其产生与熔池受力切相关。根据平焊时熔池烧穿前瞬间的受力情况，熔池主要受以下几种力（如图 2-1 所示）。

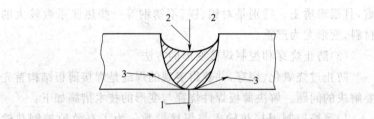

图 2-1 熔化焊平焊时熔池金属的受力状况
1—熔融金属的重力；2—电弧吹力；3—熔池金属表面张力

1）熔融金属的重力。熔融金属的重力决定于熔池金属的多少和金属高温支持强度的高低。

2）电弧吹力。电弧吹力主要由焊接电流大小决定，也受焊接电流高的低影响。

3）熔池金属表面张力。熔池金属表面张力除与金属种类有关外，还与熔池表面状态有关。例如，氩弧焊薄板时，熔池金属受到气体的保护，不易氧化，再加上保护气流的冷却作用降低了熔池表面温度,都将使熔池金属的表面张力提高。

4)固液体金属的附着力和液体金属的内聚力。固液体金属的附着力和液体金属的内聚力都是保持熔池的内力,但它们相对较小,对烧穿的影响可忽略不计。

由此可见,重力和电弧吹力是促使熔池下塌或使之烧穿的力,而表面张力则是阻止熔池下塌或烧穿的力。如果熔融金属的重力、电弧吹力、熔池金属表面张力三者的合力大于熔池金属的强度,液体金属就会被拉断而出现烧穿。为了使薄件焊缝不致烧穿,应提高熔池的表面张力,降低其他力的作用,即减少由于热量积累而造成熔池金属量的增大,尽量减小焊接电流和热输入。

(2)焊接变形

薄板焊接的另一主要问题是焊接变形。焊接过程是一个局部加热和冷却的过程,在焊接热作用下,材料受到不均匀的加热和冷却,会产生不均匀的应力状态,造成不同程度的应力及变形。而薄板由于其自身拘束度小,焊接时变形较大,其中以波浪变形最为严重,且很难矫正。特别是对铝、镁、不锈钢等一些热胀系数较大的材料,变形尤为严重。

(3)防止烧穿和控制焊接变形的方法

防止过烧氧化、烧穿,并获得美观的焊缝是焊接薄板结构首先要解决的问题。解决薄板焊件烧穿与变形的技术措施如下:

1)严格控制焊接热输入与焊接参数。为了有效地控制热输入,首先要正确选择焊接方法。各种焊接方法对焊缝及热影响区的金相组织及力学性能影响程度不同,因此,也会不同程度地影响产品的使用性能。例如,焊条电弧焊焊接的工件厚度一般在1.5 mm以上,厚度在1.0 mm以下的薄板,不宜采用焊条电弧焊。能较好控制热输入的焊接方法主要有电子束焊、激光焊、等离子弧焊、微束等离子弧焊和TIG焊等。其次要正确选择焊接电流并保持其相对稳定性,合适的焊接电流可以减少和控制焊接时的热输入量。热输入小,氧化、烧穿及焊接应力与变形就小。

2)保证电弧稳定燃烧。焊接时要采取各种措施防止电弧飘移,要根据熔池形成情况,控制电弧的高低及电弧燃烧的稳定性。

3)采用刚性固定措施防变形。工装夹具必须在焊缝两侧均匀夹紧,同时也要保证板边公差、间隙等限制在允许的范围内。

上述措施的核心是热输入的控制问题,即若要减小并避免焊件的变形、过热及烧穿,最应注意的是严格控制焊接热输入,在完成焊缝焊接的前提下,尽量减少焊缝的热输入,从而减小焊接热影响区,减小焊接变形及其对接头性能造成不良的影响。另外,材料焊接性的许多方面也要求控制焊接热输入,如某些奥氏体不锈钢焊接时,焊缝有热裂倾向,近缝区有产生液化裂纹的倾向,解决这些问题都需要采用小的焊接热输入。

2. 哪些方法可以焊接极薄钢板?

使用极薄钢板焊接的对象主要是家庭电气制品、农机具、铁道车辆、汽车、建筑等轻型构件。此外,食品容器、微型机械、造纸机械、航空机械以及不锈钢、铝、钛等特殊材料的焊接,也多是使用薄板,所以说薄板的用途是相当广泛的。

一般情况下,薄板轻型构件多是体积小、批量生产、焊缝短、形状复杂、焊接自动化程度有限。而且大多数构件都是采用焊条电弧焊焊接。

近些年来,由于对产品的质量、性能要求的不断提高,尤其是为满足航空、航天产品的需要,为确保产品的高质量、高性能,电子束焊接、激光焊接、钨极氩弧焊、二氧化碳气体保护焊等焊接方法开始应用到极薄钢板的焊接上。例如,焊接碳钢时,由于焊缝较长,所以适于采用自动二氧化碳电弧焊;而不锈钢焊缝多是采用熔化极氩弧焊(MIG);极薄管壁的对焊则采用钨极氩弧焊(TIG)等焊接方法。

极薄钢板的焊接与中、厚钢板的焊接不一样,它的散热方式属于二维散热,热容量非常小,因此在焊接时常常出现熔穿和变形。对于构件的形状复杂,对产品外观要求又很严格的构件,焊接难度就更大。因此,在极薄钢板施焊时应注意以下问题:

1)为了防止熔穿和变形,熔焊深度要浅。
2)施焊方法要适合复杂的焊缝及焊接位置。
3)焊缝成型要美观。
4)焊接接头力学性能应优良,密封性应良好。
5)施焊效率要高。

为满足上述性能要求,不同材料、不同构件、不同复杂程度的结构只用一种焊接方法是很难实现的。因此,焊前要根据焊件的材质、接头形状、板厚、使用目的等采用适当的焊接方法。

3. 如何利用手工电弧焊焊接极薄钢板?

(1)焊条电弧焊接薄板的一般特性　采用焊条电弧焊接薄板的应用十分广泛,特别是对于极薄钢板的焊接时,使用操作性能好的焊条,有电弧稳定、熔焊深度浅、焊缝成形美观等优点,因此它特别适合于极薄钢板的焊接。在选择焊接极薄钢板的焊条时,一定要从板厚、接头形状、使用目的等方面来考虑。极薄钢板焊接时,一般是使用钛铁矿型焊条、钛钙型焊条、氧化钛型焊条。在薄钢板结构中,即使是最薄钢板组成的结构,也可采用焊条电弧焊焊接。对于板厚为 0.8~1.2 mm 的钢板的焊接,可采用氧化钛型焊条;对于板厚为 1.2~1.6 mm 的构件可采用钛钙型焊条。

对不同的接头形状,也应使用不同的焊条。如对接焊、角焊容易出现熔穿,这时最好是选用氧化钛型焊条;"T"形焊、搭接填角焊等需用大焊接电流时,最好选用钛钙型焊条或钛铁矿型焊条。

(2)施焊。薄板轻型构件的焊接具有焊缝长度短,而且复杂,有时需要全位置的焊接,故要考虑使用的焊条引弧性能要良好。为了获得良好的焊缝,要使其处在适当的焊接电流和弧长条件下,并注意运条摆动方法。

例如,如图 2-2 所示两曲面对接接头,最好采用焊条电弧焊;单曲面角接接头、角接接头也尽量采用焊条电弧焊;立向上焊焊接时,焊缝不要过于凸起,焊条可适当摆动;立向下焊焊接时,要直线进给快速焊接。这样,熔渣可得到良好的处理,防止熔渣超越熔池铁液;仰焊时,要尽量采用短的电弧,同时也要避免焊把抖动。

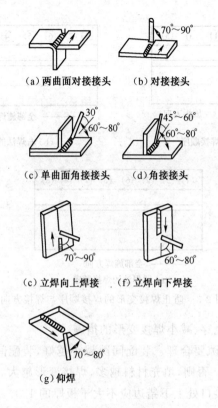

图 2-2 各种位置焊接的运条要领

极薄钢板焊接时所产生的气孔、熔深偏移、熔穿等缺陷,与厚钢板焊接时所发生的缺陷不同,这些可能成为极薄钢板焊接质量的致命缺陷,因此必须注意。

焊接极薄钢板时,由于散热不好,薄板稳定性差。如果焊接时工艺措施不得当,钢板将发生严重变形。产品变形不仅影响产品的加工精度,而且会导致装配效率的降低。因此,极薄钢板焊接前必须考虑使用工装夹具,选择适当的焊接方法,制定合理的焊接顺序、控制焊接热输入,实施反变形法等。如图2-3所示为焊接时减小焊接热输入,阻止焊接变形的焊接顺序与焊接方向和顺序,供焊接时参考。

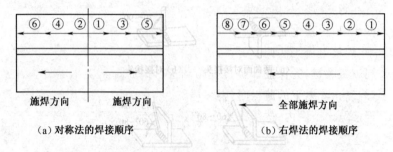

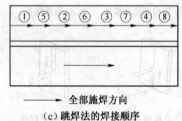

图2-3 防止焊接变形的焊接顺序与焊接方向

(3)防止烧穿、减小焊接变形的措施

1)装配间隙要合理。装配间隙越小越好,装配间隙最大不应超过0.5 mm。否则,填充材料越多,焊接变形越大。同时要求坡口边缘整齐,接口处上下错边应不大于板厚的1/3。

2)定位焊间距要符合有关规定。为减小焊接变形,定位焊间距应小些,呈点状分布,焊点间距为80~100 mm,在焊缝两端的定位焊缝要长一些,为10~20 mm。

3)引弧电流要合适。焊接得以顺利进行的关键是能否成功引弧。对于薄板的焊接,引弧电流过大,易烧穿;而引弧电流过小时,电弧稳定性差,焊条易黏着工件上,使焊接过程无法顺利进行。故在进行焊条电弧焊时,为提高引弧的成功率,引弧时短路电流(I_d)与焊接电流(I_h)之比应符合 $1.25 < I_d/I_h < 1.5$ 的要求。焊

条电弧焊的焊机应采用陡降的外特性电源,以便与电弧静特性曲线的形状作适当配合,有利于保持焊接电流的稳定,从而使焊接过程稳定。

在焊接 2 mm 以下的薄钢板时,通常采用较细的 1.5 mm 左右的焊条,焊接电流的使用范围一般在 50～80 A。由于在焊接过程中,焊接电流无法调节,这样引弧电流的大小对保证焊接过程的顺利就很关键,为保证焊接过程顺利进行同时焊条又不黏着工件上,焊 2 mm 以下的薄板时,引弧电流为 70～80 A 较为合适。在此焊接电流范围内,选用直流反接,采用短弧焊,快速直线运条,不作横向摆动,易获得小尺寸熔池,这样就可有效地防止烧穿和减小变形。

4)焊接技术要灵活调整。对可移动的焊件,最好将一端垫起,使焊件倾斜一定的角度进行下坡焊。这样可以提高焊速,减小熔深。10°～20°的下坡焊对防止烧穿和减少焊接变形很有效。对不能移动的焊件,可采用灭弧焊接法,即焊接中发现熔池将要烧穿时立即灭弧,使焊接接头处温度降低后再继续焊接;也可采用直线前后往复摆动焊接,但焊条向前时,电弧要拉长些,使熔池得到必要的冷却,防止烧穿焊件。

例如,板厚 2 mm 低碳钢水箱的焊接,就是把板厚 2 mm 的水箱组装、定位焊后,让焊缝向上,把水箱的一头下边垫上大小适合的木块,使水箱焊缝大约有 25°～35°的斜坡,如图 2-4 所示。用

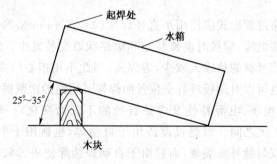

图 2-4 薄板结构的焊接措施

E4303(J422)ϕ2.5 mm 的焊条,焊接电流的大小选用平焊时焊接电流的大小就可以,采用顺坡、快速、连续的方法施焊(根据焊缝的具体情况来控制焊接速度及电弧的长短),这样就不会发生烧穿、塌陷等焊接缺陷了,此焊法不但能保证焊缝美观和焊接强度,而且还能提高焊接工作效率。

4. 如何采用二氧化碳气体保护焊焊接极薄钢板?

二氧化碳气体保护焊焊接极薄钢板是工厂中常常用的焊接方式,二氧化碳气体保护电弧焊时,焊接电流大小不同,熔滴过渡形态不同。一般情况下,小焊接电流时成为短路过渡,大焊接电流时成为粒状过渡如图 2-5 所示。所以在使用时要根据构件的板厚、焊接位置,采用适当的过渡形式。极薄钢板的焊接适于短路过渡形式。

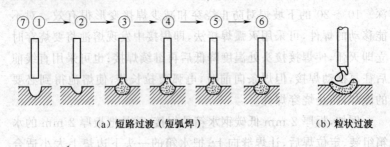

(a) 短路过渡(短弧焊)　　(b) 粒状过渡

图 2-5　二氧化碳气体保护焊熔滴过渡状态

短路过渡形式应使用小直径焊丝($\phi=0.8$ mm),200 A 以下的小焊接电流,焊接时电弧状态和短路状态交替发生。短路过渡形式可使母材的热输入减少,熔深浅,因此不用担心熔穿,短路过渡形式也可以对薄板进行全位置的焊接。短路的次数根据焊接电流、电弧电压、电源特性及焊条直径的不同而变化,一般在每秒 60~100 次之间。短路过渡适用于自动焊,也适用于半自动焊。这样不仅焊缝外形美观,而且由于自动焊接除使用二氧化碳气体外,还增添了保护气体氩,所以工作效率显著提高。

二氧化碳气体保护焊，由于焊接电压、焊接电流、焊接速度等条件的不同，影响焊缝形状、熔深等都不同。因此，必须根据接头形式、形状和板厚选择合适的焊接参数。

如图 2-6 所示为"Ⅰ"形对接单面焊接头形式。表 2-1 为板厚 0.6～1.6 mm Ⅰ形对接单面焊时的焊接参数。

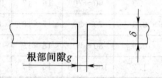

图 2-6 "Ⅰ"形对接单面焊接头形式

表 2-1 "Ⅰ"形对接单面焊焊接参数

板厚(mm)	焊缝根部间隙(mm)	焊丝直径(mm)	焊接电流(A)	焊接电压(V)	焊接速度(cm/min)	焊丝进给速度(m/min)
0.6	0	0.9	50	15	115	2.0
0.8	0	0.9	60～70	16～17	105～115	2.0～2.3
1.0	0	0.9	60～70	16～17	100～115	2.0～2.3
1.2	0	0.9	70～75	17～18	90～100	2.3～2.6
1.6	0	0.9	80～85	18～19	80～85	2.7～3.0
	0	1.2	100～110	16～17	90～100	1.7～1.8

注：1. 焊接薄板时，把被焊接物倾斜 10°～25°，以下坡焊接为宜（特别是 1.0 mm 以下钢板）。

2. 焊炬角度向前进方向或相反方向与垂直线成 0～10°倾斜。

如图 2-7 所示为"Ⅰ"形对接单面焊有铜挡板的接头形式。表 2-2 为板厚 0.6～1.6 mm"Ⅰ"形接头对接单面焊（铜挡板）的焊接参数。

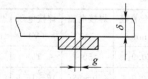

图 2-7 "Ⅰ"形对接单面焊有铜挡板接头形式

表 2-2 "Ⅰ"形对接单面焊(铜挡板)焊接参数

板厚(mm)	焊缝根部间隙(mm)	焊丝直径(mm)	焊接电流(A)	焊接电压(V)	焊接速度(cm/min)	焊丝进给速度(m/min)
0.6	0	0.9	50	15	105~115	2.0
0.8	0	0.9	50~70	16~17	95~100	2.0~2.3
1.0	0	0.9	60~70	16~17	90~100	2.0~2.3
1.2	0	0.9	70~80	17~18	85~95	2.3~2.7
1.6	0.5	0.9	80~90	18~19	80~85	2.7~3.2
	0.5	1.2	100~110	16~17	90~95	1.7~1.8

注：1. 使铜挡板与被焊件靠紧。

2. 薄板焊接把被焊工件倾斜10°~25°，以下坡焊为宜(特别是1.0 mm以下薄钢板)。

3. 焊炬角度向前进方向或相反方向与垂直线成0~10°的倾斜。

如图 2-8 所示为水平角焊接头形式，表 2-3 为板厚 0.6mm、1.6 mm 水平角焊焊接参数，供使用者参考。

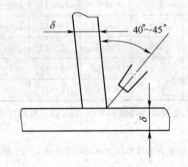

图 2-8 水平角焊接头形式

表 2-3 水平角焊焊接参数

板厚(mm)	焊脚(mm)	焊丝直径(mm)	焊接电流(A)	焊接电压(V)	焊接速度(cm/min)	焊丝进给速度(m/min)
0.6	1.8~2.0	0.9	50	15	55~60	2.0
0.8	2.3	0.9	50~55	16~16.5	50~55	1.8~1.9
1.0	2.5	0.9	60~70	16~17	50~55	2.0~2.3

续上表

板厚 (mm)	焊缝根部 间隙(mm)	焊丝直径 (mm)	焊接电流 (A)	焊接电压 (V)	焊接速度 (cm/min)	焊丝进给速度 (m/min)
1.2	2.8	0.9	70～80	17～18	45～50	2.3～2.7
1.6	2.8～3.0	0.9	80～90	18～19	45～50	2.7～3.2
	3.0	1.2	110～120	18～19	43～48	1.8～2.1

注：1. 0.8 mm 以下薄板可适当地使用铜挡板。
  2. 焊炬一定要对准角焊缝中心。

如图 2-9 所示为船形焊接头形式。表 2-4 为船形焊焊接参数，供使用者参考。

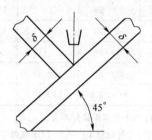

图 2-9 船形焊头形式

表 2-4 船形焊(角接平焊)焊接参数

板厚 (mm)	焊脚 (mm)	焊丝直径 (mm)	焊接电流 (A)	焊接电压 (V)	焊接速度 (cm/min)	焊丝进给速度 (m/min)
0.6	1.8～2.0	0.9	50	15	55～60	2.0
0.8	2.5	0.9	50～60	16～16.5	38～45	1.8～2.0
1.0	2.5	0.9	60～75	17～18	40～45	2.0～2.6
1.2	2.8	0.9	70～80	17.5～18.5	43～48	2.3～2.7
1.6	2.8～3.0	0.9	80～90	18～19	45～50	2.7～3.2
	3.0	1.2	110～120	18～10	43～48	1.8～2.1

注：焊炬一定要对准焊角中心。

如图 2-10 所示为水平搭接焊接头形式。表 2-5 为水平搭接焊焊接参数，供参考。

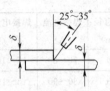

图 2-10 水平搭接接头形式

表 2-5 水平搭接接头焊接参数

板厚 (mm)	焊丝直径 (mm)	焊接电流 (A)	焊接电压 (V)	焊接速度 (cm/min)	焊丝进给速度 (m/min)
0.6	0.9	50	15	105～115	2.0
0.8	0.9	50～60	16	105～115	1.8～2.0
1.0	0.9	60～70	16～17	100～110	2.0～2.3
1.2	0.9	70～80	17～18	90～100	2.3～2.7
1.6	0.9	75～85	17～18	68～73	2.6～3.0
	1.2	110～120	17～18	70～75	1.8～2.1

注:1. 板厚在1.2 mm以下的焊炬最好垂直。

2. 焊接薄板时,被焊工件倾斜10°～25°,以下坡焊为宜。

如图2-11为卷边平焊接头形式。表2-6为板厚0.6～1.6 mm卷边平焊时使用的参考焊接参数。

图 2-11 卷边平焊接头形式

表 2-6 板厚0.6～1.6卷边平焊时使用的参考焊接工艺参数

板厚 (mm)	焊丝直径 (mm)	焊接电流 (A)	焊接电压 (V)	焊接速度 (cm/min)	焊丝进给速度 (m/min)
0.6	—	—	—	—	—
0.8	0.9	60～65	16.5～17.5	110～120	2.0～2.2

续上表

板厚 (mm)	焊丝直径 (mm)	焊接电流 (A)	焊接电压 (V)	焊接速度 (cm/min)	焊丝进给速度 (m/min)
1.0	0.9	60~65	16.5~17.5	110~120	2.0~2.2
1.2	0.9	65~70	17~18	90~100	2.2~2.3
1.6	0.9	75~85	17~18	85~95	2.6~3.0
	1.2	80~85	17~17.5	55~60	1.4~1.5

注：1. 焊接0.8mm以下的薄板，焊缝表面多少有点凸凹现象。
　　2. 焊炬角度向前进方向或相反方向与垂直线成0~10°的倾斜。

如图2-12所示为对接立向下焊焊接接头与焊炬角度。表2-7为板厚0.6~1.6mm对接立向下焊焊接时焊接参数。

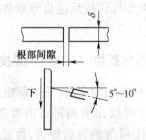

图2-12　对接立向下焊焊接接头及焊炬角度示意图

表2-7　对接立向下焊焊接参数

板厚 (mm)	焊缝根部 间隙(mm)	焊丝直径 (mm)	焊接电流 (A)	焊接电压 (V)	焊接速度 (cm/min)	焊丝进给速度 (m/min)
0.6	0	0.9	50	15	65~70	2.0
0.8	0	0.9	60~65	16~17	60~65	2.0~2.2
1.0	0	0.9	60~65	16~17	60~65	2.0~2.2
1.2	0	0.9	70~75	16.5~17	60~65	2.0~2.2
1.6	0	0.9	75~85	17~18	55~65	1.8~2.2
	0	1.2	100~110	16~16.5	80~83	1.7~1.8

二氧化碳气体保护焊不能忽视风的影响。一般地说，短路过

渡焊接时,保护气体的标准流量是 15~20 L/min,并可根据喷嘴的形状、喷嘴与母材的距离、焊接电流、焊接速度等,对气体流量进行相应的调整。有风时可适当增大气体流量,以减少风对气体流量的影响。但气体流量增加不能过大,否则将在电弧四周产生涡流现象,致使保护效果变坏。施焊焊接现场一般要求风速在1.5~2 m/s 之间,如超过以上风速施焊时,必须增设立板或天幕等防风措施。

接头坡口表面、母材表面沾有油污、锈斑、水分等,对二氧化碳气体保护焊有很大影响,因此在施焊前必须清理干净。如果极薄钢板的表面有防锈油,或在剪切和挤压加工时沾了油污,在施焊前必须用气体喷灯将其喷烧干净或是用有机溶剂进行脱脂,不然这些油污在焊接过程中参与焊接反应将导致焊缝中产生气孔、未熔合等焊接缺陷。

5. 如何采用钨极氩弧焊(TIG 焊接)焊接极薄钢板?

(1)TIG 焊接。构件用的金属,几乎都能用 TIG 焊接,并能保证焊缝高质量。TIG 焊接比前面讲过的焊条电弧焊和二氧化碳气体保护焊,更适合于极薄钢板的焊接,而且是焊接铝、镁合金和不锈钢等材料不可缺少的焊接方法。

TIG 焊接所用的电源,极性分为交流、直流正极性和直流反极性三种,电源极性的选择对焊接过程的控制和焊接质量有很大影响。因此,采用 TIG 焊时,必须选择适于焊件的电源及极性。

一般直流正极性熔深较深,直流反极性焊缝幅宽但熔深浅如图 2-13 所示。交流电源的熔深处于直流正极性和反极性熔深的中间状态,适于铝、镁合金的焊接。普通钢材在采用 TIG 焊接时,多使用直流正极性。

(2)施焊。钨极氩弧焊(TIG)是一种能够较好控制热输入,又易于推广应用的焊接方法。由于氩气能有效地隔绝空气,它本身又不溶于金属,不与金属反应,因此,可成功地焊接易氧化、易氮化、化学性质活泼的有色金属、不锈钢等多种金属材料。氩弧焊由

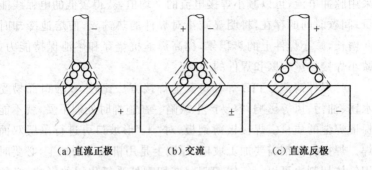

(a) 直流正极　　　(b) 交流　　　(c) 直流反极

图 2-13　TIG 焊接与熔深的关系

于保护气流的冷却作用,降低了熔池的表面温度,提高了熔池的表面张力,有利于避免薄件焊接时的烧穿。钨极氩弧焊热源和填充焊丝可分别控制,因而热输入易调节,可进行各种位置的焊接。

1) 焊接时注意的几个问题。普通 TIG 焊在焊接较薄材料时,应注意以下几个问题:

① 焊件对焊接参数变化的影响非常敏感。如焊接电流稍大或焊接速度稍小,焊件就会由于热量的积累而过热烧穿,反之则不易焊透。

② 小焊接电流焊接时电弧飘浮,加热不集中,其热效率低,热影响区大。

③ 如引弧时的冲击电流过大,焊件易烧穿。

④ 对装配要求很严,如间隙稍大就易烧穿。

2) 控制热输入。TIG 焊控制热输入通常有两个选择:

① 提高焊接速度,提高焊接速度在自动化的焊接生产线上常采用,但不适合小型薄件的焊接。

② 更好地控制焊接热输入而不必提高焊接速度,这必须保证有小焊接电流和电弧稳定的电源。

3) 占空比与频率。占空比、频率等分别可调,可精确控制电弧能量及其分布,易获得均匀的熔深和均匀焊透的焊缝根部;由于采用脉冲电流,可以减小焊接电流的平均值,获得较低的电弧线能量;间歇时间的存在,将明显减小对焊件的热输入,使熔池冷却时间增长,减小焊件上的热积累,提高焊缝抗烧穿和熔池保持能力,减小焊接热影响区和焊件的变形。

4) 焊件清洁。TIG焊接与其他焊接方法比较,在坡口面易受水锈、油污、风等影响,容易产生缺陷。在施焊时处理不妥,就不能保证焊缝的质量。焊接极薄钢板,对"Ⅰ"形坡口可进行单层双面焊。焊接特殊钢需要加工坡口,原则上是用机械切削加工,必要时用气体切割也可以。气体切割因在切割处受氧化层的影响,必须选择适于钢材的清洁方法。例如,对低碳钢等要用砂轮机研磨,对不锈钢采用不锈钢刷子刷,为除去杂质还可用有机剂脱脂,用碱、酸进行清洗。

5) 环境。在有风的地方进行焊接,虽可用增加气体流量来防止焊接缺陷,但流量过大既不经济,又妨碍施焊,故应采取防风措施为宜。即使是相同的喷嘴及气体流量,也由于焊接接头形式不同,焊接处的保护效果也不尽相同。在厚板坡口内焊接、角焊位置的焊接,气体流量少点为宜;平板对接焊时,可以采用标准流量;而在卷边焊接时,气体流量要大,具体操作如图2-14所示。

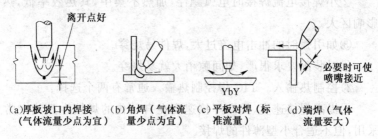

图2-14 接头形状和气体流量与喷嘴和母材之间的距离

6. 如何采用高能量密度焊接方法焊接极薄钢板?

电子束焊和激光焊均属于高能量密度焊。电子束焊是利用汇聚的高速电子流轰击工件接缝处所产生的热能使金属熔合的一种焊接方法,其主要特点是功率密度高,控制精确、快速。激光焊是以高能量密度的激光作为热源,熔化金属形成焊接接头。

无论是电子束焊还是激光焊,它们的功率密度可高达 $10^5 \sim 10^9$ W/cm^2,加热集中,效率高,完成单位长度、单位厚度工件焊接所需的热输入低,因而工件产生的变形小,热影响区窄。例如,用电子束焊焊接厚 2 mm 的铜板所需热输入为 4 kJ/cm。

等离子弧能量集中,能量密度为 $10^5 \sim 10^6$ W/cm^2,也属于一种高能量密度焊。与 TIG 焊相比,具有温度高、电流大、电弧挺度好、焊速快等优点。

上述 3 种方法均能很好地控制焊接热输入,实现薄件、超薄件的焊接。但电子束焊和激光焊设备都比较复杂,费用比较昂贵,并且对焊前的接头加工、装配要求十分严格,以保证接头位置准确,间隙小而均匀。

7. 如何采用搅拌摩擦焊焊接极薄钢板?

搅拌摩擦焊是一种新型的塑化连接工艺,它利用特殊形状的搅拌头,将其插入待焊材料的结合面进行摩擦搅拌,结合界面的金属在摩擦热的作用下处于热塑性状态,并在搅拌头的驱动下,从其前端向后部塑性流动,在压力作用下形成塑化连接。

(1)搅拌摩擦焊的焊缝成形特点。搅拌摩擦焊时,由于连结温度低,所以形成塑化连接接头后,接头质量好。若采用搅拌摩擦焊焊接镁合金极薄钢板,镁合金板材几乎无任何变形,接头的上、下表面光滑,无余高,没有裂纹、气孔和反面未焊透等缺陷。

(2)工艺参数对焊缝质量的影响。实践证明,连结工艺参数对其表面成形有很大的影响。当工艺参数选择不当时,会出现表面沟槽或反面未熔合。

沟槽的出现,一方面与搅拌头的形状有关,另一方面与所选择的工艺参数有关。因为当摩擦热量不够时,接头部位材料的塑性流动不充分,不能有效地填满孔洞,以致在搅拌头后方表面留下沟槽。有时虽然表面可形成光滑的焊缝,但内部仍有孔洞缺陷。

搅拌头对工件的压力对薄板的塑化连接有很大的影响。因为在搅拌过程中,此压力对焊缝的形成起到一个封闭的作用,当材料处于塑性状态后,在搅拌头向前运动时,塑性材料一方面被搅拌头带动绕轴线运动。另一方面,由前向后流动。材料的这种塑性流动,使搅拌头后方的孔洞填满,形成塑化连接。若压力小,会产生内部孔洞,还会使背面熔合不良,使接头的强度降低;若压力过大,会使表面成形变差。

8. 如何进行不锈钢波纹管的焊接?

金属波纹管是一种弹性元件,广泛应用于机械、仪表、航空、航天等许多工业领域。由于制造金属波纹管用的管坯极薄(一般 $\delta \leqslant 0.3$ mm),能否制造各种规格的极薄壁管坯,是决定能否制造所需金属波纹管的关键因素。

目前,用焊接方法制造的管坯因其壁厚精度高,不受管径规格限制,制造周期短,正逐步取代机械拉伸方法制造的管坯,成为金属波纹管管坯制造的主要方法。

波纹管管坯的焊接目前主要采用的焊接方法有 TIG 焊、微束等离子弧焊及激光焊。其中采用 TIG 焊工艺焊接波纹管设备简单。例如,有研究者采用 TIG 焊接厚度为 0.15 mm、0.2 mm、0.3 mm 三种规格的 304 不锈钢板。焊接设备采用美国产"LSW-36Z"纵缝焊机,钨极直径 1.6 mm,钨极伸出长度 2 mm,氩气流量正面 7 L/min,反面 5 L/min,压板压力 240 kPa。

TIG 焊焊接金属波纹管($\delta \leqslant 0.3$ mm 不锈钢薄板的焊接),要求焊接过程一次完成,保证波纹管全焊透,焊缝成形美观,同时要防止气孔、裂纹等表面缺陷的产生。

实践证明,金属波纹管的焊接质量主要由焊接电流和焊接速度决定。经过研究者反复试验,完成了符合标准要求的焊缝的焊接,焊接工艺参数见表 2-8。

表 2-8　不锈钢薄板($\delta \leqslant 0.3$ mm)的主要焊接工艺参数

板厚 δ(mm)	焊接电流 I(A)	焊接速度 v(cm/min)
0.3	35	120,150,180
0.3	32	120,150,180
0.3	30	120,150,180
0.2	25	120,150,180
0.2	22	120,150,180
0.2	20	120,150,180
0.15	15	120,150,180
0.15	12	120,150,180
0.15	10	120,150,180

焊接过程中发现,焊接接头的抗拉强度随着焊接电流和焊接速度的变化而变化,其基本变化的规律是:抗拉强度随着焊接电流的增大而减小,随着焊接速度的增加而增大。焊接接头与母材的抗拉强度对比如图 2-15、图 2-16 和图 2-17 所示。焊接结果也有

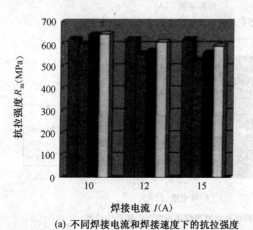

(a) 不同焊接电流和焊接速度下的抗拉强度

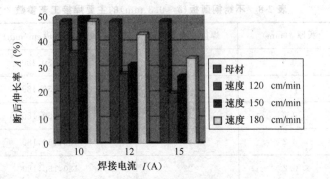

(b)不同焊接电流和焊接速度下的断后伸长率

图 2-15　0.15 mm 厚不锈钢板焊接接头与母材力学性能对比

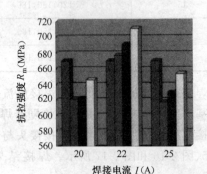

(a) 不同焊接电流和焊接速度下的抗拉强度

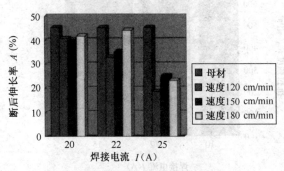

(b) 不同焊接电流和焊接速度下的断后伸长率

图 2-16　0.2 mm 厚不锈钢板焊接接头与母材力学性能对比

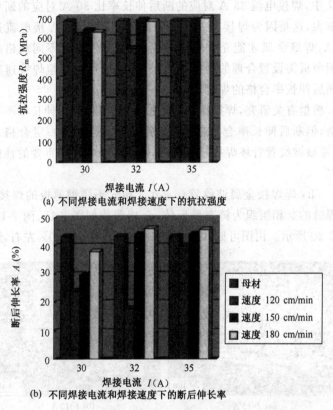

(a) 不同焊接电流和焊接速度下的抗拉强度

(b) 不同焊接电流和焊接速度下的断后伸长率

图 2-17　0.3 mm 厚不锈钢板焊接接头与母材力学性能对比

异常的情况发生,例如图 2-16 中焊接电流 20 A 对应的抗拉强度就比 22 A 对应的抗拉强度小,分析后发现这是因为在焊接速度为 120~180 cm/min 时,用 20 A 的焊接电流焊接 0.2 mm 厚的不锈钢板,焊缝金属熔化不充分,混合不均匀的缘故。所以,只有焊接电流与焊接速度与所焊接的板材匹配合适,才能得到此母材抗拉强度高的焊接接头。

焊接接头的断后伸长率也随着焊接电流和焊接速度的变化而变化,基本规律是:断后伸长率随着焊接电流的增大而减小,随着焊接速度的增大而增大,如图 2-15、图 2-16 和图 2-17 所示。在图

2-17 中,焊接电流 35 A 对应的断后伸长率比 30 A 对应的断后伸长率大,这是因为焊接 0.3 mm 厚的不锈钢板时,焊接电流达到 35 A,焊缝金属才能充分熔化并混合均匀。所以,不同规格的不锈钢薄板需设置合理的焊接电流范围,才能通过调整焊接速度得到断后伸长率合格的焊缝。

根据有关研究,焊接接头的抗拉强度合格,断后伸长率不一定合格,但断后伸长率合格,则焊接接头的抗拉强度一定合格。所以,考核波纹管管坯焊接是否合格,断后伸长率是最重要的性能指标之一。

TIG 焊焊接金属波纹管($\delta \leqslant 0.3$ mm 不锈钢薄板的焊接)自熔焊缝的金相组织为铸态奥氏体,金相照片如图 2-18、图 2-19 和图 2-20 所示。由图可见,焊缝厚度比母材平均增加 10% 左右,焊缝

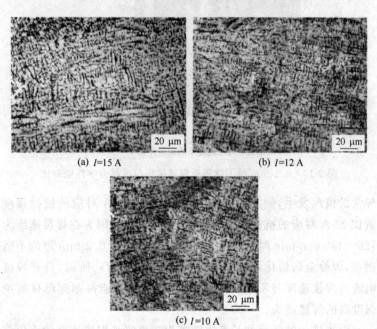

图 2-18　0.15 mm 厚不锈钢焊接接头金相照片
(焊接速度 $v=180$ cm/min)

中间最薄处与母材持平或略高于母材。在焊接速度相同的条件下,焊缝宽度随焊接电流的增大而增大,铸态奥氏体枝晶平均长度随焊接电流的减小而减小。其原因是,焊接电流增大,导致热输入量增大,焊缝和母材金属的高温停留时间长,热影响区晶粒粗大,造成凝固后焊缝的枝晶结构组织变得粗大。进而导致焊缝的力学性能下降。如图 2-16 和图 2-19 所示。但焊接电流并不是越小越好,以图 2-17 为例,在焊接速度 180 cm/min 条件下,焊接电流 35 A、32 A 时,焊缝的抗拉强度和断后伸长率均合格;而在焊接电流 30 A 时,焊缝的抗拉强度和断后伸长率反而不合格。其原因在于,焊接过程中焊缝液态金属搅拌不充分,焊缝中心组织未完全交叉,导致力学性能下降。

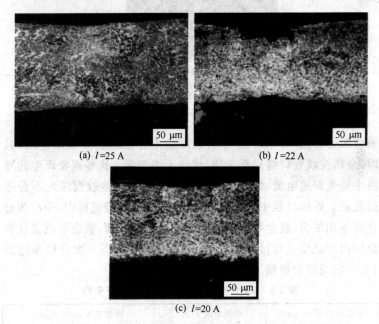

图 2-19 0.2 mm 厚不锈钢焊接接头金相照片
(焊接速度 $v=180$ cm/min)

一般情况下,采用 TIG 焊焊接金属波纹管($\delta \leqslant 0.3$ mm 不锈

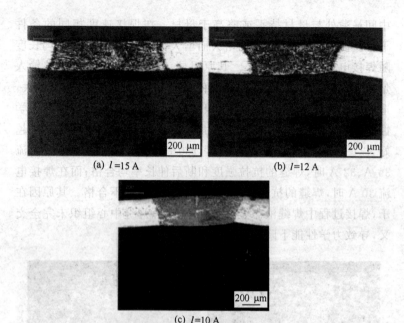

图 2-20 0.3 mm 厚不锈钢焊接接头金相照片
(焊接速度 $v=180$ cm/min)

钢薄板的焊接)自熔焊缝 X 射线探伤不合格的主要缺陷是内凹。即,金属波纹管焊缝局部变薄,成形不够饱满。这些现象产生的原因主要是焊接电流、焊接速度等工艺参数与焊接过程匹配不合适造成的。焊接过程中,焊缝金属在熔化后的凝固过程中,中心线处金属量如果少,就会导致该金属量少得部位变薄,就会形成波纹管焊缝内凹缺陷。经过有关人员研究,X 射线探伤一次合格率达到 100% 的波纹管焊接工艺参数见表 2-9。

表 2-9 RT 合格率 100% 时的焊接工艺参数

不锈钢板厚 δ(mm)	焊接电流 I(A)	焊接速度 v(cm/min)
0.15	10	180
0.2	22	180
0.3	35	180

第二节 特厚钢板的焊接

按《建筑钢结构焊接技术规程》(JGJ81—2002),钢板厚度 $30\ \text{mm} \leqslant \delta \leqslant 80\ \text{mm}$ 属于较难焊接的,而厚度 $>80\ \text{mm}$ 的钢板属于难焊接的。厚钢板焊接时,往往会出现热裂纹(主要是凝固裂纹)、冷裂纹(包括延迟裂纹),并且随着钢板厚度 δ 的增加,裂纹倾向也随之增加。

1. 如何解决特厚钢板焊接过程中热影响区组织性能不均匀、焊接应力与变形和层状撕裂等问题?

焊接时,随着钢板厚度的增加,焊接道次也会随之增加,各焊接道次将相互产生影响,加之由于焊接时间较长,焊接温度较高,形成的焊接热影响区较大,因而会对热影响区的组织与性能产生很大的影响。

(1)热影响区组织性能不均匀

由于厚板焊接结构多采用了多层多道的焊接方法,互相重叠的焊道相互产生了影响,后一道焊接对前一道焊接有一个再加热作用。由于再加热的作用,把原来焊缝中的一次组织重新加热、冷却,发生相变,使前几层焊缝组织明显细化,而后几层焊缝组织较为粗大。

在靠近焊缝过渡区域的熔合区,母材粗晶区还可能出现针状的魏氏组织。处于粗大的过热组织前沿的区域,由于温度较高,可使局部晶粒熔化。该区域在化学成分和组织性能上有较大的不均匀性,冷却后的组织和过热组织非常接近,使热影响区性能急剧下降。

(2)产生残余应力与焊接定形

大厚度钢板焊接时一般采用集中热源在局部加热,因此在焊件上产生不均匀温度场。非线性分布的不均匀温度场使材料不均匀膨胀,处于高温区域的材料在加热过程中的膨胀量大,但受到周围较低温度和材料膨胀量较小的限制而不能自由膨胀,于是焊件中出现内应力,使高温区的材料受到挤压,产生局部压缩塑性变形。在冷却过程中,已经承受压缩塑性应变的材料由于不能自由收缩而受到拉伸,于是在焊件中又出现 1 个与焊接加热时方向相反的内应力场,从而使焊件产生拉伸应力与塑性变形。在焊接完成并冷却至室温后,压缩和拉伸塑性变形残留于焊件上。大厚度板对接焊接残余变形分为板面内变形和板面外变形。板面内变形又分为纵向变形和横向变形,板面外变形又分为弯曲变形和角变形,如图 2-21 所示。

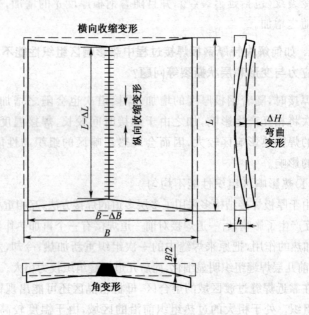

图 2-21　钢板对接焊接变形示意图

L—钢板长度;B—钢板宽度;h—钢板厚度;ΔL—纵向收缩变形量;

ΔB—横向钢板变形量;b—焊接自变形量;ΔH—弯曲变形量

影响对接焊接变形的主要因素有焊接方法、接头形式、焊接顺序和拘束度以及焊接条件。

(3) 层状撕裂

层状撕裂是一种在母材的热影响区或其邻接区(母材内侧)中平行与母材轧制表面产生的"台阶式样"的裂纹。它是由于母材内微小的层状偏析受到钢板表面垂直的拉伸应力作用而张开形成的,容易产生层状撕裂的接头如图 2-22 所示。

用于锅炉和压力容器等某些重要焊接结构的钢板,不仅要求沿宽度方向和长度方向有一定的力学性能,而且要求厚度方向有良好的抗层状撕裂性能。而大型厚板的焊接结构中,层状撕裂是一个十分突出的问题。

影响层状撕裂的因素较多,但主要是拘束应力与变形、接头含氢量、加热温度和母材材质。

为了减少作用于母材 Z 向(厚度方向)上的拘束应力,使用低强度焊缝金属是极为有效方法,其次在焊接结构设计方面要考虑不使多层焊缝的熔敷金属量超过必须量和尽可能地减少施加于接头的拘束。还可以在坡口形状上动脑筋,以减少作用于母材 Z 向的应力。

为减少焊缝金属中的含氢量,可以采用低氢型焊条和减少氢的工艺措施。

防止层状撕裂的措施主要有:减少母材的层状夹杂物或使夹杂物球化;减少 Z 向的拘束应力以及采取焊工艺的措施。

在母材性质方面,防止层状撕裂最有效的方法是采用夹杂物少的板材或者使用添加了锆(Zr)或稀土元素使层状夹杂物球化了的高级抗层状撕裂钢。

在减少 Z 向上的拘束应力方面,尽可能减小垂直于板面方向的拘束对防止层状撕裂是有效的。在设计时,应该把易发生层状撕裂部分的形状设计成拘束度小的形式。例如图 2-23(a)所示接头可以改为图 2-23(b)所示接头,图 2-23(c)所示接头可以改为图 2-23(d)所示接头。

对容易引起层状撕裂的钢板,也可以从施工上想办法减小残余应力,防止层状撕裂的产生。例如图 2-24 所示的管子与管子的接头,焊接时如果采用沿管子圆周连续焊接(如图 2-24(a)所示),则在管子的焊接接头的 B 点将产生较大的焊接残余应力,就有引起层状撕裂的危险。但是,焊接时如果采取分段焊接,如图 2-24(b)所示,即先焊接如图 2-24(b)所示的 1 部分,再焊接 2 部分,这样在 B 点产生压缩应力,结构焊接后就不容易产生层状撕裂。

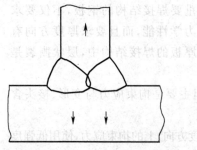
(a) 全焊透"T"形接头

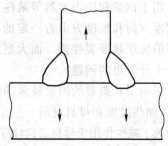
(b) 角焊T形接头

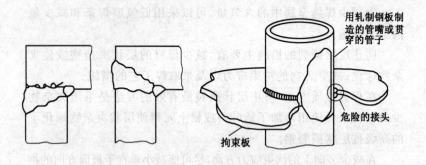
(c) 全焊透角接头　　　　　　(d) 容易引起层状撕裂的危险接头

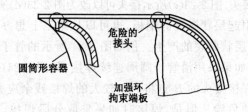
(e) 容易引起层状撕裂的危险接头

图 2-22　容易产生层状撕裂的接头

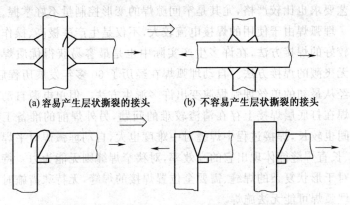

(a) 容易产生层状撕裂的接头　　(b) 不容易产生层状撕裂的接头

(c) 容易产生层状撕裂的接头　　(d) 不容易产生层状撕裂的接头

图 2-23　减小拘束度防止层状撕裂的接头

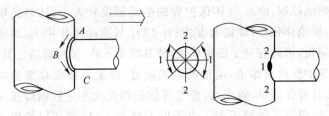

(a) 容易产生层状撕裂的焊接顺序　　(b) 不容易产生层状撕裂的焊接顺序

图 2-24　减小残余应力防止层状撕裂的接头

2. 采用那种焊接方法焊接特厚钢板比较好？

厚板焊接可以采用的焊接方法有很多，如焊条电弧焊、混合气体保护焊、氩弧焊、CO_2 气体保护焊、电渣焊、窄间隙焊、还有自动埋弧焊等。

其中，焊条电弧焊多用于工厂装配和现场焊接。混合气体保护焊多用于打底焊和填充焊。氩弧焊主要用于探伤焊缝的打底焊。电渣焊焊接效率高，但是其焊缝金属晶粒粗大，焊接接头容易脆化。因此，电渣焊有时候在质量上难以满足高质量焊缝的要求。窄间隙焊使用的设备复杂，对装配的质量要求较高，对焊工素质、工艺要求也比较严格,尤其是窄间隙焊的变形控制量不好掌握。

埋弧焊由于使用的焊接电流较大,不仅是生产率极高、操作环境较好的焊接方法,在许多生产实际中也是最容易获得优质焊缝且无飞溅的焊接方法。自动埋弧焊在经历了60多年发展历程后,已经从最初的单丝埋弧焊演变出许多派生方法。但单电源自动埋弧焊在打底层焊接上存在清渣较难的问题,另外焊前的准备工作时间也较长,焊接过程中焊缝对中难度也大,自动埋弧焊对平焊位置、长直焊缝能体现出它的高效率,对狭窄焊缝则无能为力。特别是对于形状复杂的焊缝、需要全位置焊接的焊缝,无特殊措施时自动埋弧焊可能无法施焊。

CO_2气体保护焊工艺具有电弧热量集中、加热面积小,液体熔池小、熔池几何形状比焊条电弧焊和埋弧焊均小的优点,因此有利于熔池控制;CO_2气体保护焊的电流密度较大,可达到足够的熔深,熔池体积小,焊接速度快;在CO_2气流冷却作用下,熔池停留时间短,因此有利于控制熔池,使其既不下坠,又可焊透。另外,气体保护焊没有熔渣,溶池的可见度好,便于直接观察熔池的形状,而且操作简单,效率高,焊工可依据熔孔大小来控制焊接速度和摆动,保证了焊缝成形。由于以上特点,CO_2气体保护焊在厚板的焊接上得以应用。我国加工钢结构的企业有大约70%以上使用CO_2气体保护焊进行焊接,尤其在厚板焊接中CO_2气体保护焊应用得比较多,效果也比较理想想。

3. 如何利用手工电弧焊焊接特厚钢板?

在厚板焊接结构中,焊条电弧焊多用于工厂装配和现场焊接,也有时用于厚板焊接结构的缺陷返修。

(1)焊接材料的选择与焊缝根部处理。厚板的焊条电弧焊的焊接材料应根据母材的需要,选用相匹配的焊接材料。打底焊时应选用小直径的焊条。为保证根部焊透,应采用单面焊双面成型的焊接工艺。不能单面焊双面成型时,应采用双面V型或X型坡口,并对没有焊透的根部进行碳弧气刨清根,同时还要根据现场的焊接设备情况尽可能选用抗裂性能好的低氢碱性焊接材料。

（2）焊接参数确定。厚板的焊条电弧焊时，应根据材质。焊接部位和各种要求选用坡口和相应的焊接参数，确定焊接顺序、焊道层数、预热和后热以及热处理温度等一系列工作。

在焊接参数的选择上，焊条电弧焊的焊接参数主要包括有焊接电弧的种类与极性、电弧电压、焊接速度、焊层厚度等。焊接工作量不大时应尽量选用较小的焊接电流，以确保焊接热影响区组织与性能良好。在保证焊接熔合良好的前提下，尽可能的短弧焊接，同时应该灵活的控制焊接速度。

（3）缺陷的防止。厚板的焊条电弧焊层与层之间、焊道两侧操作控制不好时容易产生夹渣，所以厚板焊条电弧焊焊接时应该注意层与层之间的清理与焊接时各层金属之间的熔合，立焊时注意电弧在坡口两侧多停留一会，防止焊接咬边和确保填满焊道两侧边缘，也利于焊缝两侧的清渣。

厚板的焊条电弧焊焊接接头较多，为防止焊接缺陷的产生，各接头不应重叠在一起，至少应错开一定距离（10～20 mm），减少接头过高和应力集中，防止焊接缺陷的产生。

4. 如何采用混合气体保护焊焊接特厚钢板？

（1）焊前准备。焊接前应清除焊缝边缘的杂质及水分，若采用火焰切割大厚度钢板时，应将距切割点 100 mm 以内的范围预热到 100 ℃以上；不进行机械加工的切削边缘，应进行磁粉探伤，确保焊缝边缘没有裂纹；采用碳弧气刨清根时，应将工件预热到 200 ℃以上，并且碳弧气刨的表面应用砂轮打磨直至露出金属光泽为止。

（2）焊接材料。大厚度钢板的对接焊缝，焊接材料可以选择焊丝 H08CrMnSiMoA，焊丝直径可以选择 ϕ1.2 mm，保护气体可以选择 Ar80%（体积分数）＋$CO_2$20%（体积分数）。

（3）焊接工艺。厚板一般情况下要在焊前对焊缝区域要进行预热，预热的方法可以采用持续火焰加热方式或用履带式电加热器加热的方法。预热温度可以根据材料的不同加以选择。对于碳当量 CE≤0.4%的 Q345 或 Q235 特厚板材,焊接性能虽然良好,但是钢板特别厚,加上成型的焊接结构件刚性拘束度又比较大,焊缝金属极易产生热裂纹和冷裂纹。因此,预热温度一般为150~180 ℃。

对于 15CrMoR 钢的对接焊缝,焊前需进行 220 ℃ 预热,焊后需进行 250 ℃×3 h 保温,然后进行 570 ℃×12 h 的热处理。

预热时,应在焊缝两侧进行加热,加热宽度应为焊件待焊处厚度的 1.5 倍以上,且不小于 100 mm,并避免局部温度过高。测温可以采用红外测温仪、测温笔等。测温点一般设置在焊缝原始边缘两侧各 75 mm 处,测温时应注意测温仪或测温装置需垂直于测温表面,距离应不大于 200 mm。

混合气体保护焊对接焊缝焊接参数见表 2-10。

表 2-10　15CrMoR 厚板的混合气体保护焊焊接参数

焊接部位	焊接电流 (A)	焊接电压 (V)	焊嘴与母材距离 (mm)	气体流量 (L/min)
打底层	110~130	18~20	11~13	16~26
填充层	220~250	26~28	19~20	17~22
填充层	230~250	27~30	19~20	17~24
盖面层	260~300	28~32	24~25	20~27

5. 如何采用二氧化碳气体保护焊焊接特厚钢板?

(1)焊前准备。控制好焊缝坡口的形状。如果图样上有明确标注,应该严格按图样要求进行;如果图样上没有明确标注时,为减少焊接角变形及焊缝金属,可以选择 $\delta/3$(δ 为板厚)、$2\delta/3$ 不对称 X 型坡口,坡口按角度 35°~50°进行加工,对口间隙可以选择 3~4 mm。

为防止引弧、收弧时产生焊接缺陷焊接前应在焊缝的前、后两端焊上 150~200 mm 长厚度为 20 mm 的引弧板、引出板。

焊接前应彻底清除干净焊缝坡口及坡口附近 25~50 mm 范

围内气割氧化皮、熔渣、锈、油、涂料、灰尘、水分等影响焊接质量的杂质。

CO_2 气体纯度不应低于 99.7%，CO_2 气体含水量不应大于 0.005%。使用瓶装 CO_2 气体时，CO_2 气瓶使用前要倒立放水，即将气瓶倒置 1~2 h 后打开瓶阀放出瓶中的自由水，然后正立气瓶放气，放气时间约为 1~2 min。瓶内气体压力低于 1 MPa 时应停止使用气瓶。

焊接时应尽量在厂房内进行，若在露天焊接时，遇下雨、下雪、下大雾和刮大风等情况时，必须加强保护措施。若施工现场风速大于 2 m/s 时，必须做好挡风措施。室内施工也要避免风扇直接吹向焊接点，防止焊接气孔的产生。

焊接前要调整好气体流量，要确保提前送气和延时送气，提前送气和延时送气时间通常为 2 s。

厚板一般情况下要在焊前对焊缝区域进行预热，预热的方法可以采用持续火焰加热方式或用履带式电加热器加热的方法。预热温度可以根据材料的不同加以选择。对于碳当量 CE≤0.4% 的 Q345 或 Q235 特厚板材，焊接性能虽然良好，但是钢板特别厚，加上成型的焊接结构件刚性拘束度又比较大，焊缝金属极易产生热裂纹和冷裂纹。因此，预热温度一般为 150~180 ℃。预热时，应在焊缝两侧进行加热，加热宽度应为焊件待焊处厚度的 1.5 倍以上，且不小于 100 mm，并避免局部温度过高。测温可以采用红外测温仪、测温笔等。测温点一般设置在焊缝原始边缘两侧各 75 mm 处，测温时应注意测温仪或测温装置需垂直于测温表面，距离应不大于 200 mm。

(2) 焊接过程中的注意事项

1) 采取多层多道以及窄焊道薄焊层的焊接方法。厚板焊接结构在焊接过程应采取多层多道、窄焊道薄焊层的焊接方法。在平焊、横焊、仰焊位置焊接时应禁止电弧摆动，立焊时应严格控制焊枪摆动幅度，一般焊枪的摆动幅度应控制在 20 mm 范围内，焊枪的倾角限制为 ±30°，焊接过程中还要严格控制各层之间的熔敷金属量,且单道焊缝厚度要求不大于 4 mm,以保证焊缝和热影响区的金属的组织性能符合要求,保证焊接接头的冷弯和抗冲击性能良好。

2)焊缝应分段或交错焊。焊接时要注意观察坡口边缘熔化情况,避免产生咬边和未熔合缺陷。长度大的焊缝应分段、交错焊接。

3)控制层间温度。为降低冷却速度,促使扩散氢逸出,防止产生裂纹,焊接过程中要注意控制层间温度。层间温度的控制要根据材料的不同而不同。例如 Q345 或 Q235 特厚板材的层间温度应控制在 150~200 ℃ 范围内。

4)控制焊接热输入。焊接过程中应严格控制焊接热输入,在保证熔合良好的情况下,尽量采用小焊接电流、慢速焊,以减少对母材的熔深,并避免产生夹渣及未熔合等缺陷。

5)连续施焊。同一焊缝应连续施焊一次完成,特殊情况下,不能一次完成时应进行焊后缓冷,再次焊接前必须重新进行预热。

6)预热。禁止在母材上焊接临时设施及连接板等,若必须焊接,在焊前按照正式焊接要求,对母材进行预热,预热温度根据材料的不同而不同。在割除临时设施时,也必须进行与焊接工艺相同的预热温度,避免伤及母材,若发生伤及母材的情况,必须及时进行补焊,并打磨成圆滑过渡的状况。

7)缺陷的返修。焊接过程中若发现裂纹、未融合、夹渣、气孔等缺陷时,应采取措施清除缺陷。在确认缺陷已被清除后方可继续焊接。但对于缺陷返修时,同一部位补焊次数不得多于 3 次。

8)焊后热处理。焊接完毕后,立即进行焊后热处理。焊后热处理的温度应根据材料的不同加以制定和选择。对于 Q345 或 Q235 特厚板材焊后热温度可以选择为 100 ℃,时间可以按每 25 mm 板厚不小于 0.5% 且整个后热的时间不小于 1 h 来确定。焊后热处理完成后,应用石棉布或其他保温材料覆盖在焊缝上,使焊缝保温并缓冷至室温。

9)消除应力退火。为降低焊接残余应力,改善焊缝和热影响区的组织和性质,焊后应对焊件进行退火热处理,退火热处理的温度也应根据材料的不同而不同。Q345 或 Q235 特厚板材可在 550~600 ℃下进行消除应力退火,进炉和出炉时温度应在 300 ℃以下,加热和冷却速度应≤40 ℃/h,退火曲线如图 2-25 所示。

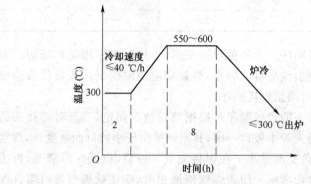

图 2-25　消除应力退火曲线

(3) 焊接过程

1) 焊接材料。焊丝应根据母材的不同进行选择。对于 Q345 或 Q235 特厚板材可以选择 H08Mn2SiA 焊丝,焊丝直径为 $\phi 1.2$ mm。H08Mn2SiA 焊丝的化学成分见表 2-11,熔敷金属力学性能见表 2-12,采用二氧化碳气体(气体纯度≥99.7%)保护,焊接时采用直流反接,焊接参数见表 2-13。

表 2-11　H08Mn2SiA 焊丝的化学成分(质量分数)

C	Mn	Si	P	S	Cu	其他元素
0.06%~0.15%	1.40%~1.85%	0.80%~1.15%	≤0.025%	≤0.035%	≤0.50%	≤0.50

表 2-12　H08Mn2SiA 焊丝的熔敷金属力学性能

抗拉强度 σ_s (MPa)	屈服强度 $\sigma_{0.2}$ (MPa)	伸长率 δ_5 (%)
≥500	≥420	≥22

表 2-13 Q345 或 Q235 特厚板的 CO_2 气体保护焊的焊接参数

焊接部位	焊接电流 (A)	焊接电压 (V)	焊接与母材距离 (mm)	气流流量 (L/mm)
打底层	180～210	24～27	6～14	16～26
填充层	220～270	26～30	20～23	17～25
盖面层	230～280	26～32	20～25	17～27

2)焊接顺序。为避免焊接变形,焊接时应采用对称施焊。为保证焊接变形量尽可能的小,焊接中应随时用钢尺或角尺检验变形量,并随时调整焊接顺序。

对接接头的焊接顺序可根据坡口情况而定,一般对接接头的焊接顺序是先焊小坡口一面,其原因是由于小坡口面宽度小,焊接量小,产生角变形量小。在焊接完成 3 道后,根据变形情况,再决定是否要翻面清根。用碳弧气刨清根时,应注意观察坡口熔合线处,将根部缺陷全部清除。然后再用角向磨光机将硬化层打磨干净,并应保证气刨刨槽圆滑过渡,以便于焊接。一般当此面焊接到 3/5 的位置时,就需要翻身焊接背面。翻身后可一次将其焊满。需要注意的是操作中应根据实际情况确定究竟应该焊哪一面,这就需要操作中要密切注意观察焊缝端面角变形的变化。其他焊缝的焊接顺序是先焊短焊缝,后焊长直的焊缝。每道焊接两层,每道焊缝厚度要求控制在 5～6 mm 以内,施焊时可由几名焊工对称分段焊接。

6. 如何采用氩弧焊焊接特厚钢板?

熔化极氩弧焊是一种高效、优质、先进的焊接工艺,与埋弧焊相比,具有多层焊时不需清渣、明弧操作、不易焊偏、热影响区小、接头力学性能及抗晶间腐蚀性能好等优点。

厚板结构的氩弧焊主要用于探伤焊缝的打底焊。焊接时可以选用 MIG/MAG 直流焊机,电流范围在 50～500 A 之间可选。焊接时可以选用 $\phi1.6$ mm 的焊丝,气体压力可以选择为 0.5 MPa,气体流量一般可选 18 L/min。为获得稳定的射流过渡,得到较大熔深,可以采用直流反接施焊。例如,板厚为 25 mm 的 0Cr19Ni9 不锈钢板对接焊时,可以采用熔化极氩弧焊打底,埋弧焊盖面工艺。

(1) 焊接参数选择

1) 保护气体成分和流量。板厚为 25 mm 的 0Cr19Ni9 不锈钢板对接焊时,焊接气体可以选用纯 Ar 或 Ar+O_2 混合气体保护。但选用纯 Ar 作保护气体时,焊缝成形可能会窄而高,电弧燃烧不稳定,电弧 3 个区间分布也不分明,飞溅较大。采用 Ar+O_2 混合气体保护时,由于 O_2 的加入,可以使熔池表面形成稳定的氧化膜,电弧阴极斑点稳定,可以获得稳定的射流过渡,飞溅很小,焊缝表面平缓光滑,成形美观,电弧 3 个区间层次分明,有利于增大熔深,消除缺陷。

焊接不锈钢时,在其他工艺参数不变的条件下,气体流量为 14~20 L/min 较好。通过试验确定,在无风情况下焊接,气体流量为 14~16 L/min 即可;有风时,气体流量以 18~20 L/min 为宜。

2) 焊丝伸出长度。焊丝伸出长度为焊丝直径的 10~15 倍较为合适。实践证明,焊丝伸出长为 12~14 mm 较好。

3) 焊接电流及电弧电压。焊接时如果采用自动气体保护焊机,一般各型号的自动气体保护焊机都具有自调节功能,即在其他工艺参数一定的条件下,只要选定焊接电流,就能给出与其匹配的电弧电压值。

根据经验公式(2-1),不锈钢在纯 Ar 保护气体中达到射流过渡的临界电流为

$$I_{临} = 60 + 135 d_s - 1.2 L \quad (2-1)$$

式中 $I_{临}$——射流过渡临界电流(A);

d_s——焊丝直径(mm);

L——焊丝伸出长(mm)。

当 $d_s = 1.2$ mm,$L = 12$~14 mm 时,计算出 $I_{临}$ 为 205~207 A。

临界电流的大小还与保护气体成分、焊丝材质等参数有关。由于使用的保护气体为 $Ar+O_2$ 混合气体,O_2 的加入促进了金属蒸发,细化了熔滴,从而降低了射流过渡的临界电流值;又由于不锈钢焊丝的电阻率大,热导率小,在焊丝伸出长度及直径一定的情况下,加快了焊丝的熔化速度,也降低了射流过渡的临界电流值。由试验得知,此时 $I_{临}$ 可降至 160 A,氩气流量为 15~16 L/min,焊接速度均为 23~27 cm/min。25 mm 厚试板的坡口形式如图 2-26 所示,焊接参数见表 2-14。

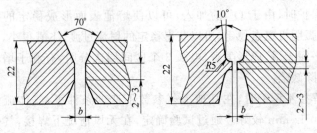

(a) 双面坡口角度相同的 X 形坡口　　(b) 双面坡口角度相同的 U 形坡口

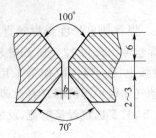

(c) 双面坡口角度不同的 X 形坡口

图 2-26　25 mm 厚板的坡口形式

表 2-14　25 mm 厚不锈钢板熔化极氩弧焊打底焊焊接工艺参数

接头形式	焊接部位	对口间隙 (mm)	焊接电流 (A)	焊接电压 (V)	焊嘴与母材距离 (mm)	气体流量 (L/min)	焊接速度 (cm/min)
图 2-26(a)	正面 MAC 焊打底	0~0.5	230~240	19.5~19.8	12~14	15~16	23~27

续上表

接头形式	焊接部位	对口间隙(mm)	焊接电流(A)	焊接电压(V)	焊嘴与母材距离(mm)	气体流量(L/min)	焊接速度(cm/min)
图 2-26(a)	双面 MAG 焊打底	正面 2~3	190~200	17.8~18.2	12~14	15~16	23~27
		背面 2~3	230~240	19.4~19.8	12~14	15~16	23~27
图 2-26(b)	正面 MAG 焊打底	正面 0~0.5	230~240	19.5~19.8	12~14	15~16	23~27
		背面 0~0.5	230~240	19.5~19.8	12~14	15~16	23~27
图 2-26(b)	双面 MAG 焊打底	正面 2~3	230~240	19.5~19.8	12~14	15~16	23~27
		背面 2~3	230~240	19.5~19.8	12~14	15~16	23~27
图 2-26(c)	正面 MAG 焊打底	0.5~1.5	230~240	19.5~19.8	12~14	15~16	23~27

(2)焊接过程中应注意的问题

1)焊接电流的选择 焊接电流大于临界电流时,焊接过程才能保持稳定。但焊接电流也不宜过大,因为过大的焊接电流会使细滴状射流过渡变为旋转射流过渡,使焊缝成型恶化,飞溅增大,空气易被卷入熔池,产生气孔;而焊接电流过小,又易产生未熔合、未焊透缺陷。因此,必须根据板材厚度、接头形式、坡口尺寸及焊丝直径等选择相应的焊接电流。

2)灵活的调整焊接电流和装配间隙。对于单面焊双面成型工艺,在板材厚度和焊丝直径一定的条件下,随坡口钝边尺寸的变化,必须相应改变装配间隙或焊接电流大小,才能保证焊缝背面成形良好。为保证焊缝端部的焊接质量,应在坡口两端设置引弧板及引出板。

3)操作方法选择。熔化极氩弧焊时最好采用左焊法,且焊枪前倾 10°~15°,此时,喷嘴不会挡住焊工视线,不易焊偏,且熔池受电弧的冲刷作用小,能得到较大的熔宽,获得平整美观的焊缝。此外,焊枪应作适当横向摆动。

4)采用熔化极氩弧焊打底可以获得优质的焊接质量。对于厚度大的钢板,宜于采用熔化极氩弧焊打底、埋弧焊盖面的工艺施焊,这样有利于获得良好的焊缝质量和较高的生产效率。

7. 如何采用埋弧焊焊接特厚钢板?

埋弧焊是电弧在焊剂层下燃烧进行焊接的方法。在焊接过程中,焊剂除了对熔池和焊缝金属起机械保护的作用外,还与熔化金属发生冶金反应(如脱氧、去杂质、渗透合金等),从而影响焊缝金属的化学成分。这种方法生产率高、焊缝质量高,能节省焊接材料和能源。在焊接领域,埋弧焊技术与其他焊接技术相比是相对比较成熟的技术,广泛用于造船业、冶金机械业、化工容器制造以及国防工业的大面积拼版和大厚度板焊接。

目前,在国内厚板低合金钢(Q345钢及以上级别钢种)构件焊接主要以单、双丝埋弧焊煤焊接方法为主。三丝埋弧焊技术因其焊丝间距与焊丝角度的控制、焊接电源的不同组合、焊丝和焊剂的匹配、焊接热输入对接头韧性的等因素限制了其广泛应用。

(1) 工件的清理及预热。为了防止冷裂纹和消除近缝区硬化现象,应依据钢的成分、产品结构尺寸和拘束度正确选定预热温度和焊后热处理温度。对于焊接性良好的板材,一般情况下焊接不会产生冷裂纹,但在板厚增加后,冷裂纹就成为影响焊接质量的一个原因。因此在厚板焊接中,要采用焊前预热的工艺措施防止冷裂纹的产生。特厚钢板的自动埋弧焊焊前预热参数应随环境温度及板厚的不同而变化,例如,对于Q345B钢预热温度见表2-15。

表2-15 不同板厚不同环境温度下 Q345B 钢焊接的预热温度

板厚(mm)	不同环境下的预热温度
20~40	不低于-5℃不预热,-5℃以下预热100~150℃
25~40	不低于0℃不预热,0℃以下预热100~150℃
≥40	预热100~150℃

焊缝两侧30~50 mm的范围内的油、锈、氧化物等污物要清理干净。

(2)工件的定位。由于板厚较大,定位焊焊缝厚度要求 6～8 mm,长度 25～35 mm,间距 300～350 mm,为了提高效率,可采用 CO_2 气体保护焊进行定位焊接。

(3)焊接材料选择。焊接材料的选用依据是母材的化学成分及强度等级,同时必须考虑板厚及坡口形式。焊剂在施焊前要烘干,烘干温度为 250～300 ℃,保温 1～2 h。

(4)焊接参数。焊接参数应根据材料和板厚选取。

(5)质量控制措施。为保证焊接质量,厚板焊接结构焊前坡口两侧要进行严格的清理、预热及焊剂烘干工作,板对接不留间隙或留很小间隙。焊接过程要严格控制焊接参数、焊接顺序和道间温度,要有相应的消除应力的措施。焊后要进行热处理工作,方法是将焊缝两侧 100 mm 范围内加热至 200～300 ℃,然后用 50 mm 以上厚的保温棉覆盖、缓冷至常温(保温时间不少于 2 h)。施焊时在工件两侧点图 100～50 mm 与工件等厚且坡口形式相同的引弧板和引出板。焊接环境湿度应小于 60%,风速应小于 2 m/s。

8. 如何进行特厚钢板的窄间隙焊接?

随着现代工业及国防装备的日趋大型化、高参数化、厚板、超厚板(以下统称厚板)焊接金属结构的应用也越来越广泛。与传统焊接技术相比,窄间隙焊具有诸多技术与经济方面的优势。首先,窄间隙焊焊缝横截面积大幅度减少,焊接材料与电能消耗大量节约,从而在大幅度提高焊接生产率的同时,也大幅度降低了焊接生产成本;其次,窄间隙焊焊件热压缩塑性变形量的大幅度缩小,且沿板厚方向上热压缩塑性变形更趋均匀化,从而带来接头的残余应力、残余变形减小;第三,深而窄的坡口侧壁有利于焊接区的冶金保护,焊缝金属的冶金纯净度更高;第四,较高的熔池冷却速度,相对较小的焊接热输入,使焊缝组织相对细小,且焊接热影响区的塑性、韧性损伤也大大减小,缺口韧性相对提高。鉴于上述原因,窄间隙焊接技术已成为现代工业生产中厚板结构焊接的首选技术。

窄间隙焊接方法可分为窄间隙熔化极气体保护焊、窄间隙钨极氩弧焊和窄间隙埋弧焊三大类。根据各自特点每一大类又可分为若干种。

(1) 窄间隙熔化极气体保护焊。窄间隙熔化极气体保护焊是利用电弧摆动来达到焊透钢板两侧壁的一种方法。在平焊位置，为了使Ⅰ形坡口的西边充分焊透，使电弧指向坡口两侧壁，目前人们研制了各种方法。如在焊丝进入坡口前，使焊丝弯曲的方法；使焊丝在垂直于焊接方向上摆动的方法；采用麻花状绞丝方法；药芯焊丝的交流弧焊方法；采用大直径实芯焊丝的交流弧焊方法等。

(2) 窄间隙氩弧焊。窄间隙氩弧焊不仅克服了普通钨极氩弧焊焊接效率低的缺点。而且具备了熔化电极式方法所不具备的特征。窄间隙氩弧焊不仅可以实现薄板焊接、压力水管的全位置焊接，目前也实现了厚板结构的焊接，而且接头质量好，焊道成形美观。

(3) 窄间隙埋弧焊。窄间隙埋弧焊工艺的特点是通常采用Ⅰ形或者"U"形窄间隙坡口，坡口间隙在 15～30 mm 之间，与普通埋弧焊相比，具有焊缝区域窄、焊缝断面面积减少 1/3 以上、焊缝熔敷金属量少、可节省大量填充金属和焊接时间、提高焊接效率，显著降低焊接成本等优点。由于焊接体积缩小大大降低了焊接残余应力和被焊工件的变形，同时降低了焊接裂纹及热影响区消除应力处理裂纹的可能性。为保证根部和侧壁熔透，采用每层双道的焊接方法，从坡口的根部到坡口上表面，多层双道焊道彼此重叠，并且后一焊道的焊接热量对前一道焊道具有回火煅作用，因此保证了各焊道的质量均匀，焊缝的金相组织及力学性能均能达到要求。另外，窄间隙焊接过程是全自动的，从而避免了人工调节中的不稳定因素。

窄间隙埋弧焊不仅要求坡口侧壁均匀焊透，而且要求熔渣在窄坡口内应具有良好的脱渣性。这就需要采用脱渣性良好的焊剂，在各种窄间隙焊接技术中，有人利用直径为 1.2～1.6 mm 的焊丝摆动焊接，成功焊接了 400 mm 以上的压力容器用超厚板；日本也利用直径为 3.2 mm 焊丝双丝埋弧焊焊接压力容器；我国的林尚扬院士等则采用直径更小的 3.0 mm 焊丝，研制出了 HBS—2500 型双丝窄间隙埋弧焊机，并成功地应用于大型高压溶器(如锅炉、化工容器、核反应堆、热交换器、水压机工作缸、储热器及水轮机、采油平台桩腿的厚板结构等），不仅可焊环焊缝，也可焊纵焊缝。目前，太原重机厂和哈尔滨锅炉厂都成功地应用了这项技术，并取得了可观的经济效益。

第三节 复合钢板与异种钢板焊接

构件用的复合板，是指钢的单面或双面与其他金属粘结而成的复合钢板。此种情况的钢板称作母材，其他金属称作复合钢材。一般地说，使用复合钢材，可减少特殊金属的使用量，降低产品成本。采用复合钢板为母材的，除低碳钢外，还有高强度钢、低合金钢、不锈钢、镍、镁、铜以及一些特殊合金材料。

复合钢板的焊接，是一种不同材质的焊接。复合钢板的焊接与单体金属的焊接特点、焊接工艺、焊接参数等都不相同。

1. 如何进行不锈钢复合钢板的焊接？

这类复合钢板的焊接，首要问题是要求它的耐腐蚀性能。因不锈钢复合层与母材成分不同，因此复合钢焊接原则是先焊接母材，然后再焊接复合层。但要注意母材边界的焊接，对复合层熔深不可太深。母材焊完后，在复合钢层须进行铲根。母材处第一层焊缝容易产生缺陷，应采取必要的防止措施。

复合层处焊接要在铲根后，用无损检测方法进行检测。例如采用着色或荧光等渗透探伤检验方法，检查母材的坡口面和复合钢材的粘结面有无脱离的现象，将所发现缺陷部位修补后，再按本焊接施工。复合层侧第一层的边界焊缝处的焊接只能用低电流，采用直线运条焊接，焊接过程中重点注意的是复合材料层尽量不受母材的稀释。

（1）不锈钢复合钢板焊接方法的选择

低碳钢与不锈钢复合钢板的焊接方法可以采用焊条电弧焊、埋弧焊、二氧化碳气体保护焊、钨极氩化焊以及熔化极氩弧焊等。

(2)不锈钢复合钢板每侧焊接材料的选择与焊法

根据母材和所复合的不锈钢种类的不同,以焊条电弧焊为例,选择焊接材料和焊接部位时主要有以下几种:

1)薄板。板厚 $\delta=1\sim 1.3$ mm 时,在不锈钢侧用选择与所复合的不锈钢材料的化学成分相同或相近的不锈钢焊条进行焊接。例如采用 2 mm 以下的 25Cr-12Ni 或 25Cr-20Ni 的不锈钢焊条焊接(如图 2-27 所示)。

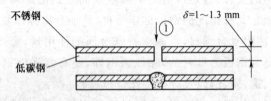

图 2-27 在不锈钢侧用不锈钢焊条焊接

2)板厚为 1.5～2.3 mm 板。焊接板厚 1.5～2.3 mm 薄板时,在不锈钢及两侧都用不锈钢焊条焊接,焊条直径也应尽量细些。例如采用 $\phi 2$ mm 的 25Cr-12Ni 或 25Cr-20Ni 焊条焊接(见图 2-28)。

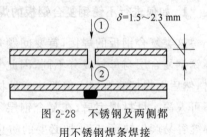

图 2-28 不锈钢及两侧都用不锈钢焊条焊接

3)板厚为 2.5～5.0 mm 板。板厚 2.5～5.0 mm 的薄板焊接时,可以采用不锈钢侧封底焊后,低碳钢侧用 $\phi 2\sim\phi 2.5$ mm 不锈钢焊条焊接(如图 2-29 所示)。

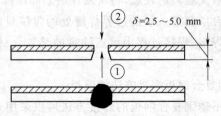

图 2-29 不锈钢封底焊后,低碳钢侧用不锈钢焊条焊接

(3)碳素钢则用碳素钢焊条焊接

对于基板较厚的复合板,在碳素钢侧采用碳素钢焊条施焊,此时碳素钢侧开 35°坡口、极边预留 1.5～2.0 mm 的钝边(如图 2-30(a)所示)。对口后在碳素钢一侧用碳素钢焊条焊接(如图 2-30(b)所示),碳素钢侧焊好后,在不锈钢侧进行封底焊(如图 2-30(c)所示),最后在不锈钢侧用不锈钢焊条进行焊接(如图 2-30(d)所示)。

(4)复合钢板的角焊

复合钢板有时因结构布置的需要也布置成角焊缝。角焊接的注意事项一般和对接焊的情况相同。只是 A 材、B 材都是复合钢材的情况,而且复合钢材比较薄时,则要求其熔深要浅。

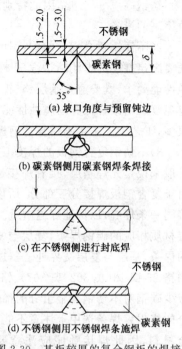

图 2-30 基板较厚的复合钢板的焊接

角焊焊条的选择一般按以下原则:

1)A 材、B 材都在基层侧的情况下,使用同一组成金属的焊条。

2)A 材、B 材都是复合钢材时,可用复合钢材处使用的焊条。

焊接完后,特别是复合钢材焊接处及其周围的熔渣和飞溅物必须清除干净,这点与固态焊情况相同。

(5)不锈钢复合钢板的应用于焊接工艺

1)不锈钢复合钢板的组成与应用　不锈复合钢板是一种新型材料。一般是由复层(不锈钢)和基层(普通碳素钢或低合金钢)组成。复层通常只有 1.5～3.5 mm 厚,比单体不锈钢可节省60%～

70%不锈钢,具有很大的经济价值。不锈复合钢板导热系数比单体不锈钢高1.5~2倍,因此特别适用于既要求耐腐蚀又要求传热效率高的设备。

2)不锈钢复合钢板的焊接性 对于不锈钢复合钢板的焊接,既要满足基层的焊接结构强度要求,又要使较薄的复层满足耐腐蚀性能要求;既要避免基层铬、镍等合金增多影响焊缝强度,又要避免复层增碳降低其耐腐蚀性能。因此焊接工作比单层钢板复杂很多,工艺上要采用不锈复合钢板特殊的焊接工艺。

3)不锈钢复合钢板的焊接工艺 不锈钢复合钢板的焊接工艺一般来说是先焊基层,接着焊接过渡层,最后焊接复层(不锈钢)。由于复合钢板焊接分三部分,所以也要采用三种不同的焊条来焊接同一条焊缝,以保证焊缝质量。例如,基层与基层焊接采用与基层材质相应的碳钢焊条,复层与复层的焊接采用与复层材质相应的焊条,基层与复层交界处——过渡层的焊接可采用铬、镍含量高的铬25镍13(奥302、奥307)、铬25镍13钼2(奥312)型焊条,以减少碳钢对不锈钢合金组分的稀释作用和补充焊接过程中合金组分的烧损。焊条选用上注意不能用碳钢或低合金钢焊条焊接高合金材料,因此焊接顺序应注意要先焊碳钢或低合金钢,后焊不锈钢。

在进行不锈复合钢板特定的焊接工艺设计时,宜采用小焊电流,直流反极性接线,直道多道焊,焊时焊条不宜作横向摆动。

4)不锈钢复合钢板焊接实例 基材选用Q235钢板,复层选用1Cr18Ni9Ti不锈钢。

根据图2-31的焊缝结构用碳钢焊条结427点焊。焊前复层坡口须严格的去除油污,然后按1、2、3、4、5、6的顺序进行焊接。

在第三、四层焊好后,要求作X射线检查的于此时进行,合格后可焊五、六层。在焊第五层过渡层时,焊条牌号改为A307,第六层复层焊接的焊条牌号为A137。

不锈钢复合钢板焊接电流大小是根据焊条牌号和直径来选定的,如J427焊条直径为2 mm时,焊接电流为40~70 A,直径改为

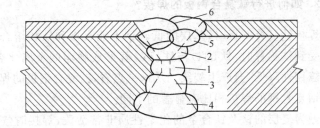

图 2-31 复合不锈钢板的焊接顺序

4 mm 时,电流为 160~190 A,但同样直径为 4 mm 的 A137、A307 的焊接电流比结 427 要小,为 110~140 A。

不锈复合钢板焊接时,碳钢层表面要低于复合层交界面0.5~2 mm(如图 2-32(a)所示),过渡层表面要高出交界面 0.5~1.5 mm(如图 2-32(b)所示)。

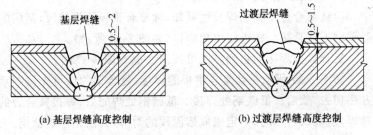

(a) 基层焊缝高度控制　　　　　(b) 过渡层焊缝高度控制

图 2-32 复合不锈钢板基层、过渡层焊缝的焊接(单位:mm)

不锈复合钢板的焊接在基层点焊时,必须用碳钢焊条,当靠近复层时,须适当控制焊接电流,小些为好,以防止复层产生增碳现象,影响复层的耐蚀性,要防止碳钢焊条的飞溅落在复层的坡口面上,若有溅落要仔细清除干净,否则飞溅物粘附在复层表面上会破坏其表面氧化膜,遇腐蚀性介质就会形成腐蚀点。为防止后续使用过程的腐蚀发生,焊前应分别在坡口两侧 150 mm 范围内涂上石灰浆以防止飞溅物的粘附。

2. 如何进行钛复合钢板的焊接？

焊接钛复合钢板时，基层的低碳钢不能直接和钛相熔合。因为钛受到铁稀释时，钛（Ti）与铁（Fe）就形成脆弱的金属化合物，使焊缝韧性降低，会产生裂纹。从这一点看，钛复合钢板的焊接与不锈钢复合钢的焊接相比有显著的不同。

做为复层的钛及钛合金的化学性质非常活泼，焊接时气体等杂质污染是焊接接头塑性变坏的重要原因。由于氧、氮、氢、碳都对接头性能产生极大影响。因此，气焊与焊条电弧焊均不能满足焊接钛复层的质量要求，一般常规焊件可以采用氩弧焊。应用氩弧焊时，氩气要保证高纯度。此外，为使焊接接头得到良好的保护，焊枪还要采用拖罩。对于一些重要构件或结构复杂零件还可在充氩箱中（内）进行焊接。为了取得更好的焊接质量，钛及钛合金层还可采用真空电子束焊或等离子弧焊进行焊接。

（2）接头形式与钛复合钢板焊接

由钛及合金复板的焊接性可知，钛复合钢板的焊接时，基层的低碳钢不能直接与钛进行熔化焊接（如图 2-33 所示）。

复合钛板焊接的正确方法可按图 2-34～图 2-37 进行。

如图 2-34 所示是钛复合钢板的焊接，复合钢的钛可先按图示方法切去，然后在低碳钢处焊接。低碳钢处焊完后，焊接钛合金的对焊，但焊钛合金时，一定采取熔深浅的对焊，并防止熔透钛层。

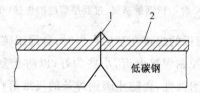

图 2-33　低碳钢不能与钛层直接熔化焊接
1—焊缝；2—钛层

如图 2-35 所示是钛复合钢板用镶块和搭接对接焊，复合钢的钛按图示的方法先将贴紧低碳钢的钛切去，然后在低碳钢处连接，

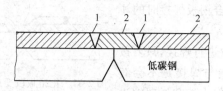

图 2-34　用镶块对接的钛复合板焊接
1—浅熔深对焊；2—钛或钛合金

放上切掉的镶块和镶块上的搭接板，搭接板与钛材进行连接。这样，就避免了钛直接与低碳钢熔化焊接。

如图 2-36 所示是钛复合钢板用易熔化材料和搭板的对接焊复合板的钛可按图示切去，然后焊低碳钢处。在切去的部位放入易熔材料，放上搭楼板，再将搭接板与钛或钛合金材料进行焊接。

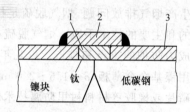

图 2-35　钛复合钢板用镶块和搭接的对接焊
1—镶块；2—搭接板；3—钛成钛合金

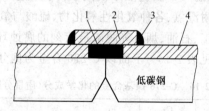

图 2-36　钛复合钢板用易熔化材料和搭板的对接焊
1—易熔材料；2—搭接板；3—角焊缝；4—钛或钛合金

如图 2-37 所示是把搭板改变成一定形状的镶块与钛复合钢板的焊接，复合钢的钛可按图示切去，然后焊接低碳钢，用钛做成一定形状的带镶块的搭接板，最后焊搭接板与钛板的连接处（角焊）。

(3)钛复合钢板焊接时的注意事项

1)钛和钛进行焊接,只要按操作规程组装与焊接是不会有什么问题的,但直接和低碳钢进行焊接几乎是不可能的。所以在边缘处及接头处的设计上要特别注意。

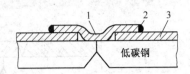

图 2-37 把搭板改变成一定形状的镶块与钛复合钢的焊接
1—钛压制成形的镶块;
2—角焊缝;3—钛或钛合金

2)采用图 2-35、图 2-37 所示方法时,若罐体之类的内压有负压时,要考虑到搭板宽度的设计。

3. 如何进行镍基合金贴衬板的焊接?

为解决工业生产烟气排放问题,烟气脱硫是控制酸雨和二氧化硫污染最有效的和主要的技术手段。烟气脱硫在烟道与吸收塔相连接段的腐蚀成为防护的重点和难点。近几年,在烟道与吸收塔入口段内壁采用镍基合金薄板($\delta=1.6\sim2.0$ mm)衬里,其他区段内壁采用玻璃磷片或橡胶等材料衬里防腐技术成为研究和使用的热点,并得到广泛应用。

(1)焊接性分析

目前,在低温与中温盐酸中使用较广泛的金属材料是 C-276 合金。它主要耐湿氯、各种氧化性氧化物、硫酸与氧化性盐等。它主要应用于化工、石油、烟道等脱硫最苛刻的腐蚀环境。C-276 合金的化学成分见表 2-16。下面以 C-276 合金为例分析其焊接性。

表 2-16　C-276 镍基合金的化学成分(质量分数)

材料	Mo	Cr	Fe	W	C	Si
C-276	15%~17%	14.5%~16.5%	4.0%~7.0%	3.0%~4.5%	<0.010%	≤0.08%

材料	Mn	V	P	S	Co	Cu	余量
C-276	≤1.0%	≤0.35%	≤0.04%	≤0.03%	≤2.5%	—	Ni

1)防止材料表面划伤。C-276镍基合金对杂质敏感性大,因此在材料成形和焊接过程中应严格控制材料表面的划伤,防止材料成形或焊接过程中铁离子和环境污染影响材料的耐蚀性。

2)选择合适的热输入。在焊接热循环作用下,如热输入控制不得当,镍基合金材料接头区受到热敏化后可能出现贫铬区、贫钼区和金属化合物。

3)选择合适的操作方法防止母材过热。由于C-276合金化元素较多,在焊接熔池状态下的液态金属流动性差,不恰当的焊接操作焊缝边缘易出现咬边和焊缝结晶表面成形不光滑的现象。对薄板($\delta=1.6\sim2.0mm$)的立焊、横焊位置的焊缝易出现局部过热,焊缝呈蓝色或深蓝色。

4)防接头应力集中。C-276材料对应力集中敏感,构件在装置苛刻条件下,材料在金相组织变化及应力共同作用下,可能引起焊接接头过早地失效。因此,在进行C-276薄板贴衬中,根据材料的特性及装置的苛刻腐蚀工况,应制订合理的贴衬焊接工艺,薄板贴衬焊接接头设计不仅要考虑其贴衬接头的牢固性和焊缝的致密性,同时要考虑温度及应力对焊接接头的影响,提高整个衬里层的耐蚀性。

(2)焊接方法的选择

焊接过程中有效控制焊接热输入,使接头在惰性气体保护氛围中焊接是C-276镍基合金目前理想的焊接方法。对于贴衬面积不大,被贴衬金属表面形状差异大,构件制作和现场组焊均采用手工钨极氩弧焊。

钨极氩弧焊设备应具有高频或脉冲引弧,能实现提前送气,滞后停气,收弧电流衰减及脉冲频率可调等基本焊接控制功能。钨极直径可以选为$\phi1.2\sim2.4$ mm;焊枪喷嘴直径一般可选为$\phi12\sim16$ mm。

(3)焊接材料及焊接工艺的选择

1)焊接材料选择。焊接时保护气体要选择高纯度氩气,焊接C-276合金的焊丝可以选择ERNiCMo-4焊丝,ERNiCMo-4

焊丝的化学成分见表2-17。

表 2-17　ERNiCMo-4 焊丝化学成分(质量分数)

Mo	Cr	Fe	W	C	Si	Mn	V	P	S	Co	Cu	Ni
15%～17%	14.5%～16.5%	4.0%～7.0%	3.5%～4.5%	0.020%	0.09%	1.0%	0.35%	0.035%	0.03%	25%	0.5%	余量

2) 焊接工艺

① 焊件清理。焊前对坡口面及两侧边缘 30 mm 范围内清刷氧化物后用丙酮认真清洗去除污物。同时对每根焊丝表面用丙酮清洗去除污物(如焊丝牌号标识墨迹等)。

② 对定位焊的要求。对接试件定位焊时控制错边量。搭接试件定位焊时,板间应压紧,定位焊焊缝尽可能密而薄。

③ 预热与层间温度。焊前不需要预热。当处于低气温环境,起焊位置可用热风吹干待焊处,防止焊区产生冷凝水雾焊接层间温度要保持不大于 100 ℃。对接焊缝正面焊完后,背面用砂轮清根,然后用丙酮清洗焊道及两侧。

④ 焊接参数。焊接参数及热输入控制要得当,焊接参数及焊接热输入见表2-18。

表 2-18　焊接参数与焊接热输入

接头形式	焊接层次	焊丝牌号	直径 d(mm)	焊接电流 I(A)	电弧电压 U(V)	氩气流量 Q(L/min)		焊接热输入 E (kJ/cm)
						正面保护	背面保护	
对接	打底焊	ERNiCiMo-4	1.6	35～38	13	14	16	≤2.2
	填充焊	ERNiCiMo-4	2.5	65～70	13	14	16	≤4.5
搭接	打底焊	ERNiCiMo-4	1.6	30～40	13	16	19	≤2.5
	盖面焊	ERNiCiMo-4	2.0	50～55	13	16	19	≤3.2

(4) 接头质量控制与焊接注意事项

1) 防止化学成分偏析。贴衬中 C-276 合金薄板的一面覆盖碳钢后需直接与碳钢焊接。因此,焊接热输入(单位时间内输入母材的热量)的控制十分重要。否则碳钢中的 Fe 及其他金属成分对 C-276 合金将产生一定的影响或使焊接后的焊缝金属化学成分产生偏析,这些都将可能直接影响衬里层材料的使用功能。采用钨极氩弧焊方法焊接 C-276 合金的贴衬,在满足贴衬层与基体的贴合强度、贴合率要求的同时,两种金属贴合面要最大限度地降低和控制碳钢材料对 C-276 合金衬里层材料的污染和焊接热循环对焊接接头金属化学成分及性能的影响,提高衬里层的耐蚀性。

2)接头形式的选择与设计要考虑衬里层的力学性能和耐腐蚀性能。焊接接头形式的选择或设计要针对镍基合金材料对杂质、应力、焊接热循环作用的敏感特性和安装施工焊接贴衬过程中的工艺特点,总的目的是保证衬里层材料的力学性能和耐蚀性。

3)焊接前仔细清理工件。在贴衬区域(其边缘应扩大范围 100~150 mm)范围内,施工前对碳钢表面进行处理,清除焊接疤痕、焊接飞溅、表面明显的凹凸不平和焊缝余高等。然后再对碳钢表面进行喷砂除锈处理,达到碳钢金属本色。材料处理后,应尽快进行耐蚀合金衬里层的贴衬施工,防止碳钢表面再次锈蚀积污。

对贴衬衬里层的施工区设置隔离措施,防止在施工中,特别是对镍基材料的焊接过程的污染。严格控制铁基材料和镍基合金与烟道介质的表面接触,造成铁离子污染、划伤金属表面,从事贴衬操作者(包括材料搬运)的油污手套也不能直接与衬里材料接触。

焊道施焊前,应采用丙酮清洗焊道及其边缘两侧 30 mm 范围,去除灰尘污垢等。焊后检查焊缝,当焊缝的颜色呈现银白或淡黄色为合格。当出现蓝色,甚至深蓝色,表明该段焊缝存在过热或焊接热输入过大,建议对焊缝清除重焊。

4)对于板厚稍厚的镍基合金角焊缝的处理。如果镍基合金板厚较厚,角焊缝不提倡一层焊满,例如,对于板厚在 1.5~2.0 mm 的角焊缝不提倡采用一层焊满焊道的做法,角焊缝焊道应采用两层焊满,以达到控制焊接热输入和保证焊缝焊透,焊缝在满足力学性能要求同时也必须满足焊缝的耐蚀性和致密性。

5)重点是控制焊缝过烧。镍基合金薄板贴衬焊接采用钨极氩弧焊,重点应严格控制焊接热输入,采用小焊接参数、多层焊,严格氩气保护,防止焊缝出现过烧颜色。

第四节 镀锌钢板的焊接

随着现代化工业的发展,应用抗腐蚀镀层板材的领域越来越广。在众多的钢铁防腐方法中,镀锌是一种非常有效且便宜的方法。

镀锌成为重要的钢铁防腐方法,不仅仅是因为锌可在钢铁表面形成致密的保护层,还因为锌具有阴极保护效果,当镀锌层破损,它仍能通过阴极保护作用来防止铁质母材腐蚀,这种保护效果可延伸到 $1\sim2~\mu m$ 无保护层的区域,因此,镀锌可以有效地保护板材的切口和冷加工造成的微裂纹以及近焊缝的锌烧损区,防止生锈。

1. 如何利用电阻焊焊接镀锌钢板?

利用电阻焊焊接镀锌板是工厂中广泛利用的方法,而且它的焊接性能良好。但是电阻焊焊接镀锌板也有一定难度。与电阻焊焊接低碳钢或低合金钢相比,它所适用的焊接范围窄,电极的寿命也明显地短。由于锌的熔点低(约 420 ℃),所以难免在焊接时电阻导电嘴粘着锌。锌连续点焊的点数也比低碳钢大幅度减少。因此,镀锌板的电阻焊应注意以下几个问题:

(1)焊接参数适用范围小。镀锌板的电阻焊采用比较多的方法是点焊。点焊镀锌板的焊接参数适用范围比较小,这是由于受电镀的种类、镀锌层厚度的影响所致。

(2)焊点变化大。点焊镀锌板时,连续点焊的点数变化很大,即使采用同样的焊接参数,由于镀层种类、镀层厚度不同,点焊的熔核直径也不相同。一般讲,电镀层越厚,熔核直径越小;焊接电流越大,熔核直径也越大;同时,熔核直径也受冲程影响,图 2-38 所示是镀层厚对熔核直径的影响。

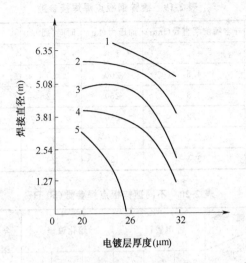

图 2-38 镀层厚度对熔核直径的影响
1—16 冲程,14 000 A;2—12 冲程,14 300 A;3—26 冲程,12 100 A;
4—20 冲程,12 100 A;5—16 冲程,12 100 A

电阻焊焊接镀锌板时,所需焊接电流比焊接低碳钢时大,通电时间长,而且电镀层越厚,使用焊接电流应越大。焊接镀锌板时其形核时间与焊接低碳钢时不同。因为焊镀锌板时要有一个接头处熔去锌的时间。所以焊接镀锌板开始形成熔核的时间约是低碳钢形成熔核时间的 2 倍。因此,焊接时通电时间长一点对焊接质量是有好处的。

电阻焊焊接镀锌板时,电极加压力约比低碳钢高 20%～30%,这就要求使用大电流焊接,以防止喷溅。镀锌层比较软,凹陷现象比较严重,容易使电极接头受到污染,故使用的压力不能高于规定的压力。

镀锌钢板的点焊与一般的低碳钢焊接参数相比,它所采用的焊接电流、施加压力、通电时间等值都比较高。但是由于镀锌钢板厚度、铁-锌合金化状态等不同,焊接参数也不相同,表 2-19 及表 2-20 是多种镀锌钢板的焊接参数。

表 2-19 镀锌钢板点焊焊接参数

板厚(mm)	导电嘴前端直径(mm)	加压力(kg)	时间(周波)	电流(A)
0.5	4.8	140	6	9 000
0.7	4.8	200	10	10 250
0.9	4.8	260	12	11 000
1.00	5.2	290	14	12 500
1.25	5.7	370	18	14 000
1.50	6.4	450	20	15 500

表 2-20 不同镀锌板点焊参数(50 Hz)

焊接参数	电镀种类 电镀层厚(μm) 板厚(mm) 类别	电镀锌			熔化镀锌			合金化处理镀锌		
		2~3	2~3	2~3	10~15	15~20	20~25	8~12	8~12	8~12
		0.8	1.2	1.6	0.8	1.3	1.6	0.8	1.2	1.6
电流(A)	A	10 000	11 500	14 500	10 000	12 500	15 000	10 000	11 700	13 500
	B	8 500	10 000	12 000	9 900	11 000	12 000	8 500	10 500	11 800
所加压力(kg)	A	270	330	450	270	370	450	270	320	450
	B	200	250	320	170	250	350	200	250	370
焊接时间(周波)	A	8	10	12	8	10	12	8	10	12
	B	10	12	15	10	12	15	10	12	15
破断强度(kg)	A	460	670	1 150	500	900	1 300	500	850	1 300
	B	440	650	1 050	480	870	1 200	480	800	1 200

电阻焊时,选择焊接所用电极主要考虑两个方面:一是电极材料;二是电极头部形状。

连续点焊时,接头表面温度约在 650 ℃ 以上,电极要承受约 14 kg/mm² 的压缩应力。故电极的性能必须与作业状况相适应,而且由于接头表面的合金化,其热传导性能要降低。

电极接头的形状，一般以前端为 120°的平头圆锥形为适宜。

镀锌钢板适用于低碳钢、铬钢、锆铜的点焊，对于铜-铬-锆合金焊条效果更好。因接头表面难免出现粘附现象，所以施焊时要注意不断地进行修整。除标准电极材料之外，把钼、钨加入于铬铜接头等钎焊后形成复合电极，电极寿命可明显增长。

2. 如何采用钎焊焊接镀锌钢板？

锌的熔点约为 420 ℃，挥发温度为 906 ℃，这不利于焊接，当电弧刚一接触到镀锌板锌就挥发了。

锌的挥发和氧化会导致气孔，未熔合及裂纹，甚至影响电弧稳定性。因此，焊接镀锌板材最好是减少热输入。

一种可行的方法是用钎焊材料来焊接镀锌板。采用钎焊焊接镀锌板最常用的焊丝是铜硅合金焊丝，用铜硅合金焊丝有以下优点：

(1) 焊缝无腐蚀。

(2) 飞溅很少。

(3) 镀锌层烧损少。

(4) 热输入低。

(5) 焊缝易机械加工。

(6) 近缝区可受到阴极保护。

使用铜硅合金焊丝焊接时，由于这些焊丝中的含铜量比较高，焊接熔点相对降低，这对母材实质上是一种保护。

在钎焊的同时如果通以保护气体，则焊接质量则会大幅度提高。

3. 如何利用脉冲电弧和变化气体焊接镀锌钢板？

在富氩保护气体环境下焊接时，通过选择合适的基值和峰值焊接电流参数可以控制短路过渡，选择到最佳参数时，恰好使每个脉冲使一粒金属熔滴从焊丝上脱离。

为了尽量减少锌层的挥发，必须采用低功率的熔化极钨极氩弧(MIG)钎焊,这就要求电源在低功率下能提供特别稳定的电弧。如果有很灵敏的弧长反馈控制,就可在很低的基值电流下保持稳定的短弧。

(1)熔滴过渡形式

厚的镀锌板(镀锌层在 15 μm 以上)在焊接时会产生大量锌蒸气,影响焊接的稳定性,因此最好采用短弧的短路过渡或喷射过渡,短的弧长可使电弧更加稳定。

(2)焊枪倾角

焊接时,焊接角度对焊接质量有很大影响。如果焊枪倾斜角度与前进方向相反施焊时,基值电流的电弧就会使前方的镀锌层预热到挥发温度,熔滴过渡带来的热量就使镀锌层挥发,进入熔池的锌蒸气很少,在凝固过程中又继续排出,因此焊缝中残留气孔极少甚至根本没有。

焊接时,焊枪倾斜方向与前进方向同向施焊时,预热效果达不到锌的挥发温度,这就意味着大量锌蒸气会扩散到熔池中,虽然焊枪的倾角有"后热"作用,可延长熔池的凝固时间,但是还不足以使大量锌蒸气从焊缝中逸出,而有无锌蒸气逸出对于电弧的稳定性有一定影响。因此在镀锌板材的 MIG 钎焊过程中,焊枪施焊方式与焊枪与工件的角度也很重要。

(3)送丝机构的注意事项

钎焊丝不同于碳钢焊丝,它很软,所以这对送丝机构提出了一些需要注意的地方。为了送丝时不让焊丝有任何损伤,接触压力不能太大,装上合适的四轮驱动,可提供足够的送丝力。通常采用的是光滑的半圆槽送丝轮。要求焊丝能够准确顺利地送入导丝管。送丝软管最好也采用特氟隆制成的塑料管。

(4)焊丝的伸出长度

采用 MIG 钎焊镀锌板时,对焊丝的伸出长度有一定要求,要求当焊丝的伸出长度(导电嘴与工件之间的焊丝长度)发生变化时,应不产生飞溅,这就要求在焊丝的伸出长度发生变化的过程中确保熔滴过渡形式为:每个脉冲过渡一个熔滴。

第五节　梁、柱、钢架的焊接

1. 如何进行梁的焊接？

梁是工作于横向弯曲的构件,各种机器及建筑结构中都包括有梁。特别是近几年来,随着科学技术的迅速发展,焊接的梁因可以满足不同使用功能和承载功能的要求而成为钢结构的主要架构模式,广泛应用于工业、民用及国防中。梁的制作结构复杂,刚度大,焊缝数量多,平面交叉焊缝、立体焊缝交叉易引起应力集中,甚至出现三向应力。为防止焊接变形,减小焊接应力,梁的制作对装配焊接工艺和顺序提出了很高的要求。

根据构件的使用功能和载荷需要,通用梁的截面形式主要有工字梁(包括"H"形梁)、"T"形梁和箱形梁。

(1) 梁焊接过程中容易出现的问题

梁的焊接过程实质上是焊件局部加热后又冷却凝固的过程,焊接过程由于产生不均匀的温度场,导致构件应力分布不均匀,产生不均匀的膨胀和收缩变形。尤其是当这些部位的收缩和膨胀受到阻碍时,在梁内就产生残余应力与变形。梁的变形主要有弯曲变形、挠曲变形、角变形和扭曲变形,如图 2-39 所示为部分梁的变形形式。

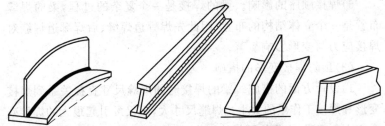

(a)"T"形梁的弯曲变形 (b)工字梁的扭曲变形 (c)"I"形梁的角变形 (d)箱形梁的扭曲变形

图 2-39　部分梁的变形

(2) 梁焊接变形产生的原因

1) 焊接方法的影响。梁的焊接通常采用焊条电弧焊、CO_2 气体保护焊、埋弧焊等焊接方法。这些方法中因在焊接时对母材的热输入不同,引起的焊接残余应力与变形也不同。在这几种焊接方法中,埋弧焊的热输入最大,在焊缝截面相同情况下,埋弧焊引起的焊接变形最大,焊条电弧焊引起的焊接变形量居中,而 CO_2 气体保护焊引起的焊接变形最小。

2) 焊缝截面积的影响。焊接时,焊缝金属的截面积越大,向母材输入的热量就越多,冷却时引起的收缩变形量就越大。板厚相同时,坡口尺寸越大,焊接变形也越大。

3) 接头形式的影响。焊接过程中,在相同的焊接热输入相同的焊缝截面积,相同的焊接方法等条件下,不同的接头形式对纵缝、横缝、角缝的变形量不同。单面焊时坡口角度大,板厚方向上上下收缩量差别大,因此易产生角变形。双面焊时随着坡口角度和间隙的减小,横向收缩减小,角变形也减小。

4) 热输入的影响。梁的焊接时,热输入越大,冷却速度越慢,加热的高温范围越大,变形越大。

5) 焊接层数的影响。对于大厚度板梁,有时需要大厚度、大尺寸焊缝,焊接时若将大尺寸焊缝分成几层或多层焊时,每层的焊接热输入可小些,焊接变形也可减小。

6) 焊接顺序的影响。梁的焊接是一个复杂的过程,梁的焊缝布置是一个立体结构的布置,因此先焊哪道焊缝、后焊哪道焊缝对焊接应力与变形影响显著。

(3) 预防焊接变形的措施

1) 设计方面的措施。梁的焊接时的焊缝尺寸直接关系到焊接变形和焊接工作量的大小。焊缝尺寸大,不仅可引起很大的焊接残余应力与变形,也增加了焊接工作量,使焊工疲劳,难以保证焊接质量。因此在保证结构承载能力的前提下,尽可能地减小焊缝尺寸。

2) 工艺方面的措施。

① 控制下料质量。下料时应选择材质优良。表面平直的钢

板。下料时还要考虑焊接的金属收缩量,留足余量。根据生产经验,一般钢板的收缩量大约为1%左右。采用气割下料时,必须严格控制割板的变形。为防止制板变形,用料时也要采取分段切割法,防止由于切割引起的腹板旁弯所导致的整个梁长度上的拱起。

②反变形法。反变形法是预先估计梁的变形方向和大小,焊接前采取反方向的变形,焊接后使两种变形互相抵消。

反变形法仅仅适用于长度较短的薄板梁,对尺寸较大的厚板梁进行分段压制时,如果受力不均或者操作不当,会导致翼板的波浪变形,造成装配困难或影响美观。

用反变形法焊接工字梁的工艺过程如图 2-40 所示。

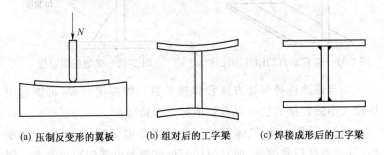

(a) 压制反变形的翼板　　(b) 组对后的工字梁　　(c) 焊接成形后的工字梁

图 2-40　采取反变形工艺焊接的工字梁

③刚性固定法。刚性固定法是将构件在焊接前加以固定来限制构件的变形。利用反变形法防止工字梁的角变形,弯曲变形,防止角变形效果比较显著。

梁的焊接生产中经常采用的刚性固定法有梁的背靠背固定法和肋板点固定法。

梁刚性固定的背靠背点固定法是将两根定位焊后的梁组装后先不各自焊接,而是将组装定位焊好的梁再背靠背的点固在一起然后再焊接的方法。焊后冷却到室温或放置一段时间,再将两根刚性固定焊接后的梁采用机械或切割的方法分开,这种刚性固定法效果明显,焊后的梁可基本解决变形问题,两根工字梁背靠背的固定方法如图 2-41 所示。

梁的肋板固定法可以采用三角肋板和长肋板。三角肋板的作用是控制翼板防止其发生翘起和转动,同时加强腹板的刚度。长肋板的作用是防止翼板发生角变形。肋板可定位焊在梁上,也可做成活动式肋板卡在翼板上,活动肋板可反复使用,肋板固定法可如图 2-42 所示。

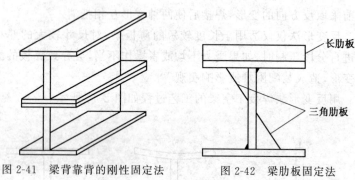

图 2-41　梁背靠背的刚性固定法　　　图 2-42　梁肋板固定法

④合理地选择焊接方法和焊接参数。焊接梁时,尽可能选用热输入小的焊接方法可以有效地防止焊接变形。

例如,采用 CO_2 气体保护焊代替焊条电弧焊,不但生产效率高,劳动条件得到改善,而且焊接变形比焊条电弧焊减小许多。焊接时,若现场没有低能量密度的焊接方法,也不具备 CO_2 气体保护焊条件,只能用焊条电弧焊焊接,而且又不能降低焊接参数时,可以采用强制冷却法来降低梁的温度,缩小热场的范围与分布,达到减小变形的目的。

⑤选择合理的焊接顺序。合理的焊接顺序可以减小和避免梁的焊接变形。例如,对于工字梁的焊接,如果先焊接图 2-43(a)中的 1 与 2,就会产生图 2-43(b)中的挠曲变形。如果按图 2-43(c)中的焊接顺序先焊 1 再焊 2,再焊 3 和 4,焊接后梁的收缩与变形就控制得比较好,变形与收缩可互相抵消,就可得到图 2-43(d)的横平竖直的梁。

梁的焊接除了要采取正确的焊接顺序外,还要采取分段焊法或分段退焊法,段的长短和分段多少一般根据梁的长度来决定,图

2-44是刚性固定好的梁采用分段或分段退焊法的示意。采用正确的焊接顺序和分段退焊法可以使梁焊接后变形最小。

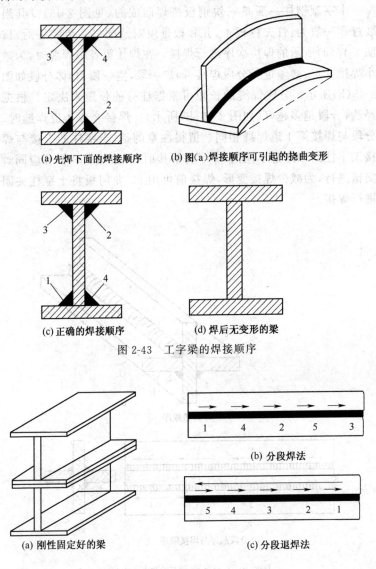

(a)先焊下面的焊接顺序　(b)图(a)焊接顺序可引起的挠曲变形

(c)正确的焊接顺序　(d)焊后无变形的梁

图 2-43　工字梁的焊接顺序

(a)刚性固定好的梁

(b) 分段焊法

(c) 分段退焊法

图 2-44　分段焊法与分段退焊法示意图

2. 如何进行十字型钢柱的焊接？

十字型钢柱一般是三块钢板拼焊而成的(见图 2-45)。其组装过程一般为：首先将板Ⅰ、Ⅱ和板Ⅲ组对装配好。组装好后，按图 2-45(a)所示的焊接次序进行焊接。在焊接第各道焊缝时，为减小焊接变形，必须进行分段焊接，即焊一段，空一段，具体分段如图 2-45(b)所示。分段焊缝的长短可根据柱身的长短来决定。根据经验，分段越多越好(如图 2-45(b)所示)。焊接 2、3、4 道焊缝时，分段与焊接第 1 道焊缝相同。值得注意的是，十字柱的焊接与焊接工字柱的顺序是不同的，十字柱焊接时，焊接板Ⅰ和板Ⅱ应同时交错进行，为减少焊接变形，焊接前可用 90°龙门板将十字柱夹固进行焊接。

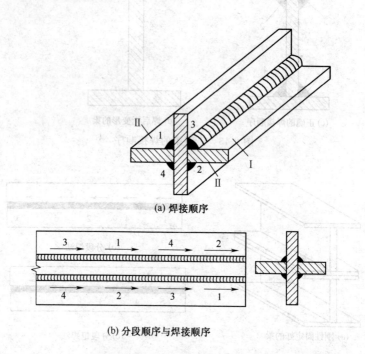

(a) 焊接顺序

(b) 分段顺序与焊接顺序

图 2-45 十字型钢柱的焊接顺序

3. 如何进行工字钢拼焊柱的焊接？

双工字钢用钢板拼焊成的柱子在实际工作中是经常遇到的，首先，将工字钢组装定位焊焊好，然后再进行焊接，其焊接顺序如图 2-46 所示，即首先用跳焊法焊接正面的加强板 1、2、3。然后翻过去再焊背面的加强板Ⅰ、Ⅱ、Ⅲ。跳焊完后，翻过来再焊正面的加强板 4、5……，再翻过去焊接 1、2、3 对面即背面的加强板。这样翻转反复两次就完成了整个的焊接过程。在焊接过程中应该注意的问题是跳焊距离要根据柱的长短和加强板的多少来选择跳焊距离也可每间隔两块或三块焊一块，总之，为了避免和减少焊接变形，要求两面交错进行焊接。

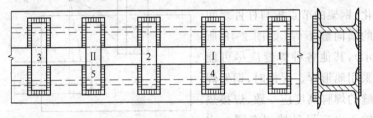

图 2-46 双工字钢拼接钢柱的焊接顺序

4. 如何进行钢架的焊接？

钢架是厂房、馆舍及某些建筑物常见的构件。钢架的组成虽然简单，但焊接方法或焊接顺序选择不当，焊接过程如果控制不好就容易产生各种焊接变形，使钢架的尺寸不符合要求，甚至无法安装。

钢架焊接的好坏主要看焊后钢架变形的大小和焊后焊道是否符合要求。前者是焊接顺序与焊接热过程控制问题，后者反映操作者的水平与操作技能。

钢架焊接一般是先焊腹杆与节点之间的焊缝，后焊上、下弦与节点板之间的焊缝。各节点焊接时不能依次一个接一个节点的焊接，而应该在节点间间隔开，采用跳焊法的分散焊接次序法，具体焊接次序如图 2-47 所示。

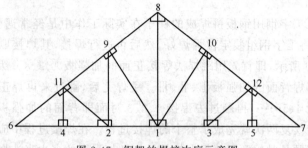

图 2-47 钢架的焊接次序示意图

钢架焊接过程中,为防止应力集中和焊接热影响区恶化,钢架的节点板与杆件之间的横向缝不焊(如图 2-48 所示),其他各种焊缝应尽可能采用船形焊。焊接时,钢架焊缝的焊脚高度应一致,焊接热输入也应尽量控制在同一水平为好。

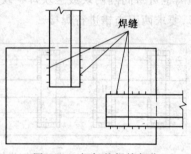

图 2-48 钢架的焊接部位

第六节 管道的焊接

1. 如何进行转动管道的焊接?

管道在预制厂加工时,一般多采用转动焊接。管子的转动焊接操作简便,生产率高。

管子焊接质量的优劣与对口和点焊关系密切相关。

(1)管道的对口及定位焊。管道对口规范应执行国家和企业的有关标准。同时,要求坡口端面的平面度小于 0.5 mm,焊口拼装错口不得大于 1 mm,对口处的弯曲度不得大于 $\frac{1}{400}$。定位焊时,对于直径小的管子($\phi \leqslant 10$ mm),只需在管子对称的两侧定位以就可以了(如图 2-49(a)所示)。管径大的管道可定位焊三点或更多的焊点定位(如图 2-49(b)所示)。定位焊焊点的尺寸应适宜,当管壁厚度小于或等于 5 mm 时,则焊点厚度为 2.5～3 mm,若管壁厚度大于 5 mm 时,则焊点厚度约为 4～5 mm,定位焊长度约为 20～30 mm。为便于接头熔透,焊点的两个端都必须修成缓坡形。

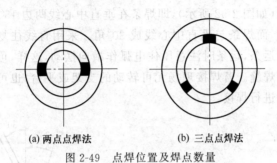

(a) 两点点焊法　　　　(b) 三点点焊法

图 2-49　点焊位置及焊点数量

(2)根部的焊接。不带垫圈的管子转动焊,为了使根部容易熔透,运条范围应选择在立焊部位(如图 2-50 所示)。操作手法可采用直线形或稍加摆动的小月牙形。如果对口间隙较大时,可采用灭弧方法焊接。

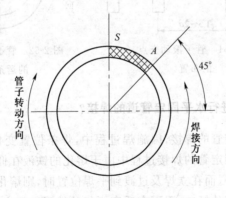

图 2-50　管子转动焊的选择位置

A—起焊点　S—焊段终点

对于厚壁管子,有时转动起来比较费力,同时也为防止因转动时振动而使焊口根部出现裂纹,并便于操作,在对口前,应将管子放在平整的转动台或滚杠上。焊接时,最好每一焊段焊接两层后方可转动一次,同时,定位焊焊缝必须有足够的强度;靠近焊口的两个支点距离最好不大于管径的 1.5~2 倍。如图 2-51 所示。

(3)转动管的多层焊 转动管的多层焊接,运条范围应选择在平焊位置(如图 2-52 所示),即焊条在垂直中心线两边 15°~20°范围内运条,而焊条与垂直中心线成 30°角。采用直线往复法或月牙形方式运条,运条时注意压住电弧作横向摆动,这样,可得到整齐美观的焊缝。若焊接现场无可转动的支架或平台,也可选用斜立焊位置进行焊接。

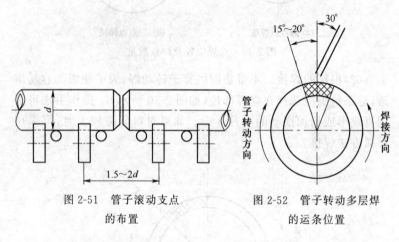

图 2-51 管子滚动支点的布置　　图 2-52 管子转动多层焊的运条位置

2. 如何进行水平固定管道的焊接?

水平固定管的焊接,因施焊过程中,焊条位置变化很大,操作比较困难。固定管的焊接过程中由于熔化的铁液在仰焊位置有向下坠落的趋势,而在立焊及过渡到平焊位置时,则熔化的铁液有向管子内部滴落的倾向,因而有透度不匀及外观不整齐的现象。

固定管在管下面仰焊位置施焊时,为了使铁液能熔化到坡口中去,并与基本金属很好地接合在一起,焊接时主要依赖于电弧的吹力将铁液吹入焊道的预定位置。若电弧吹力不够,则熔滴输送到熔池的力量就会减弱。所以,只有增大焊接电流才能使电弧吹力增加。但焊接电流过大,熔池面积增加,铁液又容易下坠。由于熔件温度随着焊接过程的进行而递升,所以为了防止铁液下坠,必须使用合适的电流。

固定口焊接根部时,仰焊及平焊位置是比较难焊接的,通常仰焊部位背面易出现焊不透或容易产生凹陷,表面因铁液下坠出现焊瘤、咬口、夹渣等缺陷,平焊部位又容易产生焊不透以及因铁液下坠而形成的焊瘤。

根据以上特点,施工时应注意以下几个问题:

1)对口要求及点焊。组对时,管子轴线必须对正,以免形成弯折的接头;同时考虑到焊缝冷却时会引起对口间隙的收缩,所以对较大直径的管子,有必要于焊接前使平焊部位的对口间隙大于仰焊部位的对口间隙。

点焊时可参照转动口的点焊方法。

2)根部焊接。现场施工时,一般不带垫圈的"V"形坡口对接焊应用得比较多,现讨论这种形式的焊接,焊接方法基本上与钢板的焊接方法相似。

具体焊接方法有两种:第一种是分两半焊接,此法应用广泛;第二种是顺着管子圆周焊接。

1)两半焊接法。两半焊接法的施焊程序为:仰焊→立焊→平焊,此法能保证铁液和熔渣很好地分离,焊透度比较容易控制。

它是沿垂直中心线将管子截面分成相等的两半,各进行仰、立、平三种位置的焊接。在仰焊及平焊处形成两个接头(如图2-53所示)。两半焊接法操作要点如下:

首先,对正定位焊焊口,在仰焊缝的坡口边上引弧至焊缝间隙内,用长弧烤热起焊处(时间3~5 s)。预热以后迅速压短电弧熔穿根部间隙施焊。在仰焊至斜仰焊位置运条时,必须保证半打穿状态;至斜立焊及平焊位置,可运用顶弧焊接。其运条角度变化过程及位置如图2-54所示。

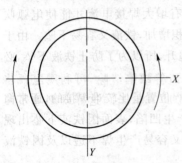
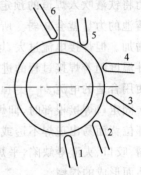

图 2-53 两半焊接法　　　图 2-54 两半焊接法各位置
　　　　　　　　　　　　　　　　的运条角度

采用两半法焊接固定口时,为保证管道的仰焊及平焊部位的接头质量,固定管道在焊接前一半时,在仰焊位置的起焊点及平焊部位的终止焊点都必须超过所焊管子的半周,一般超过管子的中心线约 10 mm 左右(如图 2-55 所示),只有起焊点和终焊点都超过管子的半周,才能使下半周的起弧和接头容易操作,才能避免下半周起弧点和收弧点产生夹渣等焊接缺陷,以便于保证固定管的焊接质量。

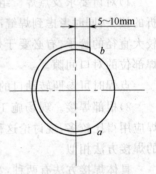

图 2-55 两半焊接法的
起始位置与终止位置
a—先焊左边的焊接起始点;
b—先焊右边的焊接终焊点

固定管焊接时,为了使根部熔透度均匀,焊条在仰焊及斜仰焊位置时,尽可能不作或少作横向摆动,而在立焊及平焊位置时,可作幅度不大的反半月形横向摆动。

固定管焊接时,为了使背面熔透更好,达到单面焊双面成型的效果,当焊条运条至定位焊部位时,焊条的前移速度应减慢并迅速将电弧向下压,以便熔穿点焊接头处的间隙,使接头及根部能充分熔合、熔透。当焊条运行至平焊部位时,必须注意添满熔池弧坑后方能熄弧。

①仰焊处接头方法:在焊接完前半周管口后,焊接后半周管口前,有条件的可用砂轮将前半周焊接的起弧及收尾处所成缓坡过渡,以便于后半周的起弧和接头焊接。对于现场无砂轮打磨条件的,为保证后半周起焊点及接头顺利,也为了将前半周起焊点(处)产生的气孔、未焊透、夹渣等缺陷清除,可利用电弧将起焊处的原始焊缝割去一部分(约 10 mm 长),这样既割除了可能有缺陷的焊缝,而且形成缓坡形割槽,也便于接头。其操作方法如下:首先用长弧烤热接头部分,稍微压短电弧,此时弧长约等于两倍焊条直径。从超越接头中心约 10 mm 的焊波上开始焊接。此时,电弧不宜压短,也不作横向摆动,一旦运条至接头中心时,立即拉平焊条压住熔化的铁液向后推送,未凝固的铁液即被割除而形成一条缓坡形的割槽。焊条随即回到原始位置(约 30°),从割槽的后端开始焊接。运条至接头中心时,切勿灭弧,必须将焊条向上顶一下,以打穿未熔化的根部,使接头完全熔合(如图 2-56 所示)。

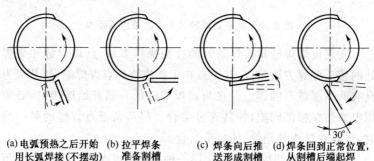

(a) 电弧预热之后开始用长弧焊接(不摆动)　(b) 拉平焊条准备割槽　(c) 焊条向后推送形成割槽　(d) 焊条回到正常位置,从割槽后端起焊

图 2-56　固定管道仰焊位置接头方法

对于重要管道或使用低氢型焊条焊接时,接头前最好用凿、锉、砂轮等工具,采用手工加工方式修理接头处,把仰焊接头处修理为缓坡型,然后再施焊。

②平焊接头方法:平焊接头时应先修理接头处,使其成一缓坡型;接头时选用适中的电流值,当运条至斜立焊(立平焊)位置时,

焊条前倾,保持顶弧焊,并稍作横向摆动(如图2-57所示);当距离接头处尚有3~5 mm间隙,即将封闭时,绝不可灭弧。接头封闭的时候,需把焊条向里稍微压一下,此时,可听到电弧打穿根部而产生的"啪喇"声,并且在接头处来回摆动以延长停留时间,从而保证充分的熔合。为保证熔透不产生焊瘤,焊条角度要根据根部熔透情况随时变化。熄弧之前,必须填满熔池,而后将电弧引至坡口一侧熄灭。

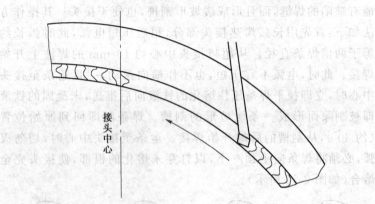

图2-57 立平焊段的接头方法采用顶弧焊

③定位焊焊缝和换焊条时的接头操作方法:点焊焊缝和平焊处的接头施焊方法相似,其要点在于首先修理点焊焊缝,使其成为具有两个缓坡形的焊点。在与点焊焊缝的一端开始连接时,必须用电弧熔穿根部间隙,使其充分熔合。当运条至点焊缝的另一端时,焊条在接头处稍停,使接头熔合。

换焊条时有两种接头方法,第一种是当熔池尚保持红热状态,就迅速地从熔池前面引弧至熔池中心接头(如图2-58所示),这种接头方法使得接头比较平整,但要求操作者运条要灵活,动作要敏捷。第二种方法是由于某种原因,如换焊条动作缓慢,焊缝冷却速度太快等,以致熔池完全冷凝。这时,焊缝终端由于冷却收缩时常形成较深的凹坑,而且也常产生气孔、裂纹等缺陷。这时就必须采取措施方能接头。遇见焊接缺陷后必须用电弧割槽或手工修理后,方可施焊。

2)沿管周焊接法。沿管周焊接法一般用在对质量要求不高的薄壁管的焊接。操作方法是：在斜立焊位置作为起焊点(如图 2-59 所示)，在自上而下的运条过程中最好不要灭弧，焊条端部托住铁液使用顶弧焊接。在平焊→立焊→斜仰焊这几段焊接过程中，焊条几乎与管周成切线位置，当由斜仰焊

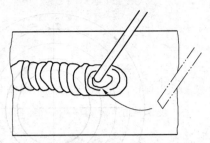

图 2-58　熔池红热状态时的接头方法

至仰焊这一段，焊条位置可以稍偏于垂直；在仰焊→立焊→平焊位置运条过程中，施焊方法与"两半焊接法"基本相同。整个环形焊缝最后在斜立焊位置闭合。

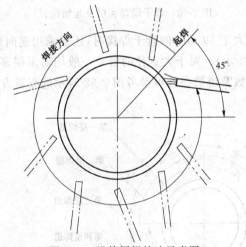

图 2-59　沿管周焊接法示意图

3. 如何进行垂直固定管道的焊接？

垂直固定管的焊接，其特点是焊缝位于横焊位置，其根部焊接和多层焊接同钢板横焊一样。焊接垂直固定管时，每层焊道的接头处应错开一段距离（最好错开 20 mm 以上），具体可参考图 2-60 各层焊缝错开的示意。

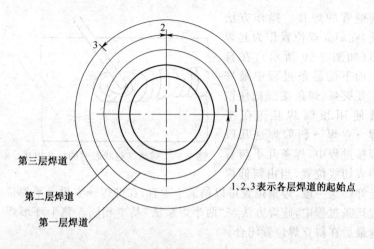

图 2-60 管子横焊各层及起始位置

对直径大于 19 mm 的管子焊接时,还应采用逆向分段焊接法(如图 2-61 所示)。对于大直径的管子一般均需多层多道焊,焊口内焊缝的层数及道数布置可参考图 2-62 所示的布置方法。

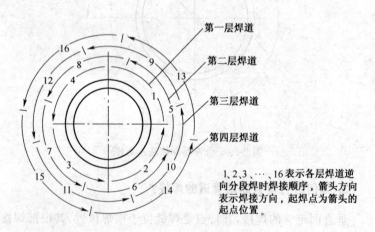

图 2-61 大口径管横焊口施焊顺序

中断焊接或焊缝结尾时,焊条应徐徐提起,收弧不可太快太突然,应逐渐拉长电弧,以逐步缩小熔池面积,填满弧坑。重新引弧时,应在断弧处后面 8～10 mm 处开始引弧,使接头熔合良好。

管子焊接时,管内不得有穿堂风。焊接应尽可能在室内进行。冬季时,应采取措施,设法提高焊接场所的温度,防止焊缝金属冷却过快。

当焊接直径较大的管道时,如果沿着圆周连续运条,则变形量较大,必须应用"逆向分段跳焊法"来焊接(如图 2-63 所示)。

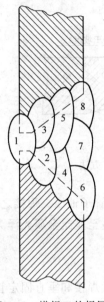
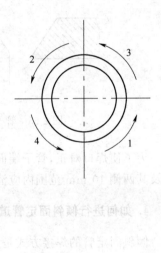

图 2-62　横焊口的焊层与
　　　　焊道布置

图 2-63　大口径管逆向
　　　　分段跳焊法

当对口两侧管径不等时(错口),可以将直径较小的管子置于下方,并且保证沿圆周方向的错口数值均等;绝对避免偏于一侧集中错口(如图 2-64 所示),因为当错口值很大时,将不可能熔透,在根部必然产生咬口缺陷,这种缺陷会由于应力集中而导致焊缝根部破裂。但错口大于 2 mm 时则必须加工,使其内径相同,其加工坡度为 1∶5(如图 2-65 所示)。

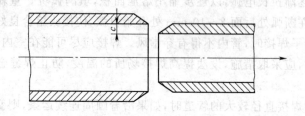

图 2-64　应避免的错口接头

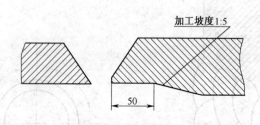

图 2-65　管子内圆的加工方法

为了使焊口对正,管子端面应垂直于管子轴线。焊接之前,坡口及其两侧 10 mm 范围内应清除锈污,直至显露金属光泽为止。

4. 如何进行倾斜固定管道的焊接?

倾斜固定管的焊接方式是水平固定管焊接和垂直固定管焊接的综合。其根部的焊接方法与垂直固定管的焊接方法相似,可分成两半焊成。倾斜固定管的焊接由于管子是倾斜的,熔化铁液有从坡口上侧流到坡口下侧的趋向,所以在施焊中,焊条应偏于垂直位置。多层焊时,若管子倾斜度大于 45°(如图 2-66 所示),就运用垂直固定管的焊接方式。当管子倾斜度小于 45°时(如见图 2-67 所示),则运用水平固定管焊接方式。焊接时采用多层单道焊法,由于横向摆动的幅度较大,为了不使铁液向下流走,焊条在坡口下侧停留的时间应比上侧略长。

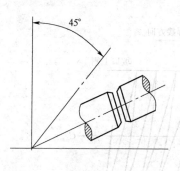 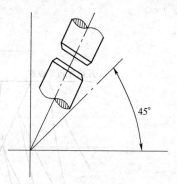

图 2-66　管子倾斜大于 45°　　　图 2-67　管子倾斜小于 45°

焊接时,无论管子往哪个方向倾斜,焊条应始终偏于垂直位置,横向摆动保持在水平方向摆动。仰焊接头时,起焊点越过管子半径约 10～20 mm,横向摆动的幅度自仰焊至立焊部位越来越小,在接近平焊处摆幅再度增大。焊接平焊接头时,为防止咬边,焊接电流适当减小,焊条在焊缝上侧停留时间略长,防止熔化的铁液向下流走而造成焊缝成形不良。

(1)仰焊接头。仰焊接头起焊点应超过管子半周(以接头中心 OY 线为准,如图 2-68 所示)约 10～20 mm。横向摆动的幅度自仰焊至立焊部位越来越小。在接近平焊处摆幅再度增大。为了防止熔化的铁液偏坠,折线运条方向也需随之改变。接头时,从 A' 起焊,电弧略长,摆幅自 A' 点至 A 点逐渐变大。

图 2-69 所示为管子斜焊焊缝外貌与不同位置的横向摆动方式。

(2)平焊接头。平焊接头比仰焊接头容易操作,平焊时为了防止咬边,应选用较小的电流,焊条于坡口上侧停留时间应略长(见图 2-70)。

5. 如何采用手工电弧焊焊接 45°固定管?

在焊接施工中,经常遇到处于斜焊位置的焊口。例如在设备流程的进口、出口处的焊接,有一部分管口处于倾斜位置,需要采

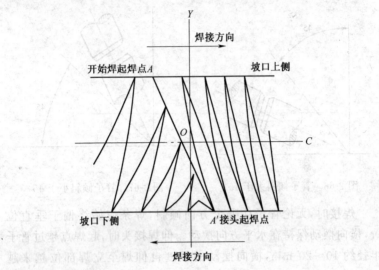

图 2-68 管子斜焊时的仰焊位置接头方式
OY—接头中心；OC—焊缝中心

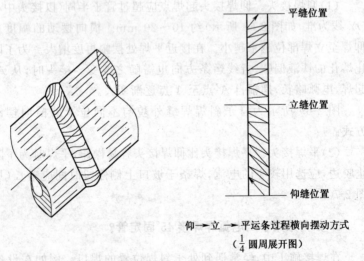

图 2-69 管子斜焊焊缝外貌与不同位置的横向摆动方式

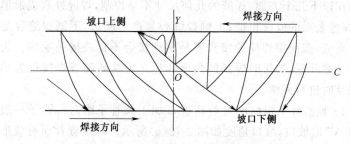

图 2-70 斜焊管的平焊接头方式

用斜焊技术进行焊接。这些倾斜的焊口一般无法转动,所以有时又可视为管子 45°角的固定焊,如图 2-71 所示。现以材质为 20 号钢,规格为 ϕ159mm×8 mm 的管子为例(选用 J507 焊条),介绍其斜焊(45°固定)打底、填充、盖面操作技能。

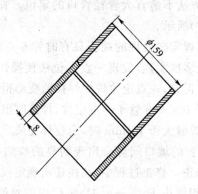

图 2-71 管子 45°角的固定焊

现场焊接中,斜焊多数是中、小直径的管子,大直径管子较少。在实际现场施工中由于条件限制,对于这类斜管一般不能采用其他焊接方法,只能采用手工焊条电弧焊。另外,在职业技能竞赛中,电焊工专业选用该项目考核的也较多。

斜焊操作技能的特点是管子 45°倾斜,斜焊具有平、立、横、仰全位置的焊接特点,其操作技术与水平固定焊、垂直固定焊相比,既有共同之处,又有特殊的地方。操作难度较大,斜焊的难度主要表现在以下几个方面:焊缝的几何尺寸不易控制,焊缝外观成形形差,焊缝表面的波纹粗糙;上侧焊缝容易产生咬边,下侧焊缝容易产生夹渣;盖面层焊缝的接头容易出现接合不良或接头疙瘩。为解决上述问题,焊接时焊条的角度和运条方法要随着焊接位置的不同及时进行调整。

45°倾斜管子焊前准备包括坡口加工及管子组对。管子一般采用"V"形坡口,坡口角度如图 2-72(a)所示。对焊缝背面有成形要求的单面焊接双面成形焊口的组对,组对焊口时要留有间隙,如图 2-72(b)所示。定位焊有一点定位、两点定位与三点定位法,如图 2-72(c)~(f)所示。

为减少处理接头的时间,保证良好的焊接质量,尽量减少定位焊点是必要的。一点定位,是管子对接焊中问题最少的定位方法。但是,一点定位方法不适宜大管径管口的定位。管子的一点定位方法如图 2-72(c)所示。

一点定位点焊需要处理的端头只有时钟 6 点起头端和 12 点定位焊两端。经多次实践,发现一点定位法使操作者处理焊缝的时间明显减少。但是,一点定位焊的焊接前变形很大。例如,有关研究人员在进行 108 mm 管子一点定位,焊接时出现了以下问题:

(1)当定位焊缝大于 15 mm 时,定位焊完成后,定位焊对侧的 6 点位置原先设置的坡口间隙会出现明显的收缩,并且这种收缩非常难以进行修正。修正过程中,往往还出现定位焊缝断裂。

(2)当定位焊缝小于 15 mm 时,定位焊的对侧间隙收缩可以进行修正,但从 6 点起焊左半圈焊接完成后,原本焊口预留的 2.5 mm 坡口间隙会收缩到 1 mm 左右,给右半圈焊接熔透及焊缝成形造成困难。

为控制变形,经过反复试验,采取在 12 点左侧先行定位一小点(如图 2-72(d)中的①点),然后从这个点向右大致 20 mm 处(如图 2-72(d)中的②点),再起头向左焊接定位焊缝与左点连接,形成 20 mm 左右长的定位焊缝,这样的定位焊缝,对侧的 6 点位置几乎观察不到任何变形。左半圈焊接后右半圈也无明显收缩。

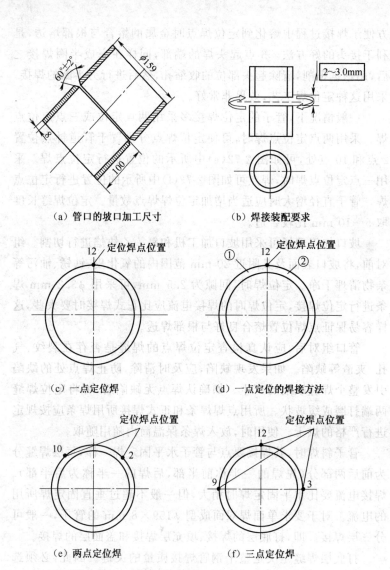

(a) 管口的坡口加工尺寸　　(b) 焊接装配要求

(c) 一点定位焊　　(d) 一点定位的焊接方法

(e) 两点定位焊　　(f) 三点定位焊

图 2-72　45°管口的坡口加工尺寸与定位焊接位置

为了争取时间,快速处理定位焊缝,可以用普通钢锯装两根锯条对定位焊端部进行锯削,这种锯削方法方便快捷,大约 2 min 左右就能锯掉定位焊两端的收缩孔,并使定位焊缝两侧形成斜坡口,方便了焊接过程中熔化到定位焊点时金属的熔合与根部熔透,是利于接头的好方法。6 点起头焊的端部,同样在完成半圈焊接之后,用钢锯锯削,清除起头部位的收缩孔,然后进行另半圈的焊接。采用这种定位焊工艺,效果非常好。

一般情况下,管子的定位焊接多采用两点定位或三点定位点焊。采用两点定位点焊时,可使定位焊点分别置于管道钟点位置 2 点和 10 点处,可如图 2-72(e)中所示的位置进行定位点焊。采用三点定位点焊时,焊点可如图 2-72(f)中所示的位置进行定位点焊。管子直径增大时应适当增加定位焊焊点数量。定位焊缝长度取 5~10 mm 比较合适。

坡口加工现场可采用坡口加工机和氧—乙炔焰进行切割。组对前,将坡口表面及其附近 20 mm 范围内的氧化皮、铁锈、油污等杂物清理干净。定位焊时,间隙为 2.5 mm,可采用 $\phi 3.2$ mm 焊条进行定位焊接,定位焊时的焊接电流应比正式焊接时要大些,这样容易保证点焊位置熔合良好与根部焊透。

管口组对后,应认真检查定位焊点的焊缝是否存在裂纹、气孔、夹渣等缺陷。如果发现缺陷,应及时清除,防止焊点处的缺陷引发整个焊缝缺陷的产生。如确认焊点无缺陷后,可将定位焊缝两端打磨成缓坡状。所用点焊焊条和正式焊接所用焊条应按规定进行严格的烘干。使用时,放入焊条保温筒内随用随取。

管子斜焊时,其焊接要点与管子水平固定焊一样,每层焊缝分为前后两部分(先焊的一半称前半部,后焊的一半称为后半部)。焊接电流要比水平固定焊时稍大,但一般不超过垂直固定焊所用的电流。对于要求单面焊双面成型 $\phi 159 \times 8$ mm 的管子,一般可分三层焊接。即,打底层的焊接、填充层焊接和盖面层的焊接。

打底层焊缝是决定整个钢管焊接质量的关键。因此,必须选择好焊接工艺参数。焊接时,打底层的焊条直径可选择 $\phi 3.2$ mm 焊条,焊接电流选择在 105~120 A 为宜,焊接电压一般为 18~24 V。由于采用低氢型焊条,所以必须采用直流反接法进行焊接。

打底层焊接时,可采用灭弧法进行。前半部从仰焊位置越过中心线 10～15 mm 处用划擦法引弧,如图 2-73 所示。

图 2-73　打底层焊接越过中心线 10～15 mm 引弧示意图

引弧后,立即将电弧送到坡口根部用电弧预热起焊点 1～2 s,待坡口两侧接近熔化状态,即表面呈现"冒汗"现象时,迅速甩掉焊条前端的熔滴,立即压低电弧,用力将焊条往坡口根部顶,当电弧击穿钝边发出"噗噗"声音后,送给铁水并向前方进行焊接。

灭弧时电弧在熔池的后面,待铁水稍为变暗,即重新引燃电弧,引弧的部位在熔池前面。如果因温度过高,铁水要下坠时,可以适当摆动焊条加以控制。仰焊位置时,电弧尽可能压得短些,可使弧柱的 1/2 透过管壁,以减小背面焊缝的塌陷,保证熔合良好。立焊位置时,可使弧柱的 1/3 左右透过管壁。上坡焊和平焊位置时,可使弧柱的 1/4 左右透过管壁。灭弧焊接时,要求灭弧的动作要准确,并视熔池情况作微小摆动,以免背面焊缝凸出过多,甚至产生焊瘤。

在施焊过程中,随着位置的不断变化,焊条角度也作相应的调整,如图 2-74 所示,即焊条角度偏于垂直位置,更换焊条动作要快,尽可能在熔池未冷却之前重新引弧焊接,以保证焊缝中的气体逸出和保证焊接接头熔合良好。

打底层后半部的焊接与前半部相似,但上、下接头的焊接难度较大。焊接时,在焊接下接头处容易产生塌陷、未焊透;而焊接的上接头处容易引起焊瘤和缩孔。所以,在后半部焊接前,应用砂轮机或扁铲等工具将前半部焊缝的始焊端和收尾端修整成缓坡状或铲除焊接缺陷。接头始焊时,必须看到根部确实熔化后才能向焊缝根部送给铁水,同时,尽量将电弧往上顶或往下压,以减少背面焊缝的凹陷程度。

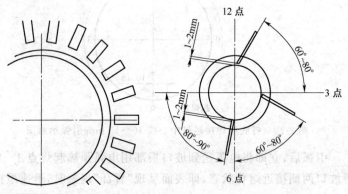

图 2-74 随着焊接位置的变化焊条角度作相应调整示意图

当焊接进行至定位焊缝或进行收尾接头时,先将电弧再向前带一下,让原有焊缝的接头处金属的温度进一步提高,然后再将电弧引回来继续施焊或收弧,使背面焊缝充分熔合。收弧时,多加一些铁水,填满弧坑并将电弧尽量引向坡口边缘,以免产生弧坑裂纹。

在进行填充层的焊接时,应注意在焊接前先将焊渣清理干净,然后利用机械或工具将打底层焊缝中过于凸起的部分打磨平整。焊接时,可采用连弧法进行,焊接电流可选择为 100~115 A,焊接电压可在 20~24 V 之间变动,电源极性仍然选择为直流反接。填充层的焊接,同样分为前半部和后半部进行,但接头的焊接与水平固定焊截然不同。焊接通常采用斜接法,以免焊接接头过高或接合不良。

填充层的焊接仍然可选择 $\phi 3.2$ mm 焊条,焊接电流为 100~115 A 为宜,在前半部焊接时,起点应选择在仰焊位置,打底焊道中间处引弧,将电弧引向坡口下边缘并越过中心线 10~15 mm,然后采用右向划小椭圆形圈的运条法运条。随着温度提高,运条方法可逐渐增大幅度,向坡口上边缘焊接,以形成斜三角形状的下接头,如图 2-75 所示。

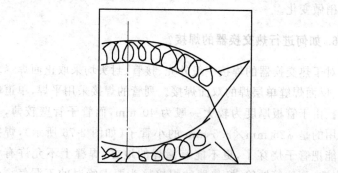

图 2-75　填充层焊接的运条法

填充层焊接在运条时,要保持焊波呈水平或接近水平方向,否则焊缝成型不好。同时,焊条与管件面的夹角要保持在垂直或接近垂直位置,以获得较平整的焊缝。焊条摆动时,在坡口两侧要有足够的停留时间,电弧在坡口上侧比下侧的停留时间略短,在平焊位置上侧比下侧停留的时间略长,以免上侧焊缝产生咬边,下侧焊缝与母材间形成熔合不良的台阶或产生夹渣等缺陷。

焊至上接头时,同样是使接头处焊缝金属呈斜三角形状,并越过中心线 10～15 mm 处收弧。后半部焊接时,先将前半部上、下接头处打磨成缓坡状,然后在下接头中间处引弧,预热 1～2 s 后,把电弧引向上坡口边缘,用左向划圈斜椭圆形运条向下坡口施焊。在向坡口下侧运条时,在保证金属充分熔合后电弧要快速越过前半部接头的焊缝金属,并将缓坡处完全覆盖。这样,可避免接头中间出现凹坑或焊缝过高。

上接头焊接时,应逐渐减少运条幅度,与前半部接头圆滑相接,并将弧坑填满,以保证接头质量。盖面的焊接运条方法、焊条角度与填充焊接方法相同。但焊条的摆动幅度应适当加大。在坡口两侧应稍作停顿,并使两侧边缘各熔化 1～2 mm,同时要防止咬边的产生。

表面层的焊接仍然可选择 $\phi 3.2$ mm 焊条,焊接电流为 100～115 A 为宜,焊缝接头方法和填充焊基本相同,焊接角度可视熔池情况稍做变化。

6. 如何进行热交换器的焊接?

对于热交换器的焊接一般外壳、接管、封头均采取正面焊缝多层焊、反面焊缝单层焊的双面焊接。列管的焊接采用平焊,单道单层焊。由于管板厚度为较大一般为 40 mm,而管子管壁较薄,一般采用的是 $\phi 25$ mm×2.5 mm 的小管子(如图 2-76 所示),焊接时不能把管子烧穿了,更不能有漏焊的地方,焊缝上不允许有气孔、夹渣、裂纹等缺陷,换热器的焊接接头要求绝对的不漏气。焊接时电流不能太大,焊接电流一般采用 110～130 A。焊接时注意不能连续施焊,连续施焊会导致焊件温度过高。因管板和管子的厚度相差很大,热膨胀和冷收缩不一致,温度高了容易引起焊缝产生裂纹。焊接过程中,一般在焊接了三至五排管子后应休息一下,让温度降至手能触摸的程度,然后再往下焊。焊接时可以一个管口一个管口的焊接,也可以先连续焊接一排管子的二分之一焊口,然后再连续焊接另外二分之一的焊口,而把所有管子焊接起来。单个管口焊接时(如图 2-77(a)所示),一个圆周从一点开始走了一圈又焊回这一点,中途不要熄弧,焊缝接头应超过起焊点 5～10 mm,焊缝结尾时,焊条应徐徐提起,不要留下未填满的弧坑。上一个管口的接头应被下一个管口压住(如果管子间距大时则不必压住)。一排排管口焊接时(如图 2-77(b)所示),应注意二分之一焊口的连接处一定要接上头,不能有漏焊的地方,焊缝结尾时的收弧最好引到管板边缘上,避免焊缝收尾时出现的气孔漏气。同时,管板和管口在焊接前一定要清理干净,因为铁锈、水分及油污等对焊缝质量有很大影响。

7. 如何进行轧制管道的焊接?

对于直径很大的管道,用轧制无缝钢管的方法生产比较困难。

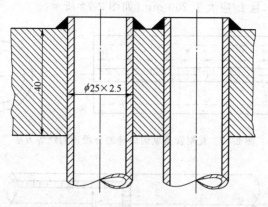

图 2-76　热交换器内列管装配图

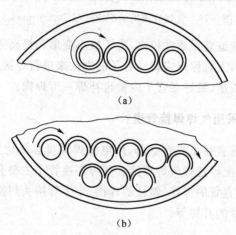

图 2-77　列管式热交换器的焊接方法

为了获得较大管径的管道一般可用钢板卷制,然后焊接成管。对于这种轧制管道在焊接纵向焊缝时,为了防止变形可采用分段逆向跳焊法(如图 2-78 所示)。

图 2-78 中数字表示分段施焊次序,每段长为 150～300 mm。多层焊时,上下两层的焊段接头应该错开。

轧制管道进行对口装配时,相邻两管道的纵向焊缝应错开一

段距离 L,且 L 应大于 200 mm(如图 2-79 所示)。

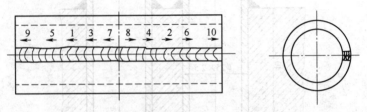

图 2-78 轧制管道纵向焊缝的分段逆向跳焊方法

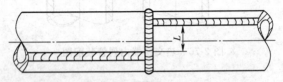

图 2-79 轧制管道的装配方式($L>200$ mm)

轧制的管道直径通常较大,为了减小变形和提高劳动生产率,尽可能采用两人对称焊或转动管子的方法来进行焊接。若要取得良好的根部质量,最好在管子内壁再补焊一道焊肉。

8. 如何采用气焊焊接管道?

有些管道直径小或管壁薄,用电弧焊焊接容易烧穿或不方便操作,这种情况可选择气焊焊接。气焊焊接管子主要有对接、直角焊接、支管与直管的焊接、斜柱的焊接、十字管接头焊接、小直径管焊接和锅炉管的补焊等。

(1)对接

钢管对接接头的焊接方法有两种:一是从焊缝起点到终点一次焊完,中间不停顿,这需要有人帮助均匀地转动管子;二是不能转动的固定管焊接,焊接时从水平线最低点开始,焊完整个管子的二分之一,再从第一个起点开始,焊另外的二分之一,焊到第一个终点接上头。用第二种方法焊接时,第一个起点应从垂直中心线超过 10~15 mm 的地方开始,第二次起焊重叠于第一个起点(大致形式如电弧焊中的图 2-56)。

(2)直角焊接

将钢管组对成直角(如图 2-80 所示)。两条焊缝的起点在内角上(图 2-80 中的 1 点与 4 点),另两条焊缝的起点在外角上(图 2-80 中的 2 点与 3 点),操作过程要对称焊接。

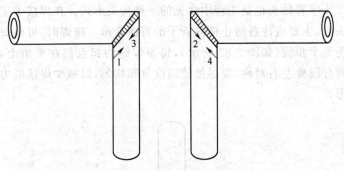

图 2-80　管子的直角焊接

(3)支管与直管的焊接

图 2-81 所示是支管垂直装配在直管上的焊接方法。

焊接时,第一条焊缝从接角开始,向外侧面焊(图 2-81 中的 1 点)。第二条焊缝从另一个接角开始(图 2-81 中的 2 点),向另一个侧面焊接。第三条焊缝从第二条焊缝起点开始和焊缝起点开始和第二条焊缝相遇(图 2-81 中的 4 点)用这种方法焊接产生的变形较少。

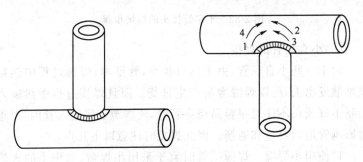

图 2-81　支管与直管的焊接方法

(4)斜柱的焊接

工程中经常有在直管上安装斜柱的结构。在直管上焊接斜柱时,应先从钝角处开始,其具体方法与步骤与支管与直管的焊接类似。

(5)十字管接头焊接

十字管接头也是工程中常见的一种接头形式。在焊接十字管接头时,主要应注意防止横向管子的弯曲变形。施焊时,可将焊缝分为8个步骤(如图2-82所示),每条焊缝的起点都在夹角上,焊接时分段要左右对称,要尽量使温度分布均匀,以减少焊接应力与变形。

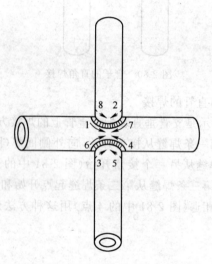

图2-82 十字管接头的焊接步骤

(6)小直径管的焊接

对于一些小直径管,由于其口径小,管壁薄,焊接过程中热量很难散发出去,所以焊缝容易产生过烧。而且焊接过程中热输入控制不好或稍不注意很容易烧穿管壁,使熔敷金属流入管内,严重时影响管道的容量和通畅。因此焊接时注意以下几点:

1)使用小焊嘴。焊薄壁管时宜于采用小焊嘴,采用小的火焰能率密度,尽量采用细焊丝焊接,焊丝材质应与母材相同。

2)用中性焰焊接。焊接薄壁管时,对于低碳钢和低合金钢管道应选用中性焰,以避免焊缝和热影响区硬化和氧化。严禁使用氧化焰和碳化焰。

3)消除管口附近的杂质。焊前应将焊接管口及其附近区域的油污、铁锈等氧化物清除干净,防止焊接过程中氧化物或油污产生气体而形成气孔。

4)快速焊接。薄壁管管径小,管壁薄,加热后整个管子迅速变红,温度迅速升高,为避免烧穿管壁,焊接速度要快。

5)最好转动焊接。薄壁管焊接时,焊嘴要稳步前移,焊接过程中气体火焰不能停留在任一点任一处位置上。整个焊口最好中途不间断一次焊完。有条件时,薄壁管最好用转动的方法施焊。

6)结尾与收弧。焊接结尾或收弧时,要将火焰缓慢地离开熔池,以防焊缝金属冷却太快焊缝中的气体来不及逸出而形成气孔。

7)防止收缩不均与裂纹。薄管焊接完成后最好将整根管子的焊缝和热影响区周围加热到暗红色,使管子的温度均匀下降,避免温度差异太大而收缩不均匀,避免收缩应力与变形引起焊缝开裂。

9. 如何采用钨极氩弧焊焊接管道?

钨极氩弧焊(TIG)是非熔化极电弧焊的一种,它在氩气、氦气等保护气体的围绕保护下,钨极与母材间产生电弧,利用电弧的热量使焊条和母材熔化而焊接。电弧及熔池在保护气体的包围保护下稳定燃烧,熔敷金属性能良好,这种焊接方法几乎能使全部的金属接合(如图 2-83 所示)。

钨极氩弧焊焊接管道,可根据被焊工件选择所需电源。例如,焊接铝、铜时,可用交流电源;焊接钢管、不锈钢时,可用直流电源。TIG 焊接使用的电源是直流时,其接线分直流正极性接法(图 2-84)和直流反极性接法两种。

(1)焊接电源及其接线方法

直流正极性接线方法为:钨极接负、母材接正。正极性接线法熔深大(如图 2-85 所示)。

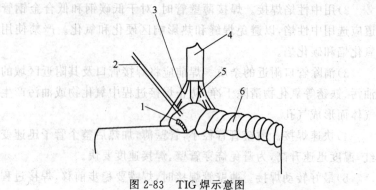

图 2-83 TIG 焊示意图

1—焊接电弧;2—焊丝;3—保护气体;4—气体喷嘴;
5—钨极;6—焊缝

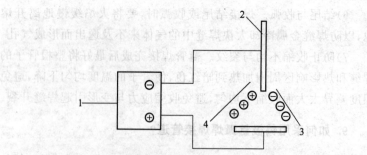

图 2-84 直流正极性接法

1—焊接电源;2—钨极;3—电子;4—气体离子

直流反极性接线方法为:钨极接正,母材接负。直流反极性接法时焊接电流小,熔深浅而面积大(如图 2-86 所示)。

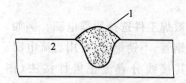
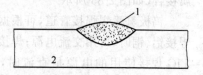

图 2-85 正极接法可见焊缝　　图 2-86 反极性接线法的熔深
　　的熔深大而面积窄　　　　　　　(熔深浅,面积大)
　　1—焊缝;2—母材　　　　　　　　1—焊缝;2—母材

(2)焊接工艺参数选择(以单面焊双面成形为例)

1)焊接电流 电源要和电极直径相适应。电流过大,则电极消耗块,钨便过渡到熔池里去了。

相反,焊接电流过小,电弧就不稳定。因此,在施焊时焊接电流、设备、技术方法,直接关系着焊缝质量。一般情况下,单面焊熔深较深,使用直流正极性接法,焊接电流的大小可由焊接人员的技术水平决定,一般控制在 80～150 A 之间。

2)电极材质及尺寸 使用的钨极,一般要添加 2% 的钍,电极直径为 2.4 mm 或是 3.2 mm。为使电极电弧集中性良好,最好是把电极前端磨尖,如图 2-87 所示。

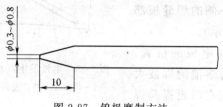

图 2-87 钨极磨制方法

3)保护气体 用氩气作保护气体,正确的流量是 10～20 L/min。焊接时保护气体若受到风的干扰,则易产生气孔等缺陷,故施焊前的工作场地应围以屏弊。同时施焊前务必将焊接处清除干净,不要让油污、水锈等附在上面。

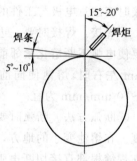

图 2-88 焊接时焊炬与焊丝的角度

(3)操作技术要点

1)正确掌握焊炬 焊炬位置一般与管子中心保持 15°～20°的角度,焊丝与焊缝保持 5°～10°的角度(如图 2-88 所示)。

2)控制电弧长度 焊炬在母材侧引弧时,少许提高焊炬保持长弧。正确的电弧长度掌握在 1.6～3.0 mm 为宜。电弧过长,母材容易出现焊接不实处。同时因为保护气体不充分,便容易产生气泡。

3)保持熔池形状

①电弧的移动与保持。焊接时,操作者应保持熔池情况良好和维持电弧稳定燃烧,并一边维持电弧,一边使焊炬不断地向焊缝根部移动,直到焊缝根部熔化为止。

②添丝。焊接时添丝的时机是等到焊接熔池形成后再添加焊丝。添丝太早,焊缝熔合不好;添丝太晚,熔池超过坡口间隙;熔池金属就会过渡到另一侧的焊缝根部(如图2-89所示)。

③熔池与电极的位置。焊接时要保持熔池的焊波大约为3 mm左右时再提起焊

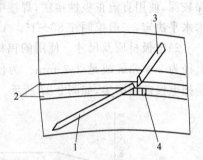

图2-89 电弧发生点及熔池形成
1—焊丝;2—坡口表面;3—焊炬

丝,此时焊炬仍需保持,原来的高度与角度,这样就可以形成熔池。焊接时应注意电极与工件的距离,电极不能进入熔池。

④焊接。焊接时要一边维持熔池前端靠电弧打出的圆孔,一边要使电弧不断熔化紧邻前进方向的焊缝根部。每当添加焊丝为3 mm左右时,熔池便向前推进2~3 mm。熔池行进的速度以50~70 mm/min为宜。

⑤断弧方法。断弧时要加快焊炬从焊缝根部到坡口面的移动速度。在熔池变小的地方,提起焊炬切断电弧。断弧时要注意不能在焊缝根部直接切断电弧。在焊缝处熔池冷却以前,要用氩气将其覆盖着而继续保持焊炬。

(4)钨极氩弧焊现场焊接技术

以裂解炉的焊接为例,裂解炉及炉管的焊接一般要求比较高,要求焊缝能承受高温、高压及氧化。

1)材质选用 由于应用在裂解炉上,所以炉管选用为设计温度1 115 ℃的35Cr-45Ni+Nb+MA材料及设计温度为1 110 ℃

的25Cr－35Ni＋Nb＋MA材料。

2）焊接性分析。35Cr－45Ni＋Nb＋MA和25Cr－35Ni＋Nb＋MA材料的焊接性与低碳钢、不锈钢的焊接性相比,高镍铬合金的焊接有奥氏体不锈钢焊接发生的相类似的问题,例如有焊接热裂纹的倾向,气孔、焊接接头的晶间腐蚀倾向等。在这些焊接缺陷中,焊接热裂纹发生的频率比较高。因此,焊接过程中应注意控制熔池形态。

焊接热裂纹引发的原因主要是液态薄膜和高温度下受到了力的作用。其中,晶间液态薄膜是引发高镍铬合金焊缝凝固裂纹的最主要的冶金因素。高镍铬合金的含硫量均较低,其质量分数大约在0.005％～0.008％的水平,因此配用的焊丝也应保持或低于此水平,同时含硅量需严格控制。为防止上述有害元素的混入,焊前彻底清洗是必需的工序。

高镍铬合金的固液相温度间距较小,流动性偏低,在焊接的快速冷却凝固结晶条件下,焊缝中的气体来不及逸出而极易产生焊缝气孔。从防止气孔的角度出发,在焊前必须清除坡口及其附近的氧化皮,各种涂料、油脂及油漆等。

由于高镍铬合金具有晶间腐蚀的问题。所以从防止和减少晶间腐蚀的倾向出发,焊接时除了采用含碳量较低和含有适量的钛和铌以及高镍铬金属的焊接材料外,在工艺上应采用小的热输入,多层多道焊,控制较低的层间温度（宜在100 ℃以下）操作时应尽量不作横向摆动或小摆动等。

3）焊接材料选择。为保证焊接质量,两类高镍铬合金管的焊接全部采用手工钨极氩弧焊,电极为ϕ2.5 mm的铈钨极,氩气纯度≥99.99％。焊丝要选用与母材化学成分一致的焊丝。

4）工艺措施

①清理焊件和焊丝上的杂质及油污。焊接前严格进行焊接坡口及其两侧各20 mm范围内的清理。尽管有些焊件的坡口是由机械加工完成的,基本无油脂油漆等污物,但焊件仍然用专用的不锈钢专用砂轮片及钢丝刷进行清理。层间的清理也必须用不锈钢

制刨锤、钢丝刷或砂轮片进行。

②保证组对质量。焊前要保证组对质量,对口错边量≤0.3 mm,定位焊的焊缝余高控制为1～2 mm,不允许有咬边。

③充氩保护与流量调节。焊接前管内应局部充氩保护,即首先在焊口两侧待焊件的内部用海绵垫、钢垫圈、铁链进行封闭,然后用胶带纸将外面的坡口封住,通过充氩软管向管内充氩,随着焊接的进行,逐步揭开胶带纸,保证内部始终有氩气保护液态金属热影响区。须注意的是在焊接快要完成时(一般距终止焊接还有25～30 mm范围内),应由助手帮助调节氩气流量为初始流量的一半左右,随着焊接的进行,氩气要随继续焊接继续调小,这样可防止由于氩气的压力造成的根部凹陷。

④对焊工的要求。焊接时焊工所用手套必须干净无污物,以免污染焊丝。一旦发现"夹钨"现象必须立即予以清除。

5)操作技巧

①添丝方法。焊接时,操作者应采用"大拇指送丝法"即用大拇指及其余四指夹住焊丝,靠大拇指的上下滑动均匀向熔用大拇指及其余四指夹住焊丝,靠大拇指的上下滑动均匀向熔池填充焊丝,以确保焊丝的前端始终处于氩气的保护之中。由于焊丝的镍合金含量较高,熔池金属流动性差,操作中应利用氩气对熔池的吹动,保证熔池的均匀流动。层间温度控制在100 ℃以下,在实际操作过程中应让焊道完全冷却下来后再进行下层焊接。

②减少焊接缺陷的操作。盖面层收弧时有意识地将收弧处焊缝堆高5～6 mm,然后再将该处磨至圆滑过渡,以减少气孔和火口裂纹。

③焊后需进行的工作。焊接完成后,小心将氩气堵拔出,防止检测时出现铁链。

10. 如何进行复合管的焊接?

随着石油化工工业的发展,石油化工装置的工艺管线中采用的不锈钢复合钢管越来越多。不锈钢复合钢管是一种制造成本低且具有良好综合性能的钢管,其复层不锈钢和工作介质相接触,具有良好的耐腐蚀性能，而强度主要靠基层来保证。但复合钢管的焊接工艺较复杂，特别是对过渡层及复层焊缝的焊接质量要求很高。因此，对于不同材质的不锈钢复合钢管，其焊接工艺、焊接参数也有不同。下面以 16MnR+00Cr17Ni14Mo2 为例介绍其复合管的焊接。

在设计复合管时，其设计目的是复合管的复层主要保证其耐蚀性。为了保证复合管不因焊接而失去其原有的综合性能，通常所采取的方法是分别对基层和复层进行焊接，除了基层和复层的焊接外，还有基层和复层之间的过渡层的焊接问题。因此，复合钢管的焊接接头结构较复杂。复层焊缝和基层焊缝之间的过渡层的焊接是保证复合钢管焊接接头焊接质量的关键环节。基层所选的 16MnR 是压力容器常用钢材，其焊接性良好，焊接时一般不需采取特殊工艺措施。复层 00Cr17Ni14Mo2 属奥氏体不锈钢，与其他类型的不锈钢相比较易焊接，且焊接过程中材料在任何温度下都不容易发生相变，对氢脆不敏感。焊接这类材料的主要问题是易产生焊接热裂纹、碳化物析出和敏化等。因此，焊接时要控制好热输入和层间温度。过渡层的焊接性主要决定于基层 16MnR 和复层 00Cr17Ni14Mo2 的物理化学性能、接头形式和填充金属等。

(1) 焊接材料的选择

焊接材料可根据《钢制压力容器焊接规程》(JB/T 4709—2000) 正文和附录 A"不锈钢复合钢焊接规程"表 A1 推荐选用焊接材料。

(2) 坡口准备

目前，不锈钢复合钢板焊接所遵循的主要标准是《不锈钢复合钢板和钢带》(GB/T 8165—2008) 和《不锈钢复合钢板焊接技术要求》(GB/T 13148—2008)。上述标准对不锈钢复合钢板过渡层的焊接提出了具体要求，如焊道根部或面部应距离复合层 $1\sim 2$ mm；过渡层厚度应不小于 2 mm；过渡层熔焊金属须完全盖满碳钢层，碳钢处 $b=1.5\sim 2.5$ mm。盖过不锈钢与碳钢交界面。

(3) 焊接方法

复合钢管焊接中,为防止复合钢管基层金属对过渡层焊缝金属的稀释,焊接时要尽量减少熔合比。基层、过渡层的焊接常用的焊接方法是焊条电弧焊(如图 2-90 所示)。

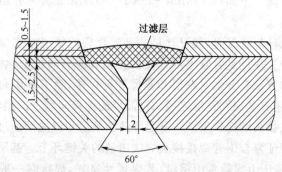

图 2-90　不锈钢复合钢板焊接坡口示意图

(4)复合管的现场焊接

复合管现场焊接时要对基层、过渡层和复层分别进行焊接。现场进行复合管焊接时应注意以下几点:

1)按图样、标准和拟定的焊接工艺施焊。现场进行复合管的焊接时,为确保焊后复合管的质量应严格按图样规定、焊接工艺和有关标准施焊。为防止焊接过程中的焊接飞溅污染焊缝两侧,施焊前应在复合管焊缝两侧 100 mm 范围内涂刷防飞溅涂料。

2)定位焊缝。复合钢管的定位焊缝,只允许在基层金属面上采用焊接基层的焊条施焊。严防基层焊缝熔化到不锈钢复层,在不锈钢一侧的基层焊缝尽量采用无飞溅的焊接方法(例如埋弧焊、非熔化极氩弧焊等),严防碳钢或低合金钢焊条焊接在复层上或过渡层焊条焊在复层上。

3)尽量减小稀释率。为减小稀释率,焊接过渡层时,在保证焊透的条件下,就尽可能采用小直径焊条,采用小规范反极性进行直道焊。

4)焊前的准备工作。复层焊接前,仔细消除坡口边缘复层坡口上的飞溅物。复层焊接时,必须控制焊接热输入,应采取多层多道快速不摆动焊法,尽量采用小的焊接热输入和焊接电流,并快速焊接。复层焊接时,不应预热和缓冷,有时甚至采取强制冷却措施,以尽量减少焊缝在 800～500 ℃ 的停留时间,防止焊缝产生奥氏体晶界局部贫铬而析出 σ 脆性相,从而保证焊缝金属具有良好的力学性能和抗晶间腐蚀能力。

第三章 现场焊接修复

第一节 现场焊接抢修

1. 如何在低温条件下对 ZG35SiMn 轮带裂纹进行现场修复？

ZG35SiMn 钢制作的轮带在使用过程中经常有发生断裂的现象，如果要对其进行修复首先应该了解其产生断裂的原因和使用环境。修复前还要了解 ZG35SiMn 钢的化学成分、热处理制度和力学性能等，以其使修复后的轮带经久耐用。经查正有关资料，ZG35SiMn 钢的主要化学成分见表 3-1，带轮的热处理制度和力学性能参见表 3-2。

表 3-1 ZG35SiMn 钢的主要化学成分

C	Si	Mn	S	P
0.30~0.40	0.60~0.80	1.10~1.40	≤0.04	≤0.04

表 3-2 轮带热处理和力学性能

热处理制度		力学性能					
热处理方式	温度(℃)	屈服强度(MPa)	抗拉强度(MPa)	伸长率(%)	断面收缩率(%)	冲击韧性(J/cm^2)	硬度(HBS)
正火	890	345~412	569~618	12	20~25	30~40	156
淬火	880						
回火	620						

对 ZG35SiMn 钢材料轮带裂纹的焊接修补，一般采用手工电弧焊接。在进行手工电弧焊前，首先应该估算材料焊接性能的优劣。根据有关的碳当量的经验公式(3-1)：

$$w(C_{当量}) = w(C) + \frac{w(Mn)}{6} + \frac{w(Cr)+w(Mo)+w(V)}{5}$$
$$+ \frac{w(Ni)+w(Cu)}{15} \qquad (3-1)$$

或者公式(3-2)：
$$w(C)ep = w(C) + w(Mn)/6 + w(Si)/24 \qquad (3-2)$$

计算出 ZG35SiMn 带轮的碳当量。通过上式，计算出 ZG35SiMn 带轮的碳当量：$w(C)ep=0.4+1.4/6+0.8/24=0.67$。

通过有关的焊接知识：

$w(C$ 当量$)<0.4\%$ 时，钢材塑性良好，淬硬倾向不明显，焊接性良好。在一般的焊接工艺条件下，焊件不会产生裂缝，但对厚大工件或低温下焊接时应考虑采用预热措施。

$w(C$ 当量$)$ 等于 $0.4\%\sim0.6\%$ 时，钢材塑性下降，淬硬倾向明显，焊接性较差。焊前工件需要适当预热，焊后应注意缓冷，要采取一定的焊接工艺措施才能防止裂缝。

$w(C$ 当量$)>0.6\%$ 时，钢材塑性较低，淬硬倾向很强，焊接性不好。焊前工件必须预热到较高温度，焊接时要采取减小焊接应力和防止开裂的工艺措施，焊后要进行适当的热处理，才能保证焊接接头的品质。

由计算结果可以看出 ZG35SiMn 带轮的碳当量大于 0.6%。因此可以断定 ZG35SiMn 带轮的焊接性并不好。如果焊接这类构件必须采取适当的焊接工艺措施才能保证其焊接构件不再产生断裂，才能使保证其构件在修复后的使用过程中安全稳定。

经过一些资料的不完全统计，ZG35SiMn 材料在焊接中，如果焊接工艺选择得不适当，焊接过程中会使钢材的淬硬性增大，并且容易在焊接热影响区产生低塑性的马氏体组织。尤其是在断裂构件的修复过程中，当修复层采用多层焊接，如果多层焊焊缝的第一层母材溶入焊缝的比例较多时，焊缝中碳、硫、磷等杂质元素的含量就会有所增加，焊接过程中构件就容易产生热裂纹。

ZG35SiMn 材料的含碳量虽然不算高，含碳量基本属于中等水平，但是焊接过程中在坡口的弧坑底部，由于碳含量的增加，焊缝中产生气孔的敏感性也将增大。

如果计划让修复后 ZG35SiMn 材料轮带的各项性能指标达到或接近新轮带在原始出厂时的性能指标，焊接时就应该按照等强度的原则选择焊条。如，选择与 ZG35SiMn 材料强度相当的低氢型焊条。

由于低氢型焊条在焊接过程中具有一定的脱硫、脱磷、脱氧、去氢、抗裂能力，焊接后可使熔敷金属的塑性和抗裂性能良好。尤其是该焊条焊后熔敷金属的含硫量低、含磷量低，熔敷金属中低的含硫、含磷量，有助于防止焊接热裂纹的产生。熔敷金属中的扩散氢含量也较低，这对防止焊接后构件的冷裂纹效果显著。因此，选用低氢型焊条焊接 ZG35SiMn 材料带轮无论对热裂纹还是对冷裂纹，其抗裂效果和性能都较高。

J507 和 J506 为碱性低氢型焊条，使用该焊条可焊接受力较大或动载荷的钢结构，其 J507 和 J506 焊条的化学成分和熔敷金属的力学性能见表 3-3 所示。

表 3-3 J507 和 J506 焊条化学成分与性能

焊条型号	电流类型	化学成分					屈服强度 (MPa)	伸长率
		C	Si	Mn	S	P		
J507	直流	≤0.12%	≤0.07%	0.8%~1.4%	≤0.035%	≤0.04%	490%	22%
J506	交、直流	≤0.12%	≤0.07%	0.8~1.4%	≤0.035%	≤0.04%	490%	22%

由表 3-1、表 3-2 和表 3-3 可见，J507 和 J506 焊条熔敷金属的化学成分与 ZG35SiMn 钢轮带较为接近，且 J507 和 J506 焊条中的含碳量还低于母材，这对焊接极为有利。同时，维修后的带轮焊缝要求与母材等强，结合现场和焊接工艺措施等情况，焊接时 J507 或 J506 焊条可以作为焊接的主体焊条来选用。

由前面的碳当量公式计算知，ZG35SiMn 钢轮带的可焊性不好,焊接过程中有产生热裂纹和冷裂纹的倾向。为防止焊接过程或焊接后构件在使用过程中再次发生裂纹,在 ZG35SiMn 钢轮带修补打底焊的过程中,建议打底层使用 A302 不锈钢焊条进行焊接(Cr23Ni13 不锈钢焊条),使用 A302 不锈钢焊条进行打底焊的目的是利用此焊条具有的高镍基熔敷金属具有良好的抗裂性能来减少焊接过程中引起的内应力。

焊接补焊打底层的焊条直径最好选择细一些直径的焊条,如 $\phi 3.2$ mm 的焊条。直径小的焊条,操作起来比较容易,其它各层的焊接可视被修补材料的厚度选择焊条直径。如果被修补的焊件比较薄,可以继续选用 $\phi 3.2$ mm 的焊条进行焊接,如果被焊接的工件比较厚,则可以选择 $\phi 4.0$ mm 的焊条进行焊接。

带轮修补焊前还需要做一些准备工作。其准备工作包括裂纹预处理、焊条预热和使用、焊接过程防风和保温等。

(1)裂纹预处理

为防止焊接过程中由于应力作用裂纹继续扩展,焊接前应在距裂纹两端 10 mm 处打 2 个 $\phi 10$ mm 的止裂孔。可参照《气焊、焊条电弧焊、气体保护焊和高能束焊的推荐坡口》(GB/T 985.1—2008),将裂纹处刨成 U 形坡口,坡口开口尺寸根据裂纹的深度取 12~20 mm。用磁力探伤或者是着色探伤法检测坡口及其周边不小于 50 mm 内的金属,检查是否还存在裂纹。如发现没有清除干净的裂纹则应继续清理,直到裂纹清除干净为止。然后使用丙酮或专业清洗液对坡口表面及周边的油、锈、垢清洗干净。

(2)焊条烘干和使用

采用手工电弧焊,低氢型焊条需在焊前进行烘干处理。焊条的烘干温度为 350 ℃烘干,烘干时间 1 h,并随烘随用,低氢型焊条不能多次烘干,也不能重复烘干使用。焊条运输时也要注意防止药皮剥落。焊接时,要注意防止焊条药皮沾上油污及其他脏物,以免焊缝增碳,影响焊接质量。

(3)焊接过程中注意焊缝的防风和保温

为保证焊接质量,在焊接区应搭设防风保温棚进行防风保温。

同时,要注意清除焊接工作区周围的可燃物、易爆物,以确保焊接工作区和焊接工作者的安全。

在冬季进行焊接修补 ZG35SiMn 钢轮带,由于其焊接时的环境温度很低(-20 ℃)。在这一低温下焊接,焊缝金属的冷却速度很快,局部的加热使焊接过程中可能会引发很多的焊接问题,尤其是焊接裂纹在低温条件下极易产生。为防止焊接裂纹的产生,构件在焊接前需要预热。预热的方式可采用喷枪、火焰或电阻加热带加热的方法。预热时需将构件的焊接区和焊接区周围一起加热,且焊接区域周边的预热范围为焊缝和距焊缝不小于 200 mm 的范围,预热温度为 300~330 ℃。

焊接时,首先使用 A302 焊条进行打底焊,焊接第一层焊缝的厚度大约在 3~5 mm 左右,第二层和第三层以及以后各层焊缝的焊接可采用 J507 或 J506 焊条。采用 J507 或 J506 焊条焊接时,焊接电源的极性要采用直流反接法,焊接电流以能充分熔化前一层焊缝深度 1~2 mm 左右为宜。每焊接完成一层焊缝后,应立即使用风镐伴随小能量锤击焊缝,以保证最大限度地减小焊接过程中产生的拉应力,避免应力集中而造成焊缝失效。

为保证焊缝焊后的组织性能且不产生脆硬的组织,防止裂纹产生,焊接过程中要保证层间温度不能低于预热温度,锤击后的焊缝应立即用红外测温仪器测量锤击区温度,发现温度低于 300 ℃ 则采取中间加热的工序保证焊接区域的温度。

整个构件焊接完成后,应立即用火焰、喷枪或加热带对焊缝进行加热处理,加热温度应不低于 350 ℃,且要保温 2 h 以上,保温时使用保温材料裹紧构件,使之保温缓冷。待热处理后构件温度缓慢降至环境温度后,使用磁力探伤或着色探伤对补焊区域进行检测,确保焊缝质量的可靠度。

对于检测合格的焊缝,可利用角磨机将焊缝高出的熔敷金属磨去,使构件焊缝处于较低的应力状态,避免修补后的构件在使用过程中再次产生裂纹。

2. 如何进行管道的带压补漏焊接？

管道在使用过程中经常有泄漏发生，管道的堵漏是一件比较艰苦的工作，堵漏的成效也经常困扰着施工操作人员。为了在发现管道泄漏后尽快更好地解决管道泄漏问题，带压堵漏是堵漏中人们经常采取的措施。为方便操作人员更好地完成任务，现介绍几种在管道带压补焊过程中，可以成功补漏的方法。

(1) 套筒堵漏法

套筒堵漏法是采用直径比泄漏母管直径大 50 mm 左右的一直管段，两面端加封头制成一筒体，将此筒体打孔，剖开，安装阀门，让筒体包住泄漏母管，然后进行焊接。根据所采用的形式不同，可分为纵剖套筒和横剖套筒两种。

纵剖套筒是在筒体两封头的中心部位开孔，开孔直径大于泄漏母管直径 3～5 mm，将筒体沿长度方向对称剖开，在其中的一半上开孔安装阀门，补漏时将筒体的两部分对扣在泄漏点处，阀门打开，使泄漏点处介质向阀门出口喷出。焊接筒体及筒体与母管结合部位焊牢后关闭阀门。

横剖套筒法与纵剖套筒法的不同之处，是将筒体中部开孔后沿径向剖开，在筒体封头上安装阀门，套筒堵漏法适用于 108 mm 以下各类管道的点状、裂纹泄漏，焊接时电弧不加热泄漏区域，操作性好，适应性强。

(2) 采用螺栓、螺母补焊法

螺栓、螺母补焊法主要适用于对穿孔管道的补焊，补焊时可根据泄漏孔洞的大小选择合适的螺栓、螺母。在处理清水管线穿孔时，为保障居民小区正常用水，在实际堵漏工作中，管线里的水不能全部排干。因此，要先采用刀削的木塞堵住漏点，使泄漏停止或减弱，再用一个大于漏点的螺母焊在漏点上，并沿螺母外径满焊好，然后拧上螺栓，再把螺栓与螺母焊到一起，这样泄漏孔就可以完全被堵死。最后割掉多余的螺栓，并进行防腐处理即可达到长期使用的目的，具体螺栓、螺母补焊法的示意与方法如图 3-1 所示。

采用螺栓、螺母补焊法的优点是:不管漏孔大小,都可用相应的螺母进行补焊,且螺栓和螺母极易寻找,补焊堵漏省时、省力,效率高,补漏后的管道经久耐用。

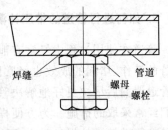

图 3-1　采用螺栓与螺母补焊法

(3)销钉法

经常有一些使用中的管道发生管壁上出现小孔,使用中的管道里的水或气体又无法关闭,这种情况可用销钉法进行补漏。

销钉法补漏是将粗细相与泄漏点相当的小钢筋或木头加工成锥体,并将其嵌到小孔中,将穿孔堵死,随后再将其周围进行焊接。

(4)铆焊法

铆焊法是采用手工电弧焊在泄漏点周围进行点焊的方法。通过焊接使泄漏点周围金属不断加厚,并使焊接区逐渐向泄漏点中心集中,同时用圆顶锤不断地锤击炽热的焊缝,利用金属的延展性使泄漏点逐渐缩小,直至消除。

铆焊法多用于消除温度及压力均不太高的点状气体泄漏或水的泄漏,铆焊法在使用中也非常有效。

(5)引流管法

引流管法是采用一根内径合适的直管段,一端焊接高压阀门制成引流管,然后使阀门处于开启状态,将引流管一端放置于泄漏点处,让泄漏介质经直管段从阀门出口喷出,焊接直管段与母管结合部位,焊牢后将阀门关闭,泄漏点即可消除。

以上介绍的是管道补漏方法,在管道补漏的几种方案操作中,操作者要注意采取一些特殊的焊接工艺措施与之配合才能达到较好的效果。

例如,补漏焊接时要控制好电弧的方向和大小。焊接时,管壁越薄,电弧偏向罩管的角度应越大。进行加夹套管紧箍的焊接时,如果漏孔管壁薄得难以采用手工焊条电弧焊正常焊接时,可采用自上向下的焊接堵漏方法。即,焊条引弧后,用电弧顶住铁水,让铁水由上向下流,让铁水直接接触泄漏点,而不是让电弧直接接触泄漏点,这种方法可焊接很薄的金属和堵住薄皮管道的漏洞。

另外,对于一些实在很难焊接的薄皮管带,也可采用加夹套管内衬橡皮或纸箔紧箍的临时办法进行急救补漏,以暂时解决泄漏之急,然后再想办法进行永久性的堵漏。

在使用覆板加放空管的补漏方法焊接时,为避开管道局部薄壁点处,覆板可适当加大面积。

采用套筒堵漏法修补时,罩口的弧度应加工适度。罩口弧度加工得适度能够使放空管罩口的位置与漏孔管壁罩得更紧密,以减少罩口处的排气。焊接时,先点焊挡板或小管。罩口处的排气若是由漏气偏向或分散所至,可在偏向旁先点固一小块挡板或加焊一段约 50 mm 的小管。但是,放小管时应注意小管的尺寸要小于放空管的尺寸,以便于使漏出的气体从正面集中排出,从而减少罩口处的排气,可方便堵漏作业的进行。

焊接堵漏时的封口处理是堵漏的关键工作之一。封口也是手弧焊补漏的最后一道工序,也是最重要的一个步骤,焊接的难度较大。由于泄漏的流体从此处喷漏,焊接时的熔滴容易被泄漏的气体吹走,使熔滴与母材熔合非常困难。为解决焊接时的熔滴被泄漏的气体吹走这一难题,可以采用下述方法进行处理。当漏点呈一小圆孔时,可采用一段石棉绳压入小孔,然后用尖头小锤将石棉绳向小孔内砸紧,再由外向内逐步焊接封住。为使焊接补漏能顺利进行,堵漏最后阶段的焊接电弧不可直接吹向漏点。

当压力比较大时,也可在泄漏点处插入尖头钢筋,然后用锤砸平,以减小泄漏的压力和流量,然后用电弧焊进行补漏。如不能一次将漏点补住,可反复使用该方法,直至完全封口。

当压力非常大时,焊接堵漏就适宜采用"包盒子"的方法进行堵漏。当所包的盒子较大,最后封口时存在较长的焊缝时,可在盒内填加石棉、废盘根等填料,以减小流体的压力,这样就比较容易封口焊接。

为保证堵漏焊缝处的强度,在对接焊缝处反面可先加托板,即可以减少流体对焊缝的冲击,又能够保证连接处的强度。

采用以上五种堵漏方法进行焊接补漏时应注意:

(1)以上方法不适用于易燃、易爆流体的补漏。

(2)对于压力较大、流体有腐蚀性的漏点,在开始补漏前要对所焊部位进行厚度测量。如果厚度过小,则不能进行作业,以防发生危险。

(3)补漏焊接过程中,施工人员必须进行全身性防护,以免发生危险。

(4)焊接过程中消除应力的锤击所用的力量不能过大,以防泄漏处因振动发生进一步开裂。

带压补漏能迅速地解决管道及容器的泄漏问题,但带压补漏的使用有一定的适用条件。带压补漏的具体条件可归纳为:

(1)管道穿孔、裂纹及焊口砂眼、裂纹等缺陷造成的局部泄漏等情况能够使用带压补焊方法。

(2)带压补焊泄漏点必须是能够观察到的位置,在排除障碍和调节焊条角度能够施焊的位置。

(3)应在工作人员能够承受的环境温度下进行焊接补漏,否则要采取可行的措施。

(4)带压补漏补焊应遵循安全第一的宗旨,作好带压补焊所需防高温用具准备,要有石棉衣、防护罩、石棉手套等;要有可靠的平台、脚手架等,带压补漏的处理过程中要有2~3名检修人员配合;工作人员穿绝缘鞋或耐高温鞋,但工作人员和焊工在补漏操作时不能扎安全带,以防必要时操作人员的撤离不便;在高压运行中绝不能进行焊接补漏;在整个补漏过程中,工作人员不要正对漏汽(水)直吹方向,要侧身工作,以防不测;在处理泄漏和补漏的过程中只允许降压不允许升压。

总之,管道带压补焊在采用堵、放、焊、包等工艺方法后基本上是可以得到成功的。但是,在补焊过程中,对补焊的程序必须应予以周密考虑和谨慎操作,特别是在难度较高、情况复杂时的补漏,更应该先研究好切实可行的补焊方案后再实施补焊操作。在堵漏作业中,切实做好设备和人员的各项安全措施,以保证堵漏焊接的可靠性和安全性。

3. 油水罐车的罐体渗漏如何进行焊接修复?

根据不完全统计,油水罐车罐体渗漏主要产生于罐内波纹板与罐壁的焊接连接处、罐车运动中液体介质冲击部位、罐体底部衬垫焊接处、排水闸门焊接处以及材料不合格产生的裂纹渗漏等部位。渗漏较多的部位发生在罐体底部,油水罐车因罐体底部储存有腐蚀性液体介质,罐车运动中液体介质产生的冲击力,反复冲击罐体内波纹板,致使波纹板变形,造成波纹板与罐体底部罐壁焊接连接处产生反复的折叠力和附件应力;同时腐蚀介质不断侵蚀钢材,在力的作用下可形成裂纹,并逐渐扩大,最后导致罐体底部渗漏。

油水罐车罐体底部渗漏后,如果要进行焊接修补,其难度很大,若采用加水再进行焊接,由于其罐体底部裂纹处漏水,使得焊接难于进行或者焊接电弧很难引燃,即使能引燃电弧,熔化的金属也与渗漏罐体的母材熔合不到一起,不能形成焊缝。

如果利用翻罐加水进行堵漏焊接,焊接后罐体上的附件可能产生不同程度的变形,堵漏完工后则需要再焊接罐体上的附件,这样附加的工作量很大,尤其是还可能造成罐体的二次渗漏。

如果采用强制通风进行堵漏焊接,堵漏时人就要进入到罐体里面进行焊接,罐体内可能存在毒气或者有害气体,罐体内焊接也不符合职工劳动保护的要求。

针对以上的这些问题,如果采取在罐体内加水,隔离空气与可燃源,同时保证不让水漏出的焊接工艺方法,就可以解决油水罐车罐体焊接难题。

油水罐车罐体材料一般都是采用优质低碳钢制备,焊接性能比较好,堵漏时采用常规的焊接方法即可达到焊接要求。焊接时,只要环境温度不低于$-5℃$就不会出现焊接裂纹等缺陷。具体焊接过程和一些工艺措施如图 3-2 所示。

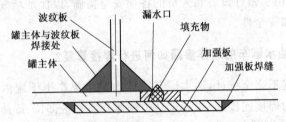

图 3-2 罐主体与波纹板焊接处产生渗漏的焊接工艺示意图

油水罐车补漏主要注意的问题有：

(1) 查清与确定罐体泄漏点的具体位置和大小，若渗漏点太小，可用尖顶工具试探渗漏部位的深浅以及是否会在焊接中扩大，确定准备堵漏的焊接面积大小。

(2) 仔细清理泄漏点及其泄漏点周边母材上的油脂、泥沙、水分及各种杂质等，以保证焊接电弧的熔合质量。

(3) 堵漏前，可把快干的腻子从泄漏点挤进罐体裂纹或漏孔内，并把裂纹或孔部位及周边部位打磨平整，不能有凸起或凹下的地方。

(4) 根据渗漏处的位置高低，在罐体内加入一定量的清水，并检验要焊接的裂纹或泄漏孔部位是否有漏水的痕迹。如果有漏水的痕迹，把快干的腻子从泄漏点挤进罐体裂纹或漏孔内补漏；如果没有漏水的痕迹，准备好焊接材料并调整好焊接电流准备进行焊接。

(5) 为了方便焊接，焊接前可根据渗漏处的面积和位置合理选择加强衬板，也可直接焊接。一般为了容易堵漏焊接也为了保证焊接质量应选择用衬板焊接。若不采用衬板而直接堵漏焊接，则可能因为罐体的腐蚀部位太薄，有可能把罐体渗漏部位直接焊接形成穿孔，造成漏水，无法继续焊接；也有可能因为水的泄漏而造成堵漏焊接的导电事故。

(6) 在罐体加水进行堵漏焊接时，罐体内所加的清水量应根据焊接位置、焊接面积、焊接数量、罐体内可燃物含量等确定。加水的原则是应保证其所加的水量保证堵漏焊接时不发生爆炸;选择使用衬板焊接或者直接焊接应按照堵漏位置和泄漏的大小以及焊接安全操作规程执行。堵漏焊接完成后,还须对焊接堵漏的焊口进行各种检验,以保证焊接质量。若发现焊接有缺陷,必须重新焊接。

(7) 对于经检验合格的焊接位置和补焊后的泄漏点,要对焊接表面处进行打平防腐处理,以保证焊接后的罐体经久耐用。

经检验和有关实践证明,采用在罐体内加水,采取利用水隔离空气与可燃源,同时保证不让水漏出的焊接工艺方法,只要保证安全工艺措施合理,保证加水量合适,其方法可以解决油水罐车罐体焊接难题,可以有效地修复罐车大罐裂纹或小孔渗漏,解决了大罐罐体不能焊接的问题,提高了罐车的使用寿命,防止强制焊接时产生的爆炸问题,保证操作者施工的安全性,且通过罐体内加水这种焊接方法可以节约大量的投入成本。该焊接工艺不但能用在车载油水罐上的堵漏焊接上,也可以用在其它压力不大的大罐补漏焊接上。

4. 如何进行 5CrMnMo 模具的焊接修复?

在模具生产或使用中,常因模具内底部圆弧处产生环形裂纹而报废,使模具消耗量很大。为减少 5CrMnMo 模具钢的消耗量,使损坏的磨具能继续使用,可采用焊条电弧焊技术对其进行修复,焊接修复磨具的方法可满足或者提高原模具的结构和使用性能。

磨具的修复前,首先进行零件准备工作。先取损坏的锻模,用机械加工的方法彻底清除缺陷。如果磨具上的裂纹深度小于 5 mm 时,可开成 45°坡口,如裂纹深度大于 5 mm 而小于 10 mm,则开成 60°坡口,磨具加工后还要用放大镜和盐酸腐蚀检查,如发现裂纹痕迹,继续清除裂纹,直到没有裂纹为止。

磨具的焊接工艺应考虑预热。预热可先将准备好的锻模放入箱式电阻炉内,可根据模具尺寸确定预热温度,如果磨具的尺寸在 $\phi200$ mm $\times 100$ mm 左右,可将其预热至 450 ℃再保温 2 h,以使模具内外热透。

焊接 5CrMnMo 模具可选用 E5515-G 或 E5516-G 焊条。焊前,应将电焊条进行严格的烘干,烘干温度为 350 ℃,保温时间为 1 h。

焊接时可以采用直流电源、反极性进行焊接。即,焊机输出端的正极接焊条,机输出端的负极接母材。

整个焊接过程应采取短弧焊接,采取窄焊道焊接,且每道焊缝的起弧处与熄弧处应错开 50 mm 以上,不允许各个焊接接头重合在一块,以免产生焊接缺陷。每焊完一道焊缝,要彻底清除焊碴,再焊下一道焊缝,焊接完成后应立即将工件放入炉中,并使炉温升至 (450±10) ℃,然后随炉冷却到 100 ℃,取出空冷。采取这样的工艺焊接,可使补修后的磨具硬度达到 42～43HRC。随后按使用或装配技术要求进行机械加工即可。

焊接 5CrMnMo 模具过程中,应注意的问题是环境温度不能太低。一般 5CrMnMo 模具焊接的环境温度应不低于 15～20 ℃。同时,焊接过程中还要注意防止自然风及电扇风吹到熔化的金属或成形的焊缝。

如果锻模的体积大,预热温度可适当提高,但预热的最低温度不得低于 450 ℃,保温时间应保证热透为止,至少应保温 2 h 以上。

焊接过程中,应采用小电流,窄焊道焊接。如焊接电流过大,容易使被焊模具的局部位置过热,使模具的合金元素烧损,使模具材料的合金成分发生变化而降低焊缝区和模具的品质。对于模具的堆焊层厚度,一般应不小于 5 mm。

通过对部分模具的修复和使用结果看,采取以上工艺和措施对 5CrMnMo 模具修复后基本满足了使用性能的要求。

5. 如何对重要管道焊缝进行焊接返修?

在各类施工中,管道的铺设与安装是不可缺少的内容之一。其中,对各类管道焊接的质量要求很高,尤其是对于一些高温、高压或者通过易燃、易爆介质的管道,要求焊接质量要符合相应标准。对于检验不合格的管道要进行返修。重要管道的焊口返修在焊接工程中是极为重要的环节。对于一些重要的管道焊口,焊接中不允许进行二次返修,因此管道焊口焊缝的一次返修合格率将直接影响整个工程的质量和施工进度。对参加焊缝返修的焊接人员来说,焊接技术不但要高超,还应熟悉焊接缺陷产生的原理和估算焊接缺陷的位置,能根据射线底片或超声波检验结果判断缺陷的深浅,并能采用磨光机正确打磨缺陷,使之达到一次返修合格的要求。

　　焊工拿到返修通知单后,要仔细看清通知单上注明的缺陷种类、位置和在焊缝中的深浅程度和大小从而正确判断缺陷的种类、位置、尺寸和深度。判断缺陷存在于焊缝中的深度,需要根据个人的实际焊接工作经验来判断。一般来说,焊接缺陷可能存在于焊缝中的任何一个部位。如果按缺陷所存在于焊缝层位的不同来区分,基本上可分成根部焊缝缺陷、填充层焊缝缺陷和盖面层焊缝缺陷等几种。各种焊接缺陷由于它们的形成条件和自身性质不同,各自存在于哪个层位上也有一定的规律性。

　　例如:单边未熔合、未焊透、内凹,一般在打底层焊接时出现,属于根部焊缝缺陷。有些缺陷如气孔、夹渣则不好判断其深度,因为气孔可以产生在焊缝中的每一层。夹渣除根焊外,其它各个焊层也都可能产生。

　　对于不好判断深度的焊接缺陷,在有条件的情况下,可与检测部门联系,具体要查看 X 射线底片,并结合自己的焊接经验以确定缺陷存在的具体深度和位置。这样,可避免盲目地返修,增加返修次数和准确度。没有条件查看 X 射线地片时,就需要焊接返修人员在返修打磨过程中,逐层打磨,细心查找缺陷,以避免返修不到位或者用磨光机磨削时,由于速度过快而把缺陷磨掉,找不到缺陷的现象,避免产生返修漏焊现象。

　　管道返修时,准确清理焊缝缺陷是保证返修工作顺利完成的前提。焊工在返修工作中应根据返修单上的数据,用尺子量出缺陷在焊缝上的位置,打磨的长度应比缺陷的长度略长一些。

缺陷打磨的长度大于缺陷的长度,一是防止缺陷测量时的位置和在底片上量出的位置出现偏差;二是方便在焊缝上打磨缺陷要将缺陷的两头都要打磨成缓坡形,以方便焊接补修。清理区域具体应该多长,应根据缺陷在焊缝中的深度决定。如果是根部的缺陷,打磨长度就要稍长一些。如果是盖面层的缺陷的,打磨长度就要短一些。一般划定的缺陷区域是缺陷的实际长度,缺陷打磨时最好将每一端再增加 10～20 mm。打磨后,如果发现在增加的 10～20 mm 打磨范围内无超标缺陷,可进行缺陷的焊修工作。如果在增加的 10～20 mm 打磨范围内发现有超标缺陷,还要增加打磨长度,直至没有超标缺陷为止。焊口打磨的凹槽尺寸与形式如图 3-3 所示。

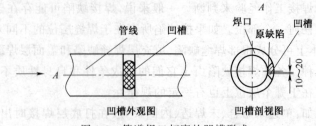

图 3-3 管道焊口打磨的凹槽形式

清理管道焊口缺陷时,使用磨光机打磨的方式是否正确对清理缺陷工作有重要影响。

例如,已经知道了缺陷的深度或者缺陷就在根部,磨光机的磨片就应换成厚片,将磨光机平放。即,采用磨光机磨片与管材平行的方法,先将盖面层焊缝磨掉,然后再采取将磨光机磨片与管材垂直放置的方法,用磨光机沿焊脚处磨出两道沟槽,再在两道沟槽中间磨出一道沟槽,磨光片沿着这道沟槽上下移动,在这个过程中用力可大些。当沟槽达到一定深度时,将磨光片倾斜,使磨光片一面磨凹槽的左侧,另一面磨凹槽的右侧,以增加凹槽的宽度。然后重复做这些加大磨削深度与增加凹槽宽度的动作。根部缺陷的打磨过程如图 3-4 所示。

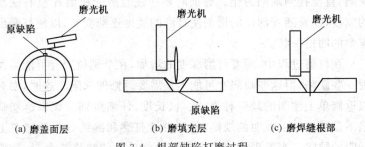

(a) 磨盖面层　　　　(b) 磨填充层　　　　(c) 磨焊缝根部

图 3-4　根部缺陷打磨过程

采用磨光机磨削时应当注意的问题：当磨削宽度达到焊角两侧的沟槽时，就不要再增加磨削宽度。凹槽的宽度一般随着磨削深度的增加而逐渐变窄，磨削的深度要经常用焊接检验尺测量，当磨削深度距离磨透还有 5 mm 左右时，应将磨光机的磨光片换成薄切片继续磨。当目测观察到焊缝根部的金属呈现发蓝的颜色时，表明此焊口马上就要磨透了，这时应将磨光片垂直使用，直至磨透。

当磨削的切槽长度达到要求时，清理凹槽两边的坡口。理想的凹槽形状尺寸是和根焊前的坡口角度、间隙、钝边形状尺寸基本一致。

管道焊口返修，根据有关焊接工艺规程规定，焊口返修的长度应 $\geqslant 50$ mm，如果缺陷长度 < 50 mm，则打磨的长度也要 $\geqslant 50$ mm，使之返修符合有关工艺规程。

清理管道缺陷时，如果无法确定返修焊口的缺陷深度，就需要操作者在打磨过程中仔细查找。缺陷深度确定不了时的打磨方式与能确定缺陷深度的打磨方式有所不同，应采取每次打磨的打磨层厚度应薄一些。打磨时不要用力过大，每打磨过一层都要这些查看磨削面有无缺陷。如果在焊缝表面层没有发现缺陷就打磨掉盖面层焊缝，然后沿焊脚打磨出两道沟槽，再将磨光片垂直于管材进行打磨，打磨时可在两沟槽之间左右摆动并向前或向后移动，一次打磨的打磨量（打磨掉的层厚）不应大于 2 mm，然后仔细观察寻找缺陷。如果此时还没有发现缺陷，就再打磨掉一薄层再查找缺陷,直至找到缺陷为止。磨削时还应注意磨光机磨片左右摆动的宽度,注意随着深度的增加使打磨的宽度逐渐变窄,以便打磨出需要的凹槽形状。

在打磨过程中,随着打磨深度的增加,在个别位置有可能会发现一些缺陷,但这些缺陷有可能不是需要返修的缺陷。这时,要对照返修单上注明的缺陷种类、数量、长度,仔细辨别。如果这些缺陷不是返修单上标明的缺陷,就要继续打磨和继续寻找返修单上标明的缺陷。当发现打磨层出现与返修单上的缺陷符合时,就要磨掉该缺陷,并停止向深处打磨,而向缺陷的长度方向及凹槽的两边打磨,使凹槽的形状符合设计要求,如图3-5所示。

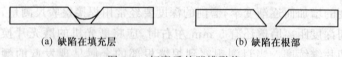

(a) 缺陷在填充层　　　　　　(b) 缺陷在根部

图 3-5　打磨后的凹槽形状

管道缺陷查找并打磨完成后,管道的补焊及补焊措施是管道返修非常重要的一环,管道不同焊接位置焊缝返修的操作要领有以下几个方面:

(1)以钟表的时间指针划分缺陷位置,如返修位置在管道圆周的11~1点时,将焊缝根部凹槽打磨完毕并做好各项准备工作后,施焊前首先要对焊口凹槽处进行预热,预热温度一般可选择为100~150 ℃,预热长度应以返修位置为中心向两边延长相等的长度,预热的总长度为焊缝长度。

焊前调整好电源极性及所要求的功能旋钮的位置(电弧集中度、吹力等)、电流的大小,在环境允许,风速、环境湿度符合要求后开始返修焊接。焊接时,起弧处的位置应在缓坡处进行,然后匀速焊至有间隙的部位,当电弧到达有间隙的焊接位置时迅速下压电弧,以保证有单面焊接双面成型要求的焊缝能够焊透。根部焊接的要领是:当熔池前端出现熔孔后,采用跳弧操作或者灭弧焊接。运条方法为月牙形或者 U 形。无论采取那种焊接手法和运条手段,焊接过程中要始终保持熔池前面有熔孔,这样才可以保证根部焊缝焊透。但焊接过程中熔池前面的熔孔也不可过大,否则将产生焊穿或者焊瘤。

对于管道处于平焊位置的焊接,由于熔化的铁液在自身重量的作用下易下坠,管道内部(在背面)易形成焊瘤,因此在焊接过程中要控制好熔池温度。焊接过程中电流不可过大,发现熔池前端熔孔扩大可立即跳弧焊接或适当灭弧焊接。修补焊接时,每焊完一根焊条收弧时,焊条应向后拉灭电弧,为使继续焊接的焊接接头容易进行,也可采用磨光机将收弧处打磨成缓坡状,再起弧时应在已焊完的根部焊缝上起弧,起弧焊接在距离上次收弧处 20～30 mm时,电弧稍微拉长并使之保持一定长度,让电弧匀速直线上移到 5 mm 左右,在电弧已正常燃烧时迅速下压电弧,并小幅左右摆动。当焊条移动至有间隙处并有熔孔出现时,焊条稍微向里一压,然后再进行正常的焊接。这样,可使焊接后的背面焊道(熔透部分)不脱节。

根部焊缝焊接完成后,收弧处应放在另一端打磨成缓坡的中部位置。根部焊接中,应注意焊条与管道之间的角度和焊条端部与管壁之间的距。正常条件下,焊条端部与管内壁之间的距离为 1～2 mm。焊条角度、焊条端部与管内壁之间的距离如图 3-6 所示。

根部焊缝焊接完成后,要用磨光机清根,将起弧点、收弧点以及各个接头处焊肉高的地方磨平。如果发现焊道根部两侧有夹沟时,一定要清理并磨掉高出的焊肉,防止沟槽处在焊接中产生夹渣。

根部焊缝清理或磨削时,注意不要把根焊道磨的太薄,否则容易出现根部开裂或者在焊接中间层时发生熔穿现象。

填充中间层的焊接与根部焊缝之间的焊接的间隔时间越

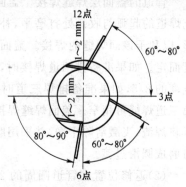

图 3-6　三种位置时的焊条角度及焊条端部与管内壁之间的距离

短越好。一般情况下,清根打磨完根部焊缝后应立即进行填充层焊缝的焊接,以保证层间温度,减小应力,防止出现焊接裂纹与一些其它的焊接缺陷。

填充第一层,可根据焊接材料选择焊条。如采用 E5015,ϕ3.2 mm焊条,电流可控制在 110~130 A 之间。引弧应在根部焊道上进行,然后将焊条匀速拖至缓坡中部开始焊接,焊条可做月牙形或∞字形摆动,要让电弧在焊道的两侧多停留一些时间,焊接过程中要始终保持短弧焊接。焊接收弧处要在另一端缓坡的中部,焊完后可再用磨光片清理。此时,磨光机重点磨的部位是焊道起头处和接头处,清理干净起弧、收尾和接头处的焊接缺陷。

填充第二层时,可使用 ϕ4.0 mm 焊条,电流可调整为 140~180 A 之间,运弧方法可与第一层填充焊接相同。

如果管壁很厚,需要多层次填充,在进行第三层焊缝以上焊接时,当坡口的宽度大于焊条直径的 3 倍以上就应采取排焊焊接方法。排焊时,第一道焊缝不应过宽,第一道焊缝应占前层焊道的 1/2 左右,此时焊接电流可适当大些,以保证熔敷金属和母材熔合良好。采用此方法焊接,直至管道的全部焊缝都填充完。

管道的盖面层焊缝焊接。盖面焊缝焊接前先采用磨光机将填充焊道的起弧与收弧处打磨平,补修焊缝的两头都要打磨出缓坡形,以利于该面焊缝的焊接。盖面焊缝排焊数量应根据焊缝的宽度而定。如果准备排两道焊接时,第一道焊缝的宽度应占焊缝总宽度的 3/5,如果准备排焊三道时,第一与二道焊缝应该稍宽些,第三道焊缝可稍窄。盖面焊缝焊接完成后,要用钢丝刷,砂轮等工具将焊渣、飞溅清除干净,并采用磨光的机磨片将起弧处与收弧处打磨成圆滑过渡。

(2)返修位置在管道圆周的 2~4 点(8~10 点)根部返修时,由于其 2~4 点(8~10 点)位置的根部缺陷返修位置近似处于立焊位置,这个位置的返修便于观察和操作,返修焊时也较容易。它的返修与在 11～1 点位置的返修有很多相同的方面,相同点可参照 11～1 点位置的返修进行。与 11～1 点位置的返修不同之处有以下几点：

1) 在 2～4 点位置返修的根部焊缝的焊接电流可比 11～1 点位置焊修时采用的电流大 5～10 A,在 2～4 点位置返修焊接运条时可采用左右摆动,电弧在两侧可稍微挑一下电弧的运弧方法。

2) 在 2～4 点位置返修焊接时,焊条端部与管内壁应平齐。

3) 在 2～4 点位置返修填充的层数与道数应比在 11～1 点位置焊接的层数与道数少,焊接电流应比在 11～1 点焊接位置时小,且由于立焊位置焊肉容易堆积,因此每一层焊道可适当焊得厚一些。

(3) 管道 5～7 点位置的根部缺陷返修。管道 5～7 点位置近似于处在仰焊位置,施焊时不便于观察和操作。由于焊接时熔化的铁水受重力作用容易向下滴,此位置属于管道中最难焊接操作的位置。因此,进行管道 5～7 点位置的根部缺陷返修时,注意做好以下几点：

1) 管道 5～7 点位置的根部缺陷返修的焊接电流可比焊接 11～1 点位置时的焊接电流大 15～20 A。同时,焊接时要注意控制好熔池温度。如果电流过小,焊接时易粘焊条。如果电流过大,焊接时熔池易下坠,背面也容易形成内凹缺陷。

2) 在管道 5～7 点位置的根部缺陷返修时,焊条应顶住电弧尽量向里面压,利用电弧的吹力将熔融的铁水吹响焊缝根部,且根部焊缝至少应与管内壁平齐,最好高出管内壁 0.51～2 mm,这样可防止根部内凹缺陷的形成。

3) 在管道 5～7 点位置焊接填充层或者盖面层焊缝时,焊条在焊缝的两侧停留的时间要长一些,焊接到焊缝的中间位置时要快速过渡,以控制焊缝高度,防止出现凸凹不平,并使形成的焊缝平滑美观。

6. 如何对 ASTMA4876A 铸钢粉碎盘进行焊接修复？

ASTMA4876A 铸钢粉碎盘是破碎机重要的受力件（如图 3-7 所示），在使用过程中经常发生断裂和磨损，为了使之继续使用，就必须对其零件进行焊接修补。ASTMA4876A 承压铸钢材料的化学成分和残余元素见表 3-4 和表 3-5。

图 3-7　ASTMA4876A 铸钢粉碎盘

表 3-4　ASTMA4876A 钢化学成分（wt）

C	Si≤	Mn	Cr	Ni	Mo
0.05～0.38	0.80%	1.30%～1.70%	0.40%～0.80%	0.40%～0.80%	0.30%～0.40%

表 3-5　ASTMA4876A 的残余元素（wt）

Cu≤	Cr≤	Ni≤	Mo≤	W≤	V≤	残余元素总量
0.05	—	—	—	0.10%	0.03%	≤0.60%

在实际焊接补修过程中，考虑到产品的铸造性能和焊接性能，以及保证其使用的力学性能，一般将碳控制在 0.30%，锰控制在 1.65%，镍控制在 0.80%，铬控制在 0.50%，钼控制在 0.30%，残余元素钒和铜控制在 0.03% 和 0.05%。采用国际焊接学会（ⅡW）所推荐的碳当量 CE 公式(3-3)计算 ASTMA4876A 钢的碳当量。其中：

$$CE(\mathrm{II}W) = C + Mn/6 + (Cr + Mo + V)/5 + (Ni + Cu)/15 \, (\%) \tag{3-3}$$

式中的元素符号均表示该元素的质量分数。根据该钢的化学成分，计算所得的结果为：

$$CE(\mathrm{II}W) = 0.795\%$$

根据公式计算出 ASTMA4876A 钢的碳当量大于 0.6%。由此可知该钢属于高淬硬倾向的钢种,而粉碎盘最小壁厚大于 40 mm,属于大厚板三维应力状态,焊后拘束应力很大。因此,ASTM A4876A 可焊性很差,焊接时容易产生裂纹等缺陷。在补焊过程中必须采取焊前预热,焊后消除应力的措施。

根据实际产品的规格和考虑通用焊接设备等问题,焊接时可以采用焊条电弧焊(SMAW)焊接方法。

铸钢件补焊区及热影响区的组织及性能在很大程度上取决于焊接材料。为了保证焊缝的力学性能与母材匹配,焊缝成分力求与母材相近,为了防止焊缝有较大的热裂倾向,焊接设计的焊缝含碳量应比母材稍低一些。ASTMA4876A 钢的力学性能见表 3-6。

表 3-6　ASTMA4876A 钢力学性能

力学性能	R_m(MPa)	$R_{p0.2}$(MPa)	δ	ψ
ASTMA4876A	≥795	550	18%	30%

根据 ASTMA4876A 钢的化学成分和力学性能,可选用牌号为 J857 的焊条。即,焊条型号为 E8515-G(相当 AWSE12015-G)低氢钠型药皮的低合金高强钢焊条进行焊补。该焊条熔敷金属的化学成分和力学性能分别见表 3-7 和表 3-8。

表 3-7　J857 焊条熔敷金属化学成分(%)

化学成分	C	Mn	Si	S	P
保证值	≤0.15%	≤1.00%	0.4%~0.8%	≤0.035%	≤0.035%
一般结果	≤0.10%	~1.50%	~0.70%	≤0.020%	≤0.020%

表 3-8　J857 焊条熔敷金属力学性能

试验项目	R_m(MPa)	$R_{p0.2}$(MPa)	A	KV_2(J)
保证值	≥830	≥740	≥12%	(常温)
一般结果	860~950	≥750	12%~20%	≥27

ASTMA4876A 铸钢粉碎盘的补焊工艺方案包括焊前准备、补焊和焊后热处理及检验等几个方面:

焊前准备：

(1) 焊前采用碳弧气刨清除缺陷，补焊区应修磨平整，并彻底清除坡口及其周围 20 mm 以内的粘砂、油、水、锈等脏物。

(2) 焊件整体预热至 200 ℃左右，并在距补焊区 75～100 mm 处用测温笔进行测温。

(3) 禁止在空气对流的场所进行补焊，环境温度不低于 10 ℃。

(4) 选用 $\phi 4$ mm 的 E8515-G 焊条，焊前焊条须经 350～400 ℃烘焙 1 h 后，放在保温箱内，随用随取。

补焊工艺措施：

(1) 补焊时尽可能在水平位置施焊，补焊过程中要防止未焊透及弧坑裂纹产生。补焊工作要连续进行，焊接过程中因某种原因不得不中断时，应对焊接一半的构件采取保温措施。

(2) 焊接电源要采用直流反接法，焊接电流平焊时可稍大些，一般焊接电流可选取为 130～180 A。

(3) 如果粉碎盘上的缺陷较大，应采用分段、交错焊接。焊接时尽量缩短电弧，采用窄焊道、多层焊的焊接方法。焊完各层或每道焊缝后，应用气动清渣机清渣和风铲(圆平头)进行锤击以减少焊接应力。

(4) 补焊过程中若发现裂纹等缺陷，应停止焊接并将构件上的裂纹彻底清除后继续补焊。

(5) 焊补过程中，应注意层间温度的保持，必要时将补焊位置的热影响区用玻璃纤维棉保温，缓慢冷却。

焊后热处理及检验：

为保证焊修后的粉碎盘不再发生裂纹，粉碎盘焊补后应经 600～650 ℃整体回火，保温 7 h，以清除内应力，热处理后将焊缝打磨平整。焊后对焊缝进行宏观和探伤检查，不得有裂纹、未焊透、未熔合等缺陷，否则应返修，直至合格。

7. 如何焊接修复槽形齿座？

对于槽形齿座的焊接修复，由于槽形长，用日常堆焊方法无法成型且不能保证齿座与齿的配合要求。如果将齿塞入齿座内焊接，在焊接过程中会使齿与齿座焊接在一起。如何焊接损坏的槽形齿座确实是摆在焊接工作者面前的一道难题。其实，焊接槽形齿座可以利用焊接过程中的"夹渣"现象对槽形齿座进行焊接。所谓"夹渣"焊接法就是采用特殊的运条方式焊接，使焊渣在焊接的过程中被迫流入齿与齿座之间，达到焊后齿与齿座分离的目的，也被称之为"被迫夹渣法"。如果将这一特殊工艺运用到槽形齿座修复上，就可以解决槽形齿座这一焊接难题。

进行槽形齿座的焊接修复，一般传统的补焊工艺是在齿座与齿啮合部位包铜皮或石棉绳进行焊接，但在实际焊接过程中，由于铜皮较薄，经常出现铜皮熔化现象；如果采用石棉绳包裹后焊接，由于高温的作用经常导致石棉绳在焊接过程中变脆断裂，致使焊接工作无法正常进行等现象发生。另外，用石棉绳缠槽形齿座将导致配合间隙变大，保证不了焊接后齿座与齿的配合要求。

如果为了保证齿座与齿头的配合要求，将齿头预先放入齿槽内进行堆焊，在堆焊过程中就可能会出现齿座与齿头焊接在一起的现象。为避免焊接过程中出现齿座与齿头连在一起的问题，可采用"被迫夹渣法"，利用渣质阻止两齿座与齿头工件焊接在一起的特点，就可以在避免座齿相连情况的发生，实现齿槽的修复。

采用"被迫夹渣法"焊接齿座可以根据刨头齿座内凹不规则的形状，将刨头插入齿座内，利用刨头作为齿座的外形进行堆焊，但堆焊过程中，不能让刨头和齿座连接在一起。为防止刨头和齿座焊接在一起，焊接过程时应使焊条与水平面成 $85°$ 角，运条过程中尽量将焊条熔渣带入刨头和齿座中间，使刨头和齿座中间的缝隙形成夹渣状态来完成堆焊。这样，齿座补焊起来，因为有刨头作为依托，成型相对也比较容易，而刨头因为和齿座之间有熔渣形成的夹渣层存在，又能在焊接后顺利取出。完成修复工作以后，清除所有的熔渣，对堆焊表面进行适当的处理就得到我们要求的构件。

槽形齿座的焊接修复工艺与步骤可参考如下几点建议：

首先将刨头放入刨煤机齿槽中，根据待焊件的实际情况选择堆焊焊条;彻底清除齿座基体上待焊部位的杂质及油污,进行堆焊焊接。

堆焊焊接时,尽量采用直流电流反接方式,并将焊接电流控制合适。如果电流过大,焊缝将出现更多的气孔,降低焊接质量。另外可能将母材熔化过多,而导致堆焊金属层的韧性下降。

焊接过程中,焊接速度可控制在 1 000 mm/min,短弧焊接,弧长控制在 2~3 mm 左右,注意控制焊条角度,焊条与水平面的倾角应成 85°角左右。传统的焊接工艺与"被迫夹渣法"的对比差异如图 3-8 所示。

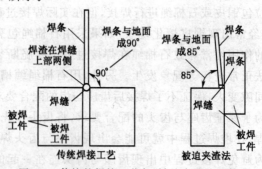

图 3-8 传统的焊接工艺与"被迫夹渣法比较"

运条时,如果采用传统的直线往复型运条方式,虽然可减少产生气孔等焊接缺陷,但因运条幅度摆动小,焊接过程中产生的熔渣不利于产生"被迫渣"。因此,修补齿座可采用圆圈型运条法,同时在运用圆圈型运条法时要适当进行甩弧。这样的运条方法,不但可减少焊接中产生气孔等焊接缺陷的可能,还可以保证焊渣及时流入齿座与齿的结合部位,正常运弧与甩弧的不同如图 3-9 所示。

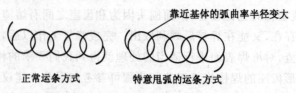

图 3-9 两种运条方式对比与不同

焊接过程中,焊层温度要控制在1 000 ℃左右,否则会降低堆焊接层的硬度。焊接时应保证堆焊一次成型,并注意焊接的堆焊高度不能过高。收弧时,要堆满弧坑。每焊完一道要进行锤击,锤击不应过重,但要密集,能起到清渣和消除内应力的作用。操作完后,让刨头在室温下自然冷却。焊接后,对于焊接后不合适部位要进行修复和打磨。

实践证明,"被迫夹渣法"的堆焊工艺适用较大型齿槽的修复。该方法简便适用,可解决大型设备槽状齿座修复难的问题。"被迫夹渣法"与其它维修补焊槽状齿座的方法相比较,可节约高额的修理费用,且使修复后的槽状齿座完全达到使用性能要求。图3-10为某单位完全修复好的刨头齿座照片。

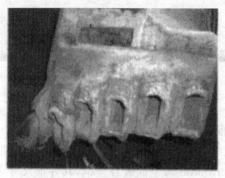

图3-10 完全修复好的刨头齿座

8. 如何进行20CrMnMo转向辊裂纹的补焊修复?

在钢板冷轧线上,转向辊作为冷轧钢板的主要构件,运行中在轴与辐板的焊缝处经常发生开裂,在辐板与筒体焊缝处也出现过裂纹,导致设备无法正常运行。转向辊结构如图3-11所示。由图3-11可见,转向轴是一个典型的焊接结构件,采用20CrMnMo制成,轮辐和筒体采用Q345D,该转向轴焊接结构拘束度大,材料的焊接性较差。

从使用中转向轴裂纹产生的机理分析,该结构产生的裂纹为冷裂纹。裂纹的产生可能是生产厂家对20CrMnMo该材料组成的的焊接结构产生的裂纹问题没有引起足够的重视,构件在焊接过程中只是进行了简单的预热处理,焊接材料选用J507焊条。分析其裂纹产生的机理证明,该材料和该结构焊接过程中仅仅采用的以上这些措施不足以解决合金钢焊接产生裂纹的问题。

根据以上两种材料的选用,该转向辊避免产生裂纹的主要途径应是解决合金钢20CrMnMo与Q345D的焊接问题,针对合金钢20CrMnMo与Q345D的焊接性及转向辊的结构特点,计算出焊前预热温度,制定异种钢焊接工艺措施,正确选择焊接材料。只有焊接工艺措施到位,焊接材料选择合理,才能保证转向辊焊接和使用中不会出现问题。

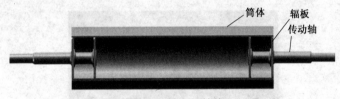

图3-11 转向辊结构

(1)转向辊的焊接性分析

在转向辊结构中,两端传动轴为20CrMnMo,辐板及中间筒体为Q345D,20CrMnMo属于低碳合金钢,其外形尺寸为ϕ730 mm×2 598 mm,化学成分及力学性能见表3-9和表3-10。

表3-9 20CrMnMo的化学成分

C	Si	Mn	Cr	Mo
0.17~0.23	0.17~0.37	0.60~1.20	0.40~0.70	0.20~0.30

表3-10 20CrMnMo的力学性能

σ_b(MPa)	σ_S(MPa)	δ_5	ψ
1 180	885	10%	45%

根据表中的化学成分计算得出20CrMnMo传动轴材料的碳当量$C_{eq}=0.80$,碳当量比较高,属于焊接性能比较差的材料。

依据焊接冷裂纹的产生机理:钢材的淬硬倾向、熔敷金属中氢的含量、焊接接头所受应力状态等。20CrMnMo 低碳合金钢转向辊材料中的合金元素可使其淬硬倾向较大,在焊接热影响区有产生冷裂纹和韧性下降的倾向,20CrMnMo 轴与 Q345D 辐板、辐板与筒体的焊接坡口角度较大,接头的拘束度也较大,因此焊接工艺必须采取焊前预热、选用低氢焊条及采用焊后热处理等措施。

(2)转向辊的焊接工艺

由于低碳合金钢有一定的淬硬倾向,焊缝及其热影响区容易产生淬硬组织,焊缝热影响区的硬度与冷却速度成正比。所以,为避免焊缝及热影响区产生淬硬组织,减缓焊缝的冷却速度,防止裂纹的产生,焊接前采取预热是非常重要的。为此,可以根据焊缝裂纹敏感指数 Pc 计算公式,确定 20CrMnMo 与 Q345D 焊接预热温度。经过计算,20CrMnMo 与 Q345D 钢焊接的预热温度可以为 300~350 ℃。焊接时,除了预热措施外,还要保证构件焊接过程中焊缝的层间温度不低于预热温度,以及对焊缝采取焊后保温缓冷的工艺措施,避免由于环境造成的冷却速度过快,导致焊缝组织及热影响区淬硬,防止焊接裂纹的产生。

根据材料的力学性能要求,结合低合金钢容易产生冷裂纹的特点,焊接材料的选择上不再考虑采用 J507 焊条,而选用低合金高强度钢焊条 J707Ni,以增强焊缝金属的韧性和抗裂性能。

为避免结构使用中产生冷裂纹,焊接过程中严格控制焊接材料中的氢的含量是十分必要的。为减少和避免焊缝金属中氢的含量,焊接前应将焊条进行严格烘干,烘干温度可选择为 350 ℃,烘干时间为 1 h。焊条烘干后要注意随用随取,使用中的焊条必须放在保温筒里,并在 1~4 h 内使用。

焊接工艺结合转向辊的结构形式和所选材料的焊接性,为了获得具有综合强韧性的焊接接头,就要避免采用过大的热输入。具体焊接顺序可参照下面所列内容。

1)轴与内辐板的焊接

轴与内辐板的焊接如图 3-12 所示。焊接时,采用 $\phi 3.2$ mm

的J707Ni焊条进行打底焊,采用φ4.0 mm的J707Ni焊条进行多层窄焊道焊接。运条时,采用不进行横向摆动的操作方法。焊接后,采取保温处理,并进行超声波探伤检查,以确保焊接后的构件没有焊接裂纹。

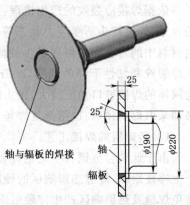

图 3-12 轴与内辐板的焊接

2) 筒体与内辐板的焊接

将轴-辐板与筒体组对起来,在适当位置点焊后进行结构焊接,轴与内辐板的焊接结构如图 3-13 所示。筒体与内辐板的焊接可采取 J507 焊条,用 φ3.2 mm 进行打底焊,用 φ4.0 mm 进行其它层的焊接。

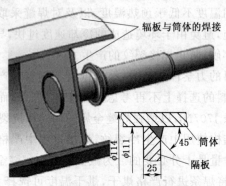

图 3-13 筒体与内辐板的焊接

3) 轴与外辐板、外辐板与筒体的焊接

轴与内辐板的焊接、筒体与内辐板的焊接完成后,将外辐板与轴、筒体组对,如图 3-14 所示。焊接时,先焊接轴与外辐板的焊缝,然后再焊接外辐板与筒体的焊缝,焊接工艺可与前面轴与内辐板的焊接和筒体与内辐板的焊接相同。

由于转向辊结构的对称性,焊接时要保证在构件两边组对的焊缝处交替进行焊接,以减小焊接产生的残余应力。构件焊接后要进行超声波探伤检查,确保构件没有任何焊接裂纹。

为改善焊接接头的组织性能和应力状态,降低焊缝和近缝区的含氢量,从而有效地提高焊缝抗裂纹性能,转向辊焊后要进行500～700 ℃的回火处理。

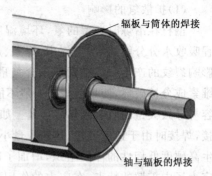

图3-14　轴与外辐板的焊接

通过焊后热处理可消除和减少焊接应力,保证结构尺寸的稳定性,以便对转向辊的两端进行机械精加工。

9. 如何对大口径 X70 低碳微合金管线进行焊接返修?

API5LX70 级钢管是国产管线钢,它是一种低碳微合金控轧控冷钢,具有高强度、高韧性。随着油气勘探和开采技术的不断提高,长输油气管线的建设就变得日益重要,大口径 $\phi 1\,016$ mm $\times$ 17.5 mm 的 API5LX70 级钢管是长输油气管线在部分线路采用的钢管。一般情况下,这种 API 5L X70 级钢管管线的焊接多采用纤维素焊条和自保护药芯半自动下向焊的联合焊接工艺进行。但在施工发现,API5LX70 级钢管在焊接过程中经常会出现一些严重的裂纹缺陷,这些缺陷的存在影响了管线的交工,威胁着管线的使用安全。为保证管线的正常和安全使用,对有裂纹等质量问题的管线要进行返修使之符合建设标准。因此,如何返修、如何保证返修后的焊接质量进而保证全管线质量成为施工单位和施工者面临的棘手问题,也是管道建设焊接工作中所面临的一个技术难题。

对于施工现场经常发生的裂纹,产生的主要原因有以下几个方面:

(1) 扩散氢的影响

钢材在冶炼时残留的氢,环境湿度大引起焊接材料和焊接过程吸收水分分解的氢,空气中、焊条、焊丝、坡口表面的水分,都会影响裂纹的产生。纤维素焊条含氢量较高,为了防止药皮中的纤维素成分被破坏,使用前焊条一般不能用高温烘烤,所以在焊接时容易导致大量的氢渗入焊缝金属。如果焊接工艺上采用下向焊焊接,焊接时由于速度较快,热输入量小,冷却速度快,容易使管道产生高硬度低韧性的淬硬组织,增加了冷裂纹的敏感性。根据氢在应力场中扩散的特点,在应力的作用下扩散氢将向应力集中点转移,容易引起氢致裂纹。

(2) 应力的影响

在焊缝组对过程中所产生的附加拘束应力是导致裂纹的主要因素。管道安装时,由于有时地处丘陵地带,地势的起伏比较大,施工时无法采用吊管机和内对口器,只能采用挖掘机挖斗上的焊接挂钩起吊,利用外对口器组对。在安装的过程中,由于挖掘机的液压缸在长期起吊的状况下需要液压系统长时间的持续承压,其结果是经常导致油封不严,致使液压设备发生泄压的情况时有发生。如果焊接过程中根部焊缝未焊完就拆除对口器,卸载起重设备,固定焊点就会承受较大的应力,引发裂纹的产生。

另外,如果放置管子的土墩没有垫实,也将引起管子和焊口的受力分布不均匀,在重力作用下产生不均匀的下沉,使焊缝位置直接承受较大的应力。对于特殊地段的焊口,组装时由于管径较大,为方便施工与组装还经常采用几台挖掘机或者滑轮进行吊装组对焊口。挖掘机吊装组对焊口可以省时省力,但是吊装过程中容易引起焊口的受力不均而导致开裂。就管道现场安装来讲,前一道焊口清根后,热焊的焊缝还没有完成前焊口是不能承受很大外力的。因此,焊口清根后或热焊的焊缝还没有完成之前严禁承受外力,以防止焊缝的根部焊层承受过大的拉应力产生裂纹。

(3) 温度的影响

预热可以去除坡口及近缝区的水分,可以减少氢致裂纹的产生。焊前预热时,如果预热的范围小或者预热不均匀都会使管道产生不均匀的收缩,增加产生裂纹的危险。焊接中,管道的预热温度也比较关键,如果焊口整圈焊缝受热不均匀,且加热温度未达到预热温度(100～120 ℃),根部打底层焊缝焊完后,清根时持续的时间太长,清根后停留的时间长,或者焊接过程中没有注意保持好层间温度,都会使内应力增加。另外,当环境温度较低、湿度较大时,没有采取增加预热温度和保温等措施,也会增加产生裂纹的可能性。

对于大口径 X70 管线的返修主要注意以下几个问题:

(1)返修前准备

确定将要返修的焊口在管线中的方位,采用起重设备将要返修的管道顺直以减少其管道内部应力。然后清理出一个方便作业的操作坑,排除操作坑内产生的积水,清理焊缝表面的水迹、泥土、铁锈等杂质和污物。依据无损检测报告中焊缝 X 射线检查结果和返修报告单准确定出裂纹或缺陷在焊道中的位置、深度、宽度和长度,并做好尺寸标记。采用加热设备或加热器对整道焊缝进行均匀预热,以防止焊缝缺陷及其焊缝在缺陷磨开后产生应力集中而导致裂纹延伸,清除缺陷时应力争使返修焊道在最小的拘束度条件下进行打磨。

(2)缺陷打磨

缺陷打磨可以利用角向磨光机进行,因焊缝中缺陷存在根部与存在层间有很大差别(如图 3-15 与图 3-16 所示)。所以,清理

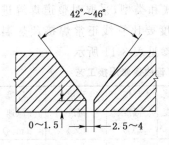

图 3-15 根部裂纹打磨状态(单位:mm)

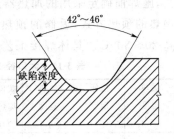

图 3-16 层间裂纹打磨状态

焊缝打磨缺陷时应注意打磨的深度应有所不同。如果是焊缝根部的缺陷可打磨成图 3-15 所示的形式，如果焊缝的缺陷存在于层间可打磨成图 3-16 所示的形式。根部缺陷打磨时，还应注意将焊缝尽量打磨成原始坡口状的"V"形形状，并且一边打磨一边要注意观察查找缺陷。发现裂纹或缺陷后还应继续打磨，直至将缺陷彻底清除干净后再进行补焊。补焊时可根据现场情况的不同，采用下面介绍的两种不同的焊接之一进行返修。

若判定裂纹在根焊位置，因裂纹所处的位置可能在单边熔合线上，在缺陷定位的时候就要确定裂纹是靠近焊缝的左边还是右边。为防止根部间隙打磨过宽给返修根部焊缝造成困难，打磨时应循序进行，不可操之过急。另外，打磨缺陷过程中，应使打磨的间隙长度超出裂纹两端各 30～40 mm，并打磨出缓坡状。

为了加快打磨速度可先选用 $\phi150$ mm 的角向磨光机进行打磨，当打磨到接近焊缝的根部 3 mm 时，更换 $\phi100$ mm 的角向磨光机进行打磨。磨透根部焊层后，应将集中在根部两侧打磨产生的铁屑清理干净，防止打磨残物熔入焊缝造成缺陷。打磨过程中还应注意，清除缺陷只打磨焊缝而不得伤及母材。在打磨过程中也应时刻注意焊缝的预热温度，若打磨时间过长导致焊缝温度降低，应继续加温以降低应力集中，避免打磨时根部焊缝中的裂纹延伸扩展，增大返修难度和返修工作量。

(3) 焊接工艺

根据返修焊接工艺评定确定返修所用焊接材料及焊接工艺，施焊前确定采用的加热器形式和类型，采取对整道焊缝进行预热的预热方式，返修的预热温度要比管线正常焊接预热温度高 20～30 ℃。具体焊接工艺可参见表 3-11 所示。

表 3-11　大口径 X70 管线返修焊接工艺

加热温度 (℃)	层间温度 (℃)	加热宽度 (mm)	坡口每侧加热宽度 (mm)	环境温度 (℃)	环境湿度 (%)	环境风速 (m/s)
130～150	≥80	≥150	≥70	>6	≤90%RH	≤5

焊接设备可根据现场情况采用。根据现场情况的不同可采用下面两种焊接工艺进行焊接。

方案一:采用碱性低氢型焊条打底、填充、盖面。方案一的焊接方法是采用稍细一些的焊条进行电弧焊打底(如采用 $\phi 3.2$ mm 焊条),采用比打底层焊条直径稍粗一些的焊条进行填充和盖面(如采用 $\phi 4.0$ mm 焊条),焊接方向为向上焊。焊接材料可以采用 E5015(J507)低氢焊条。

使用 E5015 这种焊条,焊前须经 350~400 ℃烘干,烘干时间为 1 h。焊条烘干后,使过程中应随用随取。从烘干箱取出的的焊条要放入焊条保温桶中使用。

使用 E5015(J507)低氢型焊条进行焊接时,尽量采用短弧操作。短弧焊接可防止空气中的有害气体侵入熔池而形成气孔或使焊缝金属产生脆硬组织。大口径 X70 管线返修焊接过程中的焊接工艺参数可参见表 3-12 所示。

表 3-12 焊接参数

焊接类型	焊条直径 (mm)	焊接电流 (A)	电弧电压 (V)	焊接速度 (cm/min)	焊接极性
根部打底焊缝	3.2	80~110	18~22	7~19	直流反接
中间填充焊缝	4.0	100~125	18~22	8~20	直流反接
盖面层焊缝	4.0	100~125	18~22	8~20	直流反接

方案二:使用纤维素焊条打底、药芯半自动焊丝填充和盖面。焊接方法为使用手工焊条电弧焊打底+药芯半自动焊填充中间层,盖面层也采用药芯半自动焊焊接。根焊焊缝焊接方向为上向焊接,填充与盖面层焊接方向为下向焊接。焊接材料分别采用为:根焊焊缝可以采用直径为 4.0mm 的伯乐 FOXCEL E6010 纤维素焊条,填充与盖面层焊缝可以采用 2.0 mm 的哈伯特 E71T8-Ni1J 药芯焊丝,焊接参数可参考表 3-13 所示。

实际工作中,管道的返修工作比管道施工的第一次焊接更重要。因此,管道返修中应注意以下一些问题:

表 3-13 焊接工艺参数

焊接类型	焊条直径(mm)	焊接电流(A)	电弧电压(V)	焊接速度(cm/min)	焊接极性
根部打底焊缝	3.2	80~90	18~22	12~20	直流正极
中间填充焊缝	2.0	225~265	17~19	33~45	直流正极
盖面层焊缝	2.0	225~265	18~19	30~40	直流正极

(1)当一个焊口的焊缝裂纹累计长度≥8%焊缝长度时,该焊道必须割掉重焊,不合格焊口割掉后应打磨掉脆硬层和氧化层,且同一焊接部位的返修次数不得超过两次。

(2)焊口返修时,返修作业必须由质检人员指定持有返修项目的焊工对其返修,并监督返修过程;由无损检测人员现场确定缺陷位置和类型。

(3)清除焊接缺陷或裂纹时,所有修补的焊缝长度,均应大于50mm;预热要求及焊接参数应符合焊接工艺卡的要求。

(4)根部焊缝、填充层焊缝和盖面层焊缝的层间,应对每一个焊接接头的高出部位和其凸出的熔敷金属应用磨光机进行打磨修整,每层焊缝应用专用钢丝轮清理焊缝,焊接后的焊缝边缘应清理干净,不能留有金属飞溅物。

10. 如何焊接修补大面积损坏的球磨机筒体?

矿山生产中使用的球磨机经常发生大面积的损坏,若整体更换筒体,单台费用将高达几十万甚至上百万元。而若进行局部挖补修复,虽然技术上存在一定难度。但只要挖补工艺恰当,成功率可达100%,从而可以节约大量资金。

例如,以某企业一台3.96 m×5.5 m的球磨机为例,该球磨机在使用过程中发生了较大面积的损坏,现以此介绍其筒体的具体修复工艺和修复方法。

(1)准备工作

首先检查球磨机筒体磨损情况,确定磨损需要挖补和焊修的面积。本例中需挖补区域的面积为1 850 mm×1 880 mm,并且包含了1个人孔和附近的几个衬板螺栓孔,如图3-17所示。

其次,选用与原筒体材质(16Mn)相同、厚度($\delta = 35$ mm)相等的钢板,并按照磨机筒体内径(3.96 m)卷出修补用新筒体。然后按磨机筒体外径(3.96 mm+0.68 mm=4.64 m)卷出人孔边框

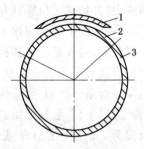

图3-17 筒体挖补区域示意
1—人孔盖;2—挖补区域;3—筒体

用钢板,并整体切挖出人孔边框。对照切割区域修整卷好的修补用新筒体。

(2)挖补

挖补前先将磨机内全部钢球取出并拆除筒体内衬,以防修补时筒体发生变形。采用慢转系统将筒体待挖补焊接部位转至球磨机正上方以利于施工。切割去待挖补区域的旧筒体,切割时最简单的方法是采用用氧-乙炔切割法。

在切割区域的每个角上用加工好的小锲铁将修补用新筒体定位,并以筒体内壁为基准,利用找平辅助板进行找平,然后通过点焊将新筒体固定在旧筒体上(如图3-18所示)。

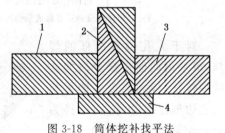

图3-18 筒体挖补找平法
1—旧筒体;2—定位楔铁;
3—新筒体;4—筒体内找平辅助板

在修补用新筒体上精准画出人孔、人孔边框和衬板螺栓孔的位置。取下修补用新筒体,到钻床上加工螺栓孔。螺栓孔的外侧要加工成便于对接密封胶垫的内倒角圆锥面。再用小锲铁找平辅助板并对钻好孔的修补用新筒体进行定位和找平,以保证人孔和螺栓孔的安装精度。然后通过点焊将新筒体固定在

旧筒体上,并切除定位锲铁和找平辅助板。

(3)焊接前措施与焊接工艺

焊接前,可在新旧筒体接缝处加工成为60°的V形坡口(筒体外侧),焊接可采用直流或交流手工弧焊机,选用结507或结506及结426焊条。焊前,要按焊条烘干说明将焊条按照规定的温度进行严格烘干(一般碱性结507焊条烘干温度为350～400 ℃,烘干时间为1 h;酸性结426或结506焊条可在150 ℃烘干1 h),且焊条要随用随烘,随用随取,随时使用的焊条也要放在焊条筒内,避免使用前受潮。由于本例待修补的球磨机钢板厚度比较大,焊接时,可采用逐层堆焊法(1,2+3,4+5+6,…)焊接(如图3-19所示)。

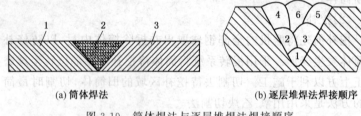

(a)筒体焊法　　　　　　　(b)逐层堆焊法焊接顺序

图3-19　筒体焊法与逐层堆焊法焊接顺序

1—旧筒体部分;2—焊修成形的焊缝;3—新筒体部分

对于人孔位置边框的焊修,可采用两面搭接分段的连续焊接法,焊角高度一般可与人孔边框厚度相等,可选择为35mm(如图3-20所示)。

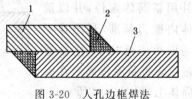

图3-20　人孔边框焊法

1—人孔边框;2—角焊缝;3—筒体

(4)补修过程中应该注意的问题

在焊接修补球磨机筒体时应注意焊接之前要用抛光机对焊缝和焊接平面做除锈、除油、除垢处理。对于个别部分焊缝间隙大的部位绝不准用钢筋填塞焊缝。焊接时每焊接1层后必须做好药皮的清理工作。清理时可用角向砂轮机。焊完后对筒体进行检查,对焊肉缺失的部位要补焊,对焊肉高出的部位要用机械修平。焊接时,挖补区域的修补要考虑在对称位置实施焊接,考虑焊接热量分配问题,使补焊中的热应力尽可能小,以避免焊接变形超差。

(5)焊补后应注意的问题

焊接完成后,为保证焊接接头的完好性,有条件的情况下最好对球磨机进行整体热处理。对于条件不具备的场所也应对所有焊缝做退火处理。最后回装衬板并加球即可投入运行。

11. 如何采用气焊修复损坏的铝合金构件?

铝合金由于密度小,熔点低,比强度高,具有良好的导电性、导热性和耐蚀性,已广泛用于航空、航天、汽车、化工、交通运输及机械制造等工业领域。因此,在生产实际中,常常会遇到铝合金构件的焊接及其焊接修复问题。对于铝合金的焊接修复,常用的焊接方法有氩弧焊和气焊。气焊虽然焊接热效率低,热量输入较分散,综合力学性能较氩弧焊差,但由于设备简单,操作灵活,价格低廉,且焊接时无需电源和复杂设备,往往成为返修工作者的首选。尤其是对于一些中、小、单件铝合金构件的焊接修复,采用气焊焊接则非常便利,且修复的成本较低,实用性也较强。下面以气焊焊接修复铝合金构件为例,介绍其气焊修复铝合金构件的工艺特点,并列举其典型工件的修复实例供大家参考。

铝合金由于密度小、热导率大、线膨胀系数大,化学性质活泼,所以可焊接较差,在焊接过程中可能会产生以下问题。

(1)铝合金焊接过程中易氧化、难熔合。铝与氧的亲和力很强,在空气中极易与氧结合生成致密而结实的氧化膜(铝氧化膜的(Al_2O_3)的熔点约为 2 050 ℃,远远超过铝合金的熔点 660 ℃),而且氧化膜的密度很大,约为铝的 1.4 倍。在焊接过程中,氧化铝薄膜会阻碍其金属之间的良好熔合,并易造成夹渣。氧化膜还会吸附水分,促使焊接过程中焊缝生成气孔。

此外,在焊接时,除了铝的氧化外,铝合金中的合金元素也易被氧化和蒸发,合金元素的氧化和蒸发减少了其在合金中的含量,会严重降低焊接接头的性能。所以在焊接铝合金时,焊前必须清除焊件表面的氧化膜,焊接过程中采用气焊熔剂,防止在焊接过程中铝合金再次被氧化;焊接过程中还要不断地用焊丝挑破熔池表面的氧化膜等是铝合金焊接过程中重要掌握的要点。

(2)铝合金焊接过程中易产生气孔。由于焊接过程中氮不溶于液态铝,铝中也没有碳,因此不会产生氮和一氧化碳气孔。焊接铝合金时,能使焊缝产生气孔的气体是氢气。因为焊接时,高温条件下液态铝能吸收大量氢。熔池结晶时,原来溶于液态铝中的氢要析出,但是受温度限制,高温时金属吸氢快,而结晶时金属逸出氢则很慢,导致铝合金焊缝吸收过量的氢难以逸出而形成气泡。加之铝合金的密度较小,气泡在溶池里上浮的速度也慢,铝合金的导热性又好,结晶快。因此,在焊接铝合金时,焊缝易产生氢气孔。

为了防止气孔的产生,以获得良好的焊接接头,焊前对氢的来源要加以严格控制。如严格限制所使用焊接材料的含水量、焊接材料在使用前要进行干燥处理及去除氧化膜等。母材和焊接材料要进行仔细清理,清理后的母材及焊丝最好在 2 h 进行焊接,以免再次生成氧化膜影响焊接质量。

(3)铝合金在焊接过程中容易产生焊穿缺陷。焊接过程中,铝及铝合金由固态转变成液态时,颜色没有显著的变化,所以致使操作者不易判断熔池的温度。另外,铝及铝合金的高温支持强度低,焊接时随着温度的升高,铝的力学性能逐步下降。根据有关实验表明,铝合金在 370 ℃时的强度仅为 10 MPa 左右,这就导致了铝及铝合金在高温焊接过程中熔池突然塌陷,使焊件形成烧穿缺陷。

(4)铝合金在焊接过程中还容易产生热裂纹。铝的线膨胀系数比钢大将近 1 倍,凝固时的收缩率又比钢大 2 倍。因此,铝及其合金在焊接和冷却过程中容易形成很大的焊接应力。尤其是当所焊接的铝合金的液固结晶范围很宽时(液相线与固相线之间的温度差大时),热裂纹的倾向更加明显。但实践证明,非热处理强化铝合金一般不易产生热裂纹,而热处理强化铝合金热裂纹倾向较大。

对于铝合金焊缝金属的热裂纹,焊接时可以通过合理确定焊缝的合金成分,并配合适当的焊接工艺来进行控制。铝合金气焊过程中,主要应注意以下几个方面的问题。

(1)气焊时所用焊丝的选择。气焊时焊丝选择的正确与否是气焊焊接铝合金成败的关键因素之一。气焊或修复铝合金过程中,焊丝选择的一般原则是使焊丝的成分与母材的成分相同或相近。其次,还要考虑所选焊丝熔敷金属的抗裂性、强度、耐蚀性等因素。焊接铝镁合金及铝锌镁合金可选用铝镁合金焊丝 SAlMg-5(HS331)、SAlMg-3 等;焊接铝锰合金可选用 SAlMn(HS321)焊丝;焊接除铝镁合金外的铝合金可选用铝硅合金焊丝 SAlSi-1(HS311)。铝硅合金焊丝 SAlSi-1(HS311)虽是铝合金焊接的通用焊丝,但由于 Si 容易与 Mg 形成 Mg_2Si 脆性相,故这种焊丝不适宜焊接含镁量较高的铝合金。

此外,气焊焊接铝合金还可从母材或与母材成分相同或相近的铝材上切条作为焊丝形成焊缝填充材料。有时为达到某种目的或满足铝合金构件抗裂性能需要,也可采用与母材成分有较大差别的异质焊丝来进行焊接。

(2)气焊铝合金时的气焊熔剂选择。在铝合金气焊过程中,熔化的金属极易与周围空气中氧或火焰中的氧化合生成一层氧化膜。氧化膜的存在妨碍基体金属与填充金属的熔合,会导致焊缝产生夹杂物。所以,焊接时必须使用气焊熔剂。铝气焊熔剂主要有三方面的作用:一是溶解和彻底清除覆盖在铝合金母材及熔池表面上的 Al_2O_3 薄膜,并在熔池表面形成一层熔融及挥发性强的熔渣,保护熔池免受连续氧化;二是排除熔池中的气体、氧化物及其他夹杂物;三是改善和增加熔池金属的流动性,以获得优良的焊缝。

铝合金气焊,常用的气焊熔剂是 CJ401。气焊熔剂容易吸潮,使用时应注意最好使用玻璃瓶装存,不用时要注意盖好瓶盖并密封好,以防止气焊溶剂受潮失效或降低使用效果。气焊溶剂使用时,有两种方法。一种方法是取一部分直接放在被焊物焊道的表面,另一部分用焊丝直接蘸气焊溶剂进行焊接;另一种方法是将气焊熔剂和水混合调成糊状,直接刷涂在坡口表面或焊丝上均可,同时应做到随调随用。调好的熔剂一般在 2~3 h 用完,最长不能超过 4 h 使用,否则将会影响焊接质量。

气焊铝合金构件后,应及时对黏附在铝合金构件和焊缝表面上的熔剂残渣进行彻底清除。否则,残留的气焊溶剂将会引起铝合金的腐蚀。清楚铝合金溶剂可用化学方法清除或浸于热水中用刷子擦洗清除。

(3)气焊铝合金时气体火焰的选择。气焊铝合金从理论上讲,应选用中性焰,但中性焰的可调幅度比较窄,调整火焰时稍不注意就可能发生氧气过量形成氧化焰。氧化焰焊接铝合金会使焊缝产生大量的氧化物和气孔,使焊缝金属变脆,使焊接接头的性能变差。因此,实际焊接中宜于将火焰调成轻微碳化焰更佳。

(4)铝合金焊接前应预热。由于铝及其合金的比热比钢大一倍左右,导热性比钢大 2 倍左右。在焊接过程中,焊缝区的热量将被迅速传导到周围基体金属内部。为了防止焊接过程中焊缝区热量的大量流失,焊前可对铝合金焊件进行适当地预热。但对于比较薄和比较小的铝及其合金构件可不预热。当铝合金构件的厚度超过 5~8 mm 时,可对其构件预热 100~300 ℃。

(5)防止铝合金焊接过程中产生坍陷的方法是在其构件的焊缝下面加上垫板。由于铝及其合金在高温时的强度比较低,焊接加热到 400~450 ℃时,铝合金的强度几乎完全消失,此时焊缝受重力作用不足以支撑住液体金属自重而容易使焊缝塌陷或烧穿。所以,铝及其合金焊接时最好采用垫板,将垫板放在将要焊接的焊口下面,以防止焊接过程中焊缝坍陷和成型不良。

例如,某汽车缸体的材料为铸造铝硅合金,在冬季使用时发生冻裂,裂纹长度约 200 mm,某研究单位人员采用气焊工艺成功地焊接该裂纹,完成了该汽车缸体的修复,其修复工艺可以归纳如下。

(1)焊前准备

1)发现裂纹后,先在裂纹的两端钻 5 mm 止裂孔,防止裂纹继续扩展。然后,在裂纹处开 60°V 形坡口,为焊接做准备。

2)焊接前先用气体火焰将裂纹及裂纹两侧各 30 mm 范围进行烘烤,然后再用钢丝刷进行清理,以保证将焊口及焊口两侧的油污及氧化膜清除干净。火焰烘烤时应注意烘烤的温度不宜过高,以防止被烘烤处发生塌陷。

3)选用气焊用焊丝,焊接铝硅合金汽缸可以用铝硅合金焊丝 SAlSi-1(HS311)。焊丝使用前应保持表面清洁干净;气焊熔剂可以配用 CJ401。气焊溶剂使用时将其调成糊状,用毛笔刷到焊丝和清理干净的被焊汽缸的坡口上;焊炬可以选用 H01-12 焊炬。

4)气焊汽缸前最好进行预热,预热温度可以选择为 200~250 ℃,预热的火焰可以选择为中性焰。预热时,为了较快地加热焊件,迅速形成熔池,一般焊炬的倾斜角度为 50°~70°,并做环绕运动,以保证预热的焊缝及其附近的金属受热均匀。

(2)操作要点

1)焊接时,气焊火焰应调整为中性焰或轻微碳化焰。最好的焊接方法是焊接开始时采用中性焰,待金属熔化后调成轻微碳化焰。

2)气焊时,运动方向应从右到左,焊嘴可以一边行进,一边上下跳动。这样,当焊嘴运动到下方时,火焰可以加热基体金属使之熔化并形成熔池,当焊嘴运动到上方时,火焰可以加热其焊丝使其端部熔化形成熔滴,焊嘴上下跳到,使焊丝与坡口处的基体金属周期性地受热熔化,从而形成焊缝。

3)铝及其合金焊接的难点在于铝在高温时颜色不变,如果等焊接者观察到铝的颜色将要发生变化时,铝及其合金的被焊接点可能将要发生塌陷。所以,焊接时应仔细观察熔池。焊接时观察熔池的温度和焊接的要点是:当焊接处快要熔化时,熔池表面的氧化膜会微微起皱。如果焊接时观察到熔池起皱,这时应立即用焊丝划破氧化膜并向其熔池送丝,随后将焊丝向熔池外拖出。但应注意焊丝拖出熔池时,应保证焊丝的端部仍在火焰范围以内,这样可避免焊丝在焊接过程中氧化。

4)此外,还要注意焊接过程中焊丝的加入时间要适当。如果焊丝加入过早,会使焊丝与母材金属熔合不良产生未焊透等缺陷;焊丝加入过晚,焊接温度升高,则熔池过大,易造成烧穿等缺陷。

5)气焊补焊铝合金汽缸时,在焊接的初始阶段,缸体的温度可能会比较低,焊接时火焰的焰心应对准焊缝中心,焊炬与焊缝的夹角应大些,可以选择为 60°~80°左右。随着焊接过程的进行,缸体的温度逐渐升高,这时焊炬与焊缝的夹角应逐渐减少,此时可选择焊炬与焊缝的夹角为 30°~40°。在焊接将要收尾时,要加快焊速并减少焊炬与焊缝之间的夹角,让火焰集中在焊丝上,以填满弧坑,防止焊接裂纹的再次产生和增加焊缝金属的强度。

6)焊接过程中,焊缝内有时会发现一些杂质(即熔池中耀眼发亮的东西),这时要将杂质及时清除。清除杂质的方法是用焊丝将其拨出熔池,以免焊缝产生气孔及夹渣。

7)焊接结束时,不要急于熄灭火焰。要等到熔池完全凝固后,再将火焰撤离焊接区。熄灭火焰的方法最好是使火焰在焊缝处退后 10 mm 左右再熄灭。

8)修补焊后的汽车缸体最好用石棉被包覆,使其缓冷,防止汽缸再次产生裂纹。并待汽缸焊件冷却后及时用小圆锤锤击焊缝表面,以降低焊接应力。

9)汽缸气焊修补焊后,待汽缸焊件全部冷却后,应用热水和钢丝刷将焊缝附近的熔渣、熔剂等刷洗干净,以避免气焊溶剂腐蚀焊缝及其焊缝附近。

12. 如何焊接修复正在使用中的渗漏压力容器和管道?

在连续生产的企业中,压力容器和管道在生产过程中是不可缺少的,这就不可避免地会产生管路渗漏问题。为了不影响生产,技术人员需经常处理带压堵漏问题。

带压漏点可以采用手工电弧焊进行。只要操作者控制得好,手工电弧焊可以有效地在不同介质、不同压力的漏点焊接堵漏。手工电弧焊带压堵漏焊接材料的选择与操作要领非常关键。具体焊接电源、焊接材料与焊接基本操作要领可以概括为以下两点：

(1) 手工电弧焊堵漏焊接电源与焊接材料的选用

手工电弧焊堵漏焊接电源宜于选用直流焊机，焊接材料应根据母材的不同进行选择。焊接时，由于碱性低氢型焊条黏性较大，焊条熔化后熔池内熔化的金属不容易被容器内的压力吹走，一般堵漏应首选碱性低氢型焊条。堵漏焊接时的焊接电流应比正常焊接的情况下各位置的电流高出 30%～55%。大电流堵漏焊接可以增强电弧吹力，可以提高焊条熔化金属与母材金属的熔合性。

(2) 手工电弧焊堵漏的基本操作要领

手工电弧焊堵漏多采用间断熄弧方法进行焊接，焊接时并应根据泄露点位置的不同采用不同的焊接方法。

1) 平焊位置堵漏法

在平焊位置堵漏，应选用较大的焊接电流。焊接的起始位置应在坡口的上端向下以弧形轨迹形成第一个熔池，然后逐渐自后向前拉动电弧，电弧形成一定大小后迅速抬起电弧。抬起电弧的片刻，当观察到熔池凝固后，再进行自后向前起弧。这样，经多次往复循环，即可将焊口（泄漏点）完全焊住。

2) 立焊位置堵漏法

在立焊位置堵漏，电弧应从坡口以外引弧，然后电弧迅速向坡口内摆条，并使电弧在到达熔化的金属液体流体作用中心前熄弧，待熔池凝固后，再重复以上各步骤即可。立焊位置的堵漏要注意电弧在漏点坡口内的停留时间要尽量短，以防止熔化的液态金属被容器或管道内的压力吹走。

3) 爬坡位置的堵漏焊接法

在爬坡位置进行堵漏焊接时，焊接的起始位置应由上向下进行。堵漏时应采用大电流、低电弧，尽量利用电弧吹力和熔滴自重将泄漏点焊补好。

4) 仰焊位置的堵漏焊接法

为降低仰焊位置的堵漏焊接，可先用金属半环或者稍薄的金属将漏点包住，然后先将不受压的部位焊接上，最后在平焊位置将漏点完全堵住。

13. 如何防止淬火 T8 工具钢焊修后再次出现裂纹？

T8 属于工具钢，工具制造时为保证其使用性能一般对 T8 钢进行了调质和表面中频淬火，使其硬度达到了 HRC55~60。这种钢制备的工具如需焊接，焊接时如果焊接工艺措施不当或焊接过程中的被焊件的冷却速度控制不当，焊接裂纹是难以避免的。

对于 T8 工具钢，根据工件的硬度和使用要求，如果采用热焊的话，需要局部预热到 350~400 ℃。局部预热温度较高不仅会导致导轨局部有明显退火现象，使硬度降低，而且还容易造成工件在加热过程中受热变形。如果局部预热，有时由于钢件厚度较大，其加热面积及加热均匀程度难免受到限制，焊后会出现重复裂纹。

焊接 T8 工具钢，有时采用冷焊和小的焊接工艺参数效果反而会很好，但焊接工艺措施要得当，以避免也产生重复裂纹。冷焊淬火 T8 工具钢的工艺是尽可能采用小的焊接工艺参数，焊后用保温棉保温。这样，焊接区的热输入不是太大，能够较好地控制焊接热变形，且焊后工具的硬度不会降低，焊后淬火 T8 工具钢也不会出现大面积软化带，基本能够满足工件的使用要求。

淬火 T8 工具钢比较难焊接。为保证焊接质量，焊前应对焊接区进行仔细除油、除锈，以避免引起氢致裂纹。

焊接淬火 T8 工具钢可选用 $\phi 3.2$ mm 的万能 W303 焊条，焊条使用要按照规定进行加热和保温，焊条的加热温度为 350 ℃；保温时间为 1 h；焊条始终应放在焊条保温桶内，随取随用。

淬火 T8 工具钢硬度较高，为防止要补焊时裂纹继续扩展，焊前必须将裂纹彻底清除。去除工件上的裂纹源，才能确保焊接过程中，工件不再开裂。清除裂纹时最好使用手动砂轮机进行打磨，且打磨的宽度不易太大，以完全去除裂纹为宜。

焊接时，尽量少填充焊缝金属，减少焊接工作量。减小焊接热输入，避免母材过多的熔入焊缝引起焊接过程中焊接热裂纹的产生。

焊接过程中,为减小焊接热输入,最好采用直流焊机采用反极性焊接。焊接电弧应该尽量低,焊接电压一般为 20～24 V。焊接电流可在 80～100 A 之间选择。焊接手法尽量采用短焊道,焊时可横向稍微做些小摆动焊接,摆幅要控制在小于 15～20 mm 范围内。焊后立即用带有一定圆弧尖角的小锤敲击焊缝和热影响区,敲击时用力不可过大,用力要均匀,以减少焊缝的焊接应力。

焊接过程中还要注意层间温度不可过高。否则极易产生大的热应力致使焊缝产生重复裂纹。一般情况下,焊接淬火 T8 工具钢的层间温度控制在 150 ℃ 左右比较合适。当发现焊接温度较高时,应立即停止焊接,待焊补区温度降到 100～120 ℃ 时,再继续焊接。焊后再对焊缝用保温棉进行保温,防止由于冷却过快,导致焊缝开裂。

14. 如何在不加热条件下焊接修复 9Cr2Mo 钢构件?

硬度 HRC≥55 的高硬度焊缝多为高碳合金系,主要用于高碳合金钢构件(大型模具、轧辊等)局部缺陷的修复,但这种焊缝抗裂性、韧性差,目前均采用 300～500 ℃ 的热焊法进行修复。然而,热焊法设备昂贵,工艺复杂,特别是大型构件的高温预热可行性极差,使热焊法在大型构件的维修中受到限制,采用冷焊法可以解决以上问题,但采用冷焊法构件的内应力远比热焊法大得多,裂纹敏感性也大,焊接困难。

解决冷焊高碳合金钢构件困难的关键问题是如何在保证焊缝焊态硬度、耐磨性的前提下,提高焊缝的韧性、抗裂性。目前,有研究者利用多元合金的综合作用改善了高碳焊缝韧性,在配合低应力冷焊工艺条件下,实现了高碳合金钢构件的局部修复。

具体做法是将一定比例的粉末状的 Nb、Ti 及 V-Fe、ZrFe 与一定量的 RE-Si-Mg 合金、石墨粉末混合作为复合变质剂,加入到 $Cao-TiO_2-CaF_2$ 渣系碱性焊条药皮配方中,同时还加入一定的量的 Cr-Fe、Mn-Fe 及金属 Ni 用于调整焊缝基体性能,以 H08A 为焊芯压制 4.0 mm 焊条,然后在 9Cr2Mo 轧辊表面进行冷焊。

研究结果表明,当焊缝金属中化学成分强碳化物形成元素与含碳量满足定比规律时,焊缝在焊接冶金过程中能够充分形成碳化物。当焊缝金属中添加的元素合适时(见表 3-14),可以保证焊缝的高硬度、良好耐磨性。又由于多种强碳化物元素的存在及稀土(RE)的变质作用,焊接时能够在焊缝中形成大量颗粒碳化物,使碳大量固定于第二相,从而降低基体含碳量,提高焊缝金属韧性。

表 3-14 焊缝金属中元素含量(wt)

元素	C	Nb	V	Ti	Zr	Cr	Ni	Mn	Si	RE
含量	0.69%	1.63%	1.03%	0.36%	0.14%	0.86%	1.7%	0.4%	0.38%	0.022%

9Cr2Mo 轧辊出厂时表层经过了多次严格的热处理,具有良好的综合性能。而实验研究的焊缝熔敷金属是冷焊条件下获得的,未经任何热处理,虽然其硬度比 9Cr2Mo 约低 10%,但耐磨性已经接近于 9Cr2Mo(2 h 磨损量相差不足 5%),冲击韧性也比较接近。在相同条件下焊缝熔敷金属与 9Cr2Mo 轧辊表层金属的硬度、磨损量及冲击韧性见表 3-15 所示。熔敷金属与 9Cr2Mo 母材性能对比可见,其熔敷金属的硬度、耐磨性及冲击性能较好,这正是焊缝中低碳马氏体上弥散分布大量颗粒碳化物的结果(如图 3-21、图 3-22)。

焊缝金属组织断口如图 3-23 所示,由图 3-23 焊缝金属组织断口的 SEM 照片可以看出,焊缝的整个断口均为韧性断口,断口上有大量韧窝,韧窝中有一个球状物,球状物一般为第二相夹杂。熔敷金属之所以为韧性断裂是与其组织状态密不可分的。低碳马氏体基体存在大量位错亚结构,强韧性都较好,并含有多种细化晶

表 3-15 熔敷金属与 9Cr2Mo 母材性能对比

材质	硬度(HRC)	2 h 磨损量(g)	冲击韧性 a_k($J \cdot cm^{-2}$)
熔敷金属	55.5	0.009 2,0.009 3	52,51,56
9Cr2Mo	61.5	0.008 8,0.009 0	66,68,70

图 3-21 焊缝金属×400　　　　图 3-22 焊缝金属 TEM 照片，×20 000

粒的元素使组织细小，RE 也起净化、强化晶界作用，使沿晶断裂难以进行，从而使韧性提高。碳化物呈细小球块状弥散分布，避免了偏聚于晶界的片状碳化物，所以碳化物处应力集中减小，裂纹敏感性小，这也使溶敷金属韧性提高。

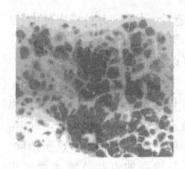 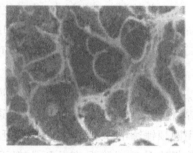

(a) 熔敷金属断口×2 000　　　　(b) 熔敷金属断口×5 000

图 3-23 熔敷金属断口 SEM 照片

由以上可以看出，焊接高碳高合金钢，在高碳高硬度焊缝中，利用 Nb-Ti-V-Zr-RE 复合变质剂的变质作用，可以在冷焊条件下改善熔敷金属的韧性。变质剂在焊接中的作用是使大量的碳化物呈球块状早期弥散析出，这一方面避免了片状碳化物在晶界上的析出，另一方面也使大量的碳元素固定于碳化物。造成基体的"贫碳"，即避免了高碳马氏体的产生，又使基体在冷焊快速冷却条件下转变为低碳马氏体，获得低碳马氏体基体及少量残余奥氏体上弥散分布着大量颗粒碳化物的焊态组织,这一组织保证了熔敷金属的高硬度、良好耐磨性及韧性。这样,就可以在基本不降低耐磨性的条件下适当降低硬度,也有利于改善焊缝的韧性,从而满足工作要求。

15. 如何快速修复难以焊接补漏的压力容器和管道?

首先,操作者应该清楚那些地方的泄露可以用焊接补漏,那些地方的泄露不能用焊接补漏。

手工电弧焊不适用于易燃、易爆流体的补漏。对于压力较大、流体具有腐蚀性的漏点,在开始补漏前要对所焊接部位进行厚度测量。如果厚度过小,则不应进行补漏,以防发生危险。即使在可以采用焊接补漏的场所,在补漏操作过程中,施工人员也必须进行全身性防护,以免给操作者带来危害。

有些补漏要进行锤击,此时注意在锤击时,力量不能过大,以防泄漏处因锤击振动发生进一步开裂。

对于一些比较难进行的堵漏可以尝试以下方法:

(1)铆焊法

铆焊法就是在采用手工电弧焊焊接补漏前,在泄漏点周围点焊,使泄漏点周围的金属加存,并逐渐向泄漏点中心集聚。同时,用圆顶锤锤击焊缝,利用金属的延展性使泄漏点缩小,直至消除。铆焊法对于消除温度及压力都不是很高的点状汽或水泄漏很有效。

(2)引流管法

引流管法是采用内径合适的直管段,一端焊接高压阀门制成的引流管,使阀门处于开启状态。另一端放置于泄漏点处,使泄漏的介质经过直管段从阀门出口喷出,然后焊接直管段与母管结合的部位。直管段与母管结合的部位焊牢后,将阀门关闭,即可消除泄漏点。

(3)螺栓堵漏法

螺栓堵漏法是将高压螺母放置于泄漏点,使泄漏点位于螺母中心,泄漏介质可以从螺母中间喷出,将螺母与管道焊接。在防止烧伤、防止烫伤等措施的保护下,再将螺杆旋入螺母并拧紧,最后将螺杆与螺母结合部位焊接好。有条件时,可对螺母端面进行加工,使其螺母与管道吻合更好,以便堵漏更方便地进行。

(4)套筒堵漏法

套筒堵漏法经常用于管道堵漏,此方法是采用直径比泄漏母管直径大 50～60 mm 的一段直管,直管两端加封头制成筒体,并将此筒体打孔、剖开,安装阀门,让筒体包住泄漏母管,然后进行焊接。套筒堵漏法根据所采用套管的形式不同,可分为纵剖套筒堵漏法和横剖套筒堵漏法两种。

堵漏时以上几种方法选用时注意的问题是:

(1)泄漏不严重时,可直接用电弧焊堵漏。堵漏时应首先确定泄漏点的位置及大小,然后用小锤敲击泄漏处,并尽可能将泄漏的漏点敲堵压缩至最小,然后再进行焊接。

堵漏焊接时,应注意电弧不能直接吹到泄漏的漏点,以免电弧温度高引起漏点烧穿造成更大的漏点。

堵漏焊接时应在泄漏点周围先焊成圆柱形,随后在圆柱内部逐步填充,这样可使泄漏的漏点逐渐缩小。最后用小锤锤击即可封口。检查时,如发现还有泄漏,也可用点焊的方法进行封口。泄漏点如果是立焊位置,焊接时宜采用焊先下部,再焊左右,最后焊接上部的方法进行焊接堵漏。

(2)泄漏处压力较大,但泄漏点面积较小时,宜于采用加焊阀门的方法进行堵漏。加焊阀门进行堵漏具体的方法是:首先根据漏点大小将一根短管焊在阀门上,阀门大小应根据实际情况合理选取。然后打开阀门,将管子盖在漏点上,焊住短管,关闭阀门,即可止漏。

(3)泄漏处压力较大且泄漏面积也较大时,宜于采用"挂盒子"方法进行堵漏。"挂盒子"堵漏的具体方法和措施是将泄漏点用管材、板材包围、焊死。焊前应根据泄漏的漏点情况,制成盒子,并在直对泄漏处加一个阀门,以减弱焊接过程中焊点处的压力。焊接堵漏时,要先将较难焊接的位置焊完,再焊接次难焊接的位置,最后在较容易焊接的平焊位置封口,焊完后关闭阀门即可消除泄漏。

(4)堵漏的封口焊接。堵漏的封口焊接是手工电弧焊补漏的最后一道工序,也是最重要的一个步骤,焊接难度较大。由于带压力的流体从此处喷漏,封口焊接的熔滴很容易被容器或管道内的压力吹走,熔化的熔滴也很难与母材熔合。为解决封口焊接的难题,宜采用以下四种方法进行处理。

1)封口焊接时,当泄漏的漏点呈一小圆孔时,可先将一段石棉绳压入小孔,然后用尖头的羊角锤将石棉绳砸紧,再由外向内逐步焊接,焊接时电弧不能直接吹向泄漏的漏点,以免造成泄漏点的扩大。

2)当压力比较大时,可先在泄漏点插入一段尖头钢筋,然后用榔头砸平钢筋。插入钢筋堵漏时,有时一次无法完全封住漏洞。这种情况下,可在钢筋的一侧点焊,住后再砸平钢筋,反复使用插入钢筋的方法,直至完全封住漏点为止。

3)当压力非常大时,一般采用"包盒子"的方法进行堵漏。当漏洞所包的盒子较大,最后封口存在较长的焊缝时,为减小流体的压力,可先在盒子内根据现场情况填充一些填料,以便于堵漏封口。

4)对于有一定强度要求的焊缝,堵漏时为保证焊缝处的强度,在对接焊缝处反面可采用加托板的方法。托板在焊接中既可以减少流体对焊缝的冲击,焊接堵漏后又能够保证连接处焊缝的强度。

第二节 铸铁或铸钢的焊接与修补

1. 铸铁构件损坏了怎么办?

铸铁具有较高的耐磨性、良好的消振性和较低的缺口敏感性,而且铸铁构件生产工艺简单、成本低廉,经过适当合金化处理后还可以具有良好的耐磨损性或抗腐蚀性。因此,铸铁在机械行业用得十分广泛。但是,铸铁在铸造过程中经常产生气孔、渣孔、夹砂、缩孔等内部缺陷。铸铁的塑性、韧性极差,在使用中铸铁经常因超负荷、机械事故等造成构件或机件的损坏。因此,对经常对铸铁的这些缺陷件或损坏件采用相应的修复方法使其复原,便成为机械行业经常性的课题。其中,采用手工电弧焊焊补是最常见的修复方法之一。

铸铁件的焊接与一般的结构钢构件金属焊接的特点不同。铸铁根据其石墨存在形态的不同,可分为白口铸铁、灰口铸铁、蠕墨铸铁、球墨铸铁等。铸铁的不同组织代表着铸铁不同的石墨化进程。石墨本身的结构和性能对铸铁的性能产生重要的影响。铸铁组织中石墨的存在破坏了基体的连续性,缩小了真正承担载荷的有效截面;铸铁中的石墨起着内部缺口作用,在构件使用过程中会引起应力集中,而且改变了石墨前沿附近基体的应力状态,使铸铁内部相当于布满大量裂纹或孔洞,从而使构件的强度和塑性下降。

铸铁焊接的特点主要表现为以下三个方面:

(1)由于石墨的存在,极易造成焊接过程中产生热应力和热裂纹的。

(2)由于焊缝基体远远小于焊件母体,致使冷却速度较快,使焊缝产生白口组织。

(3)由于铸铁抗拉性低,塑性差,在焊接末期和冷却过程中熔合区极易造成焊缝剥离。

铸铁种类较多,性能各异,但按其焊接特点焊接时的工艺要点可以概括为以下几个方面:

(1)焊接前和焊接过程中加热焊件,尽量延长焊件热影响区处于红热状态的时间,以使石墨充分地析出,避免焊接接头的熔合区产生白口组织。

(2)焊接铸铁要尽量采用含硅量较高的焊条或焊丝,通过改变焊缝的化学成分来避免焊缝金属产生白口或其它脆硬组织。如,采用镍基焊条或高钒钢焊条等进行焊接。

(3)对于尺寸比较大的铸件,为避免应力集中和白口组织的产生,焊接过程中可采用"短焊段、断续焊、分散焊"的方法,最大限度地减小焊缝及熔合区与焊件母材的温差,防止局部过热,防止白口组织的产生。

(4)为减小应力防止焊接中的构件产生裂纹,焊接铸铁的工艺上应采取一些适当的措施。例如,加热"减应区"的方法就可以很大程度上减小焊接应力。加热减应区,即在焊件上可能阻碍焊缝自由伸缩的适当部位局部加热,使加热区因热膨胀而伸长,而焊缝区及熔合区因焊接加热,焊后同时冷却,自由收缩,达到减少焊缝和热影响区热应力和残余应力的目的(典型轮辐和框架结构构件的加热减应区方法如图 3-24 所示)。

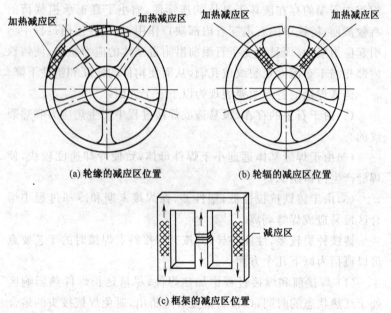

图 3-24　加热减应区法图解示意图

(5)采取在焊缝中渗入有益合金元素的"掺合金"方法。掺入合金元素的"掺入合金法",即在焊道内放置一些塑性较好的金属。如铜屑、铜粉。也可以焊接前在焊条上缠绕紫铜丝。焊接时,通过铜参加冶金反应使焊缝金属塑性提高,增强焊缝金属的的塑性,提高焊缝金属的自由收缩能力,避免焊接热裂纹的产生。

由于裂纹一般都是过负荷造成的,构件发生裂纹的部位大都是受力较大的地方。因此,焊补修复处要求要有较高的强度。铸铁件焊接时,一般有强度要求,对致密性和加工性无特殊要求。因此,可选用铸116、铸117等高钒铸铁焊条焊接,也可使用铸308、铸408镍基焊条进行冷焊或预热200~250 ℃焊接。

铸铁的具体焊接工艺包括以下几个方面:

(1)查找缺陷

根据铸件的缺陷类型选择工艺方法和焊接方法。如果铸件上油裂纹,需先钻钻止裂孔。开止裂孔的目的一是防止裂纹受热或受力延伸。二是确保裂纹在坡口中间。

(2)坡口准备

坡口的现状和大小应根据缺陷类型设计。对于铸件上的未穿透缺陷的坡口设计和穿透缺陷的坡口设计应满足焊接过程中有利于修复缺陷和防止再次产生缺陷为前提,坡口的形状和角度角度如图 3-25 所示。坡口的加工可用扁铲、砂轮等加工,加工后的坡口表面尽可能平整光滑,未穿透缺陷的坡口可浅些,如图 3-25(a)

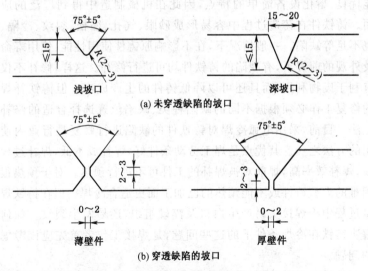

图 3-25 焊接坡口示意图(单位:mm)

所示。穿透性缺陷的坡口要深些,穿透性缺陷的坡口尽可能开成如图 3-25(b)所示的角度与深度。

(3)选择焊接材料

焊接材料的选择应根据所焊接构件的材质来选择。同时,保证焊接过程的稳定性和焊接的可完成性。

(4)焊接工艺制定

焊接前,仔细考虑焊接过程中可能出现的问题,尤其是裂纹问题,制定出确保构件焊接顺利完成的焊接工艺。其中,包括预热、后热、层间温度的数值和温度控制的方法、焊缝分段、每段焊缝长度、焊接层厚度、应力消除措施等。

(5)焊接

焊接过程中尽量采用较小的熔合比,防止母材过多地熔入焊缝,防止裂纹的产生。

2. 如何采用电弧冷焊铸铁?

铸铁件具有成本低、铸造性能、减震性能、耐磨性能与加工性能优良、熔化设备简单的特点,因此在机械制造中得到广泛的应用。铸铁件在铸造过程中容易形成砂眼、气孔、缩松、裂纹、冷隔、浇不足等缺陷。一般情况下,在不影响原铸件使用性能、使用寿命及外观的前提下,有缺陷的铸铁件均可进行修补。这样,修补不仅有利于废物利用,而且还可以降低铸件的生产成本。但铸铁补焊的修复工作必须根据不同的缺陷种类、缺陷位置选择合适的修补方法。目前,采用电弧冷焊对铸铁件的缺陷进行修复是行业内使用的方法之一。其优点是焊工劳动条件好,焊补成本低,焊补过程短,焊补效率高,焊前对被焊补的工件可不进行预热。对于预热很困难的大型铸件或不能预热的已加工面更适合冷焊。但在铸铁焊接过程中冷焊接头易产生白口及淬硬组织,还易发生裂纹。如何解决铸铁在冷焊条件下的这些问题,是焊接工作者首先应该考虑的问题。

铸铁补焊前,操作者应根据缺陷位置和缺陷类型制定出满足要求的补焊工艺。其补焊工艺主要包括其铸件焊前的准备、焊接材料的选择、焊接工艺要点等。

(1)铸件焊接前的准备

1)焊前清理。铸铁件焊前要认真清除铸件及缺陷上的油污等杂质。清理时可用碱水刷洗、汽油擦洗,也可用气体火焰清除。否则,补焊时易出现气孔、裂纹等缺陷。

2)坡口准备。正确观察缺陷的情况及将缺陷制成适当的坡口,以备焊接。裂纹缺陷可以用肉眼观察。微小的缺陷最好用放大镜观察。必要时,也可借助水压试验、渗煤油试验等。

为了防止在焊补过程中裂纹扩展,焊接前应在裂纹端部 3~5 mm 处钻止裂孔,孔径为 5~8 mm。若补焊部位厚度较大,必须在补焊处开坡口。在保证顺利施焊和焊接质量的前提下,尽量减小坡口的角度及铸件金属的熔化量,减小焊缝金属的熔合比,以降低焊接应力及焊缝中碳、硫杂质含量,防止裂纹再次发生。

(2)焊接材料的选择

1)钢基焊缝焊接材料。常用的钢基焊缝焊条有纯铁芯氧化性药皮铸铁焊条(如 EZFe-1 焊条)、低碳钢芯铁粉型焊条(EZFe-2 焊条)和低碳钢芯低氢型药皮的高钒铸铁焊条(EZV 焊条)。

EZFe-1 焊条用于修复经常在高温工作的铸铁缺陷上,也用于不要求加工,致密性及受力较低的缺陷部位的补焊。

EZFe-2 焊条只能用于铸铁非加工面的补焊。EZV 焊条的焊缝具有较好的抗热裂纹、冷裂纹的能力,接头加工性差,主要用于铸铁非加工面的焊补。

2)铜基焊缝焊接材料。常用的铜基焊缝焊条有纯铜焊芯低氢型焊条(Z607 焊条)、铜包钢芯钛钙型铸铁焊条(Z612 焊条)和锡磷青铜焊芯低氢型铜合金焊条(T227 焊条)。

Z607 焊条主要用于非加工面焊补,由于抗裂纹性能优良,适用于拘束度较大部位的缺陷焊补。

Z612 焊条主要用于非加工面的焊补,可自制。

T227 焊条的焊接接头可进行加工,焊缝有较高的抗裂性能,但焊缝颜色与铸铁相差较大,故对焊补区有颜色一致或相近要求时不宜采用。

3)镍基焊缝焊接材料。常用的镍基焊缝焊条有纯镍焊芯石墨型铸铁焊条(EZNi焊条)、镍铁合金焊芯石墨性铸铁焊芯(EZNiFe焊条)、镍铁铜焊芯石墨型铸铁焊条(EZNiFeCu焊条)和镍铜合金石墨型铸铁焊条(EZNiCu焊条)。

EZNi焊条的价格较贵,应在其他铸铁焊条不能满足要求时选用,主要用于焊补后加工性能要求较高的加工面补焊。

EZNiFe焊条的价格便宜,熔敷金属的力学性能较高,但利用其补焊刚度较大部分的缺陷,且补焊面积较大时,会在熔合区发生剥离性裂纹。

EZNiFeCu焊条的焊缝金属抗裂性能比ZNiFe焊条有所下降,其应用范围相同。

EZNiCu焊条用于强度要求不高的加工面补焊,加入适当的稀土后可以消除焊缝的热裂纹,强度与母材相匹配。

4)焊条直径的选择。焊接时,根据被补焊工件待修复部位的厚度选择焊条的直径。铸件壁厚小于4 mm时,焊条直径可选2 mm;当壁厚在4~6 mm之间,直径可选择2.5 mm;当壁厚为6~20 mm,焊条直径则选择3.2 mm。当壁厚超过20 mm时,焊条直径选择4 mm。

(3)电弧冷焊的焊接工艺要点

1)选择合适的最小焊接电流。焊接电流过小,电弧燃烧不稳定,焊缝与母材熔合不好,在保证电弧稳定及焊透的前提下,应采用合适的最小电流。其原因是:电流小,熔深小,铸铁中的碳、硫、磷等有害物质可以少进入焊缝,有利于提高补焊质量;在补焊过程中,随着焊接电流的增大,焊接的热输入增加,结果使焊接接头的拉伸应力增加,发生裂纹的敏感性增大;补焊电流的增加将使铸件上的半熔化区温度范围(1 150~1 250 ℃)的宽度增大,在电弧冷焊快速冷却条件下,冷却速度较快的半熔化区的白口区加宽。

例如，采用 EZNi 焊条补焊时，焊条直径为 $\phi 2.5$ mm、$\phi 3.2$ mm、$\phi 4$ mm 时，焊接电流可选取的相应范围为 70~100 A、90~110 A、120~150 A。也可用公式 $I=(29-34)d$ 进行估算，其公式中的 d 为焊条直径(mm)。

2)选择合适的焊接速度并采用短弧焊接。焊接速度过快，补焊成形不良，与母材熔合不好，在保证焊缝正常成形的前提下，应采用较快的焊接速度。因为随着焊接速度的加快，铸件母材的熔深、熔宽下降，铸件熔入焊缝量同时减少，焊接输入量也下降，其效果和小电流相同。电弧电压(焊接弧长)减小，使铸件的熔化宽度减小，熔化面积减小，应采用短弧焊接。

3)采用短道、断续、分散焊及焊后立即锤击焊缝。补焊焊缝较长时，焊缝所承受的拉应力大，采用短段焊有利于减低焊缝应力状态，减弱发生裂纹的可能性。一般情况下薄壁件焊缝长度不超过 15 mm，厚壁件不超过 35 mm。补焊后立即用小锤快速敲击处于高温而具有较高塑性的焊缝，以松弛焊补区应力，防止裂纹的产生。待铸件的补焊处冷却至不烫手时(50~60 ℃)再焊下一道焊缝，依次类推。当补焊铸件缺陷较深时，要采用多层焊。

4)选择合理的焊接方向及顺序。焊接方向及顺序的合理与否对焊接应力的大小及裂纹的发生有重要影响。裂纹的焊补应掌握由拘束度大的部位向拘束度小的部位焊接的原则。一般补焊铸件裂纹有三种方法：①从裂纹一端向另一端依次分段焊接；②从裂纹中心向两端交替分段焊接；③从裂纹两端交替向裂纹中心分段焊接。以上方法和原则可根据在实际补焊中的具体情况进行选择。

(4)实际操作中应注意以下的问题

1)补焊应尽量在室内进行，以防止风吹、潮湿等因素对补焊质量的影响。

2)在补焊前对焊条进行相应的处理如烘干、保温等。

3)在条件允许的情况下可对体积较小的铸件进行低温预热，温度不得高于 100，能更好的改变补焊区的加工性能。

4)在补焊过程中要注意电弧的稳定，为减小热输入量施焊时焊条不能做横向的摆动。如果焊补处有多道交叉裂纹可采用镶块焊补法，即：将裂纹处挖除，再镶上一块比铸件薄的低碳钢板以降低局部拘束度来降低焊接应力。如果补焊承受冲击负荷较大的厚大铸件时，可采用栽丝补焊法。即，通过碳钢螺丝将焊缝与未受焊接热影响的铸件母材固定在一起，防止裂纹的发生，并提高补焊区承受载荷的能力。在焊补厚件裂纹时，可采用加垫板焊补法，即在坡口内放入低碳钢垫板，在垫板的两侧用抗裂性、强度性能高的焊条将铸件和垫板焊在一起，可以大大减少补焊焊缝金属量，减低焊接接头内应力，有利于防止裂纹的发生，有利于缩短补焊时间并节约焊条，也可用于补焊有一定深度的大面积铸件缺陷。

对铸件缺陷进行电弧冷焊是一种难度较大但非常实用的方法，在具体的实际操作中按照上述的要点进行补焊，根据具体情况进行选择，基本可以克服存在的问题，得到较为满意的补焊效果。

3. 冲床床身产生裂纹怎么焊接修复？

冲床工作时承受较大的冲击力，其损坏多半是冲床工作时承受较大的冲击力，其损坏多半是由于过负荷造成的，发生裂纹的部位大都是受力较大的地方。因此，焊补修复处要求有较高的强度，一般对致密性和加工性无要求。故可选用铸116或铸117等高钒铸铁焊条。也可使用铸308或铸408等镍基焊条。焊接时可以进行冷焊，也可以进行预热200～250 ℃后再焊接。一般来讲，预热焊接的难度小于冷焊的难度。焊前的准备工作包括以下几个方面：

(1) 坡口准备

开坡口前先在裂纹两端钻孔。在裂纹两端钻孔的目的是防止裂纹受热或受力延伸。

开坡口时应确保裂纹在坡口中间。坡口表面尽可能平整光滑，坡口形式与角度如图3-26所示。

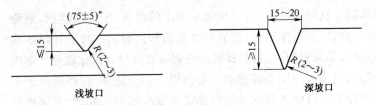

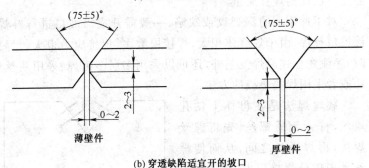

图 3-26　焊接坡口示意图(单位:mm)

(2)焊接方法

冲床床身产生裂纹最简单的修复方法是采用电弧冷焊修复。电弧冷焊修复冲床床身裂纹的工艺是修复成功与否的关键。电弧冷焊修复冲床床身裂纹的工艺过程要点主要是焊接过程中一定要采用短段焊接、断续焊接和分散焊接法。

焊接修补的焊接电流要尽可能的小,以确保焊接时的熔深浅些。焊接过程中要保持边焊接边用小锤锤击焊缝和热影响区,以此来削减应力。为了减小应力,防止裂纹,焊接过程中必须防止焊缝局部过热,使焊缝区保持较低温度,减小焊缝与整体构件的温度差别。为保障上述目标的实现,焊接时每一段焊缝要短,焊接的长度一般以 10～15 mm 为宜。对于不能分段焊接的部位,可以分散在多处起焊。每道焊缝之间应冷却到大约 60 ℃时,再焊下一道,每焊一道,要马上用带小圆头的尖头小锤迅速地锤击焊缝金属,直到焊缝上出现密布的麻点并且要敲击到焊缝冷却为止,从而消除部分焊接应力。与此同时,要严格控制焊接电流。在保证焊缝和母体熔合良好的情况下,尽可能采用小的电流,保证浅熔深,避免构件的白口层厚度加大,造成焊缝剥离和热裂纹。对于补焊线状缺陷时,如果只焊一层,焊接后会使焊道底部熔合区比较硬。解决的办法是将第一层上部铲去一些再焊一层。这样,后焊接时产生的热作用可以使先焊的一层底部受到退火作用而变软,采用这种方法可以提高焊补质量。

对于冲床上的深裂纹或缺陷,一般需开成深坡口进行补焊。深坡口补焊,由于焊缝体积大,焊接层数多,焊接应力也大。焊接时,除注意上述冷焊工艺外,还可以采用多层多道焊、采用载丝焊法或者采用焊接垫板的方法。

载丝焊法是在母体上钻孔攻丝,拧入钢质螺丝,先将螺丝焊接,再焊螺丝之间,从而使螺丝承担部分焊接应力,载丝焊法如图 3-27 所示。

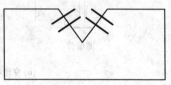

图 3-27 载丝焊接法

焊接垫板的方法如图 3-28 所示。具体做法是将厚度 4 mm 左右的低碳钢板放入坡口内,垫板与坡口间隔以小于 3.2 mm 焊条一次将其焊透填平为宜。焊接时,垫板两侧交替分段焊接,每段焊缝长度不大于 30 mm,焊后及时锤击,使

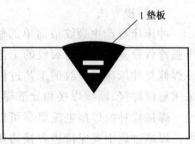

图 3-28 垫板焊接法

垫板向两侧延展,以期更有效地消除焊接应力。在焊接过程中,垫板温度应低于 40 ℃,必要时须用湿布擦试垫板使其冷却。垫板一层一层依次焊接,直至将坡口填平为止。采用垫板焊接时,底部焊缝长度以 12~14 mm 为宜。

采用焊接垫板的方法,一方面可以防止焊缝堆集金属过多,内应力过大而使焊缝剥离。另一方面也可以节省焊条,提高焊接效率。

焊接后的焊缝,由于在熔合区不可避免地存在着一层硬脆的白口层,而降低了焊接接头的强度,为了使被补焊的工件和焊缝能够接近或达到原有的工作能力,可采用的加固接头的方案(如图3-29所示),以确保焊缝与构件良好的抗裂能力。

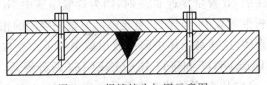

图 3-29 焊缝接头加固示意图

4. 如何进行大型耐热铸钢件冷补焊?

在火力发电厂设备中,耐热铸钢件被大量使用着,耐热铸钢的材质一般为 Cr-Mo-V 或 Cr-Mo 钢。对于这类材料的补焊,规程规定的焊接方法为热焊法。热焊法即构件要加热到一定的温度后焊接。热焊法通常不但需要较高温度的预热温度还要充分的焊后热处理。对于一些大型铸钢件,如汽轮机缸体、阀门、隔板等,由于热处理工艺的实施非常困难、热焊法也容易导致工件变形。因此,近年来热焊方法在补焊中已很少采用。在冷补焊工艺方法中,可采用铁基奥氏体不锈钢焊条、镍基奥氏体焊条、同质焊条冷焊三种方法。

采用铁基奥氏体不锈钢焊条冷焊耐热铸钢虽可不进行焊后热处理,但存在熔合区存在脆性过渡层。熔合区存在脆性过渡层的存在严重降低接头的冲击韧性;长期高温运行接头熔合线两侧存在碳迁移,使珠光体侧贫碳。铁基奥氏体钢线膨胀系数比珠光体钢大 30% ～50%,熔合区珠光体侧易过早失效。因该工艺方法补焊效果不理想,实际工程中使用受到限制。

近年来,国内外采用了新材料的冷补焊工艺方法适应了耐热铸钢冷补焊的需要。这些方法主要有镍基焊材冷补焊和珠光体同质焊材冷补焊。

(1)镍基焊材冷补焊

镍基焊材冷补焊是鉴于奥氏体不锈钢焊条冷补焊的不足,近几年开始采用的冷补焊方法。尤其是在蠕变范围内冷补焊耐热铸钢时,镍基奥氏体钢焊条优于铁基焊条,这主要是因为其熔敷金属的线膨胀系数更接近于被焊的珠光体材料;在焊接过程中,焊缝金属和母材的结合在靠近熔合线的地方还不易形成脆性的马氏体层。当焊条的 Ni 含量接近 60% 时,因为焊缝金属中 Ni 含量的增加导致偏析带的减少,当含 Ni 量足够高时最先凝固的相是 γ 相而不是 β 铁素体,这样马氏体中间过渡层就消失了。经常采用的镍基焊条有国产 Ni317 和进口 INCONEL182 两种焊条,化学成分见表 3-16。Ni317 焊条的线膨胀系数见表 3-17。

表 3-16 镍基焊条化学成分

材料	C	Si	Mn	Cr	Ni	Mo	Nb	S	P
Ni317	≤0.07%	≤0.5%	0.5%~1.7%	13.5%~16.5%	68%~78%	8.5%~11%	0.2%~0.8%	<0.012%	<0.02%
INCONEL182	≤0.1%	≤1.0%	5.0%~9.5%	13.0%~17.0%	>59.0%	—	1.0%~2.5%	>0.015%	<0.03%

表 3-17 Ni317 焊条的线膨胀系×10 mm/mm℃

温度(℃)	20~200	20~300	20~400	20~500	20~600
Ni37	12.00	12.60	13.00	13.34	13.56
ZG20CrMo	12.43	12.78	13.12	13.57	13.94
ZG15Cr1Mo1V	11.8	12.2	12.9	13.4	14.0

由表 3-16 可知,这两种焊条的 Ni 含量都在 60% 以上,这样焊缝熔合区不会产生脆性过渡层。由表 3-17 可知,Ni317 焊条的线膨胀系数接近于珠光体耐热钢,这就使焊缝在高温运行或在冷热交变的环境中使用时,焊缝区域不会因热应力造成过早损坏。

使用镍基焊条补焊时注意的问题是要求焊接时要保持较低的热输入。对该类焊条来说,工作电流一般可以选择为相同直径珠光体焊条的 2/3,而焊后热影响区仅是珠光体焊条焊接热影响区的 1/2 宽,原奥氏体晶粒尺寸也相应减小。事实上,在使用直径最小的(2.5 mm)镍基焊条时,其最大的原奥氏体晶粒尺寸限制在 50 μm 以内,而这种尺寸的晶粒在热影响区(HAZ)结构中所占比例小于 10%。在没有特别控制熔敷率和没有两层细化的条件下,想获得这种细小组织结构,可以在第 1 层焊道上通过 2 个相邻焊道之间的细化来实现。这种细化的热影响区(HAZ),能调整应力集中的程度,这对于焊后不能进行热处理的大型构件显得特别重要。

镍基焊条冷补焊应按经焊接工艺评定后所制定的焊接工艺进行。

1) 打底层焊接

① 根据补焊材质不同,预热温度可根据表 3-18 的推荐温度来选择。

表 3-18 耐热铸钢件补焊推荐预热温度

铸钢件牌号	预热温度(℃)
ZG20CrMo	150~200
ZG15Cr1Mo	200~220
ZG15Cr2Mo1	200~250
ZG20CrMoV	200~220
ZG15Cr1Mo1V	200~250

② 根据构件的大小和板厚可选用 2.5mm 或 3.2 mm 焊条。在保证焊透的前提下,尽量选用较小的焊接电流焊接,以减少母材的稀释,防止产生焊接裂纹。焊接时可选用连续焊,后焊接的焊道应压住先焊接焊道的 1/3 左右进行焊接,将坡口全部覆盖。

③ 敷焊层焊完后,不打药皮立即用石棉布等保温缓冷,至室温后打药皮进行宏观检查,如发现裂纹,应将裂纹全部清除,重新按上述步骤预热焊接敷焊层。

2) 填充层的焊接

① 填充层的焊接在室温下进行。在整个焊接过程中,基体金属温度不能高于 70 ℃。为减少变形和应力,应采用多层多道的焊

接方法,后焊焊道应覆盖前一焊道焊波的 1/3,对长焊道应采用分段焊方法,避免一条焊缝一直焊到完的通焊法。

②每根焊条使用到末尾,不要立即息弧,应逐步停止焊条的移动,待弧坑添满后再息弧。每条焊道焊后应清渣,并用低倍放大镜检查,确认无缺陷后继续施焊。

镍基焊条冷补焊存在的不足是镍基焊条价格昂贵,成本高。焊接工艺性能差,全位置操作困难。在进行大体积的补焊时,由于补焊过程中产生的高应力,仍会产生补焊区域的开裂现象,但只要保证焊接操作质量并对需要补焊的位置加以充分考虑,经镍基冷补焊后的部件运行基本可靠。现已有一些单位采用镍基焊条冷补焊了多台汽轮机汽缸、主汽门阀体裂纹,运行时间最长的已超过 4 万小时。

(2) 珠光体同质焊材冷补焊

由于高镍焊条工艺性能问题和焊后焊缝与母材异种金属结合问题,致使高镍焊条补焊区域的长期安全运行受到影响。采用与母材性能、成分相近的焊条用于补焊,同时保留冷补焊的工艺特征,具有重要的意义。

用与耐热铸钢件相同材质的冷补焊条实现冷补焊,需要解决下列问题:

1) 焊条必需是珠光体型的。
2) 焊缝本身应该具有足够的抗裂性。
3) 熔敷金属必须含氢量低。
4) 具有与母材相匹配的力学性能。具有缓解热影响区焊接裂纹的能力。
5) 焊条具有良好的工艺性能,可适用于全位置焊接。
6) 正确的补焊工艺。

同质冷补焊焊条合金元素的选择是根据保证满意的高温强度($\geqslant 650$ MPa)、保证适中的硬度($HV \leqslant 260$)。根据一些单位多轮次的焊接试验和研究,研制的补焊专用焊条化学成分见表 3-19。

表 3-19　某单位研制的耐热钢补焊专用焊条化学成分

C	Si	Mn	S	P	Cr	Mo	V	Ti、B	Ni
≤0.08%	0.2%~0.35%	1.2%~1.6%	≤0.03%	≤0.03%	0.5%~0.8%	0.3%~0.5%	≤0.2%	≤0.08%	≤1%

同质焊材冷补焊工艺应按经焊接工艺评定后所制定的焊接工艺进行。补焊用焊材宜选用低氢的耐热铸钢件冷补焊专用焊条,如表 3-19 化学成分的耐热铸钢件补焊专用焊条。耐热铸钢件敷焊层焊接要严格执行补焊工艺。同时,补焊工艺的正确是保证同质冷补焊成功的关键。

同质焊条冷补焊工艺:

1) 敷焊层焊接

① 敷焊层焊接时预热温度的选择可以参照表 3-18 选取。

② 敷焊层一般焊接 2 层,第 1 层宜于选用 3.2 mm 焊条,焊接时焊条可不做摆动并尽量采用小电流、小规范。第一层焊道厚度可在 3~3.5 mm 左右,焊道应覆盖坡口两侧,如图 3-30 所示。焊接第 2 层时可使用大电流,确保第 2 层堆敷焊对母材近缝区的热作用恰好为 $Ac_1 \sim Ac_3$ 的温度范围,由此使整个补焊面的近缝区经受一次有效的热处理。

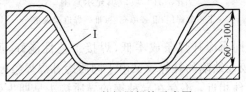

图 3-30　敷焊层焊接示意图

Ⅰ—敷焊层

③ 焊后缓冷,焊后温度降至 100 ℃左右时清理焊渣并检查焊道,确认无缺陷后,方可继续施焊。

2) 填充层焊接

① 通过对底面和侧面的多层堆焊填满整个坡口,堆焊时宜采

用多层多道焊接,后焊接的焊道要压住先焊接的焊道,长焊道采用分段焊,每道焊缝进行跟踪锤击,锤痕应整齐紧凑,避免重复。

②层间温度保持在 100~150 ℃ 之间。

③最后焊道不锤击,在添满整个坡口后(如图 3-31 所示),补焊区域维持 100~150 ℃ 温度 1.5~2 h,使焊接区域残余应力重新分布。

④最后用机械方法加工焊缝与之与表面平齐,并确认表面无缺陷。

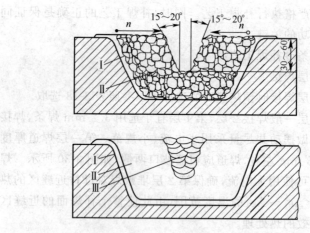

图 3-31　坡口填充示意图
Ⅰ—敷焊层;Ⅱ—填充层;Ⅲ—焊道添满物

珠光体同质冷补焊条成本低,焊接工艺性能好,可全位置焊接,适用于较大缺陷的补焊。又由于同质冷补焊焊条因成分、性能与耐热铸钢件相近,不存在异种钢的异质接头早期失效问题且补焊区域可以利用超声波进行检验。

5. 如何焊接修复铸铁轴承座上的裂纹?

铸铁轴承座在使用过程中经常出现裂缝,重新订货购买或外加工需要时间较长而影响生产,为保证设备的正常运行,有时需要对轴承座进行焊接修复。

轴承座的焊接修复一般采用手工电弧焊接。手工电弧焊焊接铸铁主要有热焊和冷焊两种方法。热焊法是将铸件整体或大范围加热到 600~700 ℃ 后开始施焊,焊接过程中工件温度不低于 400 ℃,焊后马上加热到 600~700 ℃,进行消除应力退火处理。冷焊法是在整体温度不高于 200 ℃ 时对铸件进行焊接修复。由于热焊法工作环境较差,而且温度条件很难达到,因此在一般技术条件下大多选用冷焊法对轴承座进行修复。

如图 3-32 所示的引风机的轴承座因使用中产生裂纹需要对其进行焊接修复,轴承座材料为灰口铸铁 HT15233,其化学成分见表 3-20,HT15233 的力学性能见表 3-21,轴承座的裂纹位置如图 3-32 所示。

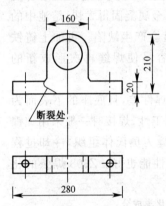

图 3-32 引风机轴承座(单位:mm)

表 3-20 灰口铸铁 HT15233 的化学成分

化学成分	$w(\%)$
C	2.7~3.5
Si	1.0~2.7
Mn	0.5~1.2
P	<0.3
S	<0.15

表 3-21 灰口铸铁 HT15233 的力学性能

抗拉强度 σ (N·mm^{-2})	抗弯强度 σ_b (N·mm^{-2})	硬度(HB)	延展率(%)	抗冲击值
147	323.4	63~229	<0.5	<0.8

轴承座焊接中存在的问题是:由于其基座采用的铸铁其碳的质量分数较高,且本身塑性小、脆性大,焊接时熔化状态的焊缝骤冷会发生白口化。又由于其铸铁收缩率大,焊接后残余应力、铸造

残余应力和外力等几种应力叠加作用到基座上容易再次形成裂缝。铸铁中硫、磷的质量分数较高,如果在焊接过程中熔化填充到焊缝,就会增加焊缝金属的硬度,降低铸铁的塑性和韧性,其结果也使其产生裂纹,并且其加工性能也会降低。

轴承座铸铁中的碳以片状石墨形式存在,焊接时石墨被高温氧化会生成 CO 气体,气体排除不畅在焊缝金属中容易产生气孔。由于铸铁组织疏松,在长期的使用过程中其组织内部会渗透进一些油脂,在焊修时很难把油彻底清除掉,这也是焊缝中产生气孔和难易顺利焊接的主要原因。

铸铁在加热熔化时,液态金属的流动性比较大,因此不适合立焊位置的焊接。焊接时,熔化铁水的流动性对其焊道两侧熔合的好坏也有很大影响。焊接时,如果液态金属凝固得太快,熔池中的熔渣和有害气体就很难逸出,焊缝中就会产生缺陷。再加上铸铁件原有的气孔、砂眼、铁砂等缺陷也容易使焊缝再次形成新的缺陷。

轴承座灰口铸铁(HT15233)的可焊性差,且底座的下表面为加工面,为保证焊接质量及下表面的加工性,焊接时一般采用纯镍基焊条 Z308。Z308 焊条的特点是焊缝为奥氏体组织,冷却过程中不易形成白口,抗裂性好,焊后加工性能也好。Z308 焊条的化学成分见表 3-22,机械性能见表 3-23。

表 3-22 Z308 焊条的化学成分

化学成分	$w(\%)$	化学成分	$w(\%)$
C	$\leqslant 2.0\%$	Ni	$\geqslant 90\%$
Si	$\leqslant 2.5\%$	Te	$\leqslant 8\%$
Mn	$\leqslant 1.0\%$		

表 3-23 Z308 焊条熔敷金属的机械性能

焊缝金属的抗拉强度 $\sigma(N \cdot mm^{-2})$	对接强度 $(N \cdot mm^{-2})$	焊缝硬度 (HV)	热影响区硬度(HB)
$\geqslant 345$	$147 \sim 196$	$130 \sim 170$	$\leqslant 250$

轴承座焊接前,应注意仔细清理焊接部位,尽可能地消除所有结疤、油污、铁锈等缺陷。焊接时,焊接线能量选择比较关键。如果电流过大,熔池增加,焊接件母材金属成分及杂质向熔池扩散,会改变焊缝性能和可焊性。电流过小会影响电弧的稳定性,焊缝中容易产生夹渣、气孔等缺陷。因此,焊接时最好选用较细直径的焊条,较小电流,采用较小的焊接线能量。例如,使用 $\phi 3.2$ mm 的焊条时,焊接电流范围最好保持在 80~90 A 左右为宜。

补焊轴承座,选用 Z308 焊条最好选用直流电焊机,采用直流反接法。即,焊条接阳极、焊件接阴极的方式。焊前,焊条应按照说明书规定烘干或使焊条在 150 ℃ 的温度下烘干 1 h,烘干后(使用前)放入保温桶中保温,随用随取。

具体施焊步骤为:

(1)将断块与轴承座本体按螺栓孔的尺寸要求组对,为使组对牢靠可在两边点上 2 根 $\phi 10$ mm 的圆钢。

(2)用角磨机按断口处所要求的形状,先在非加工面上开 U 型坡口,钝边、间隙以单边能焊透为宜。焊完一面,再开另一面坡口,坡口深度以见到已焊面的焊缝金属为准。

(3)用氧炔焰对施焊部位进行稍大范围的烘烤,预热温度在 200 ℃ 左右。

(4)在施焊过程中采用分段焊,先焊中间段大约 30 mm 的长度,再焊两边段,运条用直线型,不摆动更不能采用划圈运条,而且应采用倒退焊焊接工艺。

(5)因为锤击可以减轻焊道的收缩应力,并可能使镍基金属结晶细化,增强韧性。所以每焊完一段后立即用细尖头(顶端为 $R=3$~5 mm 圆角)的小锤在焊道上连续敲打锤击。锤击力度要适度、均匀,敲击的速度要快,力量由重渐轻,使锤击后的焊道表面布满密密麻麻的小坑。因为裂纹一般发生在焊后 10 s 左右,所以锤击时间在保持在 15 s 以内即可。

(6)将焊后的轴承座用保温被盖好或埋在保温灰里以降低冷却速度,避免白口现象的产生。

(7) 待焊后轴承座完全冷却后清理焊道,检查有无裂纹、夹渣、气孔、咬边等现象。最后将检验合格后的焊道磨平,以减小应力和保证轴承座底面平面度,以便于安装和使用。

6. 如何焊接修复汽轮机高压缸缸体?

汽轮机高压汽缸为铸造结构,其铸造缺陷较多,且形状复杂,使用中应力集中部位较容易产生裂纹。对高压汽缸进行焊接修复不仅能达到使用性能的要求,而且能降低成本。但高压缸的裂纹处大多应力集中,高温状态对修复焊缝的要求较高,对变形的控制要求也较严格,因此使焊接修复的难度较大。

焊接修复高压汽缸,合理制定修复方案是成功修复的关键。在修复过程中,对于单向裂纹,由于其应力状态相对简单,修复的难度相对小些。但对于一些形状复杂的裂纹修复的难度相对增加。例如,对于应力状态较为复杂的"人"字形裂纹焊接修复的难度就较大。再如,某高压汽缸的外缸下半壁,在高压外缸内端、气封挡下部拐角位置的裂纹就属于"人字"裂纹,三条裂纹呈"人"字交汇于一点,裂纹长度大约 150 mm,裂纹处壁厚约为 140 mm,实物裂纹如图 3-33 所示。

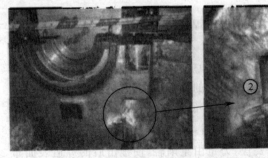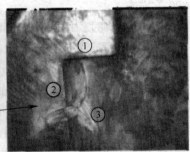

图 3-33 高压汽缸交汇的裂纹

该高压汽缸的材质为铸钢 ZG15Cr1Mo1,其化学成分见表 3-24。经计算,该材质的裂纹敏感系数为 0.30~0.45,有较大的冷裂纹倾向。实际上,该裂纹处于汽缸厚壁与薄壁的过渡处,且该处形状复杂,使用时该处又处于三向应力状态。因此,焊接材料的选择应该谨慎,且焊接修复过程中应该严格控制焊接应力,防止裂纹的再次产生和焊后汽缸的变形。实质上,对于这种处于三向应力状态汽缸的焊修,焊后还应该及时进行适当的热处理,才能避免裂纹的再次产生。

表 3-24　铸钢 ZG15Cr1Mo1 化学成分

C	Si	Mn	S	P
0.13%～0.20%	0.20%～0.60%	0.50%～0.90%	≤0.030%	≤0.030%
Cr	Mo	Ni	Cu	其它
1.00%～1.50%	0.90%～1.20%	≤0.50%	≤0.35%	≤0.01%

对于焊接修复中焊接应力与变形的控制,主要应该从以下几个方面入手:

(1) 焊接方法的选择

虽然二氧化碳气体保护焊比手工电弧焊的热能量输入集中,但二氧化碳气体保护焊热能量集中这点对焊接修复减小焊接变形较为有利,但由于该裂纹深度较深以及裂纹所处的位置比较特殊,为方便操作,还是选择操作灵活的手工电弧焊为宜。

(2) 坡口准备

为保证焊接过程中熔透缺陷,防止构件使用过程中再次产生裂纹,焊接前应将构件的缺陷处修磨成适当角度的坡口。磨制坡口过程中,如果坡口角度过大,会增加焊接工作量,增加焊接热输入,对控制焊接变形不利。坡口角度过小,焊接时铁水不容易穿透裂缝处,容易产生未熔合,影响汽缸的使用寿命。考虑上面几方面内容,打磨时应在保证焊接可操作性和焊接质量的前提下尽可能地减小坡口角度。同时,为减小焊接时在缝址处形成应力集中,坡口与母材过渡处应修成圆滑过渡。消除裂纹缺陷及打磨后的坡口俯视形状如图 3-34 所示坡口尺寸见表 3-25。

(3) 焊接顺序

选择考虑焊接顺序时,要综合考虑裂纹的长度和深浅。实际

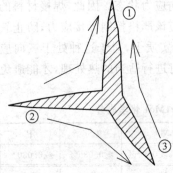

图 3-34 消除缺陷及打磨后的坡口示意图

表 3-25 打磨消缺后的坡口尺寸

坡口	长度（mm）	宽度（mm）	深度（mm）
①	190	40	80
②	180	40	90
③	160	35	90

上，上文中高压缸的三条坡口均深而窄（裂纹的长度、宽度、深度见表3-25），底部打磨很难保证其平整。因此，在焊接中首先应该保证其第一层焊缝填平底下一层焊道。又因为2号和3号坡口比1号坡口深，因此焊接时应先焊接裂纹深的2号和3号坡口，使之经过一层补焊后三条裂纹所处的要焊补的深度大致相同。

汽缸下半的裂纹呈"人"字形，其交叉部位为应力集中最严重的区域，为防止焊接过程中产生应力集中，每层的补焊处都不应该在交叉处引弧和熄弧，焊接方向可如图3-29所示。

为进一步减小焊接应力，可采取分段退焊方法进行焊接。分段退焊法就是将整条焊缝分为若干段，每一小段的焊接方向与整个焊接方向相反，除第一段焊缝外，其余各段的焊接就如同在末端加热了的裂纹上补焊一样，具体退焊法可参如图3-35所示。

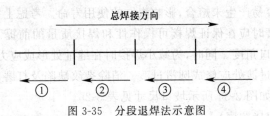

图 3-35 分段退焊法示意图

高压汽缸的修复方案有两种：一种是焊接材料与母材一致的

热补焊,另一种是焊接材料与母材不同的冷补焊。

如果选择焊接材料与母材成分与性能相同的热补焊,焊前,需要将焊接件预热到 250～300 ℃,焊后还要及时进行热处理。但是,预热、热焊及焊后热处理可能会引起汽缸的严重变形,从而影响汽缸的装配精度。但为了减小焊接变形和使汽缸在补焊后装配顺利,也可以采用异种材质的冷焊工艺进行。

焊接过程中,为减小焊接应力与变形,补焊过程中尽量采用较小的焊接电流,以减小焊接热能量的输入。但焊接电流的减小应该在保证焊缝成形和焊缝熔合良好的前提下进行,防止在焊接和使用过程中再次产生新的焊接缺陷。

焊后锤击。补焊完成后,为减小焊接接头处的应力集中与减少焊接变形,使应力均匀分布,应采用装有圆头的风枪或榔头对焊缝进行锤击,以达到释放部分焊接残余应力的目的。

对于汽缸的修复,通常在焊接前要在裂纹的两端打上止裂孔,防止焊接过程中裂纹的进一步扩展。

为减小焊接过程的热输入给焊接接头带来的焊缝与母材的局部温差而引起的局部应力不均以及避免母材冷却过快引起的马氏体脆化,最好在焊接前对待焊部位及其周围 100 mm 范围内的区域进行预热。考虑到预热可能会引起汽缸的变形,预热的温度可适当地降低,预热温度可在 100～150 ℃ 范围内选择。

焊接材料选择。为了保证焊缝质量,汽缸补焊焊接材料的选择要考虑填充金属的热强性、抗热疲劳性和组织稳定性等问题。首先,填充材料的强度应该尽量与母材保持一致,以确保高温下汽缸的强度满足要求。其次,填充材料应该有较好的塑性,以提高汽缸的抗热疲劳性。第三,还要考虑填充材料的组织稳定性,保证汽缸在使用过程中、在高温条件下的稳定性。第四,防止产生附加应力。汽缸在高温状态下工作,如果填充金属的线膨胀系数与母材不一致,工作时就会产生附加应力,附加应力与外载叠加,就会使得汽缸在使用过程中增加裂纹的产生倾向。因此,焊接材料的线膨胀系数最好与母材一致或者相近。

鉴于以上考虑,本案中材质为铸钢 ZC15Cr1Mo1 的高压汽缸可以选用镍基合金 AWS ENiCrFe-1 进行焊接。AWS ENiCrFe-1 焊接材料的化学成分与 AWS ENiCrFe-1 焊接材料和铸钢 ZC15Cr1Mo1 高压汽缸的力学性能见表 3-26 与 3-27。

表 3-26　AWS ENiCrFe-1 焊接材料的化学成分

C	Mn	Fe	P	S	Si
≤0.08%	≤3.5%	≤11.0%	≤0.020%	≤0.015%	≤0.8%
Cu	Ni	Cr	Nb+Ta		其它
≤0.5%	≥62.0%	13.0%～17.0%	0.5%～4.0%		≤0.50%

表 3-27　AWS ENiCrFe-1 焊接材料和铸钢 ZG15Cr1Mo1 高压汽缸的力学性能

材料	σ_b(MPa)	$\sigma_{0.2}$(MPa)	δ	20～550 ℃($10^{-6}\cdot K^{-1}$)
AWS ENiCrFe-1	≥550	≥360	≥30%	14.5
ZG15Cr1Mo1	≥550	≥345	≥18%	14.04

为减少焊缝中的扩散氢含量以保证焊接质量,焊接前应将焊条在 200～250 ℃烘箱中烘干 1～2 h,使用时随用随取,暂时不用的焊条要放在焊条筒中存放,防止在使用前受潮。

由于镍基合金对硫、磷、铅等某些低熔点的杂质比较敏感,而这些杂质往往存在于常规生产过程的材料中。所以,焊接前应采用钢丝刷或风枪将待焊部位及周边区域清理干净。

镍基合金焊缝的金属流动性不如钢好,焊接时允许操作者摆动焊条,但焊条摆动的幅度不能太大,其焊条的最大摆动幅度不能大于焊芯直径的 3 倍。尽量使用小电流、小截面、多层多道焊接的方法进行焊接(如图 3-36 所示)。焊接时,先焊接打底过渡层,再焊接填充层,打底层的厚度可控制在 5 mm 左右。同时,焊接时随时要注意观察熔池在坡口两边的熔合情况,以确保焊缝的两边熔合良好。为减小焊接应力与变形,除打底层外,以后各层尽量采用冷焊接,保持层间温度不大于 100 ℃为宜。并应注意补焊层间引弧处和收弧处的接头要错开,防止产生接头和收弧缺陷。收弧时,弧坑要填满。为填满弧坑,收弧时可采用灭弧法或堆叠法收弧。

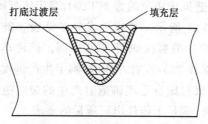

图 3-36　分层焊接方法示意图

补焊过程中,每焊接一段后立即锤击焊缝表面,使金属得到延展并减小拉应力。对于三向交叉处,焊后表面锤击的时间可适当延长。锤击时应注意打底层和盖面层的焊缝不能进行锤击,以防止增加打底层的应力产生裂纹,也防止在盖面层留下锤击的痕迹影响焊缝美观和增加使用中接头的腐蚀。

锤击焊缝的方法是在焊后先锤击焊道的中间部位,然后在锤击焊缝的两侧,使锤印密排在焊缝中间和焊缝的两侧。同时,应避免在同一位置反复锤击,且锤击和焊接的两个工序衔接的应该紧凑,以确保层间温度。

补修焊缝完成后,要注意焊接接头的缓冷。一般铸铁补修后要用石棉被覆盖在焊缝上,冷却至室温后,再用机械工具将焊址处打磨使之成为圆滑过渡,以减小焊接残余应力,避免裂纹再次产生。

7. 如何采用结构钢电焊条冷焊法修复机床床身的铸造裂纹?

铸造过程中,其铸造质量直接影响到整台车床的质量性能和生产工艺。一般情况下,由于机床床身铸件结构与尺寸比较复杂,在铸造过程中经常出现缺陷和产生废品。为使产生缺陷的铸件正常或继续使用,需要对其产生缺陷的车床进行维修焊补,但采用专用的修补焊条,成本高,工艺复杂,修补工期较长。如果采用结构钢电焊条冷焊法修复机床床身的铸造裂纹,则成本将大幅度降低。为解决结构钢电焊条冷焊法修复机床床身的铸造裂纹问题,很多学者和操作人员对其进行了大量研究,并取得了显著的成果。

例如,某铸造机床床身的为 HT200,车床床身质量 900 kg,结构与尺寸如图 3-37 所示。其化学成分参见表 3-28。该铸造车床在铸造过程中产生的裂纹如图 3-37 中部。该种车床铸造后的出厂废品率一般都在 20% 左右,严重影响了生产进度。为解决这一问题,该铸造厂家对床身毛坯铸造时产生的裂纹进行了结构钢焊条电弧冷焊修补,满足了铸件出厂质量的要求。

表 3-28 车床床身主要化学成分

C	Si	Mn	S	P
2.68%	1.74	1.16	<0.15	<0.1
2.72%	2.08	1.21	<0.15	<0.1
2.66%	1.76	1.18	<0.15	<0.1
2.88%	2.16	1.18	<0.15	<0.1
2.76%	1.68	1.06	<0.15	<0.1
2.92%	1.74	1.05	<0.15	<0.1

首先,我们来分析一下为什么该铸造车床的废品率为什么比较高。由表 3-28 可见,床身材料所含的五种元素都没有超出正常范围。但对车床材料的检验中我们发现,该车床的铸造原料中含有锑(Sb),因此车床废品率的产生主要与该车床的铸造原料中含有的锑(Sb)有关。锑(Sb)在铸造中是强烈稳定碳化物、阻碍石墨化的元素。一般铸造过程中加入锑(Sb)元素是为了增加床身导轨的耐磨性能与硬度以延长其车床的使用寿命。但铸造中锑(Sb)的加入量一般在 0.025%~0.03%

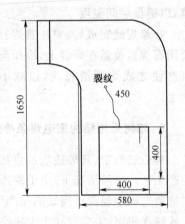

图 3-37 床身裂纹位置(单位:mm)

的范围内。如铸造中锑(Sb)的含量超出这一含量，就容易产生裂纹。经多次化学检验与分析表明，该厂铸造的车床床身锑(Sb)的含量为 0.04% 左右，由此可以认为该车床锑(sb)含量的超标是车床床身产生铸造裂纹的主要原因。

要焊接修补车床裂纹，首先应对其焊接过程中可能产生的问题有个大概预测。由于该车床为灰口铸铁 HT200，灰口铸铁床身含碳量较高，并有较多的硫(S)、磷(P)杂质，故其强度低、塑性差，焊接性能以及焊后加工性能较差。其次，如图 3-37 所示，床身毛坯铸造时产生的裂纹位于床身的中间位置，对其焊接修复时焊缝及其邻近区域受热膨胀受到远离焊缝区域的限制产生压应力，而远离焊缝区的部位则产生拉应力，冷却收缩时焊缝区产生拉应力而两侧产生压应力，且接头存在白口组织时，由于白口组织的收缩率更大，裂纹倾向更加明显。且随着焊接层数的增加，焊接应力逐渐增大，出厂床身在焊接过程中或焊后极容易产生新的裂纹，甚至会形成焊道剥离。

为了防止焊接过程中车床再次产生裂纹和防止焊后焊缝与母材的剥离，应该考虑采用降低熔敷金属中碳(C)、硅(Si)的含量的方法。同时，施焊修补时也应严格执行电弧冷焊的工艺要点，选择合适的最小焊接电流。因为铸铁焊接过程中使用的焊接电流越大，与母材接触的第一、二层异质焊缝中熔入的母材量就会越多，带入焊缝中的碳(C)、硅(Si)、铁(Fe)、硫(S)、磷(P)量也随之增多，焊后随着焊接接头拉应力的加大，发生冷热裂纹的敏感性会随之增高。另外，在电弧冷焊的快速冷却条件下，冷却速度极快的半熔化区的白口区会加宽，影响焊后的机械加工。为避免以上焊接缺陷的产生，焊接过程中应特别注意缩短补焊过程中电弧的高温停留时间，尽量采用直流反接法以减少母材热输入量；短弧焊接以减少焊缝中的扩散氢含量；使用较细焊条和较小电流、细焊道和浅熔深以减少熔合比。

修补车床的焊前准备包括：

(1)对车床床身整体进行回火处理，回火温度 850 ℃左右，回火时间6~8 h，随炉温冷却至常温，以消除床身应力、稳定组织。

（2）用着色显示法确定裂纹长度，在离裂纹的两个端部3~5 mm处钻 $\phi 8$ mm 的止裂孔以防止裂纹延伸。

（3）彻底清理车床床身上的氧化物及型砂，用角向磨光机打磨裂纹两侧20 mm 以内的氧化物，直至露出金属光泽，并将裂纹处加工出 U 形坡口，坡口宽度约15 mm，底部圆角为3~5 mm，底部转角应尽量圆滑，以便于焊补并减少焊件的熔化量。

补焊焊条的选择：

在补焊车床床身时，焊接材料的选用很关键。以往焊接修补机床床身裂纹或其它缺陷时，通常都采用镍基焊条（ZNi308、ZNiFe408、ZNiCu508）。镍基焊条在补焊铸铁时，焊条中的镍能熔合碳而不形成脆硬组织，同时，镍又是促使石墨化的元素，有利于减少加热后的半熔化区白口的宽度，便于焊后铸铁材料表面层的机械加工。但镍基焊条不仅价格较贵，而且焊缝中镍含量过高时，镍与碳容易形成低熔点共晶，容易使焊缝容易产生热裂纹。

碱性焊条，价格低廉，操作容易，能进行全位置焊接，抗裂性能好，脱硫作用很强，这对于提高焊缝金属的塑性，减少冷裂纹和热裂纹的产生都是非常有益的。同时，碱性焊条的熔合性好，铺展性好，焊接过程中不容易在铸铁基材上出现"翻泡"、"滚球"等现象。所以，碱性焊条对铸铁的焊接有特殊的效果，而且焊缝中硫（S）、磷（P）、氢（H）、氧（O）、氮（N）等的含量都比酸性焊条低，其机械性能相对较好，特别是焊缝金属的塑性和韧性都远远超过酸性焊条。

碱性焊条补焊铸铁有 E5015（J507）和 E5016（J506）两种焊条，虽然两种焊条同是碱性焊条，但是补焊时选用 E5015（J507）型焊条（低氢型钠型），在焊缝金属等强度的情况下，它比 E5016（J506）低氢钾型焊条抗裂性能要好。

由于碱性焊条电弧气氛是还原性的，氢一旦侵入熔池，则会产生氢气孔和氢脆现象，焊缝出现冷裂纹，造成焊接补修失败。为了防止氢进入熔池，补焊铸铁前必须保证焊缝表面清洁、干净、避免焊缝上有油污、铁锈及水份等进入溶池。

为了减少焊缝中的扩散氢含量,避免补修后的铸铁件再次受拉产生裂纹,碱性焊条在使用前必须烘干。按规定,碱性焊条的烘干温度一般为350～400 ℃,烘干时间为1 h。用时随用随取,并应放在焊条保温箱中使用。

焊接补焊的方向及顺序:

焊接补焊的方向及顺序是对否能成功的完成铸铁件的修理至关重要。对于图示尺寸的焊接方向可参照图3-38所示的焊接顺序进行,补焊时应选择从床身裂纹端部向外焊的顺序。这是因为补修从外向里焊容易造成先焊部分可能会被后焊部分拉裂。补焊时,也应该对刚度大的地方先焊,刚度小的部位后焊,这样有利于减少焊接接头的应力,有效地防止产生焊接裂纹。

为了尽量避免焊补处局部温度过高和焊缝应力增大,补焊时应采用分段退焊的焊接顺序(如图3-39所示)。为减小焊接应力和变形,焊接过程中应控制焊接的层间温度,每层、每段焊接要等待焊缝附近的热影响区冷却至50～60 ℃时再焊。必要时,还可采用分散退焊,这样可以更好地避免补焊处局部温度过高,从而避免裂纹的产生。

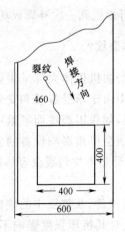
图3-38　焊接方向(单位:mm)

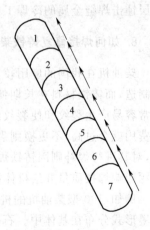
图3-39　分段退焊的焊接顺序

在检查第一层焊道无裂纹、气孔等缺陷后,再焊第二层。焊第二层时,每焊完 30~40 mm,马上用砂轮机将焊道余高打磨平,以此类推,直至焊接结束。

焊接补焊铸铁车床的工艺要点:

根据经验,铸铁补焊时最好采用直流电焊机反接法,使用 E5015(J507)进行焊接补焊。直流电焊机反接法,可以使电弧稳定,母材受热量减少,对焊缝金属的稀释作用减小,产生裂纹的倾向小。但如果受条件所限,没有直流点焊机也可以采用交流电焊机和 E5016(J506)焊条进行焊接补焊。对于以上铸铁车床裂纹的补焊,由于受当时施工条件的限制,补焊时采用的就是交流 BX-330 焊机和结构钢 E5016(J506)焊条(低氢型钾型)。焊条直径选为 $\phi 3.2$ mm,焊接电流为 90 A 左右,焊接位置采用了平焊。焊接时,采用了短弧、快速、直线形运条法。且每焊完 20~30 mm 的长度后,立即用带圆角的小锤由重渐轻连续均匀地对焊道敲击一遍,以降低焊缝应力。在施焊过程中,整个焊缝两侧要保持熔合良好。表面焊缝要注意圆滑过渡,防止产生焊接应力和应力集中。施焊全部结束后,确认无裂纹等缺陷后,再焊止裂孔。

实践证明,对于床身铸造裂纹,采用异质结构钢焊条、不预热、逐层锤击焊缝金属的冷焊工艺,完全可以做到一次补焊成功。

8. 如何焊接修复铸铁柴油机机体裂纹?

柴油机在我国的应用较为普遍,柴油机机体大部采用铸铁材料制造,而铸铁材料在长期使用过程中由于承受震动和交变载荷非常容易产生裂纹和使裂纹继续扩展,如果因裂纹而频繁更换部件费用就会过高,不更换则裂纹的扩展会严重影响设备的安全使用,对其进行焊补则因铸铁焊接性差,受热不均匀裂纹容易扩展等问题影响焊接质量并给机体造成损害。

例如,190 型柴油机的机体为灰铸铁件,灰铸铁中的碳以片状石墨形式分布在基体中。石墨的存在对其抗压强度影响不大,抗压强度与钢相近。但灰铸铁件脆性大,塑性变形能力差,致使灰铸铁作为大型设备机体使用时或焊接过程中产生裂纹。如对其柴油机进行修补,在焊补过程中可能出现两种裂纹:一种为冷裂纹,另一种为热裂纹。

冷裂纹与热裂纹产生的机理不同,防止措施也不同。冷裂纹一般多发生在 400 ℃ 以下,多在灰口铸铁的焊缝或热影响区中产生。热裂纹一般在焊缝上产生,多发生于采用非铸铁型焊条电弧冷焊铸铁的过程中。

防止冷裂纹的措施主要是减少焊接接头的应力、防止出现白口和淬硬组织。为防止冷裂纹,焊补厚大铸件时,可采用栽丝法。即,焊前在坡口内栽丝,以分散焊接应力。尽量采取开窄坡口的方法和内填板等措施,以减小焊缝体积,减少焊接应力。同时,焊接工艺上要采用合理的焊补工艺。冷焊时应采用断续、分散的短段焊的焊接方法。焊接工艺和焊接规范上尽量选用细焊丝、小电流、浅熔深焊接。焊后为减少焊接应力,应立即锤击焊缝。

防止热裂纹的措施主要是通过焊接冶金调整焊缝化学成分,使其脆性温度区尽量的小。还可加入稀土元素,增强脱硫、脱磷能力以减少晶间低熔点物质和使晶粒细化等。工艺方面可通过选择合适的工艺,使用小电流使熔深尽可能浅,分散焊接、断续焊接使得焊接应力有效地降低,并使母材尽可能少的熔入焊缝中。

例如,采用非铸铁型焊条电弧冷焊灰口铸铁时,要采用小电流、进行快焊速,焊条不作任何摆动,以减小熔深和焊缝在红热状态下的停留时间。对于坡口的加工,尽量使坡口底部带有圆角。焊接时,弧坑填满,可有效避免弧坑裂纹。如现场施工条件允许,焊接时可使焊缝倾斜一定角度进行上坡焊。这样可防止焊接电流小引起的夹渣并适当增加了焊缝中焊条金属的比例,使母材在焊缝中的熔合比进一步减小。

本案中冷焊焊补 190 型柴油机铸铁机体裂纹的工艺及具体做法如下:

(1)清理缺陷

清理缺陷首先可用气焊火焰烧掉缺陷部位及缺陷附近的油

污。火焰烧烤时,工件的温度控制在 100~150 ℃;其次要观察与检查缺陷。焊件在清除油垢等之后,观察缺陷的类型、位置、大小等,对裂纹要查清走向、分支及其端点。清除缺陷,可采用砂轮对缺陷进行彻底清除,直到露出金属光泽。

(2)钻止裂孔

若缺陷是裂纹,则需在裂纹两端的前方约 0~5 mm 处钻孔径为 4~6 mm 的止裂孔。以防止裂纹在开坡口时继续扩展。

(3)开坡口

坡口的角度和尺寸要根据焊件的具体情况沿裂纹长度方向开"V"形坡口,尽量使坡口底部带有圆角,尽量采取开窄坡口的方法。

(4)焊补裂纹

在焊接过程中,一般常用 $\phi 3.2$ 的铸铁电焊条,焊接电流通常调节到 75~100 A 之间,焊接工艺上尽量采用分段退焊的焊接工艺。

(5)冷焊焊补 190 型柴油机铸铁机体裂纹时应该注意的问题

1)冷焊时必须防止焊补区局部过热,保持较低的温度,减小与整体温度的差别。

2)尽量采用短焊段的焊接方法。焊接的长度一般采取裂纹总长的 1/6~1/10 为一段,也可使焊段长度在 20~40 mm 左右,且每焊 2~3 mm 长度左右,立即锤击焊缝,待焊缝表面冷却到室温再继续焊下一段。

3)锤击焊缝:每焊完一小段焊缝,立即用小锤从弧坑开始快速锤击,锤遍整条小段焊缝且焊缝表面冷却至室温,再焊下一点。

4)焊下一点之前,应用钢丝刷将焊渣等污物清除干净。

9. 如何焊接断裂的铸造铝合金 ZL104 齿轮轴承支架?

铸铝 ZL104 的主要化学成分(质量分数,%)为:9.38Si,0.02Cu,0.195Mg,0.24Mn,0.069Ti,0.23Zn,0.328Fe。铸铝 ZL104 难于焊接主要是由于以下几个问题:

(1) ZL104 焊接过程中易氧化形成焊接缺陷

铝合金和氧的化学结合力很强，在空气中铝及铝合金的表面极易形成一层致密的氧化膜（Al_2O_3），这层氧化膜的熔点高达 2 050 ℃，远远超过了铝及铝合金的熔点（约 660 ℃），而且氧化膜致密。焊接时，氧化膜覆盖在熔池表面防碍焊接过程的正常进行，氧化膜也防碍金属之间的良好结合，使焊缝容易产生未焊透缺陷。铝合金的氧化膜的密度大（约为铝合金的 1.4 倍），因此容易在焊缝中形成夹渣。同时，氧化膜还会吸收水分，使焊缝形成气孔，这些缺陷都严重影响焊接质量。此外，铝合金氧化膜的电子逸出功低，易发射电子，使电弧飘移不定，增加了焊接操作难度。

(2) ZL104 焊接过程中容易产生气孔

由于铝合金导热性很强，在相同的焊接工艺条件下，其冷却速度是钢的 4～7 倍，使金属结晶过程加快，其密度小，气泡上浮速度慢，致使熔池中的气泡来不及逸出，从而在焊缝中产生氢气孔和氮气孔。

(3) ZL104 焊接时的热裂纹倾向大

铝及铝合金的线膨胀系数约为钢的两倍，凝固时的体积收缩率很高，体积收缩率大约为 6.5% 左右，因此焊接时会产生较大的热应力。另外，铝及铝合金高温时强度低，塑性很差，当焊接内应力过大时，很容易在脆性温度区内产生热裂纹。

(4) ZL104 在焊接过程中极易产生烧穿和下塌

铝合金熔点低，高温时强度和塑性低，高温液态无显著颜色变化，致使操作者在焊接过程中对熔池判断不准确或不易观察判断熔池，操作稍有不慎就会导致出现工件被烧穿或出现焊瘤等缺陷。

由于铝合金的比热容大，导热率高，虽然熔化温度较低，但它的熔解热较大。因此焊接时必须采用较大的焊接热输入才能保证焊接质量。

例如，断裂的铝合金支架如图 3-40 所示。支架断裂处距齿轮轴承座约为 300 mm，焊接时，要求齿轮轴承座温度在焊接时不能高于 70 ℃。对于这类不方便翻转的大型设备，焊接空间位置可选择为横焊。

为了保证铸造铝合金 ZL104 齿轮轴承支架的焊接质量,焊接前应该做的准备工作如下:

(1)焊前仔细清理焊接区 20 mm 范围内的油污、杂质等,保证焊件露出金属光泽。

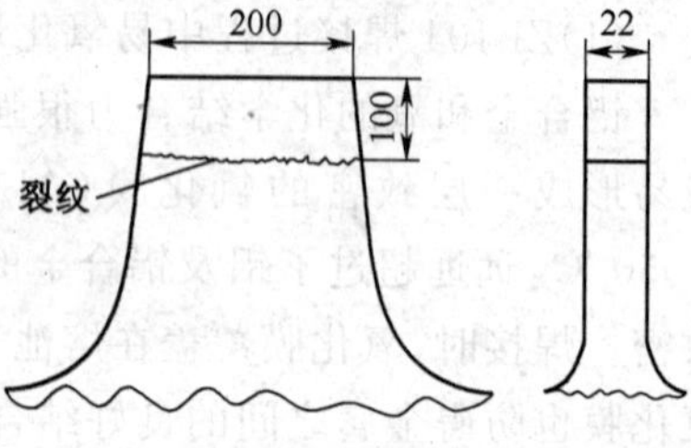

图 3-40　铝合金支架断裂位置示意图
(单位:mm)

(2)为了保证断裂块与支架组装不错位、不歪扭,需要在断裂块的断口面上距两端 5 mm 中间部位并垂直于断面处钻出 $\phi 2.5$ mm 的盲孔作为定位销,其深度一般可在 5 mm 左右;再将断裂块两侧刨出单边 V 型坡口,坡口角度为 30°,中间钝边为 2~2.5 mm;取两根 $\phi 2.5$ mm、长 10 mm 左右的 ER4043 焊丝分别镶嵌在 $\phi 2.5$ mm 的盲孔中作为定位销;再将断裂块上的两个定位销放在支架体断口上面进行比配、划线,找出支架体断面上钻盲孔的位置,随后钻出 $\phi 2.5$ mm 的盲孔,深度 5 mm。

(3)采用湿棉纱包住支架根部,防止预热及焊接时大量的热量传递到齿轮轴承座上。

(4)定位焊时要对装配好的焊件的两侧进行预热(可采用电阻或氧-乙炔焰预热),预热温度 150~170 ℃。定位焊要熔透坡口根部,如图 3-41 所示。为保证焊透根部,焊接工艺参数可比正式焊接稍大但也可与正式焊接时的工艺参数相同。

图 3-41　定位焊示意图

对焊件两侧端,即定位焊处进行铣磨至定位销处,开成"V"型坡口,确保两端将定位销处熔透,"V"型坡口见图 3-42 所示。

铸造铝合金 ZL104 齿轮轴承支架的焊接可参照以下过程进行:

焊接时,可采用氩弧焊,选择直径 φ2.5~φ3.0 mm 的 ER4043 焊丝,采用氩气保护,氩气纯度要高,一般可选择纯度为 99.99% 的氩气。选用 φ4 mm 的铈钨极,喷嘴直径可选择 12 mm,钨极伸出喷嘴长度可选择为 4 mm,氩气流量 15 L/min,焊接电流 170~210 A。

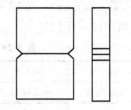

图 3-42 "V"型坡口示意图

焊接操作前需要先对焊件进行预热,先焊一侧打底焊。如果打底层有没有焊透的部位,可采用砂轮对底部进行清根再实施焊接。焊接时视坡口深度和宽度可采取多层多道焊接,焊接时要两面交替进行,焊道不易过宽、过厚,要快速焊接,收弧时要保证填满弧坑,停弧后要延长氩气通气时间,防止空气侵入,保护液态金属不被氧化和氮化。焊接过程中,要时刻注意焊接部位变形情况,防止修焊部位变形超差。另外,要时刻掌握焊缝层间温度,一般层间温度不得低于 120 ℃。如果发现层间温度过低,要重新预热。同时,焊接过程中还要时刻注意齿轮轴承座的温度,要采取措施确保齿轮轴承座温度不超过 70 ℃。焊接完成后,要目测四周焊缝是否合格,其外形尺寸是否符合整修要求。对于有凹陷的焊缝,应立即焊修。一般应保持修整后的焊缝表面与原来平面保持一致。

10. 如何对 ZG15Cr2Mo1 高压外缸裂纹进行焊接修补?

在补焊 ZG15Cr2Mo1 高压外缸时,人们发现补焊过程中高压外缸补焊区及其周围经常发生裂纹,致使补修后的缸体报废。那么,究竟是什么原因导致这种高压缸体补修不上或经常产生裂纹哪?从化学成分看,ZG15Cr2Mo1 化学成分中含碳量并不高(见表 3-29 所示)。根据国际焊接学会(IIW)推荐的碳当量公式:

$C_{当量}$=C+Mn/6+(Cr+Mo+V)/5+(Ni+Cu)/15(材料的各种化学元素取其百分含量计算),计算其 ZG15Cr2Mo1 铸钢的碳当量:

$$C_{当量}(\max) = 0.18 + 0.7/6 + (2.75 + 1.2 + 0)/5 + (0.03 + 0.03)/15 = 1.12\%。$$

表 3-29　ZG15Cr2Mo1 化学成分

$w(C)$	$w(Si)$	$w(Mn)$	$w(S)$	$w(P)$
≤0.18%	≤0.60%	0.40%～0.70%	≤0.03%	≤0.03%
$w(Cr)$	$w(Mo)$	$w(Ni)$	$w(Cu)$	$w(其他)$
2.00%～2.75%	0.90%～1.20%	≤0.03%	≤0.03%	≤0.025%

再经过查看 ZG15Cr2Mo1 材料的 CCT 曲线可知,这种钢具有较大的淬硬倾向,若焊后冷却速度稍高,就会产生冷裂纹。特别是工件厚度超过 50 mm 后,焊接区将出现三相应力状态。在这种情况下,如果焊接过程中氢的熔入过多,加之氢在焊缝冷却过程中逸出速度较慢,焊缝中氢与其它因素共同作用对裂纹的产生有重大影响,因此焊缝的裂纹的问题就显得更为严重。

分析与了解了 ZG15Cr2Mo1 裂纹产生的原因之后,为保证焊接过程中和焊接后不产生裂纹,焊接过程中就可在工艺措施和焊接工艺参数上想办法。

其实,焊接 ZG15Cr2Mo1 这类材料缸体,焊接材料选用可按照其熔敷金属的化学成分应与母材相同或接近,强度与母材相当的原则进行。考虑到高压外缸在工作时承受 500 ℃ 以上温度和 15MPa 以上压力,工作环境恶劣等原因,故可选则耐热型、塑性较高的 ENiCrFe-3 镍基合金低氢型焊条。ENiCrFe-3 焊条熔敷金属化学成分如表 3-30 所示,ENiCrFe-3 焊条熔敷金属的机械性能见表 3-31,ZG15Cr2Mo1 的机械性能见表 3-32。

表 3-30　ENiCrFe-3 焊条熔敷金属化学成分

$w(Ni)$	$w(Cr)$	$w(C)$	$w(Fe)$	$w(Mn)$	$w(Si)$	$w(Cu)$	$w(P)$	$w(S)$
≥59%	13～17	≤0.1	≤10	≤1.0	≤1.0	≤0.50	≤0.015	≤0.015

表 3-31　ENiCrFe-3 焊条熔敷金属的机械性能

项目	σ_s(MPa)	σ_b(MPa)	δ	HB
最小值	240	550	30%	195

表 3-32　ENiCrFe 缸体金属的机械性能

σ_s(MPa)	σ_b(MPa)	δ	ψ	HB
≥275	≥485	≥20%	≥35%	170~220

从表 3-31 和表 3-32 可知,ENiCrFe-3 焊条熔敷金属机械性能与缸体材料 ZG15Cr2Mo1 基本相当。因此,选用 ENiCrFe-3 焊条可以满足等强度要求。

为保证焊接补修成功,在焊接前,首先应该进行裂纹处理和坡口设计。其中,去除裂纹是裂纹修补成功的基础,如果裂纹打磨去除得不干净,将留下隐患,甚至会导致焊后或使用过程中的焊缝裂纹继续扩展。

由于 ZG15Cr2Mo1 材料的淬硬倾向很大。因此,在清除裂纹时最好不要使用碳弧气刨直接清除裂纹,而采用机械方法或用角砂轮机直接打磨清除裂纹。如遇到非浅表裂纹或裂纹深度较大必须使用碳弧气刨清除裂纹时,则需要将铸件整体或局部预热后再进行碳弧气刨清理。且补焊前要将碳弧气刨留下的脆硬层全部用砂轮打磨清除干净,以免焊缝在焊接前就在基体上产生脆硬层而影响最终 ZG15Cr2Mo1 材料的焊接接头的质量。

焊补缸体前,焊缝坡口尺寸设计是否合理也是影响焊缝修补质量的关键因素。如果焊接前坡口设计得过大,焊接时无疑会增加焊缝的填充金属量,增加热输入量,导致焊缝热影响区扩大,降低母材使用性能。如果焊缝坡口尺寸设计得过小、当补焊过程中采用的电流过小时,不能保证焊缝与母材的充分熔化将会影响焊接接头的力学性能。同时,过小的坡口角度也影响焊接操作正常进行,焊接时也会产生熔化不良或坡口未熔合等缺陷。为了有效控制焊接接头的应力和变形,减少焊接工作量,节约工时和焊接材料,可以将坡口型式设计为 U 型坡口,坡口根部圆角 $R>20$ mm,坡口内部要圆滑过渡,保证坡口内无尖角槽或棱角,坡口角度可以设计为 20°,坡口深度可以以全部清除裂纹为准。根据裂纹深度设计的坡口形式如图 3-43 和图 3-44 所示。

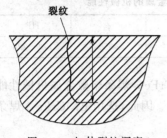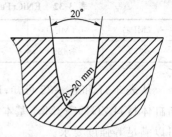

图 3-43 缸体裂纹深度　　图 3-44 根据裂纹深度设计坡口形式

焊接前,应先用钢丝刷清除坡口内部及附近的污物和锈迹,再用酒精或丙酮清洁焊补区及周围至少 200 mm 范围的区域,去除油脂、油漆等杂质。避免焊接时有污染物进入焊缝而影响焊接接头质量。除此之外,焊接前还要做好周围母材的防护工作,防止电弧灼伤母材造成新的裂纹源。

焊接前,要对修补件要进行预热。预热温度应大于 200 ℃。预热过程中要保持各预热部位温度均匀,测温位置距离焊补区不小于 75 mm。预热过程中还应一边预热一边用测温仪或测温笔进行温度测量,预热后对各待焊前部位还要进行保温。

补焊时,可以选择 $\phi 2.5$ mm 和 $\phi 3.2$ mm 的 ENiCrFe3 型焊条。对于选用的规格为 $\phi 2.5$ mm 和 $\phi 3.2$ mm 的 ENiCrFe3 型焊条,焊前要进行 150 ℃,时间为 1~2 h 的烘干,现场焊接时应准备焊条筒,并将使用中的焊条放入保温筒内,随用随取。

为了减少焊接过程中的热输入量,减小热影响区,避免被焊件件再次产生裂纹,在补焊过程中尽量采用比较小的焊接规范,并逐层、逐道地进行焊接。

例如,首先使用 $\phi 2.5$ mm 焊条,选用焊接电流为 70~80 A,在焊缝根部上焊接一层;然后再采用 $\phi 3.2$ mm 焊条,焊接电流为 90~100 A 进行焊接。焊接过程中宜采用短焊道焊接,且最好采用分段跳焊法,每道焊缝的焊接长度一般不超过 30 mm,焊后立刻锤击焊道。

焊接过程中,要控制好层间温度,一般层间温度不超过250℃为宜。焊接工程中,各层间还要进行仔细清渣,并检查每层焊缝表面质量。补焊焊缝中不允许有气孔、夹渣、裂纹、未熔合等缺陷。

同时,为了有效消除焊接应力,防止焊接过程中和焊接后被焊件产生裂纹,在焊接过程中除打底层和盖面层焊缝外均要求进行锤击焊缝,且焊缝锤击的覆盖率不得低于80%。焊满焊补区后,应保证焊缝高度不低于母材,必要时留下足够的修整余量。

为保证焊后的缸体能正常使用,补焊后的缸体应立即进行焊后热处理。最简单的焊后加热方法是采用火焰加热,加热温度为400~450℃,保温2h以进行去氢处理。然后用石棉布包覆缸体使之缓慢冷却至室温。修补缓冷至室温后,还应该对焊缝表面进行打磨处理,使其焊缝表面光滑、平整、焊缝与母材衔接处圆滑过渡,以减小缸体的残余应力值。

11. 如何进行铸铁发动机缸体的焊接修复?

发动机铸铁缸体一般采用灰口铸铁制成,铸铁的塑性很差而且具有脆性,不能承受塑性变形,其强度也较低,导热能力又差。因此在汽车发动机铸铁缸体件上焊补时,焊接处和其它部分的温差比较大,焊接接头基本没有延展性。汽车发动机铸铁缸体在焊接的过程中又很容易出现裂纹,因此焊接补修的成功率很低。焊后汽车发动机铸铁缸体很容易产生白口组织,白口组织硬度很高且脆,使得焊修后的缸体很难进行机械加工。因此,焊接过程中补焊缸体的焊接工艺措施和焊接材料选择非常关键。

为解决以上问题,人们经过大量实验发现 WE777 铸铁焊条焊接缸体比较有效。WE777 铸铁焊条是纯镍焊芯,其焊条的成分含有镍、铁及其氧化物、硅及其氧化物,药皮类型属于强还原性石墨型药皮的铸铁焊条。这种焊条的焊接性能良好,但这种焊条焊接前应放入 110~160℃的干燥箱内烘干 1~1.5h。焊接时可交直流两用,直流时需要直流反接。使用它基本解决了上述提到的铸铁发动机缸体修补焊接后的裂纹和加工难度大等问题。

WE777铸铁焊条因为药皮所含成分的特殊作用,焊接过程中能够产生类似脉冲式柔和的电弧,对各类铸铁母材的热作用影响小,尤其是类似脉冲电弧的特殊作用能够清除各类铸铁表面的杂质,甚至对于油污和长期油浸的铸铁件也具有很好的渗透性,从而能保证焊件熔合和焊后焊缝的焊接质量。尽管WE777铸铁焊条具有清除铸铁表面的杂质、油污和很好的渗透性,但为确保焊接的质量焊修前还是要做到清除焊修处及其周围的水垢、油污等。同时,要仔细检查焊区和裂纹的起点与终点,并在裂纹的起点和终点延长线 3～5 mm 处各钻直径 6～7 mm 的止裂孔,以防止补焊时裂纹继续扩展。

考虑到应力、变形、焊接部位的焊接厚度和焊条直径等情况应制定相应的型口,一般采用 V 坡坡口,坡口角度一般可为 60°,坡口两侧打还要进行打磨,打磨的程度以露出金属本色为准。

焊接时,应选取适当的焊接方向,焊接起始处如果选择在裂口处,同时焊条角度向焊接方向稍稍倾斜,有利于收住裂口,并能消除其焊接内应力。焊接工程中要防止电弧超前,保持电弧不要跳动,确保焊缝窄小,以减小应力区。在焊接停止之前,应填满焊口弧坑,以防止裂纹的再次发生。

对于有些情况下发生的缸体破碎部分的焊补,为了减小焊接难度,可以采用与缸体同等厚度的低碳钢板做一个与缸体破碎部分的形状与大小相当的补件代替原来缸体的破碎部分补焊到缸体上。这样,可降低补焊破碎缸体的难度,使得焊补铸铁汽缸缸体的成功率显著提高。

12. 如何解决铸铝汽车发动机缸体破损焊修成功率低问题?

铸铝汽车发动机缸体的优点就是重量轻、省油,散热性能好,而且使用寿命长。但铸铝的汽车发动机缸体在使用中由于各种原因也经常发生破损或产生裂纹因而需要焊补修理。经不完全统计,汽车发动机铸铝缸体焊补的工作量占缸体补修的 1/3,虽然补焊工作量不是很大,但是焊补修理的过程中经常出现各种问题。

问题产生的原因主要与铝和铝合金在空气中焊接时容易产生氧化，而生成的氧化铝熔点高、又非常稳定，不易去除，阻碍铝合金焊件的熔化与熔化金属与母材的熔合。

铝合金汽车发动机铸缸体氧化膜的比重大，不易排除缸体外，焊接过程中在焊缝中容易生成夹渣、未熔合、未焊透等缺陷。

针对铝合金汽车发动机缸体焊接的这些问题，为了得到较高的补焊后焊接品质，汽车发动机铸铝缸体焊接时应当采用能量密度相对集中、功率大的能源。钨极氩弧焊是用纯钨或活化钨（钍钨、铈钨、锆钨、镧钨）作为不熔化电极的惰性气体保护的电弧焊，利用钨极和工件之间的电弧使金属熔化而得到焊缝。钨极氩弧焊焊接的过程中钨极不熔化，只起到电极的作用。同时由焊炬的喷嘴送进氩气作保护，具有焊接质量稳定、焊缝成型好、焊接密封性能好等特点，因此很适合铸铝缸体的各种缺陷和裂缝的修补焊接。

铝合金汽车发动机缸体焊接时选用的氩气纯度要大于 99.95%，氩气的流量必须符合焊接要求，还要保证送气顺利。另外，当氩气瓶内压力小于 1.5 MPa 时，为防止瓶内气体含水量增加影响焊接质量。应停止使用瓶内压力小于 1.5 MPa 的氩气。

钨极氩弧焊焊接铝合金汽车发动机缸体时，虽然氩气是惰性气体，具有高温下不分解和不与焊缝金属发生氧化反应的特性。但是，钨极氩弧焊对机油、锈、水和杂质很敏感。钨极氩弧焊焊接过程中，氩气与杂质焊缝金属反应极易产生气泡，因此对焊件和焊口周围的表面要求较高。钨极氩弧焊焊接前，首先要对焊件做好认真仔细的清理工作，清除表面的氧化皮、油、水、杂质等，使其焊件露出金属本色。其次检查焊接区及裂纹的起点和止点，并且要在裂纹的起点和终点延长线的 5 mm 处各钻直径 5~7 mm 的止裂孔，防止焊接时裂纹继续扩张。对于发动机缸体破碎部分的补焊，为了降低焊补的难度，可以采用和发动机缸体同等厚度的同种材质的材料做一个与破碎部分形状相同的补片补焊到缸体上。

为了减小焊接件的焊接应力和焊接变形，补焊铸铝缸体前要对缸体进行预热，加热温度可根据缸体厚度不同的来选择，缸体不同厚度的地方加热温度也应不同。加热温度选取的范围为150～300 ℃。加热设备可用电阻丝加热,也可用氧气-乙炔火焰加热,还可用电炉等加热。

如果选用手工钨极氩弧焊进行焊接,则可选铝硅合金焊丝ER4047。这种焊丝典型化学成分为含 Si 大约为 12%、Mg≤0.10%、Fe≤0.80%、Cu≤0.03%、Zn≤0.20%、Mn≤0.15%,Al余量。这种焊丝低熔点及良好的流动性使母材焊接变形很小。电源可选择交直流两用电源,如果选用直流电源时需触头直流反接法。直流反接法适合焊接各种铸造及挤压成型铝合金的焊接。

钨极氩弧焊焊接时,焊炬喷嘴直径一般取 8～10 mm,钨心伸出的长度要和工件之间保持合适的距离以免发生短路无法进行焊接。焊接前要先送氩气,保护钨极和熔池,以免发生氧化和产生气泡。焊后要滞后关气,滞后关气可保护熔池不被氧化、氮化,确保焊缝金属不产生各种焊接缺陷。

焊接过程中要保持合适的焊接速度和焊接角度。电弧要平稳过渡,电弧的高度要均匀一致,防止气体进入熔池产生气孔,收弧时要保证焊缝不低于焊件。

铝合金缸体的焊接和补修过程中,由于焊接后遗留在焊口的焊剂和焊渣很容易破坏缸体表面的氧化膜,使铝合金产生腐蚀。所以,操作者在焊接完成后应当彻底清理掉焊缝及其焊缝周围的焊剂和焊渣。清理时可以用热水清洗或用蒸气吹刷等常用方法清理。

13. 如何焊接变质处理后的白口铸铁?

白口铸铁由于其高硬度和高耐磨性,被广泛地应用在建材、冶金、矿山、化工等部门。白口铸铁零部件在铸造和使用过程中往往会形成局部的锈蚀、空洞或裂纹。对于白口铸铁的缺陷或破坏,如不能修复就会造成整体报废,造成很大的经济损失。因此,若能以焊补的方法修复白口铸铁零部件的局部破坏,其经济价值是非常可观的。

有关白口铸铁零部件的局部破坏的修补,国内外均有人作过研究,但至今普遍认为白口铸铁是不可焊的,或者认为白口铸铁焊接后焊接接头普遍存在的裂纹缺陷是难以避免的。那么,白口铸铁究竟是可以焊接还是不可以焊接？如果可以焊接,如何通过焊接工艺和焊接材料的调整使白口铸铁这一"不可焊"的材料能够实现焊接那？

其实,经过大量的研究和实验,对于白口铸铁的补焊问题已得到解决。实践证明,只要焊接过程中工艺措施得当,焊接材料选择合理,白口铸铁还是可以焊接的。例如,较难焊接的变质白口铸铁,当选用 Z308 焊条、J507 焊条和 ER308(TIG) 焊丝都可以进行焊接。但是,焊接方法与焊接工艺参数不同,得到的焊接接头组织和性能有所差别。

采用高铬镍不锈钢焊丝 ER308 焊补铸铁焊接性能最好,得到的焊接接头组织没有微观裂纹和其它缺陷,而且组织分布较合理,因此,可以用于焊补铸铁。

使用 Z308 焊条电弧焊时,所得焊接接头硬度明显降低,加工性能及力学性能也有所降低。

使用 J507 焊条电弧焊在 600 ℃ 预热条件下也可以对变质白口铸铁进行焊接,但是要控制好焊接线能量(电流、电压、焊接速度等)。一般让母材尽量少地熔入焊缝,焊后其焊接接头成型良好,硬度较高(可达 750 Hv),可消除裂纹,焊接成本较低。

但应注意的是,无论采取那种焊接方法焊接白口铸铁,清除工件上的油脂、污物、水分等杂质都是必要的。无论选用焊条 Z308、焊条 J507 还是选用焊丝 ER308(TIG) 进行焊接,焊接前都应对其焊条进行烘干。Z308 的烘干温度为 150 ℃,保温时间 1 h;J507 焊条的烘干温度为 350 ℃,保温 1 h。

焊接前,最好都要对其试样进行均匀预热,如采用 Z308 焊条或 ER308 焊丝(TIG)施焊,施焊预热温度为 400~500 ℃。预热温度达到要求后立即用 Z308 焊条或 ER308 焊丝(TIG)施焊。焊接过程中要注意保持层间温度与预热温度的均衡,焊后立即放在

400℃环境中缓冷。如果使用J507焊条施焊,预热温度要提高,预热温度一般为600℃。预热温度达到要求后立即施焊。钨极氩弧焊焊接参数可参见表3-33。

表3-33 钨极氩弧焊焊接参数

焊丝直径(mm)	钨极		电源极性	氩气流量 L/min	焊接电流(A)
	材料	直径(mm)			
2.4	铈钨极	3.2	直流正接	14	100

采用以上这三种焊接材料焊接白口铸铁后,经过对焊接接头的比较可发现,采用高铬镍不锈钢焊丝ER308焊接时,焊缝外观成型最好。这主要是由于由于奥氏体溶解碳的能力较强,焊补时碳可以溶解于γ,使焊接过程中不致于出现硬而脆的渗碳体。因此,焊后焊缝及热影响区组织的抗裂纹能力较好。使用焊丝ER308焊接,预热和层间温度及后热温度控制好,焊缝可得到奥氏体组织,焊缝硬度低,塑性好,焊缝的抗热裂纹能力也较好。尤其是采用ER308焊丝焊接进行TIG焊,由于焊接过程中保护效果好,焊缝及热影响区的扩散氢含量较低,这对防止焊缝产生焊接冷裂纹比较有利。

14. 如何焊接变质铸铁?

铸铁是碳的质量分数大于2.11%的铁碳合金。铸铁具有较低的熔点、优良的铸造性能、良好的耐磨性和减振性、低的缺口敏感性,低廉的成本,简单的生产工艺,大量用于汽车制造领域。但铸铁的焊接性很差,尤其是变质铸铁的焊接一直是困扰焊接操作技术人员的难题。

变质铸铁实质上就是指铸铁通过反复加热及各种化学溶剂和油脂的长期浸蚀后,使铸铁组织内部成分发生变化的铸铁。变质铸铁随着使用时间的增加,铁的含量减少,杂质含量增多使铸铁的金相组织产生复杂的变化,并且随着碳含量的增加,焊接性能大大降低,使许多变质铸铁不能焊接或者焊后马上产生裂纹。因此,变质铸铁的焊接问题,多年来一直困扰着铸造行业和维修行业使之难以解决。

近年来,铸造零件与设备广泛应用于模具行业。且随着定型产品的批量产生,各类模具的使用量也大增。由于铸造模具工装长期在加热状态下使用,高温与长时间加热进一步加快了模具自身材质的变异,同时也极大地增加了模具维修保养的难度。对于模具的使用厂家来讲,在模具的维修与保养方面,怎样解决好变质铸铁的焊接问题显得格外重要。

前面我们谈到,铸铁中的碳元素通常是以化合状态或游离状态的形式存在,由于铸铁模具经过长期加热和油浸就会产生质的变异。空气中的氧在高温的作用下渗入铸铁内部,造成铁、锰、硅等元素氧化而生成氧化物,或者高温使渗碳体分解产生碳游离,这就使得产生变异后的铸铁的焊接性能更差。

焊接变质铸铁最大的困难在于焊接过程中容易产生大量金属及非金属飞溅物,焊缝成型不容易控制,咬肉、气孔和焊后裂纹缺陷经常发生在焊接过程中。且变质铸铁焊后极易产生白口组织,大比例的白口组织还增加了切削加工难度。以上这些变质铸铁在焊接过程中产生的焊接缺陷直接影响修复后的模具质量。

为了解决变质铸铁焊接这一难题,国内有关学者通过对焊接材料的选择、焊件的焊前处理以及焊接操作手法相结合的运用、对工艺参数的调整、对切削加工性能的对比等,反反复复地进行了无数次的研究和探讨,结果发现采用 Z308 纯镍焊芯的铸铁焊条可以焊接变质铸铁,而且焊后效果比较理想。

例如:某某铸造企业在解决芯盒砂芯假壳问题中,需要把体积为 60 mm×40 mm×30 mm 的搭子加高加宽,采用普通铸铁焊条焊接时,不但没将要焊接工件加高加宽,反而由于焊接过程产生了金属与非金属飞溅和产生了咬肉现象使要加高的部位反而产生下沉现象。

为解决芯盒砂芯假壳的焊接问题,有关技术人员经过仔细分析,制定了焊接工艺措施并将焊件在焊前进行了仔细打磨清理,打磨过程中加大了打磨深度，去掉了零件表面上已经氧化的变质层，对已经油质浸入的焊接部位用火焰进行烘烤，拷去工件材料焊接部位及其周围的油质。焊接前采用预热 400 ℃，焊接过程中控制层间温度，焊后采取对焊件进行保温和后热等措施，最后成功地焊接了大量的变质铸铁。

  焊接变质铸铁可以采用 Z308 纯镍焊芯的铸铁焊条进行焊接，在焊接过程中为了防止因受热不均引起构件的变形和开裂，可以采用间断焊接法，并且在初焊时焊接电流要稍大，以加大焊接过程中的溶深，然后减小电流焊接。焊接时要采用分层分段焊接法，注意焊接过程中的适时冷却。同时，焊接工程中要用小尖头榔头锤击焊道和热影响区，以减少应力。焊后用石锦被覆盖焊接接头使之缓冷。实践证明，以上变质铸铁的电弧焊接技术完全可以用于因长期加热和油浸的变质铸铁模具工装的焊接工作。

  另外，利用氧-乙炔铜焊接技术也可以进行变质铸铁零部件的焊接。氧-乙炔铜焊接变质铸铁，在焊接前应将工件表面的氧化皮、杂质等清除干净，将焊接部位打磨好，再采用高温或火焰烘烤的办法去掉焊道及附件的油质。

  为减小和防止焊件在焊接过程中出现的变形，对于上边提到的变质铸铁的芯盒需要整体预热，预热温度为 400 ℃，当温度达到后就可以进行焊接。氧-乙炔铜焊接变质铸铁，在焊接过程中应严格控制焊层温度，调整好焊接角度，仔细观察焊件上的颜色变化，适时地递送铜焊丝，在焊缝还在高温时，就用尖锤敲击焊缝和热影响区表面以消除应力，挤压气孔，细化组织。由于补焊变质铸铁需要对焊接接头进行焊后缓冷。同时，焊接时还要避免冷风直接吹向焊接区，而氧-乙炔铜焊接变质铸铁可以减缓焊接接头的冷却速度。某铸造车间正是利用氧-乙炔铜焊焊接这一技术，已经成功地解决了大量变质严重、铸件内部组织疏松模具的修理焊接。

  氧-乙炔铜焊焊接接变质铸铁应该注意的问题是，铸铁与铜是两种不易结合的金属，铁在铜中的溶解度相当小，在 1 094 ℃时溶解度为 4.0%;在 700 ℃时溶解度为 0.3%;在常温下溶解度更是小的可怜(小于 $1.3×10^{-50}$%)。在焊接时,铁在铜中的含量超过其溶解度,铁就会以游离铁的形式存,使铁与铜不能形成连续的固溶体而导致连接处断裂。因此,变质铸铁的氧-乙炔铜焊接技术中掌握好异种金属焊接技能和两种材质膨胀系数的差异,是焊接过程中成败的关键所在。

变质铸铁除了上面我们谈到的采用 Z308 纯镍焊芯的铸铁焊条进行焊接、利用氧-乙炔铜焊接外,还可以采用变质铸铁渗透焊技术来进行焊接。

所谓铸铁渗透焊就是通过对铸铁基材的焊补部位经过打磨处理后加热使其产生变异,脱碳、脱氧、去渣,使其达到可焊性能进行浸蚀性焊补的一种焊接方法。

变质铸铁的渗透焊技术的实质就是有效地利用铸铁工件由于长期加热或油质浸泡使碳元素形成渗碳体并且以游离的状态存在于母体中的特点。由于渗透焊技术在整个焊接工艺过程中加热温度、层间温度始终控制在一个临界温度的范围内。因此,焊接过程中工件不会产生渗碳体与莱氏体等硬脆相。但是,在焊接完成后,工件如果冷却太快将影响焊后构件的组织和性能,甚至会使成功焊接的变质铸铁件再次断裂。为保证变质铸铁件的成功焊接和正常使用,焊前对变质铸铁构件的预热、焊后对变质铸铁构件的保温和缓冷是非常重要的,焊后焊接接头的保温、缓冷、降低冷却速度是保证焊接接头质量的重要环节。

采用铸铁渗透焊,最好在焊接前和焊接过程中对其焊接表面进行预热或加热处理。预热可以使铸件焊接前温度趋于平衡,可使焊接后的铸件表面性能趋于稳定,可以使被焊接铸铁构件与焊接材料在平稳的状态下熔合为一体,高温下焊接可以有效地避免裂纹、咬肉等焊接缺陷的发生。

对于焊接区来说,构件本体的温度低,相对于焊接部位它相当于一个大冷铁。由于构件本体有很强的吸热性,因此焊接完成后应对焊接区域进行适当的保温,减缓冷却速度,以避免出现脆硬组织是非常重要的措施。

例如,在变质铸铁缸体冷芯盒焊接维修时,由于冷芯盒体积大,生产过程中接触的化学制剂多,尤其是促进型芯固化的氨类物质对冷芯盒铸铁组织变异影响极大。修理时,如果采用普通焊接技术,裂纹、气孔、咬肉等缺陷经常发生,采用渗透焊技术即可避免普通焊接技术的缺陷,又可提高工作效率和焊接质量。焊后保持焊件在一段时间内以适当的温度,减缓焊接过程中和焊后工件的冷却速度,即避免出现硬相组织又防止了裂纹的产生。

渗透焊技术焊接变质铸铁的工艺非常简单,它是以氧-乙炔气体作为热源,采用专用焊炬,在加热的同时输送含有多元合金粉末的焊补材料或使用焊丝材料,这种方法类似与气焊焊接,其操作简便易行。所以渗透焊技术的应用范围可以较广,焊接质量也很可靠。

15. 如何焊接球墨铸铁?

球墨铸铁因其铸造性能差,铸造过程中经常产生缩孔、缩松、夹渣、石墨漂浮、皮下气孔以及球化衰退等缺陷。在这些缺陷中缩孔、缩松以及夹渣往往是球墨铸铁件的致命缺陷,且相当一部分铸铁件就是因为产生这些缺陷而报废的。

球墨铸铁的焊接可以采用手工电弧焊和氧-乙炔气焊。一般球墨铸铁件的重要部位建议使用氧-乙炔焊接。选择氧-乙炔气焊焊接时,焊接材料可以选择焊丝401或焊丝402,焊剂可选择无水 K_2CO_3 和无水 Na_2CO_3。

无论是采用电弧焊还是采用氧-乙炔气焊焊接球墨铸铁,焊前应仔细清除铸件缺陷表面的油污、水分、粘砂、铁锈、污物等,打磨掉铸件表面的氧化皮,使其露出新鲜的金属表面。如果铸件上产生的缺陷是裂纹,在补焊前或在所有的工作开始前的第一项工作就应该是在裂纹缺陷前端打止裂孔,以防止裂纹受力扩展(也防止裂纹在焊接过程中继续扩展)。然后在根据裂纹的性质和大小开设坡口,并将坡口底部打磨平整,使缺陷部位充分显露出来,以便于焊接人员在操作时进行观察。

焊接前,如采用氧气-乙炔火焰预热,焊炬点燃后可将火焰调整成中性火焰或弱还原性火焰。然后用外火焰对缺陷的表面及周围区域进行预热,以消除工件内积存的水气。对结构复杂、拘束度较大的薄壁构件建议采用加热减应区法进行预热,以进一步减小焊接中的应力并使预热时产生的应力与焊接过程中产生的残余应力互相抵消,避免焊接区产生拉应力。对有性能要求的被焊接构件加工表面可采用整体或局部预热法。母材达到预热温度后,用内火焰继续加热铸件待焊区表面,使其达到湿润状态。同时加热焊丝使其升温至将近熔化。

焊前需要采用焊剂并在缺陷部位的表面均匀地洒上一层,以便去除焊丝和母材表面的氧化膜,改善表面润湿性,防止金属的进一步氧化。

焊接时,需要快速熔化焊件,当母材达到湿润状态后连续送丝,且集中热量快速熔化焊丝,使首批熔化的焊丝金属均匀铺展于坡口表面。此时注意观察液面状态,以液面不出现波浪状或宏观流动为宜。随之连续焊接,直至填满坡口。在连续施焊过程中,随时调整焊炬位置、送丝速度及焊炬移动速度,使液面始终保持镜面状态,直至焊补结束。

焊接过程中,如果观察到熔池中存在高熔点的白亮点氧化物或氧化物(如 SiO_2 质点)浮不上来时,可以适当提高焊接温度,同时用焊丝在熔池底部用力挂擦游移,使氧化物浮出液面。待熔敷金属高出母材表面一定厚度时,及时刮掉含杂质较多的高出部分金属,并对焊区进行整形,使焊缝区易于进行机械加工。

对于硬度要求严格的铸件要进行冷却速度控制和缓冷处理,在焊补结束后,应该对焊缝和热影响区用碳化焰进行焊接后热处理和保温处理,以减缓冷却速率,防止构件焊后产生各类裂纹。

使用 401 和 402 焊丝焊接球墨铸铁件,从力学性能角度来看,其 401 和 402 焊丝和球墨铸铁件形成的熔敷金属的强度都较高,其中 401 焊丝焊接的球墨铸铁件熔敷金属的强度(Rm 可达

518 MPa)大于用 401 焊丝焊接的球墨铸铁件的熔敷金属强度（R_m 可达 462 MPa），具体有关机械性能指标可参见表 3-34。

表 3-34 力学性能试验结果

名称	K_m(MPa)	$R_{p0.2}$(MPa)	A	HB
401 焊丝	462	382	3.5%	237
402 焊丝	518	377	4.2%	230

如果球磨铸铁件的待焊接部位对延伸率有一定要求，焊接操作者也可以考虑使用 RZCHMQ-1 球墨铸铁气焊丝进行焊接。使用 RZCHMQ-1 球墨铸铁气焊丝焊接球墨铸铁后，其力学性能 R_m 可达 440~450 MPa，延伸率可达 11% 左右。使用 RZCHMQ-1 球墨铸铁气焊丝熔敷金属焊缝、熔合区、热影响区的硬度分别可达 205HB、210 HB、220HB。因此，使用 RZCHMQ-1 球墨铸铁气焊丝焊接球磨铸铁基本可以满足对其综合性能要求。

16. 如何在不加热条件下补焊铸铁？

铸铁的焊接性比较差，焊接时容易产生白口和裂纹等缺陷，常用的焊补工艺有热焊工艺和冷焊工艺。

热焊是将工件整体或焊补部位预热至 600~700 ℃，焊后缓冷的焊补工艺。热焊由于预热温度高，减少了焊接接头的温差，改善了接头应力状态，有利于防止裂纹。同时冷速较慢，有利于石墨化过程的进行，防止白口和淬硬组织的产生。但热焊法施工措施复杂，能耗大，劳动条件差，劳动强度大，生产率低，并且对于大而厚的工件，补焊区的加热温度往往难以控制均匀，操作难度较大。尤其是对于现场施工等有些情况下，铸件由于使用条件要求不能加热或者现场不具备加热条件，就不得不采用冷焊法。冷焊法对焊接工艺和操作人员技术要求较高，焊接过程中任何一点操作不当都可能重新引发裂纹，致使工件报废。

冷焊法焊接铸铁就是在焊接前不预热或者预热温度很低的焊补铸铁的工艺。由于焊前不预热，劳动条件好，焊补成本低、周期短,适合有一定使用要求的铸件,所以往往成为铸件焊补的首选,是铸件焊补的主要发展方向,冷焊法也特别适合于不能预热或预热困难的大型铸件和对已机械加工完铸件的焊补。

在多年的生产实践中发现,铸铁冷焊过程中,由于其产生白口、淬硬组织和应力的倾向比热焊法大,仅采用普通的冷焊工艺很难获得满意的焊补质量。若在焊补前或补焊过程中采取一些特殊的工艺措施,往往能收到较好的效果。例如,水浸焊补法、栽丝焊补法、镶块焊补法和镶边铺底过渡焊补、自制铜—钢焊条焊补法等等。

水浸焊补法就是焊接时将焊件浸入水中只使焊补区露出水面,然后采用电弧焊进行焊补工件的方法。

采用水浸焊补法焊接时,由于焊件浸入水中,在水的导热作用下,焊接区的热量被迅速扩散到非焊接区和水中,减小了被焊接区的热量,缩小了被焊工件的受热面积,防止了焊补区的过热,减少了焊件上的温度差,从而使焊接应力大幅度降低。

采用水浸焊补法焊接时,盛水容器选用的水箱或水槽的体积要比焊件大两倍,水箱或水槽可用钢板或水泥制成,制成水箱或水槽应能保证方便水进或水出的调节。

焊件浸入水中后,要注意保持水位,一般水位距坡口底部 5~8 mm 为宜。水位过高,水易渗入焊缝,增加白口层硬度;水位过低,冷却效果差,达不到修补焊接工艺要求。

在焊接准备坡口制成时,可考虑选用 U 形坡口,或制作类似 U 形的凹坑状坡口,两边坡口面角度可以选择为 $45°$,坡口中间底部要圆弧形过渡。这样的坡口不仅有利于焊接时排气和渣气,而且也便于观察和操作。

采用水浸焊补法焊接时,要采用短段、断续、分散多层多道焊的焊接方法。每道焊道长 30 mm 左右,焊接层厚度可在 1.5 mm 左右。同时,要注意缩短焊补区高温停留时间,尽量降低熔合比,控制母材向焊缝中的熔入量,以减少碳及杂质硫、磷熔入焊缝,有利于减少白口层和裂纹的产生,同时降低焊缝金属的硬度,有利于机械加工。

第一层焊缝焊接时,为减少熔合比,保证焊缝与母材良好熔合,每道焊缝可采用短弧点焊的方法。即,每次只焊一个焊点,稍稍微停留一会再焊第二个焊点,第一个焊点与第二个焊点重合 1/2～2/3 为宜,以此循环进行直至焊完整道焊缝。每道焊完后立即锤击焊缝,减少应力。

水浸焊补法焊接时,焊件浸入水中,热量以水为介质向四周均匀传递,使接头应力分布较为均匀,降低了应力集中和接头裂纹敏感性。但是,采用水浸焊补法铸件时,工件浸在水中焊接,故水浸焊只适合中小铸件的焊补。而对于大型铸件,因为其焊后冷却效果主要决定于铸件本身而不是水,因此焊补效果较差。另外,大型铸件刚性也大,焊接工程中也难于保证铸件的整体焊补质量。

对于铸铁,若采用普通的低碳钢焊条焊接,由于铸铁组织强度低、塑性差,即使焊接电流较小,焊缝金属的熔合比控制在 25%～33% 之间,焊缝金属含碳量控制在 0.7%～1.0%,焊缝也会产生高硬度的脆性马氏体组织,包含脆性马氏体组织的铸件在焊接应力作用下特别容易出现裂纹。

为解决焊接过程中产生高硬度的脆性马氏体组织引发裂纹这一问题,焊接时应在焊缝中增加一定的铜元素,使焊缝成为铜钢焊缝降低高硬度组织的产生,提高焊缝金属的塑性,防止焊接裂纹的产生。因为铜与碳不形成碳化物,也不溶解碳,彼此不形成高硬度组织,能增加焊缝中石墨的含量,同时铜的屈服极限较低,塑性好,增加铜后的焊缝强度也可以不低于灰铸铁,加铜的措施可以大大提高焊缝的塑性,使铜钢焊缝具有较好的抗裂纹能力。

另外,铸铁在一般情况下硫的含量较高,硫是强烈阻碍石墨化的元素,加铜后焊缝中铜能与硫生成硫化铜,这不仅削弱了焊缝中硫的有害作用,还有利于焊接解热过程中石墨化过程的进行,可减少铸件中白口组织的形成。因此铸铁冷焊可以通过自制铜-钢焊条进行焊补。

自制铜-钢焊条焊补铸铁,焊补工艺的关键是铜钢焊条的制造。常见的铜钢焊条制造方法有两种：一种是焊条药皮外套紫铜管，紫铜管的厚度可在 1 mm 左右。也可用紫铜皮包裹代替紫铜管。另一种方法是在焊条药皮外缠绕紫铜丝。缠绕紫铜丝的方法非常简单，缠绕过程简单易行，焊缝成分便于调整，生产中应用较多。

焊条药皮外缠绕紫铜丝的焊条一般选用碱性低氢焊条，如 E4315(E5015) 或 E4316(E5016) 等。若选用奥氏体焊条作为缠绕紫铜丝的焊条效果会更好。作为缠绕紫铜丝的焊条直径不宜过大，一般选用 $\phi 2.5$ mm 或 $\phi 3.2$ mm 焊条为宜。

缠绕焊条用的紫铜丝一般可利用废弃的漆包线。但使用时应注意要去除漆包线外包上的绝缘层。漆包线的直径一般不宜过大，直径太大不好缠绕；但漆包线直径太小起不到应有的作用，一般漆包线的直径在 $\phi 0.5 \sim \phi 2.0$ mm 比较合适。制作铜-钢焊条时，将除锈去油的铜丝呈螺旋状均匀缠绕在焊条药皮外表面上，紫铜丝直径、缠绕匝数及匝距与焊条直径、铸铁材质和焊后对铸件的使用性能要求有关。铜丝直径越粗，匝距越大，一般匝距为 $2 \sim 6$ mm。

实践证明，自制成简单的铜-钢焊条来进行焊补的方法可以较好地弥补由于铸铁焊条较少，一般单位在铸铁断裂前很少备有现货的弊端，加之，自制铜-钢焊条简单、方便，可随时制造与使用，是一种既方便又经济的方法。

栽丝焊补法就是在铸铁件坡口两侧钻孔、攻丝并拧入钢质螺钉，焊补时先绕螺钉焊接，再焊螺钉之间，这种焊补工艺称为栽丝焊补法。

栽丝焊的原理就是通过栽在铸件上的碳钢螺钉，将焊缝与未受焊接热影响的铸件母材固定在一起，塑性好、强度高的碳钢螺钉不仅承担了大部分焊接应力，有利于防止裂纹的产生，而且还提高了焊缝强度，提高其承受冲击负荷的能力，其作用类似于混凝土中的钢筋。这种焊补方法主要应用于承受冲击负荷的厚大铸铁件（厚度大于 20 mm）裂纹的焊补。

栽丝焊工艺的关键是所栽丝的位置和数量。焊前在坡口内钻孔攻丝,两边各两排,相邻两排相互错开,并均匀分布。丝(螺钉)的直径为 8~16 mm,铸件越厚,选用的螺钉直径越大,拧入螺钉的总截面积达到坡口表面积的 25%~35% 为佳。螺钉拧入深度应大于等于螺钉直径,螺钉凸出坡口表面高度为 5~8 mm。焊补时先绕螺钉焊接,再焊螺钉之间,直至焊补完整个坡口焊缝。

镶块焊补法是对于焊补面积较大的部位,可以准备一块或者几块低碳钢板作为填充材料镶入到焊补坡口中,然后将低碳钢板与铸件焊接,这种工艺方法称为镶块焊补法。

镶块焊补法的原理就是利用低碳钢镶块良好的塑性和较高的强度来增加焊缝金属的塑性,以松弛焊接应力,同时提高焊缝金属的强度,防止裂纹的产生。镶块焊补法适用于裂纹多道交叉或比较集中的焊件,因为若采取逐个裂纹焊补,由于焊补处反复受热,易产生应力集中而发生裂纹。这时若将裂纹整个挖除,制备一个较大的坡口,并在坡口中镶入镶块进行焊接,既避免了焊补处反复受热,又增加了焊缝金属的塑性和强度,能大大提高焊补质量。

镶块焊补法的工艺特点就是制备镶块。为降低局部刚度,减少焊接应力,镶块应做成凹形。若镶块采用平板,则预先在平板中部预开一条缝,待其他部分焊完后,最后才焊中间焊缝,这样可通过中间焊缝来松弛焊接应力。若坡口较深,可采用多块镶块,其尺寸应随坡口宽度的增加而增大。需注意的是,上下镶块应紧密贴合,并用塞焊或槽焊相连,塞焊或槽焊应最后焊接。镶块焊补法减少了填充金属量,缩短了焊补时间,提高了焊接生产率。

镶边铺底过渡焊补法是先用铸铁焊条在坡口面镶边及坡口底部铺底焊一层或几层过渡层,然后用碳钢焊条焊完坡口。

镶边铺底过渡焊补法的原理是由于坡口面镶边及坡口底部铺底过渡用焊条常采用的是镍基焊条,镍是奥氏体化形成元素,镍和铁能无限互溶。当焊缝中镍含量大于 30% 时,其组织可从高温到室温一直保持奥氏体不变,硬度较低、塑性好,能防止裂纹产生;镍不是碳化物形成元素,但在高温时,镍及镍基合金可以溶解一定量的碳,焊接中随温度降低,一部分过饱和的碳将以石墨析出,石墨的析出过程伴随着体积膨胀,有利于降低焊接应力。镍又是较强的石墨化元素,而且高温时扩散系数大,有利于焊缝中的镍向铸铁母材半熔化区扩散,可减小白口区宽度。所以用镍基焊条在坡口面镶边及坡口底部铺底能较好的保证过渡层焊接质量。考虑镍基焊条价格昂贵,其他层(道)将用碳钢焊条焊完,其实质已是在奥氏体钢上堆焊低碳钢焊缝。镶边铺底过渡层数与铸件的材质、厚度、坡口尺寸以及结构刚性有关,对于材质差(如变质的铸铁)、厚度、坡口尺寸和刚性大的铸件,可多焊 1~2 层。

  镶边铺底过渡焊补法镶边铺底过渡常用焊条的典型牌号是镍基焊条中的纯镍焊条(Z308)和镍铁焊条(Z408)。镍铜焊条由于收缩率较大,焊缝易引起较大应力,抗裂性能较差,特别是焊补刚性大的铸件易引起裂纹,所以较少使用。碳钢焊条宜选用抗裂性能较好的低氢碱性焊条,如 E4315(E5015)、E4316(E5016)等。焊接时应注意焊接顺序。过渡层先焊坡口底部的铺底层,然后由内向外依次为坡口面镶边。碳钢填充层采用多层多道,每道由坡口底部向坡口面逐次向上焊接。焊满坡口后可加焊一道回火焊道,起附加热处理作用。镶边铺底过渡焊补法主要应用于刚性大、焊补体积大、焊缝与母材不易熔合、易出现剥离开裂情况的铸件的焊补。需要注意的是,实际焊补中应根据具体情况选择相关焊补方法,可使用一种焊补方法,也可是两种方法的结合,如很多大型铸件就采用镶边铺底过渡焊补法结合栽丝焊补法等。同样焊接中还应遵循通用的焊补工艺,如冷焊的短段、断续、分散焊等工艺措施。

  例如,某煤气厂发生炉因长期超负荷工作,导致炉底出现开裂,裂纹长度大约 1.45 m,裂纹深度将近 40 mm。发生炉炉体材料为灰口铸铁 HT200,厚度 45 mm。就是采用电弧冷焊使之得以再次使用。其铸铁 HT200 发生炉焊补工艺具体如下:

(1)焊接方法

  铸铁 HT200 发生炉补焊时采用的焊接方法是焊条电弧冷焊加栽丝和镶边铺底过渡焊接的方法。

(2) 焊接材料

焊接时,焊接材料采用 $\phi 3.2$ mmEZNiFe(铸 408)焊条和 $\phi 3.2$ mmE5015(结 507)焊条。

(3) 栽丝工艺

栽丝工艺选用 M10 螺钉,在坡口两侧各栽丝 15 个,丝孔间距为 100 mm,各个栽丝成人字形交错排列,具体栽丝方法如图 3-45 与图 3-46 所示。螺孔深 10 mm,螺钉露在坡口外面约 7 mm。

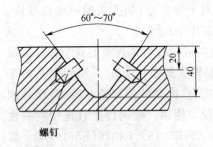 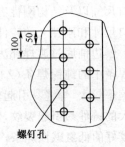

图 3-45　坡口栽丝示意(单位:mm)　　图 3-46　螺钉孔排列示意(单位:mm)

(4) 镶边铺底过渡层工艺

采用 EZNiFe(铸 408)焊条铺底和镶边过渡;采用 E5015(结 507)填充盖面。

具体焊补工艺过程包括:

(1) 焊前准备

1)在裂纹两端外延钻止裂孔,防止裂纹扩展;

2)用角向砂轮机或其它机械设备沿裂纹方向打磨坡口。坡口角度可控制在大约为 60°~70°即可;

3)用氧-乙炔火焰烘烤铸件待焊部位以清除要焊坡口及坡口附近的油、锈、水分以及杂质等;

4)在铸件坡口两侧各钻 15 个螺孔,并拧入去头后的低碳钢 M10 螺钉;

5)将使用的焊条(如,EZNiFe-铸 408 焊条)烘干,烘干温度一般为 200 ℃,烘干时间一般为 1~2 h 如使用 E5015(结 507)焊条,烘干温度应选择为 400 ℃,烘干时间为 1~2 h),烘干后的焊条应放入保温筒,随用随取。

(2)焊接操作

1)采用 EZNiFe(铸 408)焊条先焊接三层铺底和镶边。每层焊接时,都应先焊接螺钉的周围,然后再沿裂纹长度方向焊接螺钉之间,焊接完螺钉之间后,再焊接螺钉以下的坡口底部部分,最后焊接螺钉以上的坡口边缘部分。每层焊接时都应该采用多道焊,坡口底部由坡口中心向坡口边缘依次进行,坡口边缘部分由内向外分别依次进行。同时,注意焊接时采用断续、分段焊、退焊法。且每段的分段要短。焊后要及时锤击焊缝,以消除应力。焊条直径宜于选择 ϕ3.2 mm 焊条,电流应选择 90~110 A。最好采用直流反接法焊接。

2)铺底镶边过渡焊完后,可以用直径 ϕ3.2 mm 的 E5015(结 507)焊条进行填充焊接,同时采用多层多道焊。焊接电流控制在 90~110 A,最好采用直流反接。焊接顺序如图 3-47 所示。

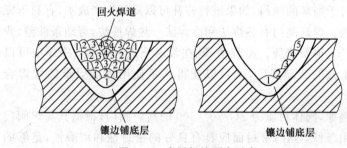

图 3-47 多层焊接顺序示意

3)短段、分段退焊的具体方法是每段长大约 30 mm 左右。每焊完一道后,立即锤击焊缝,直至焊缝表面出现密布的麻点,以减少焊接应力。待冷却至用手触摸不烫时(约 50~60 ℃)再焊下一道。

4)焊接过程中,采用直线形运条法,不摆动,短弧焊接,每焊完一段后应填满弧坑,并将电弧引到起弧点附近熄灭,让其电弧起到附加热处理的作用。

5)最后还应注意,坡口焊满后还要多焊一道回火焊道,使其回火焊道起到附加热处理的作用。焊后将焊缝再修磨至与母材圆滑过渡,以减小焊接残余应力,防止裂纹再次发生。

从该单位铸铁发生炉的焊补效果看,该焊补工艺焊接修复铸铁件,修复时间短,该煤气发生炉修复后已安全运行了若干年没有发生问题,这也说明了该工艺修补铸铁的可行性。

17. 如何采用冷焊工艺修补阀门密封面？

阀门在管道和高炉中经常可见,尤其是高炉阀门(例如,放散阀和均压阀),它们处于炉顶装料系统。高炉阀门由于长期工作在较恶劣的环境中(工作温度250~400 ℃,受带有粉尘的高压煤气冲刷及磨损等),受到热和煤气等腐蚀性介质的综合作用,造成密封面出现麻点,产生穿孔或呈鱼鳞片脱落等缺陷。因此,阀门密封面的耐磨、耐热和耐腐蚀性能的提高是阀门使用寿命提高的主要指标。

对于损坏的阀门,如果进行修补可以降低生产成本,有利于废物利用。焊修阀门有热焊法和冷焊法。热焊接法,劳动条件差,费时、费工、浪费能源。冷焊法,既在常温下进行焊接,冷焊法可以降低工人的劳动强度,又可以获得满足使用性能要求的堆焊合金层。

例如,阀体材质为 ZG270~500 的高炉阀门,根据其高炉阀门的使用条件,阀门密封面应具有良好的密封性和耐磨性,足够的高温强度和高温组织稳定性及良好的抗氧化能力。堆焊的硬质合金层应满足耐磨、耐热和耐腐蚀的要求。为此,焊接时可选用 DF-2B 型冷焊焊条。DF-2B 型焊条的合金成分范围见表 3-35。

表 3-35 DF-2B 焊条的合金成分(质量分数)

C	Cr	Mo	W	V
2%~4%	9%~20%	5%~7%	6%~10%	1%~3%

根据阀体材质(ZG270~500)和阀门的大小和厚度(阀门较厚大),焊接规范参数可参照表 3-36 选取。焊接工艺应包括:焊前阀

体表面清理修磨,焊条需经350~450 ℃烘干,焊条烘干时间为2 h,焊接层数为堆焊4层,焊接层间温度不低于100 ℃。

表3-36 焊接规范参数

焊条直径 ϕ(mm)	焊接设备	焊接电流 (A)	电弧电压 (V)	极性	焊速 (m/h)
5	ZXC-400	170~210	20~27	反接	6~9

由于DF-2B型焊条工艺性好,焊前不需预热,引弧容易,电弧燃烧稳定,工艺简单,操作者易于掌握,且该焊条焊接的构件在常温下的焊接接头抗裂性能好。

按照《金属洛氏硬度试验》(GB/T 230.2—2002)的规定,对采用DF-2B型焊条焊后的焊缝进行了各堆焊层硬度的测定(焊后采用HR-150A洛氏硬度试验机进行各堆焊层硬度的测定),不同回火温度下各堆焊合金层硬度见表3-37。由表3-37可见,焊后阀门各层均可获得具有良好耐磨、耐热、耐蚀和良好机加性能的焊缝金属,硬度大约在46~52HRC范围内,可以满足阀门的使用性能要求。

表3-37 不同回火温度下各堆焊层硬度平均值HRC

	焊态	300 ℃/2 h 空冷	400 ℃/2 h 空冷	500 ℃/2 h 空冷	600 ℃/2 h 空冷
一层	47.2	45.5	45.9	46.3	40.4
二层	52.4	49.1	48.5	50.4	42.9
三层	53.2	48.0	48.1	49.7	42.7
四层	52.4	47.2	46.9	49.1	42.6

除此之外,DF-2B型焊条也可以焊接阀体和阀座,用DF-2B型焊条替代常规采用的堆667硬质合金焊条还可以进行有关铸钢材料的焊接。

18. 如何补焊铸钢C12A高温再热蒸汽管道水压堵阀?

超超临锅炉的主蒸汽出口压力大、温度高,高温再热蒸汽出口管道上水压堵阀(材质为C12A)经常发现裂纹。为了保证了锅炉的安全稳定运行,经常需要更换阀门。那么,更换下的阀门是否可以焊接修补那？以表3-38所示的铸钢C12A为例,首先我们看看此阀体裂纹是如何产生的,修补工作又应该如何进行。

表 3-38 堵阀相关参数

名称	数量	阀体材质	阀体厚度(mm)	介质温度(℃)	介质压力(MPa)	运行时间(h)
堵阀	4	C12A	78	603	5.75	5 000

表3-39所示的高温再热蒸汽管道水压阀体为C12A铸钢件,经过仔细检查发现其阀体表面存在铸造缺陷,裂纹源处于缺陷尖端。由此可以初步判定,铸造缺陷是造成堵阀体开裂的主要原因。而堵阀制造后没有经过长时间时效处理,由于内应力的存在,成为阀门在高温条件下运行一段时间后阀体开裂的另一原因。经过对堵阀阀体表面裂纹原因进行的分析,由此可以制定裂纹消除和焊接工艺方案。此方案可以采用异质冷补和同质热补的补焊工艺进行。

(1)缺陷处理

铸件缺陷的处理可以采用角磨机打磨,待铸件上的裂纹彻底消除后,再将待焊部位修磨成U形坡口,并修磨待焊铸件的表面及清除补焊位置及其周围50 mm范围内的油、水分、泥土及铁锈等杂质,使待补焊部位露出金属光泽。

有条件时,可对裂纹消除后的部位进行磁粉或着色探伤检查,确认无缺陷后再进行补焊。对于铸件上不需补焊的部位要进行圆滑过渡,不允许存在任何尖角。

(2)补焊工艺确定

铸件阀体上,对于深度小于25 mm的裂纹,可采用异质冷补焊工艺方案。为了防止补焊时的熔敷金属量大,防止堵阀在再次使用过程中产生过大的组织应力,造成再次运行过程中铸件阀体开裂,对于深度大于25 mm的裂纹宜于采用同质热补焊工艺进行

(参见表 3-39)。

补焊前应将碱性焊条在 300～350 ℃温度下烘焙 1 h。现场焊接时,焊条应该存放在保温筒中,用时逐根取用,保温筒应始终接通电源,温度保持在 100～150 ℃。

表 3-39　手工电弧焊焊接工艺规范

名　称	异质冷补焊	同质热补焊
焊材牌号	8N12	E9015-B9
焊材规格(mm)	$\phi 3.2$	$\phi 3.2$
焊接电流(A)	80～110	90～110
焊接电压(V)	22～24	22～24
极性	直流反接	直流反接

1) 阀体的异质冷补焊工艺

阀体的异质冷补焊可以采用局部预热,预热范围为待补焊部位及周边 100 mm 内。预热温度为 100～150 ℃,采用远红外线测温仪测温。阀体预热至 100～150 ℃后,首先采用 $\phi 3.2$ mm 焊条焊接打底焊,焊接第一层的厚度控制在 3～5 mm 范围内。打底焊时尽量选用较小的焊接电流,以减少母材稀释。打底焊完成后立即用石棉布对阀体进行保温缓冷,待阀体温度至室温后清渣并进行宏观检查。如果发现缺陷,要根据缺陷的类型对其及时处理。然后,采用同种镍基焊条在室温下进行阀体补焊处的填充及盖面。

为减少阀体补焊时的应力和变形,补焊时尽量采用多层多道焊,焊条尽量不摆动,每层焊道的单层厚度大致等于所用焊条的直径,后焊接的焊道要压住先焊接焊道的 1/3,焊接速度控制可以控制在 70～130 mm/min。另外,焊接过程中还要对焊缝进行锤击。锤击时,除打底层焊缝不锤击之外,其余各层在清渣后均需进行锤击,锤击时先锤击焊道中部,后锤击焊道两侧,锤痕应紧凑整齐,避免重复。

补焊时,还要注意焊渣的清理。即,每施焊完一层应及时清理焊渣,检查补焊质量,若发现缺陷要及时打磨清除。

在整个焊接过程中,基体金属温度不允许高于100 ℃。严禁在工件表面引弧、试电流。施焊过程中应特别注意接头和收弧的质量,收弧时应注意填满弧坑,多层多道焊的接头应错开。焊后将阀体补焊部位局部加热至100~150 ℃,采用保温棉覆盖在补焊部位以延缓冷却速度。

2) 堵阀阀体的同质热补焊工艺

采用同质热补焊工艺补焊阀体首先应采用电加热法将阀体整体加热。即,将阀门从管道上拆卸下来,用保温棉将阀门进出口塞实。加热带布置应均匀,将阀体、肩部以上部位和焊接短管均用加热器包扎好,留出补焊部位,外面用一层保温棉,完全包扎好后,升温至200~250 ℃,并保持7~8 h,保证阀体内壁温度达到要求。

阀体预热至200~250 ℃后,首先采用 $\phi 3.2$ mm 焊条在坡口底部进行打底焊,焊接厚度大约控制在3~5 mm。焊完打底层后,清渣进行宏观检查,如果发现缺陷及时处理。然后进行填充层及盖面层的焊接。

为减少变形和应力,要采用多层多道焊接,焊条尽量不摆动,每层焊道的单层厚度大致等于所用焊条的直径。每焊完一层都应对焊缝进行及时的清理,清理焊渣过程中不宜重击焊缝。检查补焊质量时,对发现的焊接缺陷要及时打磨清除,确认无夹渣等缺陷后进行下一道或下一层焊缝的补焊,直至补焊完成。

焊接时,无论打底层、填充层还是盖面层的焊接都禁止操作者在工件表面上引弧或试电流,防止留下脆硬层成为引发裂纹的新裂纹源。施焊过程中应特别注意接头和收弧的质量,引弧时应避免未熔合和气孔现象的产生,收弧时应注意填满弧坑,增加焊缝的强度,多层多道焊的接头应错开,避免焊缝和表面产生焊接缺陷。

补焊后应及时清除焊道及其周围的熔渣及飞溅物等杂质,并将补焊金属表面打磨至平整光滑,使焊缝边缘与母材平滑过渡。补焊区不允许存在咬边、裂纹、未熔合、气孔、夹渣及低于相邻母材表面质量要求的缺陷。

3) 堵阀阀体焊后的热处理

阀体焊后的热处理可采用火焰加热和电加热。采用电加热时,加热带应均匀布置,将阀体、肩部以上部位和焊接短管均采用加热器包扎,保温棉至少应有 2 层以上,以保证阀体整体升温均匀。热处理时,先将焊接后的阀体冷却至 80~100 ℃,保温 1 h~2 h,然后以小于 80 ℃/h 的速度升温至 740 ℃,保温 4 h 后缓慢冷却,降温速度小于 80 ℃/h,300 ℃ 以下可不控制温度。若焊后不能及时进行热处理,需冷至室温较长时间时,应将焊缝升温至 350 ℃,保温 2 h 后实施消氢处理。

19. 如何用普通低碳钢焊条补焊灰口铸铁

灰口铸铁 C 含量高,S、P 杂质的含量也高;强度低,基本无塑性。由于焊接过程具有冷却速度快、焊件受热不均匀的特点,造成焊接应力较大。因而,铸铁的焊接是焊接中的难点,用普通低碳钢焊条电弧冷焊灰口铸铁则更难。但现场设备构件断裂或损坏急需焊接时,往往没有合适的铸铁焊条进行焊接。为了解决现场焊接难题,可以考虑采用普通低碳钢电焊条焊接铸铁。普通低碳钢焊条电弧冷焊灰口铸铁存在以下两个方面的难点。

(1) 焊接接头易出现白口及淬硬组织

整个焊接接头可分六个区域,如图 3-48 所示。

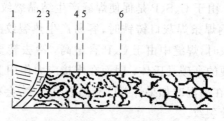

图 3-48 铸铁焊接接头分区
1—焊缝区;2—半熔化区;3—奥氏体区;4—重结晶区;
5—碳化物石墨区、球化区;6—原始组织区

1) 焊缝区。常用灰口铸铁中 C 的含量大约为 3% 左右,采用

低碳钢焊条补焊时,其焊缝中平均 C 的含量大约为 17%～110%,这种含碳量的焊缝在快冷后将出现很多脆硬的马氏体,其硬度值最高可达 HB500 左右。

2)半熔化区。半熔化区较窄,处于液相线及固相线之间,其温度范围为 1 150～1 250 ℃。焊接时,该区处于半熔化状态,其中一部分铸铁已变成液体,另一部分铸铁由于石墨片中 C 的扩散作用,转变为奥氏体。由于一般电弧焊过程中,该区加热及冷却速度非常快,使石墨片来不及向四周扩散,而呈细小片状石墨残留在该区内。液态铸铁在共晶转变温度区间转变成莱氏体,即共晶渗碳体＋奥氏体,继续冷却得到的就是白口组织。

3)奥氏体区和重结晶区。该区在冷却速度过快的情况下会产生一些马氏体。

4)其它区域。补焊铸铁时,其焊后其它区域组织变化不明显或无变化。

(2)焊接裂纹

当用低碳钢焊条补焊灰口铸铁时,即使采用较小电流焊接,焊缝中的熔合比一般为 1/3～1/4,焊缝中的平均含碳量大约在 0.7%～1.0%左右,焊缝中含 S 量、含 P 量也较高,而且由于母材与焊条金属化学成分相差悬殊,补焊焊接过程中的熔池存在时间很短,焊缝横截面上 C、S、P 分布不均匀,越靠近熔合线,含 C、S、P 量越高。由于 C、S、P 是促使焊缝产生结晶裂纹的有害元素,因而用低碳钢焊条焊灰口铸铁时,容易产生热裂纹。此外,在接头冷却速度快时,焊缝中由于 C、P 含量高,冷去转变过程中存在着大量脆而硬的高碳马氏体,因而在焊接应力作用下极易形成冷裂纹,尤其是在高温时如果焊缝已有热裂纹产生,会在热裂纹的基础上再形成冷裂纹。

用普通低碳钢焊条电弧冷焊补焊灰口铸铁虽然比较难,但是只要工艺措施正确还是可以补焊成功的。用普通低碳钢焊条电弧冷焊补焊灰口铸铁的要点可以考虑以下几个方面:

(1) 清除工件缺陷上的油污、水、锈等杂质,将缺陷处制成 $50\pm5°$ 的 V 形坡口,为了防止在补焊过程中裂纹延伸,在离裂纹端部 4 mm 处钻小于 8 mm 的止裂孔。

(2) 用小于 2.5 mm 的 E4315 焊条、焊接电流为 50A,直流反接,薄薄地焊一层 V 形坡口。分段逆向焊,不做横向摆动,每焊 50~70 mm,就用小锤敲击焊缝一遍。

(3) 第一层,用小于 3.2 mm 的 E4315 焊条,焊接电流 80~110 A,直流反接,从上裂孔起焊,分段逆向焊,每焊 70~90 mm,用小锤敲击焊缝一遍,焊至另一止裂孔止。

(4) 第二层,用小于 4.0 mm 的 E4315 焊条,焊接电流为 110~140 A,直流反接,操作要点与焊第一层相同。

(5) 焊后填平止裂孔

补焊实践证明,采用适当的焊接工艺,掌握正确的操作要点,用普通低碳钢焊条电弧冷焊补焊灰口铸铁是可行的,另外研究发现用普通低碳钢焊条电弧冷焊补焊灰口铸铁不需退火即可获得良好的切削性能,而且焊接过程中还降低了成本。

第三节 冷焊与粘结技术

1. 如何采用冷焊技术修复损坏的零件?

"冷焊"技术包括胶粘和密封,具体是指将胶粘剂涂敷于零件表面,实现零件耐磨损、耐腐蚀、耐压、密封锁固、连接等多种用途的维修、防护及装配新技术。"冷焊"技术相对于电焊、气焊、热喷涂等传统的维修工艺而言,改变了人们传统的维修及装配观念,创造了一种极其简便易行的维修方法。它不需要专门设备,定温操作,不会使零件产生热变形,是一种安全、节能、快速、经济、可靠的维修方法。

化学密封技术相对于传统的密封锁固方法,取代了垫片及高能耗装配工艺。用胶液充满螺纹及平面间隙,靠胶粘力获得可靠的锁固及密封效果,是传统机械防护密封措施的一次飞跃。目前,常用的胶粘剂品种很多,据不完全统计大概有上百种产品。

采用"冷焊"技术维修构件,需要对待修理表面进行预先处理。其常规的表面处理方法有:清除除掉待焊部件表面上所有的游离物、铁锈及污染物,如果待焊部件上有原有的涂层也必须清除干净。表面的清理,可采用磨、锉或喷砂等工艺粗化待修表面。粗化待修表面可以增加粘接面积,可以提高整个修复层与基体的结合力。对于带修表面的油污则可以用清洗剂清洗。被油脂浸透的物体表层最好用采用氧－乙炔火焰加热烘烤,烘烤后的待焊工件冷却后再用清洗剂喷洗,以确保有较好的脱脂除油效果。

在修补时,修补剂的配制和涂敷比较关键。一般情况下,经常使用的修补剂为双组分修补剂。一般,"本剂"与固化剂都有一个严格的配比,本剂中只有加入准确的固化剂量才能保证固化效果,并获得最佳的物理机械性能、化学性能与强韧性。

配制修补剂时,取一块干净的塑料板,用干净的胶刀将"本剂"与固化剂按一定比例混合搅拌均匀。判断"本剂"与固化剂是否混合搅拌均匀的方法是看到两组分不同颜色的条纹是否完全消失。只有两组份不同颜色的条纹完全消失,"本剂"与固化剂才混合搅拌均匀了,才可以用来粘结与修补待焊补的构件。

工业修补剂的固化过程分为几个物理阶段。在这几个阶段中值得注意的是固化的初硬点。将"本剂"与固化剂组分充分混合后,固化反应开始。随着反应的进行,粘度越来越高,直到成为半固体状态。从顺滑的修补剂到涂层开始硬化的交界点,称为初硬点。

在此初硬点之前的时间段称为修补剂的初硬阶段,又称为适用期。修补剂到达初硬点的快慢对于涂层最终的物理化学性能影响很大。对大多数粘结剂来讲,提高温度可以加快固化速度。不管是提高环境温度,还是提高待修表面的温度或是提高修补剂本身的温度,都可以加速固化反应,缩短修补剂的适用期。反之,降低温度可延缓固化时间。适用期内修补剂的固化温度一般应维持在 15～45 ℃的温度范围内。如温度过低,修补剂将不固化或固化不彻底,而未完全固化涂层的物理、化学性能非常差。固化时急冷急热也会导致涂层的快速收缩与膨胀,会使冷焊的胶粘涂层产生内应力,导致涂层性能下降。

胶粘涂层初硬之后,25 ℃以上时 24 h 可使涂层完全固化。这个阶段所需的固化时间由温度决定。只有修复完全固化之后才能投入满负荷运行。如果需要缩短施工时间,胶粘涂层在常温下初固化后,可对修补部位进行加温,一般加热温度为 80~100 ℃,保温 3 h 即可。

如待修补表面的温度大于 45 ℃,直接涂敷工业冷焊的修补剂会使胶粘涂层固化太快,会使胶粘涂层的强韧性和耐介质性能降低。所以,在修补剂的适用期内一定要使胶粘涂层温度保持在 20~45 ℃之间,初硬之后再升温固化。当待修表面的温度在 15 ℃以下时,一般必须采用适当的加热方式才能保证胶粘涂层固化。但是,加热温度不得高于 80 ℃。否则,将会导致粘结涂层强度下降或过早失效。

例如,某单位使用中的轴承发生磨损,轴承零件的磨损主要发生在 3 个部位:轴颈、键槽和花键。为修复磨损后的轴,研究人员采用机械加工法将轴的磨损处在机械车床上车成螺纹状,切削深度以原始轴颈表面为基础不小于 2 mm。如果轴颈已被磨掉 2 mm 以上,可直接在磨损表面车出螺纹。然后,用清洗剂清除轴表面的油污,配制 125 耐磨修补剂涂敷于磨损处,并使之高出轴外径 1~2 mm 作为机械加工余量,在 25 ℃固化 8~12 h,待完全固化后上车床车削加工至要求尺寸。最后,使用硬质合金及更硬的刀具和细的水砂布打磨抛光。冷焊技术补焊轴承应注意要待修补的构件彻底固化后才能装配使用。实践证明,修复后轴的耐磨性及耐腐蚀性完全达到甚至超过原材质的水平。

2. 如何使用化学密封技术修理使用中的设备与零件?

机电产品在使用过程中,因高温、振动、冲击、介质腐蚀等因素的影响,容易产生松动和泄露,导致设备不能正常运转,影响安全和文明生产。为解决这一问题,可使用密封锁固剂技术。

(1)设备螺纹的锁固与密封

设备上的通孔,一般条件下可用755清洗剂清洗螺栓及螺纹表面,将零件组装,将螺栓穿过螺孔,滴上几滴243锁固剂至螺栓与螺母的旋合处,拧上螺母并将其紧至规定转矩即可。对于盲孔,先用755清洗剂清洗螺钉及螺孔的螺纹,然后滴几滴243锁固剂到螺纹孔底,再滴几滴243锁固剂到螺钉的螺纹上,最后将其拧紧至规定转矩即完成了密封。对预先装配好的螺纹紧固件,也可先用755清洗剂清洗螺栓及螺纹,清理好后装配零件,拧紧螺母至规定转矩,将290密封锁固剂滴入螺栓、螺母的旋合处即可。

(2)平面密封

平面密封时,传统的密封垫圈会因压力和接点的运动而蠕动,从而降低夹紧负荷。传统的密封胶也因为固化后无强度,无弹性,密封效果也不好。而近些年较多使用的洛泰厌氧型平面密封剂能最大限度地承受金属夹紧负荷,并能较好地补偿表面的不平度。

例如,箱体结合面及法兰面的密封,可采用790垫片清洗剂或铲刀清除密封面残余衬垫、胶层和油污,用755清洗剂清洗配合面,用515胶粘剂涂于密封面形成一个密封胶圈,螺孔须环绕涂胶,对准合拢,上紧螺栓,避免错移,涂胶后在45 min以内随时可以装配完成密封。但在箱体结合面及法兰面的密封时,结合面上的清理不要打磨,避免影响密封面的平面度。

(3)圆柱件的固持装配

在机械设备装配中,传统的过度配合只能使两个接触表面接触大约25%左右,接触表面留下的75%部分的空隙既是松动和渗漏的根源,也是引起磨损和腐蚀的的主要原因。但如果在机械设备装配中采用圆柱零件固持剂新工艺,可解决这一问题而将空隙完全填满,杜绝装配中的松动和渗漏现象发生。

采用圆柱零件固持剂,只要装配时使轴与孔的径向间隙为

0.05滑配合,表面粗糙度Ra3.2～1.6 μm。用755清洗剂清洗配合件。将680固持剂涂在轴颈配合部,左右转动徐徐装入轴承。擦去多余胶液,25 ℃时固化8～10 h。孔装配基本等同于轴装配,只是孔径应大于轴径0.05～0.10,轴承跑圈固持与轴孔固持装配类似。

以上设备与零件的密封与固持要注意的问题是清洗时应注意清洗剂不得对向人身喷涂,工作中万一旦不慎沾染上清洗剂应立即用清水冲洗。680固持剂固持零件后如需重新固持时,可将固持后的零件局部加热230 ℃,保持5 min趁热拉出即可。对于密封锁固,二次装配前应使用790垫片清除剂清除原有胶层后再进行装配。

3. 如何快速"冷焊"修复渗漏的油罐？

储油油罐在使用一段时间后,往往由于腐蚀穿孔、微裂纹、砂眼及施工质量、外力误操作等因素对油罐造成损坏,导致油罐渗漏。传统修补渗漏的油罐的方法是将腾空的油罐清洗处理后再进行焊补或者是用环氧树脂进行粘接。但这些修补方法只适用于空罐并且对修补部位的清洁度要求较高,修补的时间较长。

近年来随着一些新材料、新技术的开发和应用,对储油状态下油罐渗漏的快速修补已经成为现实,并且还能达到优质、高效、低成本的目的。

储油状态下油罐渗漏快速修补与空罐修补虽然有相同之处,但储油状态下油罐渗漏的修补要求更高,修补更加困难。

修补储油状态下油罐的主要困难主要表现为：

第一,储油状态下的油罐由于渗漏和油罐周围的油气不能全部排出,油料渗漏时油蒸汽将会积聚到洞库坑道及半地下油罐走道内,使整个修补环境处于易燃、易爆的气体氛围中,有引起爆炸或失火的危险,难于采用焊接的方法进行修补。

第二,储油状态下的油罐一旦渗漏,由于油源无法排除使油罐一直都处于渗漏状态,这就给待修补部位的清洗带来很大的困难。一般情况下,不可能将待修补部位的油污完全清洗干净,表面清洁度较差,增加了焊接难度。

第三,储油状态下油罐的修补,一般都要求快速维修(以小时甚至是以分来计算),因此对储油状态下油罐渗漏修补的最主要的要求是能快速修补渗漏部位,阻止油料的进一步渗漏外溢。

以上储油状态下油罐的维修特点决定了热焊接修补其渗漏油罐的难度很大。但冷焊技术在修理渗漏油罐中得到了迅速发展。

冷焊技术也称化学粘合技术,该技术是将高分子聚合物与特殊填料(如石墨、二硫化钼、金属粉末、陶瓷粉末和纤维)组成的复合材料胶粘剂直接涂敷于材料、零件表面,使其表面具有某些特殊功能的一种表面强化和修补的方法。

冷焊修补技术一般需采用双组份修复剂。其修复剂的主剂是由高分子物质和特选的钢、铝、硅及其它金属粒子组成。根据分子冷焊理论,当主剂和辅剂按比例混合后,就使两种不同分子进行反应化合成大分子链,并与金属粒子互相交织构成复杂的立体结构,与金属分子形成牢固的、耐久的、崭新的具有理想的物理性质的复合材料。因其冷焊不用加热就能将设备的损坏处修补好,因此也称为分子焊接修复技术。

与传统的油罐渗漏修补方法相比,冷焊技术具有三个明显的技术特征:

(1)在修补时,主剂和辅剂按比例混合后与被修补物之间具有超强的粘结力。具有高强度,高抗冲击性,耐磨和耐腐蚀特性。

(2)修补时,在室温条件下主剂、辅剂与金属能短时完成物化反应,形成坚固的实体,达到快速修补的目的。并且修复后的部位不会产生收缩、膨胀、塌陷等缺陷,修复好的表面能达到经久不变。

(3)施工过程不需加热和动火。

基于以上这三个特征,冷焊修复技术可用来容易地修补金属、陶瓷及非金属材料制作的容器、储油设备、管道、阀门及其零部件的腐蚀损伤、各类机械损伤、制造缺陷、防腐涂层、密封、快速堵漏、超尺寸的修补、结构件的连接及连接件的防松,且特别适用于五种场合的修复：

(1)现场带压不停车紧急抢修、快速堵漏。

(2)不可拆或难于拆卸的部件的修复。

(3)易燃易爆不能动火的场合。

(4)空间狭小,不能或难以用焊接修复的场合。

(5)野外工作的设备和野外作业等环境,特别是适合缺电、缺气缺少设备难维修的场合。

由于冷焊技术是采用胶粘剂进行焊接的,因此在应用中有一些限制和局限性,其限制主要表现在：

(1)待修复金属表面必须清洁、干燥。待修复金属还要有一定的表面粗糙度以保证粘结与修复质量。

对于一些使用后的金属还要做特殊清理。例如,在被盐污染的金属表面应在喷砂后再放置 24 h 以上,以利于化学介质析出表面。然后,再喷砂一次,也可重复上述步聚直至清除掉有害介质为止。最后,再用清洗剂清洗。

为了保证修补质量,当环境温度低于 5 ℃,相对湿度大于 90% 以及雨、雪、雾等天气不宜施工；

(2)使用有机胶粘剂,尤其是使用溶剂型胶粘剂时存在易燃、有毒等安全问题。因此,粘结前应该做好防火、防毒等工作。

在冷焊胶粘剂的选择上,目前的品种很多。德国早期研制的爱司凯西(SKC)及钻石(DIA-MANT)两大系列冷粘耐磨涂层是较早应用于机床制造业中的,在重型龙门铣床的工作台导轨、横梁导轨、液压活塞等部件上冷焊及使用后的效果都很好,这类产品可以用来冷焊渗漏后的油罐。

德国 Multi. M etall 公司研制的美特铁冷焊系列技术产品：MM-SS-钢陶瓷、MM-SS-381、MM-SS-金属、MM-UW-金属、MM-S-金属、CERAMIUM 钢陶瓷、CERAMIU M.D W 钢陶瓷、VP-10-500、MOLYMETALL 耐磨合金、SEALIUM 、MM-合成

橡胶 95、VP10-017、MM-粘合剂,已经得到德国劳氏、英国劳氏、挪威、美国、前苏联、日本、巴西、中国等许多国家的船级社及德国 MANB&W 柴油机制造公司等世界许多权威机构的认可,这一系列冷焊产品在世界工业发达国家,在船舶、海洋工程、石油、化工、运输、冶金、机械、电力、水利、矿山、航空、市政以及军事装备等领域都得到广泛的应用,这类产品也可以用来冷焊渗漏后的油罐。

其它国家的产品,如瑞士的麦卡太克(MeCaTec)10 号和 12 号用于修复严重冲蚀磨损的水轮机叶片。美国贝尔佐纳系列产品用于石油化工、造纸、机械等行业。我国广州机床厂研制的 HNT 环氧耐磨涂层材料是国内较早研制的冷焊产品,用于机床导轨或其它摩擦面;襄樊市胶粘技术研究所研制的 AR-4、AR-5 和装甲兵工程学院研制的 TG 系列超金属修补剂也都广泛地应用于机械零部件耐磨损和耐腐蚀修复及预保护处理等领域,且收到了很好的效果,这类产品还可以用来冷焊渗漏后的油罐。

冷焊渗漏后的油罐,注意的问题是无论采用那种冷焊胶粘剂首先应该了解其应用范围和技术要求,再按冷焊技术对储油状态下油罐渗漏快速修补的适用条件和工艺方法的确定技术路线,这样才能确保一次冷焊成功和冷焊后产品经久耐用。

4. 如何利用"冷焊"技术修复渣浆泵?

渣浆泵过流部件包括叶轮、护板和泵壳等,它们在工作过程中不但承受物料的冲刷磨损,而且还承受浆料的腐蚀作用,其运行工况极其恶劣。目前,国内外渣浆泵过流部件所用耐磨材料主要还是低合金白口铸铁、奥贝球铁、高铬铸铁和镍硬铸铁。虽然这些材料与普通碳钢相比,具有较好的耐磨性,但在渣浆泵的工况条件下,其使用寿命仍然非常有限。为此,寻求一种再制造技术进行修复,延长其设备的使用寿命具有现实意义。

渣浆泵是输送流体的关键设备,也是易损设备。渣浆泵输送的介质会造成对泵体过流部件的冲刷磨损,从渣浆泵破坏的情况看,破坏的部件主要有后护板及涡壳、前护板、副叶轮。

通常金属材料的修复都采用补焊、堆焊及热喷涂等方法。但是,对于一般的渣浆泵来讲,其渣浆泵的后护板、前护板及副叶轮的材料均为高铬白口铸铁,而高铬白口铸铁焊接性能很差,此种情况下如对磨损部位进行堆焊,很可能会导致其它各个部件产生裂纹,影响泵的使用寿命并给使用带来一些不安全因素。如果采用热喷涂或喷焊技术,也只能在某些部位制备一些较薄的耐磨或耐蚀涂层。因此,在焊接不适合渣浆泵的修复的情况下,可以考虑采用"冷焊"技术对渣浆泵前后护板、涡壳、副叶轮等磨损严重部件进行修复。

采用冷焊工艺修复渣浆泵,首先应该确定其工艺路线,选择修补剂。修补剂的选择应该根据其渣浆泵过流部件的工况特点来选择。例如,针对不同部件的腐蚀磨损情况可以选择不同的工业修补剂。对前后护板和蜗壳可以采用适合与修补铸铁件的高强度型聚合金属 2111 铸铁修补剂和以超硬陶瓷及金属碳化物为骨材的 2216 耐磨修补剂;磨损严重的副叶轮则可以采用聚合金属 2111 铸铁修补剂和用于高负荷颗粒磨损设备的 2218 耐磨修补剂。所选各种修补剂材料的主要物理力学性能见表 3-40。

表 3-40 修补剂的主要物理力学性能

材料代号	颜色	密度 ($g \cdot cm^{-3}$)	压缩强度 (MPa)	拉伸强度 (MPa)	剪切强度 (MPa)	弯曲强度 (MPa)	邵 D 硬度	相对耐磨性 (钢为1)	工作温度(℃)
2111	灰	1.97	169.8	45.1	22.2	105.5	01		$-60\sim160$
2216	灰	2.43	146.8	35.1	20.2	91.5	94	$4.2\sim6.9$	$-60\sim160$
2218	灰	2.43	153.8	34.3	17.8	88.2	96	$5.1\sim7.1$	$-60\sim160$

修补剂选好后,要对待修理的构件表面进行预处理。预处理的主要工作是对磨损的涡壳、副叶轮及前后护板进行清理,清除部件上残留的灰渣及污染物,测量磨损程度。确定磨损量以后,对待修表面进行打磨、喷砂粗化。喷砂时,砂料应选用尖角的磨料,如

氧化铝、碳化硅等,磨料的尺寸可以选择 0.075～0.125 mm 的砂料,以有效地除去被修理构件表面的钝化膜,使之露出新鲜的金属基体;再用金属除锈剂、金属表面专用高效清洗剂等对待修表面彻底清洗,然后再用压缩空气吹干清洗的表面。待修复表面处理完毕后,应对待修复的构件尽快进行修补,防止处理好的表面被二次污染。

修复磨损部位时,为增加耐磨修补剂与金属基体的粘接强度,在金属基体和耐磨修补剂之间可以增加与金属和耐磨修补剂都具有很好粘接强度的过渡涂层。即,可以先用聚合金属 2111 铸铁修补剂填平磨损部位或打底层,在涂刷的底层上,再涂敷 2216 或 2218 耐磨修补剂,最后将构件上的涂层表面修整光洁。

由于冷焊中使用的耐磨修补剂中的粘接剂为高分子材料,为保证高分子材料的充分固化,待涂层表面基本变硬后,要对其修补后的构件进行加热后固化处理。例如,本例中使用的粘结剂的固化处理是在构件粘结后,在 80℃保温 4 h 左右。待涂层完全固化后,再对修复后的各个表面进行检查测量,对尺寸超差部位及粘结后的边缘毛刺,用角向砂轮进行修整,同时进行动平衡校验。

冷焊后,冷焊强度是衡量修复层与基体表面间结合力的标志,也是衡量修复层质量的重要数据。经对涂敷聚合金属 2111 铸铁修补剂和耐磨修补剂涂层的圆棒试样进行的拉伸试验表明,使用该粘结剂修补的构件断面拉伸强度可以达到 32.5 MPa,试样的破坏形式属于内聚破坏。修复层的耐磨性能及硬度测试结果见表 3-41。

表 3-41 2216 和 2218 修补剂表面的耐磨性能及硬度

试样表面材料	摩擦因数	磨损系数($mg \cdot N^{-1} \cdot m^{-1}$)	硬度(HRC)
碳钢	1.36	8.36×10^{-3}	
2216	1.25	1.38×10^{-3}	65
2218	1.25	1.26×10^{-3}	66

从表 3-41 可见,2216 和 2218 的耐磨性能为普通碳钢的 5～6 倍,具有良好的耐磨性能。实践证明,用工业修补剂对渣浆泵磨损

表面进行修复,修复层粘着牢固不易脱落,冷焊修补过的渣浆泵能满足现场工况的使用条件要求。

5. 如何利用"冷焊"技术修复铸造缺陷?

铸造零件在浇筑过程中,由于各种原因,往往容易造成砂眼、气孔、局部疏松、夹渣、裂纹等铸造缺陷,这些铸造缺陷严重影响铸件质量。在这些铸造缺陷中,有一些铸造缺陷是外露的,对于外露的铸造缺陷通常可通过机械加工给予修复。而对于一些内部铸造缺陷往往在精加工或使用过程中才能被发现,这给铸造缺陷的修复造成很多困难,甚至严重的铸造缺陷会造成废品,给企业造成较大的经济损失。

铸造缺陷产生的部位和严重程度决定其是否需要修复或直接报废。对铸件缺陷的修复,传统的修复方法有:机械加工、熔焊(如,电弧焊、冷焊、热焊、气焊等)、溶解扩散焊等。传统修复工艺,不仅需要昂贵的设备、熟练的技术工人,而且还要耗费大量的能源并且污染环境,危害人体健康。

随着新技术、新材料的发展和应用,对铸件缺陷的修复有了许多新的方法。其中"冷焊"技术是近年来采用的较经济、安全、实用、便捷的修复方法。

"冷焊"技术就是将工业修补剂或密封锁固剂产品涂敷于零件表面,实现零件的耐磨、防腐、密封、锁固、连接、绝缘等多种功能的一种修复、防护及装配的新技术。

"冷焊"技术的使用改变了人们的传统的维修及装配观念,创造了一种极其简便易行的维修方法。它常温操作,不会使零件产生热变形,安全节能,是一种快速、经济、可靠的维修装配新技术。

针对铸件的不同缺陷,除了传统修复方法外,在采用"冷焊"修复时也有以下几种方法可供选择。

(1) 填补法

对铸件上直径为 0.5~50 mm 的砂眼和气孔可采用填补法修补。即,先把铸件上的砂眼、气孔内的型砂、污物、水分等清除干净,然后直接把配制好的工业修补剂填入孔洞内,固化后打磨平整即完成了修补。

(2)镶嵌法

对铸件上直径大于 50 mm 的大孔洞的修补,可用修补剂粘加或镶嵌上适当的金属块或金属柱的方法。这种方法既提高了强度,又节省了修补费用,具体工艺过程如下:

1)采用砂布或砂轮在铸件的孔洞处进行打磨,以清除孔洞内锈迹,并将孔洞处打磨出金属光泽(如图 3-49 所示)。

2)根据孔洞大小和形状选择金属块或金属柱,并把金属块或金属柱的表面也打磨出粗糙面(如图 3-50 所示)。

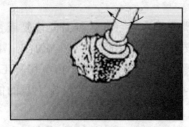
图 3-49 空洞除锈

图 3-50 填塞金属块

3)按厂家说明书配制修补剂并搅拌均匀。

4)将铸件的孔洞内及填塞的金属块或金属柱外都涂抹上一层修补剂,然后将金属块或金属柱镶入孔洞内(如图 3-51 所示)。

5)将修补后的铸件在室温下(20～25 ℃以上)固化 8～12 h 后,将铸件的修补面修磨平整即可(如图 3-52 所示)。

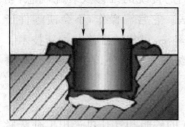
图 3-51 镶入金属块

图 3-52 焊后磨平

(3)浸渗法

对于铸件内部疏松、微孔小于 0.1 mm 的缺陷,可用渗透剂浸渗修复。具体方法是采用工业浸渗剂,将其涂于铸件渗漏部位,稍等片刻后再用棉纱擦去多余和残余的浸渗剂,室温固化后,铸件即可使用(如图 3-53、图 3-54 所示)。

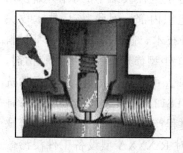

图 3-53 渗透剂浸渗修复　　　　图 3-54 渗透清残

(4)加强法

对于铸造裂纹或受力较小部位的浅表层裂纹,可沿裂纹开 V 型坡口,将裂纹从基体金属上"挖"掉,然后用修补剂填平。

为了让大家更好的掌握冷焊方法,下面例举纺织机械在"冷焊"修复技术中的实例供参考。

例如,某纺织机械厂生产的某 R-XXXA 型设备,其主要部件多为铸钢件,材料为 ZG270-500,外形尺寸为 1 940 mm × 1 800 mm±0.20 mm,其 R-XXX 铸钢件精加工后,与 R 另一盖板垫片合配,经 0.6 MPa 水压实验,在试压过程中,有三件在孔 $\phi 256H8$ 深 144 mm 根部发现微孔渗漏现象,对于这种大型零件的铸造缺陷,该厂采用了两种方案进行修复:

(1)焊补修复

该方案为该厂原用的修复方法,也是大型铸件常用的修复方法。其修复过程为:渗漏处钻(錾)深 5～6 mm,清除夹砂、去毛刺清洗→预热→焊补→保温→孔校正(镗大)→相配零件外圆加工

(按过渡配合加工)→合配(单配)→划线钻丝孔、上骑缝螺钉。这种修复方案由于孔内施焊困难、工序复杂,而且修复周期长、成本高,对产品质量和生产进度均有影响。

(2) 浸渗补漏修复

经该厂技术人员观察分析,发现其渗漏部位内部可能存在组织疏松,有极细小气孔等缺陷,但对于这种极细小的缺陷,如使用一般的胶粘剂不能充分地渗入其组织内部。因此,该厂技术攻关人员决定采用浸渗法这一新的修补技术。修补时采用北京某材料公司生产的 TS121 型渗透剂。TS121 型渗透剂属厌氧型胶粘剂,其粘度非常低,但渗透性能很高,24 h 可以完全固化,固化后的抗压强度可以达到 $1\,090\ kg/cm^2$。TS121 型渗透剂也常用于各种压力容器、管道、铸造构件和焊接过程产生的微孔、裂纹、疏松等缺陷的修复。采用 TS121 型渗透剂对 R-XXXA 型设备工件浸渗修复的工艺过程为:

1) 把压力室内试压用水放完。

2) 对渗漏部位用丙酮除油。

3) 用氧-乙炔焰对渗漏部位局部加热,加热到 130 ℃左右,再保温 10 min 左右以除去微孔中的水分。

4) 当铸钢件的渗漏部位温度降到 50 ℃左右时,把渗透剂滴入疏松微孔处。如果铸件的厚度比较大,可反复滴渗透剂 2~3 次,每次滴渗透剂的时间间隔为 5~10 min,然后擦去铸件表层残余的渗透剂,在室温条件下固化 8 h。

5) 为了检验冷焊的修补质量,铸钢件的渗漏部位冷焊修补剂完全固化后,该厂对修补后的铸钢件重新按规定进行了试压,水压试验检查结果表明,采用以上修复工艺修复的 3 件 R-XXXA 型侧盖结合件,原渗漏区渗漏的现象消失。在此次堵漏中,共用去 1 瓶 TS121 渗透剂(50 g 折合人民币大约 60 元)。

此项修复,采用渗透剂冷焊与电弧焊补修复比较,节约费用近万元。而且,更关键的是采用冷焊法修补铸钢件节约了时间,保证了生产进度,在后续的使用过程中没有发现任何问题。

6. 如何正确使用"冷焊"技术及粘结产品修复工程机械产品？

"冷焊"焊接技术在工程机械产品的维修中应用逐渐频繁，但早期的使用效果并不理想，究其原因在于使用胶粘剂时没能按照规范方法使用，以及维修机械部位的清洗，涂抹时未反复涂抹等方面做的不到位等导致了胶粘剂的效用失灵。因此，如何正确的使用胶粘剂是保证冷焊效果的关键。

例如，专用大扭矩翻转油缸活塞及壳体铸件渗漏的处理。专用大扭矩翻转油缸是一种全液压采矿设备中的主要部件。其额定工作压力为 20 MPa。由于产品工作特点限定该产品活塞、壳体须采用球磨铸铁件。由于铸造条件的限制，活塞、壳体经常存在缩松、砂眼等铸造缺陷。工作过程中高压油会通过这些缺陷中的微细孔泄漏出来，造成油缸不能锁紧而影响产品工作性能。为避免以上故障的发生，研究者多次进行了工艺改进，虽然取得了一定效果，故障发生频率降低，但导致液压油从铸件砂眼渗漏的问题一直未能彻底解决。后经多种使用方法实验与检测后，发现采用渗透剂对缩松、砂眼进行粘结的方法是解决问题的最佳方法，并且在操作过程中对"冷焊"过程进行了规范。即，在使用渗透剂时，缺陷部位残余的油液要彻底清除；涂胶时要掌握好温度，一般为 30～50 ℃。且涂胶的温度一定不能估测，而必须要通过温度计的实际测量；涂胶时还要采用对其待修补部位进行反复涂抹，只有反复涂抹才能保证其缺陷部位的微孔得到有效地粘结。并且，每次涂抹粘结剂的时间间隔不能太短，一般应控制在间隔 10 min 左右；粘结剂涂抹完成后，还要保证其固化时间。胶粘剂固化时，严格遵循其胶粘剂的固化规律，不能过快操作。使用粘结剂对其构件缺陷修补最可靠的方法是浸泡法，浸泡法能最快地缩短固化工件的时间。

再如，对于螺纹防松锁固的处理。由于工程机械产品工作环境恶劣，腐蚀生锈，载荷冲击振动等原因，会使紧固的螺纹螺母松动，紧固件松动不仅会影响产品的使用寿命，紧固件的严重松动还可能引发安全事故。

传统螺纹防松锁固的修理方法是加弹簧垫圈或者防松螺母。然而,加弹簧垫圈或者防松螺母的这些措施并不能完全杜绝螺母松动问题。况且由于工程机械产品时常处于污染、高温、强光等恶劣环境下,弹簧垫圈以及防松螺母尼龙体极易老化失去本身效用,从而失去防松作用。

实际生产中,工程机械的高可靠性与其密封锁固剂的高水平应用是密不可分的。因此,在机械的使用过程中,应注意密封锁固剂的应用。而且在使用时还应注意机械零件自身的清洗,如果使用密封锁固剂时,机械设备被密封的位置清洗不够彻底,密封锁固剂的效用将会大打折扣。再者,使用密封锁固剂要严格遵守其操作规范和使用范围。规范操作是密封锁固剂发挥良好效用的唯一方法。

另外,轴向张力松弛;振动、侧向冲击是造成螺纹失去失去夹紧力有两大因素,其中,振动、侧向冲击是螺纹紧固件松动的主要原因。轴向张力松弛的原因主要有:受力过大,受力超过材料屈服极限;系统温度变化,长度变长;衬垫老化,压缩变形;支承面、啮合部塑性变形等。解决轴向张力松弛的措施在于增加系统弹性,补偿轴向蠕变。解决轴向张力松弛问题,一可以通过加大定位时 L/D 的方法(如图 3-55 所示);二可以提高啮合部、端面精度、硬度;三可以对衬垫进行改革。

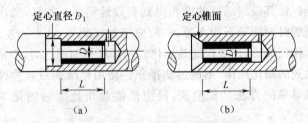

图 3-55　粘结前加大 L/D 的定位

传统的防止自转松动的方法,如弹簧垫、开口销、止动垫片、端面齿、阻尼螺母等都各有其利弊,不能兼顾稳定夹紧力转化、持久性、可拆性、密封等几个方面。而密封胶冷焊可同时满足以上各个条件，不仅解决了螺纹松动问题，还可以解决螺纹紧固件的渗漏与腐蚀等问题。密封胶填满螺纹间隙，可以增加摩擦面积一倍以上，可以同时兼顾防渗漏与防锈蚀。大量生产实验证明。冷焊胶粘技术的防振松效果比目前现有的任何机械方法都好。

密封胶还可以应用于圆柱零件的固持。发动机碗形塞位于内燃机机体，对发动机壳体工艺孔的密封，可使用密封胶。各种齿轮、轴承等使用工程胶粘剂进行修复，可提高零件和旋转轴的配合，降低维修的成本，提高维修的效率。但在使用时应注意将轴端孔口倒角，去毛刺，用清洗剂清洗配合面，晾干，在轴径上涂成几道相互间隔的完整胶圈，使装配到位时，配合面完全充满胶，缓慢匀速对准装配。室温下可固化，必要时可用促进剂加快固化速度。

工程机械或零件在冷焊使用胶粘剂时应注意以下各事项：

(1) 两种胶配合使用的胶粘剂要按规定比例配制。如密封胶本剂 A 比例过大，会造成涂层发粘，机械强度达不到正常状态；如密封胶本剂 B 的比例过大，密封胶则会造成胶粘剂固化速度过快，涂层发脆，同样会造成机械强度过低。

(2) 在配制两种成分胶时，要搅拌均匀，搅拌时应按一个方向搅拌，以防止气体搅入，直至搅拌均匀，无色差为止。

(3) 在涂层固化过程中，不能移动粘接面。因此，在涂层固化时要对粘接面进行夹持，最好再能施加一定的压紧力。

(4) 胶粘剂对于剥离负载与拉伸负载的承受能力较差，而对剪切负载的承受能力较强，尤其对于压缩负载以及静态剪切负载具有良好的承受力。所以在使用过程中要注意使其处于最优的受力状态。

(5) 粘结前，对其接头进行优化连接设计，可以使胶粘剂发挥最优性能。应在条件允许的范围内尽可能增大胶粘剂与需维修机械部位的接触面。

(6) 配合铆、销等混合使用可使粘接更加可靠持久。在粘接的同时加上铆、销、螺栓等机械连接可使其机械连接和冷焊连接达到优势互补,可以增加机械连接件的机械性能,延长其使用寿命。

(7)连接前,应详细了解粘接剂的分类和应用范围,做到按需使用。因为随着科学技术进步,粘接剂品类繁多,用途各异。有的不仅能满足修补粘接密封锁固的要求,还能增强增韧、减摩、自润等功效,适用材质的范围也日见广泛。因此,只有详细了解了粘结剂的分类和使用范围,才能能更好地发挥其效能。

(8)选用适合本结构和用途需要产品、辅助产品和辅助工具。辅助产品有加强带、脱模剂、除锈防锈剂、促进剂、清洗剂、抗咬合剂等多种类型。合理选用这些产品会使粘贴效果更趋完美。生产厂家还提供了大到适用于流水线生产的自动施胶机系列产品,小到施胶枪施胶泵产品。选用这些辅助工具会使适用效果、生产效率进一步提高,劳动强度以及失效率进一步降低。

7. 如何进行复合材料的冷焊粘结?

为了节能、环保,各种设备特别是宇航、陆运、海运设备(如:航天器、飞机、汽车、船舶等),必须轻质、可回收、高强度、呈流线型等。在这些特种设备中,复合材料发挥了重大作用。然而,复合材料如何连接成为世界范围内研究的重要课题之一。为了提高设备生产、安装和维护的效率,人们千方百计地将设备的零件(如:汽车发动机罩下的零件)合并成整体。为了达到此目的,势必要采用连接技术。

复合材料的连接技术大致分为三种:机械连接。如,揿钮接头、铆接、螺纹连接等;化学粘结剂粘结(又称:冷焊)。如,利用活化(通常采用热能活化)了的化学粘结剂,将同种或异种材质的构件互相粘结成整体;焊接。利用熔化了的聚合物将相同或不同聚合物构件(如:PVC管与接头)互相焊成整体。其中,第一种(机械连接)和第三种(焊接)连接复合材料属于物理作用。因此,其粘结的效果较差。第二种连接方法连接复合材料(化学粘结剂粘结),属于化学反应粘结。当只采用第 1 或第 2 种方法不能满足要求时,就可采用第 1 种与第 2 种相结合,这样有助于改进复合材料接头的结构,充分利用二者的全部粘结潜力,相得益彰。

利用冷焊技术(粘结剂)将塑料、复合材料、玻璃、轻金属等互相粘结,是零件、总成或制品成形的重要生产方法。粘结接头可改进复合材料及其制品的设计,充分利用其潜在的性能并降低成本。冷焊(粘结)技术是功能轻质结构（如:蜂窝夹芯结构－飞机机翼、泡沫夹芯结构－液化天然气贮罐的罐体等)的唯一生产技术。该技术几乎可用于所有工业材料,是获得轻质结构、节能的粘结接头的唯一方法,它在复合材料、轻质结构的应用方面起着极其重要的作用。

冷焊复合材料所用的粘结剂种类及性能：

冷焊复合材料对粘结剂的具体要求有是高温环境下的强度较高,在潮湿、高温和化学腐蚀严重环境下的有效使用期长,使用中耐冲击强度较高,耐动态应力腐蚀的能力较强,固化速度尽可能快。

冷焊复合材料的粘结剂通常可分为环氧树脂、聚氨酯树脂和丙烯酸酯树脂等为基础的三大类,以及他们之间进行组合的粘结剂。粘结剂的种类不同,它们的性能和工艺要求不同。性能和工艺要求取决于各自的化学性能和配方。第二种分类方法也将粘结剂分为3类:环氧基粘结剂、聚氨酯基粘结剂和工程粘结剂。第三种分类法则将粘结剂分为5类:酚醛粘结剂、环氧粘结剂(单、双组份)、双组份丙烯酸酯粘接剂、结构双组份聚氨酯(PU)粘结剂、弹性粘结剂。各类结构粘结剂的典型机械性能见表3-42。

表3-42 复合材料结构粘结剂的典型性能

粘结剂	酚醛	单、双组份环氧	双组份丙烯酸酯	结构双组份聚氨酯	弹性
拉伸模量(GPa)	800～2 000	100～700	100～800	90～300	5～50
搭接剪切强度(MPa)	28～40	10～26	10～24	9～20	2～5
断裂延伸率	0%～5%	3%～60%	10%～80%	10%～95%	290%～390%

三大类粘结剂的使用性能可以简单概括如下：

(1)环氧基粘结剂

环氧基粘结剂对复合材料、热固性塑料和金属的粘结性极好；强度和弹性都很高；挠度高、固化过程的收缩性最小。环氧基粘结剂一般分为单、双组份两种。单组份环氧粘结剂要求热固化，其应用条件要求很严，分为糊状和粘结膜两种。

（2）聚氨酯基粘结剂

聚氨酯基粘结剂对绝大部分复合材料和塑料的粘结性极好；对金属的粘结性能也不错、机械性能从刚性到挠性等性能都表现出色；冷焊粘结后使用的持久性强；固化速度块，使用的范围广。但加工使用过程中对潮湿较为敏感。

（3）丙烯酸基粘结剂

丙烯酸基粘结剂对复合材料和热固性塑料的粘结性好、对金属的粘结性也好、丙烯酸基粘结剂使用时还允许被粘结件的表面处理得较为简单一些，对预处理没有很严格的要求、构件冷焊后可以体现高强度与高韧性的最佳结合、粘结剂耐化学性好，有效使用期长。但是其丙烯酸基粘结剂固化速度快，固化过程中收缩性较高。

冷焊粘结复合材料已有几十年的历史，目前已取得了长足进步。世界最长的拉挤成型的复合材料桥（FRP，长113m），位于英国苏格兰Aberfeldy城，在1999年建成，建设时采用Araldite2015牌粘结剂（韧性、弹性、填缝、双组分环氧粘结剂），将拉挤成形的复合材料（FRP）构件粘结而成。尽管当地的气候条件很恶劣，但采用冷焊粘结的复合材料桥已安全地使用了十几年没有任何问题。

用于化工、海滨、船舶等的长距离供热复合材料（FRP）管道，管接头采用耐高温、防腐蚀、双组份环氧粘结剂粘结，工作环境腐蚀性严重，设计有效使用期超过20年，管内压10 bar，水温120℃。而在石油勘探中，复合材料（FRP）管道用于输送酸液，管内压达100 bar。

采用碳纤维复合材料制造的高尔夫球的球头和球杆，是采用耐高冲击的高强度粘结剂粘结在一起的。为了把重45 g的高尔夫球抛到 250 m 以远的地方,球速必须达到 50 m/s,这瞬间对球杆接头及其粘结剂,产生巨大的冲击力。实际上,耐高冲击的高强度粘结剂满足了高尔夫球头和球杆这客观上要求,以其粘结剂的高刚性,确保了高尔夫球安全、顺利地沿着理想方向远行。

  碳纤维复合材料轴的粘结联轴节是利用双组份环氧粘结剂粘结成的,它驱动、引导造纸机或印刷机的复合材料滚轴。滚轴一天 24 h 地运转,转速为 3 000 r/min。因此,联轴节不断地承受着动态应力。纸网在滚轴长度方向上产生的力达 5 000 N/m。滚轴上的疲劳应力在联轴节的粘结层上产生高剪切应力,工作温度即使达到 80 ℃ 该系统也安全、顺利地运转。

  当今汽车随着结构、材料和外形的改进更新换代频繁,减轻质量,提高回收率,零件的组件、总成化等等,所有这些都意味着势必采用新装配、新粘结技术,例如:将 FRP 车壳粘结到钢(或铝)车架上;在汽车窗玻璃表面上粘结塑料膜(防止玻璃破裂时伤人等);自粘结 FRP 汽车零件,风电机的 FRP 叶片的两半壳体之间的缝隙、片内预浸料抗扭箱(矩形箱)梁的整体与壳体内壁的接触面(即:箱梁的上、下面)都是采用粘结剂粘结的。一片长 50 m 的叶片,消耗粘结剂的用量大约 350 kg。

  目前粘结技术已能满足复合材料越来越高的性能、工艺等的要求,例如:宇航业中 CF/PEEK(或 PA、PBT 等)可与轻金属粘结成制品,纤维增强塑料可与铝蜂窝、钛铆钉粘结成高性能的蜂窝夹芯结构-飞机构件,轮船上的液化天然气贮罐的罐体是钢蒙皮/闭孔塑料泡沫芯的夹芯结构,也是利用双组份环氧、聚氨酯粘结剂进行粘结的。粘结后的结构可以在 -160 ~ 60 ℃ 温度下正常工作。

  除此之外,冷焊复合材料还有一些较新颖的粘结剂可根据不同的使用性能在不同的工作环境下使用。

  例如,某些糊状、双组份环氧基膜粘结剂,可在室温贮存,固化温度大于 40 ℃,高压釜内固化温度在 1 250 ℃ 或 1 750 ℃,高温下强度高(即使温度超过 100 ℃ 强度也很高),韧性高(撕裂强度高)。使用该粘结剂粘结的碳纤维复合材料接头,25 ℃时的拉伸剪切强度可达36 MPa,140 ℃时的拉伸剪切强度可达室温时的25%。

双组份环氧粘结剂韧性好、弹性较理想、填缝能力强,粘结剂的使用性能可靠。例如,前述世界上最长的 FRP 桥就是采用 Araldite 2015 牌粘结剂粘结成的。

双组份丙烯酸酯结构粘结剂(例如,ITWPlexus 公司出品 PlexusMA420 牌粘结剂),粘结强度和挠性极高,冲击强度和疲劳强度高,持久性好,固化速度快,可将拉挤铝型材与酚醛玻璃钢板粘结成 DMU 火车车厢的"活动"地板("活动"地板起着降低振动、噪音的作用)。

多功能粘结剂,可将火车车厢构件与外板相粘结(例如,MA300 牌系)。其中,MA100 牌是低收缩、低臭、理想的"绿色"结构粘结剂;MA402 牌固化速度快,固化 3~3.5 min 制品达到正常强度;MA529 牌船舶理想的粘结剂,粘结缝宽度达 25 mm。

双组份聚氨酯粘结剂,Lord75420A 与 Lord75420B 等配合比、可将甲板与船壳相粘结,不需传统的加固工序,粘结时预处理工作量少,固化后耐溶剂的性能好,容易清洁,抗动态应力和高温、高湿、盐雾腐蚀等恶劣环境的能力强,被誉为甲板、船壳的最佳粘结剂。

单组份粘结、密封剂(Bostik Marine 940SPS 牌)系改性的聚醚聚合物,无溶剂和有机挥发物,可在潮湿环境下快速固化(如在 25℃,相对湿度 50%时固化速度为 6 mm/24 h)。用于多孔(或无孔)的表面,持久性好,易于涂漆等。

因此,要想将粘结后的复合材料满足其使用性能要求,就要在冷焊粘结前了解粘结剂的种类、用途和性能,根据粘结剂的种类、性能和工艺要求进行冷焊或粘结。

8. 如何提高冷焊刀具和量具的精度和强度?

通常情况下,刀具和量具的连接大多采用铜焊。例如,一般长钻头、绞刀等的柄部,多采用的是铜焊。但由于铜焊过程会产生高温,在高温焊接过程中,容易造成刃具的切削部分退火、出现内应力和产生较大的弯曲变形。又由于铜焊过程中刃具或刀具的定位在焊接过程中会产生一些变化,焊接后使刃具或量具的使用精度和强度下降。

为解决刃具或刀具焊接后的精度和强度问题,冷焊连接刃具和量具时可采用无机粘结剂(目前,冷焊连接刃具和量具的无机粘结剂主要由磷酸溶液和氧化物组成,工业上大都采用磷酸和氧化铜)和有效的定位方式。

为了保证和提高刃具和量具粘结后的精度介绍的三种定位方式。图 3-56 为工具粘结前的小头定位方式、图 3-57 为工具粘结前的大头定位方式、图 3-58 为工具粘结前的锥面定位方式。在图 3-56、图 3-57 和图 3-58 工具粘结前的这三种定位方式中,图中的定位段的表面光洁度应在保持以 $2.5\mu m$ 以上,孔与轴的配合应为 D/L,定位段的长度(L)越长,定心越准确。

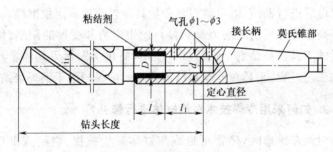

图 3-56 工具粘结前的小头定位方式

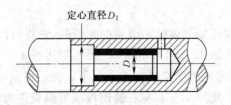

图 3-57 工具粘结前的大头定位方式

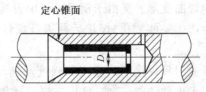

图 3-58 工具粘结前的锥面定位方式

为保证粘结后刃具或量具的强度,粘结前应使其被粘结件粘结段上的粘结面尽量粗糙。实践证明,粘结定位前在外圆上凿削几条深为 0.2~0.3mm 的直槽或滚直线花,均可提高使粘结件的扭剪强度提高 2~3 倍。粘结面的外园直径和长度则应尽量选择大一些,以增大粘结面积进而提高粘结强度。

对于塞规手柄和量具,由于通常在使用时受力轻而均匀。因此,粘结过程中采用套接粘结效果会更好。

根据不同情况,工具粘结前采用以上图中所示的三种定位方式定位后进行粘结,既可使刃具和量具冷焊连接前定位准确,又避免了高温烧焊所引起的刃具和量具产生应力和变形的缺陷,使焊接后的工具在粘结剂干燥后就可使用,简化了铜焊刃具和量具复杂的工艺过程,工具在冷焊粘结剂后的强度仅稍次于铜焊烧结。

9. 如何采用冷焊技术对汽缸体进行修补?

对汽车维修时,经常可见汽车缸体发生破损、裂纹或出现孔洞,产生漏油、漏水的现象。若采用气焊、电焊进行修补,必将导致缸体发生热变形。为减小缸体发生的变形,可以通过冷焊连接来修补。

采用冷焊连接缸体粘结破裂的孔洞时,先将汽缸体孔洞需粘结的表面加工出 1.1~1.2 mm 深、距孔洞边缘 15~25 mm 的台肩,加工表面的光洁度应在 20 μm 以下。然后根据破裂孔洞的形状相应地剪一块厚 1 mm 左右的钢板或紫铜板作为修补块(如图 3-59 所示),将修补块四周拉毛成波浪形,采用搭接的形式与缸体粘结在一起可实现其对气缸体的修补。其粘结步骤与工艺过程如下：

先将修补块与汽缸孔洞的四周均匀的涂上粘结剂，然后将修补块按正确的位置复上，并在破损的洞口外多次涂上粘结剂，使之形成加固筋，以提高粘结强度，待粘结剂自然干燥一周左右汽缸即可使用。

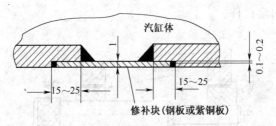

图3-59 修补块法修补汽缸示意图（单位：mm）

为了防止汽缸上的修补块在使用过程中受到反复的震动开裂或脱开，可在修补快上加螺钉紧固，但螺钉和螺孔均应涂上粘结剂再装配，以使之使起到密封的作用。若缸体产生裂纹而漏水和漏油时，则应将汽缸内的油、水等杂质清理干净，并将裂纹处凿宽和凿深些，将工件至于卧放位置（因立置时粘结剂会流失），敷上粘结剂，亦可在上面盖一小铁片或螺钉加固。从修复气缸体的情况来看，采用磷酸和氧化铜组成的无机粘结剂比采用环氧树脂型粘结剂可获得更满意的效果。

10. 粘结修补精密件时如何准确定位？

在进行几何精度（例如同轴度、平行度、垂直度、孔距中心）要求较高工件的粘结时，如何保证其准确定位是保证其粘结后结构和工件能正常运转和使用的前提。此时，为保证粘结件的机械加工精度可采用定位粘结法。例如，对于图3-60所示的两孔有同心度要求的工件，在粘结时，可在两个同心孔中放入检验棒，利用检验棒将两孔同心定位。采用定位粘结法可以使粘结后的机械构件满足其机加工的精度要求，使保证加工精度问题由难变易。对于如图 3-61 所示的定位粘结法,箱体孔与套的外径可加工成粗糙面,而套的内孔则作精密加工。再如,对于如图 3-61 所示的对孔距有一定要求的钻模板,经使用后磨损,需要修复,若采用机械加工的方法修复显然费时费力。若采用粘结的方法修复问题就简便得多,而且修复后的构件精度能达到要求。粘结时,为保证机械加工精度和定位,可采用如图 3-62 所示的定位件定位,待粘结固化后,再取出定位件。

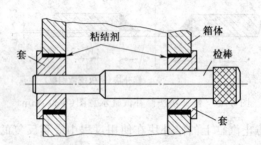

图 3-60 两孔有同心度要求的定位粘结法示意图

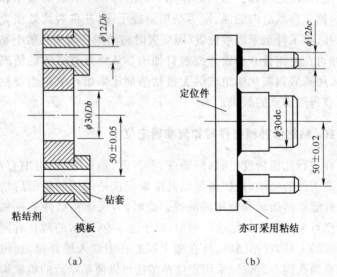

图 3-61 钻模板粘结时的定位方式(单位:mm)

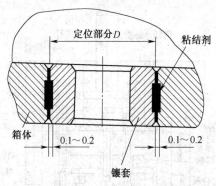

图 3-62 防止内孔变形定位示意图(单位:mm)

有些薄壁套压入装配时,容易使套的内孔变形。采用过渡配合时需用骑缝螺钉固定,则工艺复杂,且装拆一次,又须重新钻攻骑缝螺孔。此时,若采用图 3-62 所示的方法,将定位部分 D 按图纸要求加工,镶接部位车出深 $0.15\sim0.20$ mm 的粗槽,即可粘结。

图 3-63 所示为单凹模的粘结,图 3-64 所示为无机粘结剂粘结冲孔模的实例。图 3-64 中 3 个冲头与凸模固定板的固定,导套与上模座的固定均采用无机粘结。这种模具如采用机械加工来制造,模是一个整体的结构,3 个孔要用较精密的机床加工;3 个冲头也是固定的;弹压退料板孔型的浇筑均以凹模为基准装配。其余零件的孔距无严格要求。由此可见,采用定位粘结法不但能保证构件所需要的精度,而且极大地简化了加工工艺。

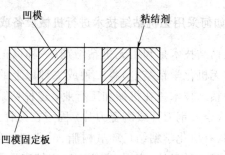

图 3-63 单凹模的粘结

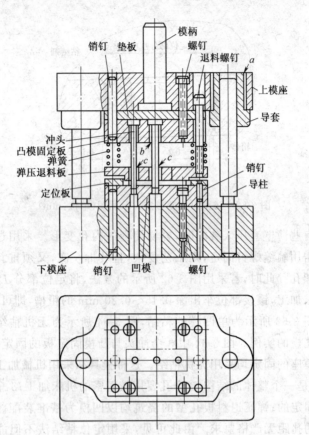

图 3-64 采用无机粘结剂粘结飞冲孔模

11. 如何采用无机粘结技术进行机械设备或零件的修复？

无机粘结技术是利用无机粘结剂（一种以正磷酸及氧化铜粉为基础的无机化学粘结剂）将二种或二种以上的物体粘结成为整体的一种粘结技术。在机械加工行业，这种粘结技术比现在应用的将刀片（合金钢刀片或陶瓷刀片）固定在刀杆或刀体上的焊接、机械夹固、有机化学粘结（环氧树脂、酚醛树脂等）等方法具有很多优点。是一种经济、实用、方便而又比较容易掌握的适合于一般切削加工负荷和温度的粘结技术,很适合在机械加工行业中应用。此外,无机粘结技术还适用于仪器、电器元件、瓶罐等的粘结与补漏。

无机粘结剂是以氧化铜及磷酸为基础的无机粘结剂,其主要成份由氧化铜(CuO)、正磷酸(H_3PO_4)和氢氧化铝 $Al(OH)_3$ 三种物质组成。

在无机粘结剂中,氢氧化铝是作为缓冲剂而预先加入到磷酸中去的,其处理方法是取 100 ml 磷酸与 5～10 g 氢氧化铝,氢氧化铝的加入量应视使用时的室温及氢氧化铝的质量而定,一般当室温为 20℃时,可加 8 g 左右的氢氧化铝。调制时先将少量磷酸置于烧杯中,随后将预定全量的氢氧化铝缓慢混入磷酸中,调和均匀,再将剩余的磷酸全部倒入,调成乳状液,加热(加热温度一般在 120℃左右)至完全透明呈甘油状,并保温 1～2 h,使其水份蒸发,以提高酸的浓度,待自然冷却后,即可制成待用的无机粘结剂。

在氧化铜和磷酸的配合比中,氧化铜的使用量超过了反应需要量的数倍以上,因此反应物中含有大量过量的氧化铜,而这些过量的氧化铜则填充于形成的胶体物之中。在正常的情况下,调和物呈黑色并略带光泽。

磷酸与氧化铜粘结过程的机理是:磷酸是一种金属氧化物粘结剂,以金属氧化物为骨架,磷酸起络合作用。由于磷酸只与金属氧化物的表面起作用,因此要求氧化铜具有合适的粒度,以获得较大的表面积,构成较多的络合物。

氧化铜与磷酸发生反应后,其生成物的体积增大,产生膨胀现象,若此时限制其自由度,则氧化铜颗粒将会因内部压力而产生变形,使颗粒之间的接触面积增加,使其粘结强度相应增加。所以这种粘结剂适合于应用粘结封闭的结构(如轴套配合)或半封闭结构(如槽形配合),且这种粘结剂应用于封闭结构或半封闭结构粘结比应用于平面结构的粘结时,其粘结强度要大得多。

无机粘结剂的凝固与硬化需要有一定时间,如果凝固与硬化的时间太长,则工件不易干燥,影响使用。如凝固与硬化需要的时间太短,则可能在调胶过程中就发生凝固,来不及反应。因此,必须控制其凝固与硬化的时间,以适应不同场合的需要。

影响无机粘结剂凝固与硬化的因素很多,总结起来主要有以下几方面:

(1) 调和量对凝固时间的影响

对于无机粘结剂,如果调和量太大,则凝固异常迅速,甚至在调和过程中就会发生凝固。但调和量太小,则会影响其粘结强度。试验表明,当调和量[氧化铜(g)与磷酸(ml)的比值]为4.5 g/mL,其粘结剂的凝固时间约为 4 min,当调和量为 2g/mL 时,其粘结剂的凝固时间约为 88 min。根据有关人员的多次试验,认为在 100 ml 磷酸中配入 7 g 氢氧化铝,取调和量为 3~3.5 g/mL 时,粘结剂的凝固时间较为合适。

(2) 温度对粘结剂凝固时间的影响

粘结剂制备时调和的温度对粘结剂的凝固时间也有影响。如取调和量为 3.5 g/mL,在室温为 19 ℃时,其凝固时间为43.5 min,当室温升至为 39 ℃时,其粘结剂的凝固时间则缩短到 6 min。

(3) 氢氧化铝(缓冲剂)对凝固时间的影响

在磷酸中加入氢氧化铝可控制粘结剂的固化时间。氢氧化铝加入量越多,其固化时间越长,反之则短。一般每百毫升磷酸中可加入 5~10 g 氢氧化铝,甚至可更多些,具体加入量应视当时制备粘结剂时的室温和氢氧化铝的质量而定。

(4) 氧化铜的颗粒度对凝固时间的影响

在粘结剂中,当氧化铜的粒度太粗时,凝固的时间很慢,而当其粒度太细时,则反应过快,并且在反应中产生高温而使粘结剂迅速凝固。经过有关研究者多次试验,认为氧化铜颗粒度在 98% 通过 320 目筛是较合适的。

(5) 磷酸的浓度对凝固时间的影响

粘结剂中,如磷酸中含水量过多或氧化铜潮解都将使其作用加速,从而使粘结强度降低。

(6) 一次调和量对凝固时间的影响

制备粘结剂时,若一次调和量太多,则会使粘结剂的反应加剧,并在调和过程中迅速凝固,反应过程还会产生大量热量,有时甚至会冒出青烟。因此,当粘结面积较大需要的粘结剂较多时,可由几个人分别调胶,调胶后同时粘结。在一般情况下,粘结剂的一次调和量以不超过 10 g 氧化铜为宜。

维修中,粘结后构件的强度是衡量粘结质量好坏的主要指标之一。影响无机粘结剂粘结强度的因素主要有氧化铜的粒度、氧化铜纯度、调和量、调和时间、被粘结面的粗糙度、配合间隙、氧化铜的含水量和磷酸的浓度等。

(7) 氧化铜的粒度对粘结强度的影响

市场上能买到的氧化铜种类很多,但其粘结效果却相差甚远。有研究者采用用四种不同粒度的氧化铜进行粘结强度试验。结果表明,氧化铜的颗粒度对粘接剂的粘结强度有很大影响。当氧化铜粒度太细时,反应速度快;当氧化铜粒度太粗时,则粘结剂的粘结强度下降。当氧化铜的粒度为 200 目时,调和时粘结剂"发沙",且粘结剂对金属的附着能力较差,基本不能使用。当氧化铜的粒度提高到 250 目以上时,粘结剂勉强可以使用。当氧化铜的粒度为 93% 通过 320 目筛,其粘结剂的粘结效果较好。

(8) 氧化铜纯度对粘结强度的影响

由光谱分析与强度试验得知,氧化铜的纯度对粘结强度没有重大影响,但应使氧化铜所含之杂质呈惰性,使其不与磷酸起作用,否则将会在一定程度上影响其粘结强度。例如,若氧化铜中存在活性金属会与磷酸发生反应,生成二氧化碳或氢,使粘结剂组织疏松,强度下降。

(9) 调和量对粘结强度的影响

在相同室温、相同调和时间、相同试样等条件下,调和量较大时,其强度也相应有所增加。但调和量过大时,使反应速度加快,而且调和时粘度较大,使调和的操作难以进行。因此,调和量要根据粘结情况适当选择。一般调和量可取 3~3.5 g/mL。

(10)调和时间对粘结强度的影响

从调胶完成到粘结剂凝固前的这一段时间内,粘结剂都可正常使用。但后半段时间内粘结效果要比前半段时间内粘结效果更好。这是由于经过一段时间熟化后,粘结剂反应比较充分,使其粘结强度有所提高。

(11)被粘结面的粗糙度对粘结强度的影响

在做过的套接试验中(剪切试验),取孔的粗糙度相同,改变轴的粗糙度。当轴表面的粗糙度越细,则其套接的粘结强度越差。反之,当轴表面的粗糙度越粗,则其套接的粘结强度越好。因此,在实际粘结工件时,应尽可能使其被粘结表面获得粗糙的粘结面(如粗加工、拉毛、打麻、喷砂等),粗糙的粘结面对提高粘结强度是极为有利的。

(12)配合间隙对粘结强度的影响

配合间隙也是影响粘结强度的一项主要因素。粘结时,若配合间隙过小,则使粘结剂难以进入配合表面,使粘结强度降低;若配合间隙过大,则因粘结剂本身性质较脆,也会影响粘结强度。经有关研究者多次试验,认为粘结时配合间隙取 0.2~0.3 mm(双面间隙)较为适宜。

(13)氧化铜的含水量对粘结强度的影响

氧化铜粉末的颗粒是一种多孔的物质,其吸水能力很强,易于潮解。如将氧化铜粉末置于潮湿的空气中时,则会迅速吸取空气中水份而使氧化铜的颗粒胀大。例如,100%通过 320 目的氧化铜粉末潮解后,使用时就和 200 目的氧化铜粉末一样,调和时也会"发沙",使粘结剂粘性减小,使粘结后构件的粘结强度大大下降。而且受潮后的氧化铜也很容易结成团块,在调和时不易调匀。因此,受潮后的氧化铜粉末必须经过干燥处理才能使用。另外,使用前的氧化铜在保管上也应注意其密封,防止其受潮影响粘结剂的使用性能。

(14)磷酸浓度对粘结强度的影响

粘结剂中的磷酸含水量过大时,反应速度加快,影响粘结强度。因此,要适当提高磷酸的浓度。经过试验认为磷酸的比重控制在 1.72 g/cm³ 时,效果较好。

表 3-43 为粘结剂的耐腐蚀性能。由表可见,无机粘结剂对盐酸、强碱、硝酸的耐腐蚀性较差,而对水、油的耐腐蚀性较好,所以无机粘结剂用于机械工业中的刀具、量具的粘结与减速器的补漏是可行的。

表 3-43 无机粘结剂的耐腐蚀性能

序 号	腐蚀剂	腐蚀时间	腐蚀情况
1	20%硫酸溶液	27 h	0.073 g/cm²
2	20%盐酸溶液	27 h	全部腐蚀
3	20%硝酸溶液	25 h	0.265 g/cm²
4	40%氢氧化钠溶液	27 h	全部腐蚀
5	日本粉碎机润滑油	27 h	0.003 5 g/cm²
6	肥皂水	25 h	0.002 0 g/cm²
7	蒸溜水	25 h	0.001 9 g/cm²

无机粘结剂的软化温度为 700 ℃左右,熔化温度在 920 ℃左右,但当加入一定量的中性物质(如陶瓷粉等),无机粘结剂的熔化温度则可提高到 1 100 ℃左右。

采用无机粘结剂套接管件,其抗拉强度一般可达到 300 kg/cm² 以上,当其选择的配合间隙合适、配合表面粗糙度较粗时,则抗拉强度可达 400 kg/cm² 以上。

无机粘结剂在制造时对磷酸及氢氧化铝无特殊要求,一般市场上购买的二、三级产品经过前述的处理即都能使用。但对氧化铜则有一定要求。制备无机粘结剂时可采用硝酸铜制取氧化铜的工艺来获取氧化铜。用硝酸铜制取氧化铜的操作方法如下:

工业硝酸 0.5kg 用纯水 0.5kg 将其稀释,然后分次加入电解铜(或铜丝) 12.5kg,在猛烈反应终了,褐色蒸气不再逸出时,趁热过滤,再将滤液置于 80℃温度下蒸发浓缩,随后放冷,待其完全结晶后,取出结晶进行灼烧、水洗、过筛,即为氧化铜(CuO),将氧化再进行粉碎、烘干后即可使用。

其工艺过程如下：

硝酸→水→硝酸铜溶液→过滤→浓缩→放冷→结晶→灼烧→过筛→水洗→灼烧→氧化铜→粉碎→烘干

用这种方法制造的氧化铜为棕黑色粉末，其比重为 6.32～6.43，分子量为 79.54，在高于 800 ℃时分解，高于 1 148 ℃时则熔融。这种氧化铜微溶于 NHOH，而几乎不溶于水。

无机粘结剂在粘结使用前应准备一些实用的工具。这些工具包括：粘结剂、玻璃板、竹片、汽油、毛刷、敞口玻璃容器等。

为配置出优异的粘结剂，配置粘结剂的原料氧化铜和磷酸都必须用磨口瓶盛好，以防氧化铜吸水受潮，盛放磷酸的磨口瓶最好带滴管，以便于操作。

准备数块玻璃板（100 mm×100 mm）是为了调胶做准备的。竹片可以用来调胶。汽油则是用来清洗构件及其构件表面的。毛刷则是为了涂抹粘结剂更加方便。

无机粘结剂的粘结工艺过程主要包括：

（1）清洗被粘结表面

用汽油清洗被粘结表面，去除其待粘结表面上的油污及杂质。清除待粘结表面时，如能采用喷砂则效果更好。喷砂不仅能去除待粘结表面的油污及杂质，而且喷砂能使被粘结表面得到一层细密的毛面，提高其构件的粘结强度。清洗后，必须使被粘结表面充分干燥后方可进行粘结。

（2）调胶

被粘结表面清洗后，即可进行调胶，其调胶过程为：首先将 3～3.5 g 氧化铜粉置于玻璃板上，中部留一凹坑，然后用滴管滴入 1 mL 加入氢氧化铝的磷酸溶液，再用竹片缓慢调和 5 min 左右，使其成浓胶状，即可使用。

（3）涂胶

将调和好的粘结剂分别涂于被粘结的二个配合表面上，随后按要求位置将二个配合表面粘好。

涂胶时应注意的问题有：涂胶时要用竹片对被粘结的二个配合表面进行反复抹涂，使粘结剂与被粘结的表面能很好地接触。粘结剂使用完后，玻璃板和竹片必须立即用清水清洗残余粘结剂，并仔细将其拭干，以备下一次使用。

(4) 干燥

将粘结好的工件置于室温下，经过 24 h 静置后，即可使用。若急需使用时，也可将工件安置于 50～60 ℃下烘烤 3～5 h，即能使用，其效果与室温下静置 24 h 的效果基本相同。

干燥时应注意的问题有：在粘结剂没有充分干燥之前，严禁碰动粘结面。这是因为在粘结剂将干但还未干时，其粘结强度是最差的。粘结剂干燥时，烘烤温度不得超过 80 ℃，以避免水份蒸发太快，使粘结层产生裂纹。粘结后的构件置于室温条件下干燥时，应避免空气太潮湿。无机粘结剂正常的颜色为黑灰色，并略带光泽。若发现无机粘结剂中带有绿色、蓝色等现象时，则粘结剂的强度一定很低，这种粘结剂就不宜再使用了。

12. 如何将小块的石墨粘结形成大尺寸的石墨？

由于石墨块很脆，加工的成品率很低。因此，人们寻求如何将小块的石墨连接成大尺寸石墨。在解决此问题中，液晶石墨粘结技术可以高效低耗地实现将小尺寸石墨粘结成大尺寸的精制石墨块。

液晶粘结技术是指粘结材料的分子结构处于液晶态，此时分子是分层排列的。液晶既具有流体的流动性，又具有晶体的光学性质。采用液晶粘结技术粘结精制石墨块是通过液晶粘结剂的外延生长完成的。

首先，我们了解一下液晶沥青粘结剂的制备。液晶沥青粘结剂是从石油沥青、煤焦油沥青中提取的。制备时是将原沥青磨成粉，然后与庚烷混合，每克沥青加庚烷 6 ml。将混合物搅拌数小时，过滤后将未溶解的物质干燥，再与苯混合，每克未溶物质加 60 ml 苯，再搅拌数小时后过滤，这种苯未溶物质是液晶沥青粘结剂,可用于粘接小块的石墨块使之形成大尺寸的精制石墨块。

用来提取液晶沥青的原沥青含碳和氢的重量百分比分别为 88%~96%和4%~12%。碳和氢以外的其它元素的含量极少,当其重量比超过5%的原沥青不能用来提取液晶沥青粘结剂。能提取液晶沥青粘结剂的原沥青的分子量约为300~4 000。此外,原沥青中的外来物质,如焦煤、灰粉或矿物水必须小于5%(重量比),最佳值为0.1%,石墨化石油沥青和煤焦油沥青是比较好的原沥青。

溶剂的选择应以溶剂或溶剂混合物的溶解度为准,在25 ℃某些有机溶剂的溶解度为:苯9.2;甲苯8.8;二甲苯8.7;环已烷8.2。其中的甲苯为最佳,可以提供所要求溶解度的溶剂或混合物质甲苯庚烷的混合溶剂,二者的体积比分别为60%:40%或85%:15%。

进行精制石墨块的粘结时,首先应将液晶粘结剂均匀地涂在两块石墨的粘结面上,涂层厚度约为15mm,涂好后密封起来以免溶剂渗出来。然后将样品放入真空或惰性气体内加温加压处理。加压处理时,应当注意压力的方向必须垂直于两块石墨的粘结表面。

粘结后石墨的热处理的温度范围为100~1500 ℃。热处理可分为两步进行。首先将温度升高至500 ℃或550 ℃,热处理时间约为1~2 h,这种热处理称之为初步热处理。在进行初步热处理的过程中,氢、氮、氧和硫等会从液晶粘结剂中排出。由于气体在粘结剂中的扩散,可使孔隙减少,粘结效果更好。如果在初步热处理的过程中温升太快或温度快速超过550 ℃,粘结剂中的气体来不及扩散,会使粘结层中的孔隙增加,使得粘结效果变差。在进行初步热处理的过程中,温度上升至550 ℃以前,液晶沥青不可能转变成碳。

第二阶段的热处理是将粘结的石墨构件加热到1 000~1 500 ℃温度范围。在此温度范围,液晶沥青会转变成碳,使两块石墨块紧密地粘结在一起。在第二阶段的热处理过程中,热处理的同时要对粘结的石墨构件施加压力,其压力值可以控制在 1.4×10^6 Pa。在此压力下,石墨构件的的粘结强度可以达到 8.5 MPa。

液晶粘结剂粘结石墨应注意的问题是,对粘结用的石墨粉要求其总灰粉量小于 0.2%,平均密度约 1.74 g/ml,颗粒约为 0.15 mm。

一般说来,任何晶体或半晶体石墨块都可以采用液晶粘结剂进行粘结,且粘结后的石墨具有足够的粘结强度。

13. 车辆传动系统中如何使用工程胶粘剂进行粘结与修复?

工程胶粘剂分为丙烯酸酯类、改性丙烯酸酯胶、厌氧胶、氰基丙烯酸酯胶、环氧胶、有机硅橡胶(RTV)、聚氨酯等几大类。其中,厌氧胶和有机硅橡胶(RTV)在工程车辆的维修中应用得比较广泛。

厌氧胶是一种静密封材料,常温下呈粘稠状液态,易于存放较长时间,它适用于机械设备的中、小间隙(1 mm 之内)静结合面密封,也可以用于结合面较为复杂的部位(如螺纹),是较理想的一种静密封材料。厌氧胶粘结或密封的构件经过一段时间固结后,有较高的机械强度。

厌氧胶在使用时,胶体与氧气隔绝后在室温下即可固化,有氧气供应时液态厌氧胶内由于含有大量过氧化物,因此存在形态稳定。厌氧胶在与氧隔绝后,液态厌氧胶中的过氧化物与金属离子反应形成自由基,自由基引发聚合物链的形成,最终形成交联网状聚合物。厌氧胶在用于螺纹锁固与密封、平面密封、管路螺纹密封、圆柱形零件固持时,金属离子激发活性金属促使固化速度较快,但厌氧胶在粘结铜、钢铁非活性金属时,固化速度较慢,在使用厌氧胶粘结高合金钢、铝、锌、锡、金、不锈钢时,为了加快固化,可加热或用促进剂加快其固化。

硅橡胶与湿气(水)起反应,胶中有端 OH 基的聚二甲基硅烷和易水解的交联剂-X 基团,胶贮存在密封容器内,交联剂不发生水解,胶液稳定。胶挤出后,交联剂发生水解产生活性基团-OH,

并放出 XH 气体,产生缩聚反应,胶层从表皮慢慢向里固化,最终形成具有弹性的立体结构,室温下固化,硅橡胶适合用于平面的密封。

在车辆传动系统中常见的轴孔连接过盈配合,以往均采用热套、冷缩或强力压入等方法装配,即便零件结合面的加工精度(尺寸及表面粗糙度)控制得很严,也不可能保证结合面完全接触。试验表明,过盈配合接触面小于 25%。由于加工时尺寸偏差有一个变化范围,固持力也在一定的范围内变化。尺寸合格的零件装配后,固持力并不一致。有时,为了达到特定的摩擦水平,需要非常严格的公差配合,并且把轮毂做得很厚,这将导致生产成本的提高。由于摩擦腐蚀或接触腐蚀,这些结构很难或不可能拆卸。不同材质的零件如铝体-钢轴承因热膨胀系数不一样,工作状态下,固持力比装配时小,在机械作用下极易产生松动。在使用保养、维修时多次拆装,也将改变原来的配合。这就是使用过程中出现松动(轴承跑圈、滚键等)的原因。

用厌氧胶填满配合面间隙,使之百分之百接触,固化后形成一坚韧的耐温、耐腐蚀胶层,便可以获得一稳定的固持力。起到紧固定位、防腐、吸收振动冲击力的作用。在设计中可以用间隙配合代替过盈配合或过渡配合,大大简化装配工艺。同时在适当降低加工精度条件下,能够保证产品的装配精度和运行平稳、可靠,达到经济、方便、提高工效的目的。对于一些因尺寸超差报废的零件应用厌氧胶涂敷装配,还可以减少废品率。拆卸时经加热降低粘合剂的强度后,连接装置很容易拆卸。

在以往的车辆传动系统设备维修中,机器零件磨损后,采用的传统修理方法是:(1)更换新件;(2)补焊车削加工或车削镗孔、镶套;(3)热喷涂、喷焊及磨削加工等。不论采用哪一种方法,都将会造成停机时间长、维修费用高。用厌氧胶粘结技术修理,只需就地把零件的磨损处适当拆卸、清洁,涂胶后即刻装配,很短时间内即可开机运行,大大减少了停修时间和停机损失。例如,图 3-65 所示的纸机压辊的局部结构,因异物进入,将橡胶辊面压出一凹坑呈现损坏。修补这一缺陷时可以沿着被损坏凹坑四周切下,使凹坑变成方形或圆形等规则形状,取一相同质量性能的橡胶块,切削成与辊体上修整后凹坑形状尽量一致,在凹坑内表面涂抹快干厌氧胶,把橡胶块塞入凹坑并压紧数分钟,待胶液固化后,磨掉高出辊面部分,使修整部分与辊面平滑一致,即实现了不拆卸就地快速修理的目的。

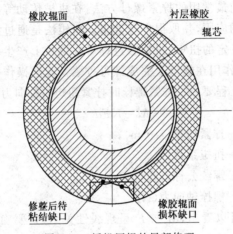

图 3-65　纸机压辊的局部修理

对孔—轴连接,工作中轴受到方向固定的径向力作用,孔的局部被磨损。如磨损量较大,修复时可在磨损处加一薄金属片,并在其两面都涂抹厌氧胶,胶液的黏度应高一些,如乐泰 660 胶等,装配并待胶液固化后,即达到快速修复的目的。若孔的尺寸偏大(也可以是设计中有意加大间隙),通过在配合界面涂厌氧胶装配,胶液固化后,使报废零件得到修复利用。

此外,用圆形断面橡胶条,可以用快干厌氧胶粘结成任意周长的"O"形密封圈。还可以用厌氧胶涂抹螺栓的螺纹部分,装配后起到防松作用等。

工程车辆传动系统通常由发动机、变矩器、变速器和驱动桥系统四个部分组成,由于工程车辆的工况复杂,工作环境恶劣,作业强度高,使车辆内部和外部载荷均有较大冲击和振动,容易导致传动系统联接松脱或失效、传动零部件疲劳破坏、旋转轴磨损、轴承磨损、联接面漏油、螺栓断裂、油箱碰坏、油管接头磨损漏油等现象。传动系统是工程车辆发生故障比较集中的部位，国内的工程车辆制造厂家以及变速器、驱动桥等专业厂家也正广泛地应用工程胶粘剂解决车辆传动系统中的难题。

在机械和传动系统中，螺纹紧固件锁固与密封是常见的问题。扭矩法是目前最常用的拧紧螺母方法，在机械传动等高强螺栓施工中有广泛的应用，并取得良好效果。扭矩法是通过扭矩扳手在螺母上施加一定的扭矩，扭矩通过螺母在螺栓上产生一定的轴向力，轴向力反作用在螺母上完成螺母拧紧。此法操作简单、直观，精度能满足工程要求。拧紧螺栓时拧紧扭矩与轴向力的关系为：

$$M = KFd \tag{3-4}$$

式中 M——拧紧扭矩（N·m）；
   K——扭矩系数；
   d——螺纹公称直径（mm）；
   F——螺拴轴向力（N）。

从上式可以看出，M 与 F 呈现线性关系，只要确定 M 值，F 值就可确定。竖向预应力体系与高强螺栓结构相似，拧紧螺母，并在轴向施加一定的轴向力，能减少竖向预应力损失。因此，在拧紧螺母时，确定合理的扭矩，控制 K 值是控制竖向预应力损失的关键。在机械和传动系统中，夹紧力直接影响螺纹紧固件的锁固与密封。其中，夹紧力的大小、持久性和可拆卸性称为夹紧力的三要素。合理选择锁固剂（厌氧胶）可控制夹紧力的大小、锁固强度和螺纹紧固件锁固的持久性。

机械和传动系统中常用的弹簧垫、开口销、止动垫片、端面齿、阻尼螺母等方法在防止自转松动等方面各有利弊，都不能兼顾稳定夹紧力转化、持久性、可拆性、密封等几个方面。而密封胶可防止自转松动，螺纹的小间隙提供了厌氧胶固化条件，解决了螺纹紧固件的渗漏与腐蚀问题，100%填满螺纹间隙，摩擦面积增加一倍以上，兼防渗漏锈蚀，准确的力矩转化，扭矩系数（K 值）离散小（减小 50% 以上）。实验表明,防振松效果比现有的机械方法都好。

工程车辆中,驱动桥轮边减速器轮辋螺栓联接、驱动桥壳体托架螺栓联接等均可选择胶种有效联接。使用时用清洗剂清洗螺纹啮合处,晾干,滴螺纹锁固剂到螺栓(外螺纹)啮合处,再拧入螺母,上紧到规定力矩。

平面密封(平面密封可使用厌氧胶、硅橡胶)解决联接面漏油的措施,大多采用固体垫片的方式,但存在各种弊病,如垫片压缩后永久变形、垫片长期工作失去弹性、垫片容易老化、寿命短等。而使用厌氧胶、硅橡胶液体垫片进行平面密封有以下几个优点:

(1)密封可靠:涂胶时胶有流动性,可100%充满间隙、刀痕,补偿两接合面间的不平(行)度;

(2)可获得无间隙连接,配合紧密;

(3)降低成本。

使用厌氧胶、硅橡胶液体垫片进行平面密封其缺点在于相对固体垫片拆卸麻烦,不能重复使用,因此常用于不常拆卸处。

工程车辆中,发动机和变矩器接合面、变矩器和变速器接合面、驱动桥壳体和托架接合面是车辆漏油的多发地带,均可选择胶种有效密封。使用时清洗两接合面的任一平面,晾干,在平面上涂敷适当直径的厌氧型或硅橡胶平面密封条,将需密封部位围起,形成一封闭的胶圈,注意在螺栓孔周围涂敷封闭的胶圈,涂胶后大约45 min内对准合拢,避免错移,上紧螺钉。擦除挤出平面的胶液,室温(25 ℃)30 min便可承受一般齿轮箱的工作压力。

工程胶粘剂对于圆柱零件的固持很有效果。发动机碗形塞位于内燃机机体,对发动机壳体工艺孔的密封,可使用密封胶;各种齿轮、轴承等使用工程胶粘剂进行修复,可提高零件和旋转轴的配合,降低维修的成本,提高维修的效率。使用时轴端孔口倒角,去毛刺,用清洗剂清洗配合面,晾干,在轴径上涂成几道相互间隔的完整胶圈,使装配到位时,配合面完全充满胶,缓慢匀速对准装配。室温下8~10 h即可固化,必要时可用促进剂加快固化速度。

使用过程粘结剂时要注意以下一些事项:

(1) 预处理：涂胶部位要求清理干净，不得有油污、铁锈等，必要时可用专用清洗剂喷洒零件表面，晾干后再涂胶，清洁度越高粘结效果越好。

(2) 涂胶：经过预处理的零件表面，涂胶要均匀，涂量适当，以能均匀覆盖整个结合面的凹陷面为准。根据配合处间隙的大小，选用合适型号的胶类。粘度大的胶类适用大间隙，但渗透性差，粘度低的胶类适用于小间隙配合面，它有较强的渗透力，若与固体垫片混用要在垫片两面同时涂胶。

(3) 轴套类修复：如果磨损间隙太大，装配时，要注意轴套的同轴度。

(4) 快速固化：如要求快速修复或在低温下（5 ℃以下）加快固化速度，可用专用促进剂喷于零件表面，晾干后再涂胶并立即装配。

(5) 装配时，要缓慢匀速推进，不要把胶层划破。

(6) 应把涂敷处多余外流的胶液清理掉。

(7) 工作中应避免胶瓶胶嘴接触金属，以防污染瓶中胶液。

14. 如何采用粘结技术密封车身和玻璃？

车辆厢体的防泄漏、密封性能是其最基本的功能，但由于在玻璃粘结和车身密封过程中，粘结强度检验困难，因而使其在雨天漏水现象时有发生，严重影响了产品的质量和使用安全。为了帮助大家采用粘结技术更好地密封车身和玻璃，下面介绍其粘结技术密封车身和玻璃的工艺规范，以期对使用者有所帮助。

(1) 粘结前准备工作

1) 场地准备。打磨、清洁应当与粘结在不同场所进行，以避免二次污染。粘结场地要求清洁、通风、明亮，温度不低于 15 ℃，相对湿度不小于 30%。

2) 工具准备。粘结前需要准备记号笔、胶枪、美工刀、刮片、毛刷、温度计、湿度计、计时器、塞尺等工具。

3) 物料准备。需要准备所需的所有物料（包括合适的粘结剂）。并对粘结表面进行处理，以提供一个清洁、活性的粘结表面。

4)切胶嘴。打粘结胶时,应根据框架上设计的粘结宽度调整胶嘴的直径,并使胶嘴上三角形的高度为粘结宽度的 1.5~2 倍,如图 3-66(a)所示。打填缝胶时,胶嘴应斜切到合适尺寸(水平 45°夹角),如图 3-66(b)所示,使胶嘴能刚好伸到缝底。

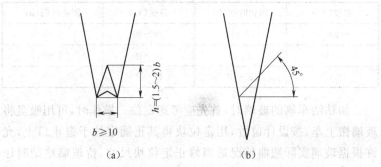

图 3-66 切胶嘴示意图

(2)玻璃粘结工艺

玻璃安装形式有两种(见图 3-67)。一种形式是玻璃之间不相邻的安装形式,不相邻的安装形式指玻璃单独粘结在沉坑内(见图 3-67(a))。另一种安装形式是玻璃间相邻,成对粘结在内框上(见图 3-67(b))。

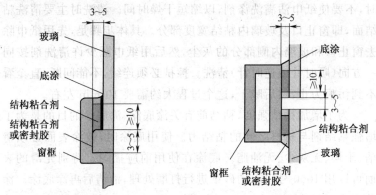

(a)玻璃之间不相邻的安装形式　　(b)玻璃之间相邻的安装形式

图 3-67 玻璃安装形式(单位:mm)

粘结时,固化时间与温度有关。一般条件下,所粘结的构件粘结固化所需要的时间随温度的升高而减少,反之亦然。具体结构粘合剂固化的时间见表 3-44。

表 3-44 结构粘合剂固化时间表

温度(℃)	固化时间(h)	温度(℃)	固化时间(h)
-10~0	10~12	20~30	6~8
0~10	9~11	30~40	5~7
10~20	8~10	40~50	4~6

如粘结车辆的玻璃时,首先应考虑定位。操作时,可用吸盘将玻璃搬上车,按设计位置,用定位块将其正确定位于窗止口上,允许根据玻璃实际翘曲情况适当修正定位块尺寸,待玻璃粘结时压好玻璃。

粘结前,粘结表面必须干燥、无尘、无油脂且无松动的颗粒(如漆皮、锈皮等)。清洗时。清洗剂的选择应根据材料本身特性,即材料对清洗剂是否具有抗性来确定,只能用丙酮、丁酮和酒精等纯溶剂,不能用硝基溶剂。用清洗剂清洗后,应让其充分挥发,直至完全干燥后方可进行粘结,否则会影响粘结剂的粘合效果。清洗时,不要使纸巾沾满洗涤剂,以缩短干燥时间。清洗时主要清洗粘结面,即窗止口及玻璃内粘结宽度部分。具体步骤是,先用纸巾除去窗止口和玻璃内侧部分的灰尘,然后用纸巾蘸少许清洗剂按同一方向(顺时针或逆时针)清洗。擦拭必须连续,不能间断,直至看不到污痕为止,然后晾干,这个过程大约需要 10 min 左右。

为了增加粘结强度,粘结前有关涂底涂。涂底涂的目的是为了增强粘结剂与材料之间的粘结力。使用底涂时,被涂表面必须清洁、干燥、无灰尘、无油脂。底涂在使用前应摇匀。特别光滑的表面可以用 1000 号以上的砂纸进行打磨处理,清洁后再涂底涂。涂胶宽度一般为 15~20 mm,厚度为 0.05 mm。玻璃和窗框上刷涂部位必须对应一致。涂底涂后应等待 10 min 左右使其自然晾干。而且,底涂也有一定的时效性,底涂刷涂干燥后必须在 24 h 内涂胶,超过时效必须重新涂底涂。

粘结时的施胶方法有两种,一种是湿式施胶法,一种是干式施胶法。

湿式施胶法参见图 3-68 所示。湿式施胶法首先应在框架上施胶成三角形(如图 3-68(a)所示),压上要连接的部分,直到所需的胶层厚度,保持边缘光滑(如图 3-68(b)所示)。等待一段时间后,用结构粘合剂或密封胶充分填满缝隙,并使其表面光滑(如图 3-68(c)所示)。

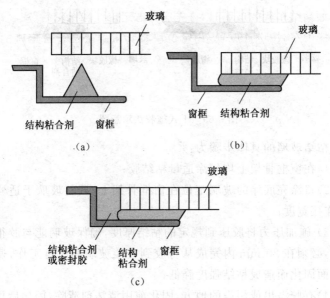

图 3-68　湿式施胶法示意图

干式施胶法可参见图 3-69 所示。首先通过使用胶带或者其它方式使玻璃保持在一定的位置(如图 3-69(a)所示),注胶(如图 3-69(b)所示),压胶,使其内部充满,并留出一条缝隙(如图 3-69(c)所示),等待一段的时间后,用结构粘合剂或密封胶充分填满缝隙,并使其表面光滑(如图 3-69(d)所示)。

粘贴玻璃作业时,最后填缝可任选一种胶。一般小批生产采用结构粘合剂,大批生产时则可以采用密封胶。

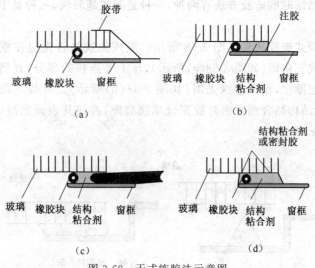

图 3-69 干式施胶法示意图

粘结玻璃的具体步骤为:

1)在窗框骨架上均匀涂适量粘结胶;

2)将涂完底涂的玻璃定位在窗框骨架上,调整玻璃于适当位置,连接宽度;

3)施加压力将胶压到规定的粘结厚度,确保玻璃能与胶很好接触,必须在 20 min 内完成从打胶到安装玻璃的所有工作,避免因表面固化而造成粘结强度降低;

4)有胶溢出或污染的地方,固化前用清洁剂清除,固化后用机械方式清除。

粘结完玻璃,要进行打填缝胶。其打填缝胶要按以下几个步骤进行:

1)打结构粘合剂或密封胶。胶嘴必须与缝底接触,避免空气进入,产生气泡或造成表面不平整;

2)在 40~60 min 内,完成施胶和刮平操作,刮平后撕去胶条;

3)再次检验粘结部位是否密封,如有不密封处,可适当使用密封胶。

(3)车身密封工艺

车身密封是通过使用与粘结玻璃不同的工艺、材料和表面结构来达到密封目的的。车身密封主要时起到防腐、防水、隔声、隔热和降噪的目的,车身密封涉及的被密封材料有金属面、金属漆面、橡胶、塑料、玻璃、木地板或竹地板及人造革等。车身密封涉及的部位有地板、顶盖、侧围、门止口等等。

1)地板的密封

汽车地板的粘结密封主要是防尘、防水、隔声和保温。国内常用的地板材料有竹地板、木质胶和地板、塑料地板、杂木地板、金属地板与减震复合地板等数种。粘结密封的部位主要是地板间的接缝,地板与上面覆盖的人造革或地毯以及地板与金件接触的部分(如图 3-70 所示)。在地板接缝上,采用最多的密封剂是 PVC 基热固化型或改性橡胶基(如丁苯)、室温或低温烘烤型密封剂(如聚氨酯,硅酮胶等)。地板密封,一般要求其密封厚度为 15～18 mm,密封宽度为 3～5 mm。

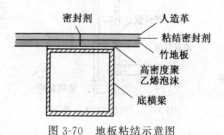

图 3-70 地板粘结示意图

2)顶盖的密封

汽车顶盖密封包括顶盖蒙皮焊缝、顶窗、顶气窗、示廓灯线束孔等。对于顶盖蒙皮焊缝的密封,可采取一种扁鸭嘴形的工装配合。选用密封胶对焊接过程中出现的沙眼、气孔或焊穿的蒙皮进行密封可如图 3-71 所示意。

对示廓灯线束孔、顶窗、顶气窗等处的密封,一般采取对顶盖止口部位或框架与焊缝之间涂氯丁橡胶基密封胶或聚氨酯、硅酮等密封胶来进行密封。

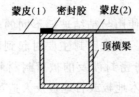

图 3-71 顶盖密封示意图

3)侧围的密封

在两侧围骨架上,从乘客门及驾驶员门后立柱至末立柱之间都有通长的腰围梁,侧围的密封要在侧封板与腰围梁接缝处打胶(如图 3-72 所示)即可实现乘客区地板两侧的密封。为使打胶顺畅应先在腰围梁内侧打胶,然后装焊封板。

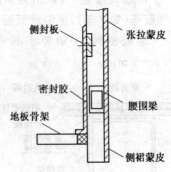

图 3-72 侧围密封示意图

4)门止口的密封

车门内外止口之间形成一个空腔,如果空腔下部与地板外部相通,就需要实施密封,否则空气、灰尘会从内止口四周缝隙通到车厢内(如图 3-73 所示)。如果直接密封内止口,打胶后需要刮平,否则影响内饰安装。但胶刮平后,密封可靠性会下降,施工难度加大。因此,门止口的密封最好是在下部止口处增加封板,将空腔与车体隔离,这样内止口接缝就在地板以上的密封圈内(如图 3-74 所示)。

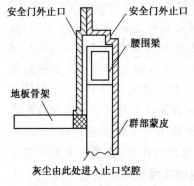 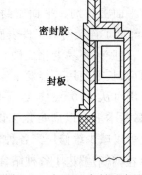

图 3-73 门止口空腔示意图　　图 3-74 门止口密封示意图

按照以上粘接密封规范及其工艺方法,某大型公司制作与安装了上百台运输车、移动发电设备从未发生过雨天漏水现象,确保了产品的质量。

15. 如何使用粘接技术对损坏的化工设备进行修复?

化工设备盛装的多为有毒、易燃、易爆介质。化工设备使用温度高、介质压力大,危险性高,一旦泄漏将会造成设备损坏、环境污染,人员伤亡等重大安全事故。因此,对化工设备的维修使得维修操作人员都极为谨慎。

一般情况下,化工设备的维修有机械维修法和焊接维修法。但对于没有停产的化工设备的维修,尤其是对其在使用中的有易燃、易爆、有毒等介质的化工设备的维修严令禁止动火,这给维修带来了很大难度。近些年来,冷焊技术不断发展,为化工设备的维修带来了很大方便。例如,将厌氧型管路螺纹密封剂涂在管件外螺纹上,能填充十分微小的间隙,达到螺纹间100%接触。这种胶固化后不收缩,可以调整接头角度,密封效果较好。而且密封压力可以达到管子设计的破裂压力值,使用中不会使粘结或密封的构件发生滑脱、收缩、破碎或者堵塞系统。在设备管路连接中M80以下螺纹,在工作温度 $-54 \sim 204$ ℃范围内,除了不适用于氧气或强氧化剂环境,都可以用管螺纹密封剂达到可靠的密封防漏。

化工设备或零件的维修中,厌氧胶除了有管路螺纹密封剂外,还有平面密封剂。平面密封剂固化后可达到结合面的 100% 接触,降低了连接时对工件表面粗糙度的高要求。具有一定的粘结强度,且胶体不易老化变硬。有密封要求的平面使用平面密封剂密封后,长期使用不会发生渗漏,密封间隙可达到 6 mm,温度适应范围可从 $-70\sim315$ ℃。平面密封剂也可与其它固体垫片配合使用,基本上可以满足化工设备维修中大多数平面的密封要求。由此可以减少维修厂家各种规格垫片的库存,避免不必要的资金积压,较好的解决了各种结合平面的泄漏问题。

众所周知,轴承与轴、轴承与座孔以及各种传动件与轴等轴孔配合件需要有一定的配合间隙,以达到传力的目的。在运转过程中,在冲击或变载作用下,传动装置极易产生配合表面的磨损和松动,继而造成键等零件的损坏,造成传动失效。固持胶在这种情况下可以填充零件之间的内部空间,并固化成为一个坚实的精确配合,用于压装配合与间隙配合零件使之具有不同黏度,填充间隙能力,柔性及强度特性,可以有效防止并修复轴承跑圈、轴颈磨损、滚键等问题,可以方便快捷地维修各种使用中的零部件。

化工设备使用中的铸件、焊接件常常会因为各种问题出现裂纹、气孔、砂眼等而引起渗漏。如果遇见此类情况,要对泄漏进行仔细检查,分清是那种问题引起的泄漏,泄漏的性质属于那类,然后按其类别进行修补。分析其渗漏后可以用厌氧胶进行现场修复。

对于气孔、砂眼等的现场修复,首先将缺陷处清洗干净,局部加热、冷却后在微孔处涂厌氧胶,待胶体固化后即可完成修复。

对于裂缝和大孔洞的现场修复,则需准备一块较大的金属片,在裂纹的两端钻裂孔,以防止裂纹继续扩展。然后在裂缝和孔洞的修补打磨区涂一薄层胶,将金属片贴在胶层上,再施胶盖住金属片即可。

粘结修补法在化工设备维修中,可以方便快捷地修补损坏的零件和部件。尤其是有一种快速固化环氧树脂,可在 4~6 min 内达到其强度要求,可根据实际构件的使用环境和所要求的强度等级来选择粘结剂。且可对任何材料进行粘合修补、填充及密封孔洞、裂缝和受损的表面。

除此之外,对一些要求快速粘结的部位和零件还可选用瞬干胶来进行修补。瞬干胶涵盖了各种粘度,固化速度,填充间隙及与备粘物的兼容性。固化时间极短(15~120 s),可适用于塑料、橡胶、金属以及不易粘结的材料。尤其是对设备维修过程中的"O"型密封圈的破损修复,既方便又快捷。瞬干胶使用时,只需要准备与"O"型密封圈外经尺寸相同的胶条,按需要的直径长度切断,将瞬干胶涂到断面后紧紧贴合压紧 15 s,此方法在 1 min 中之内就可以制成合适的"O"型密封圈。大部分瞬干胶,尤其是厌氧性结构胶适合结构性平面的粘结,粘结时不需临时调配,室温快速固化,除软橡胶外,可以粘结金属、玻璃、磁铁等各种材料。

结构胶用来永久性粘结,具有良好的强度。使用结构胶粘结后的构件,如因某种问题想拆开时,只需将零件加热到 204 ℃ 以上粘结后的构件便可迅速拆开。可以说,在设备维修中结构胶对于零部件的断裂修复,实现了低成本、高可靠性。

填充型及通用型环氧修补剂可修补、修复破损的零件,使设备很快便可以投入使用。膏状、液体及黏稠状的修补剂固化后,其性能类似原本的金属,可以钻孔、攻丝和机加工,可快速修补碳钢、铝、不锈钢等各种金属。其中,金属魔力胶棒操作简单快捷,适用于水箱及管道泄漏的紧急修补。能够对焊缝、铸件的小开裂进行修补,对过大的螺栓孔进行填充。在维修时,只需取出需用的一段胶棒,搓捏 3 min 使双组分充分混合,混合后立即平填至修补处,固化 10 min 即可。因此,金属魔力胶棒对于修复有裂纹的壳体、泵体、管路、阀体和箱体,或者各类构件已磨损的表面,具有快速修补的特点。

在化工设备维修中,还有一种产品叫做耐磨防护剂,其产品的特点是结合了陶瓷的高超耐磨特性和双组份环氧树脂使用方便的特点,可以保护设备免受介质冲刷磨损和其它侵蚀等恶劣工况环境下的磨损。如泵壳、风机叶轮、管道弯头、旋风器以及物料输送设备,经长时间冲刷、磨损以及腐蚀作用下,会出现表面磨损。对此,在其受损表面用刷涂或刮抹耐磨防护剂的方法,可以尽快地修复零件,有效保护受损表面再次免受磨损,延长其零部件的使用寿命。

目前,密封粘结技术作为一种全新的预防性保养维修技术,其经济性和可靠性越来越得到化工设备维修行业的高度重视。只要掌握粘结维修解决方案,选择相应的黏结剂产品对设备表面进行改造、修复及防护,不仅帮助维修人员解决以往一些维修技术难题,降低更换设备零件费用,缩短了检修时间。而且还可以有效地防止和降低设备故障发生,提高设备的利用率,延长设备使用寿命,降低维修成本。

16. 如何进行破断管道的非焊接抢修?

管道破断是指管道完全断开,或出现大长度、大面积的破裂。管道的这些破断事故常常是由于地震、山体滑坡等自然灾害以及施工不当等原因造成的。管道破断事故不同于管道腐蚀等泄漏事故,管道腐蚀等泄漏事故可在不停输的状态下采用钢带拉紧技术、快速捆扎技术、低压粘补技术、管道修补器快速封堵技术等进行抢修。但管道破断事故发生时,由于管道断开或大面积破裂,使管内的大量介质外泄,此时管道必须停输。如果断裂的管道属于输油或输气管道,由于油或气的泄漏量大,实施抢修时必须注意安全,同时尽可能降低对周围环境的污染。

破断管道的抢修分焊接抢修和非焊接抢修两种方式。焊接抢修是利用焊接设备和工具对破断管道进行焊接抢修的方法。焊接抢修必须要对破断现场进行要充分的清理和处理后,使现场达到焊接的安全条件后方可进行。非焊接抢修是在管道抢修过程中无需动火进行抢修的方法。非焊接抢修管道一般应根据管道的工作压力选用合适的管接头,且两个管接头之间宜于选用快装管道进行连接。非焊接抢修破断管道过程中无须动火,因此可在管道跑、冒油现场未进行处理前进行,可大大缩短了抢修时间。非焊接抢修主要用于临时抢修,用于管线破断后快速地把管道连通起来,尽量减少停输时间,减少管线介质的外漏,减少因停输造成的经济损失,降低对用户的影响。

因为非焊接抢修是解决管线断裂的临时解救措施,因此管道连通后或在现场不仅要进行充分的处理后,还要对其管道进行改道作业,使管道进入正常的输送模式。非焊接抢修使管道断裂抢修的时间大大缩短。非焊接抢修断裂管道的步骤一般可按下列步骤进行。

(1)挖抢修作业坑道。非焊接抢修断裂的管道需要先开挖作业坑,作业坑的长度、宽度和深度一般视现场作业需要而定。

(2)手动割除废管。采用手动工具把断裂的管头割除,切割处要保证管道的圆度。在保证安全的情况下也可使用液动割管器。但无论采用那种割管方式,都要考虑现场的油或气体易燃物,切割时防止产生火花,防止出现任何安全事故。

(3)清理和处理管口端。清除掉管端部的防腐层、铁锈、污物等杂质,使管端部露出金属底色。再根据采用的管接头的形式对管端部进行处理。

(4)选用与安装管接头。选用的管接头承压能力应不小于管道的额定工作压力,将准备好的制式管接头安装到处理好的管口端部上。如所选的管接头确实无法满足管道的压力要求,也可在试运行期间,降压运行,改道后再恢复原始工作压力运行。

当前,比较成熟的管接头有形状记忆合金管接头、斯特劳勃管接头、槽式管接头等多种形式。

形状记忆合金管接头是靠其在不同温度下呈现出不同直径的性能来达到联接的目的。其工作原理是:形状记忆合金管接头经扩孔后使之与联接管呈较小间隙配合,然后将管接头加热到某一温度(As)以上后,管接头的形状就向扩孔前的形状恢复(即收缩)而抱紧联接管,即完成联接。

形状记忆合金管接头具有联接方便、耐腐蚀性好等优点。目前，研究较为成熟的是 TiNi 形状记忆合金管接头。但 TiNi 合金价格昂贵，除了在航天、军工等特殊领域内有应用外，在一般领域内的应用由于其成本问题受到限制。FeMnSi 系形状记忆合金是一种单程记忆效应的合金，特别适合作管接头使用，它具有成本低、强度高、适合大批量生产的特点，有广阔的应用前景。根据有关研究，Fe-17Mn-5Si-10Cr-5Ni 合金管接头的形状恢复率随着预变形量的增加而降低，最大可恢复应变在 6%～6% 之间，预变形量为 4.5%～8% 时管接头的紧固力较大；热－机械训练可显著提高管接头的形状记忆效应和连接的紧固力；管接头的形状记忆效应随着其壁厚的增大而降低，管接头壁厚有一个合理的取值范围，可使其连接的紧固力较大；管接头连接长度越长，管接头的紧固力越小。

目前，有研究者认为管接头的连接长度越长，管接头连接组件的耐压密封性越好；管接头的壁厚对管接头连接组件耐压密封性的影响规律同管接头壁厚对管接头紧固力的影响规律相似，有一个合理的取值范围。对于所测规格尺寸的管接头，预变形量在 4.5%～8% 时管接头连接组件的耐压密封性较好。热－机械训练可以显著提高管接头的耐压密封性，且只需一次训练可以达到较满意的结果。管接头的结构对管接头连接组件的耐压密封性影响很大，管接头的结构不同，耐压密封性可以有几倍的差异。

也有研究者将自制的粘结剂用于铁基形状记忆合金管接头的连接，并对连接副的密封性、耐压性、抗拉拔性进行了试验，结果表明其耐压性及抗拉拔性优良。将管接头连接用于现场试验，成功解决了环氧粉末内喷涂钢管在三元复合驱采油技术上的内补口问题。

斯特劳勃管接头采用把接头上的牙齿嵌入管道外壁的方式实现紧固，其密封依靠自压式橡胶圈。斯特劳勃管接头一般承受的压力较低，大部分在 1.6 MPa 以下，小口径的接头能承受较高的压力。同一种型号的斯特劳勃接头随着口径的增大，其耐压能力也有所下降，因此应根据管道的工作压力或降压运行时的管道压力选用合适的斯特劳勃接头。同时,斯特劳勃的性能还和其是否要承受轴向力有关,因此选用时应特别注意。

槽头管接头是利用接头卡住管壁上的沟槽来实现连接,其密封为槽头接头内的 C 型压敏型密封垫圈。槽头接头的应用已有 80 多年的历史。对于厚壁管,在壁厚安全余量较大时,可以采取现场切槽的办法,利用液压驱动或手工切槽机,在管端切削出与接头配套的沟槽(具体尺寸可以参照美国唯特利槽头接头公司发布的标准),然后使用连接器连接。20 世纪 50 年代中期,唯特利开发并推广了滚沟技术,解决了薄壁管道无法现场开槽的难题。滚沟技术的基本原理是薄壁管道通过设备在现场被快速冷压成型,以生成带沟槽的管端。滚沟过程中,不需要切除任何金属,凹槽处的管道材料在冷加工过程中向内发生位移,因此管道强度不受影响。切槽和滚沟比焊接抢修能节省大量时间,对公称直径 8″ (1″=2.54 cm)和 12″的管道,焊接抢修一般需要十几小时甚至数天,而切槽和滚沟一般只需要十几分钟,充分体现了快速抢修的优越性。

非焊接抢修的主要目的是尽快恢复生产,因此如果破断的管道较长,则破断管道的替换管道就宜采用具有快速接头的制式快装管道。因为现场不允许采用传统的钢管焊接,这种抢修本身就是临时性的,这些抢修管道也应是临时的,否则在改道管道建成后,这些临时管道的拆除也很麻烦。如采用具有快速接头的制式管道,则不仅能够方便快捷地铺设、连接和拆除,而且还能反复使用。

(5)连接快装管道。由于现场油或气浓度很大,不能连接焊接管道。因此,在破断管道两端的管接头之间连接快装管道。快装管道一般是一定长度的两端带有制式接头的钢管或复合材料管。安装快装管道时应注意所安装的快装管道的承压能力应不小于使用中管道的额定工作压力。

(6)试运行。管道连接完毕,检查连接质量,进行试运行。当试运行正常后,就可对现场进行清理,然后采用改道作业方式,恢复管道正常输送模式。

17. 如何非焊接处理湿式螺旋煤气柜的泄漏？

湿式煤气柜长期处于腐蚀环境中，如果防腐不彻底会产生漏点。对湿式煤气柜进行不停气防腐，只能进行湿式煤气柜外壁防腐，因湿式煤气柜内壁未能防腐而产生化学损伤。在湿式煤气柜外壁防腐时，若除锈不彻底和煤气柜外壁不干燥，会使防腐漆不能很好地附着在壁板上导致防腐质量下降。湿式煤气柜频繁地上升下降产生交变应力导致机械损伤，致使使用中的湿式煤气柜经常发生泄漏，且泄漏点经常产生于有焊接应力的区域。

煤气柜的机械损伤是湿式煤气柜在升降时，在强大应力作用下，材料中部分晶体沿最大剪应力作用面形成滑移带，开裂形成微裂纹所致。湿式煤气柜表面的刻痕或所用材料的内部缺陷都可能引发应力集中导致微观裂纹，分散的微观裂纹经过集结将形成宏观裂纹。已经形成的宏观裂纹在变力、应变作用下逐渐扩展，这种扩展缓慢且不连续。焊接应力、风力作用及湿式煤气柜升降自身产生交变应力等几种应力集中在易破坏区时，应力突然剧增，形成应力坍陷，裂纹急剧扩展就导致构件脆断，从而形成漏点。这也被称为湿式煤气柜的机械损伤。通过检查湿式煤气柜产生的泄漏情况看，其漏点一般呈裂纹状，沿导轨方向倾斜。表明，理论分析与实际检查情况相吻合。

化学损伤是由于湿式煤气柜储存的介质—煤气中含有 H_2S，CO_2，CO 等气体，这些气体长期与气柜材料接触，形成对湿式煤气柜内壁的腐蚀，即化学损伤。

其中，H_2S 腐蚀。由于 H_2S 在含有水的介质中，逐步电解而具有酸性，其分子式为：

$$H_2S \longrightarrow 2H^+ + S_2$$

铁在含有 H_2S 的水中被腐蚀时的反应为：

阳极反应：$Fe \longrightarrow Fe_2^+ + 2e^-$

阴极反应：$2H^+ + 2e^- \longrightarrow 2H_2$

总反应：$Fe+H_2S \longrightarrow FeS+H_2$

CO_2腐蚀。游离的或化合的CO_2均能引起煤气柜材料的化学腐蚀，CO_2腐蚀在水溶液中尤为严重，反应如下：

$$CO_2+H_2O \longrightarrow H_2CO_3$$

$$Fe+2CO_2+2H_2O \longrightarrow Fe(HCO_3)_2+2H_2 \uparrow$$

$$Fe+2H_2CO_3 \longrightarrow Fe(HCO_3)_2+2H_2 \uparrow$$

这两种腐蚀反应产生的氢原子首先吸附于金属表面，并不断向里渗透，渗入量随金属表面吸附浓度的增加而增加。扩散到金属缺陷内的氢原子积蓄在缺陷处，并形成分子。在常温下，氢原子不能从钢中逸出，在金属缺陷处不断积蓄，导致压力升高，巨大压力使钢材分层、开裂。

湿式螺旋煤气柜泄漏非焊接补漏经常采用的措施是采用冷补的办法进行处理。即，粘补和铆接。

冷补是在不动火情况下进行带气补漏的方法。在以往经验中，冷补主要有改性速成钢补漏、玻璃钢补漏等。根据实际经验，下面主要介绍铆接补漏和改性速成钢补漏。

铆接补漏是将泄漏处的杂质、铁锈、污物等彻底清除掉，然后用湿棉花或黄泥巴将漏气处临时堵住，再将预制好的密封垫粘贴在补漏处，压上预制补漏板，补漏板应与补漏处煤气柜壁板完全贴合，以利于铆接。

补漏板应与补漏处煤气柜壁板完全贴合后，采用风钻将煤气柜壁板、密封垫与补漏板同时钻孔。为防止明火引燃泄漏的煤气，钻孔时不得使用电钻。最后加上空心铆钉，压紧贴牢，用拉铆枪抽芯铆接。

铆接补漏方法可解决煤气柜泄漏问题，但铝制铆钉在煤气的长期作用下，铆钉头部容易产生腐蚀问题。因此，铝制铆钉在补漏中一般只能使用2年左右，而且补漏时工艺比速成钢补漏工艺复杂，补漏过程较烦琐。

速成钢补漏。使用改性速成钢补漏约几分钟即可完成对钢、铁、铝等金属材质制品进行快速粘接与修补。速成钢固化前为胶泥状的粘接修补剂。其产品使用前为胶泥状,使用中不滴落、不流淌、无毒、无味、无污染、粘合快。固化后,强度高、硬度好、耐温性强、耐化学腐蚀、不挥发、不变形,粘接效果经久,携带非常方便;对钢、铁、铝等金属材质所制成的设备、容器、管道、设施等物体出现的漏孔、裂纹、砂眼、缺陷、断裂、损坏等处提供填充与修补,而且有极强的粘合经久效果。还能复制零件、模型、样板,修补剥落的螺纹及作为螺母、螺栓紧固后的固定和其它各种形式的安装固定等。对固化后的速成钢,可以和被修补的本体材料一样进行钻、锯、锉光、喷漆和机械加工等。

速成钢补漏进行前,需要将修补处周围的浮锈、尘土等浮着物清理干净,并将补漏处进行粗糙化。然后,取出塑料管中的胶体,切下所需用量,将胶体内芯与外皮两种不同颜色的材料用手快速揉合成一色,这个过程大约需要 1~2 min,直到糅合均匀为止;混合后的粘合剂会快速转化,发热柔软。在揉合后的胶体要凝固前,将其用力(手或工具)压实粘牢到修补处,并尽量使之挤压到孔洞和裂缝之中,约 3~5 min 胶体开始固化,5~10 min 可达到满意效果。

在速成钢补漏过程中,切记一定要用手将胶体快速充分揉合成一色(大约 1 min 左右),使之达到发热柔软为好。胶棒用手揉合后在常温下 5~10 min 即可固化,固化的时间还会随环境温度的不同而变化,温度高固化快,温度低固化慢。胶棒未用剩余部分,可放回原塑料管中,待以后可继续使用,不失效。在胶体要凝固前用力粘牢到修补处,并随胶体固化过程用力多次压实才能增强胶与本体附着力,从而达到理想效果。其中,某单位湿式煤气柜成功地使用改性速成钢补漏,取得了良好效果。

第四节 应急焊接

随着智能弹药、高能弹药的迅猛发展,重要设施及装备极易遭受敌方远程精确打击,重要设施及装备应急抢修能力的强弱,是关系战争成败的重要因素之一。统计结果表明,战场上大部分损伤的金属部件需要采用焊接的方法进行修复。另外,随着全球各种极端天气的时有发生,对工业设施和民用设备都造成了一定的破坏作用,其修复大多也需要采用焊接技术。但正常情况下使用的焊接方法(如,手工电弧焊、气焊、氩弧焊、激光焊和电子束焊等)由于受到焊接能源、焊接设备,以及焊接工艺等方面的限制,不能面对突如其来的破坏而随时随地便捷地展开焊接操作,但作为一种战场装备及野外民用设施损伤应急修复的有效技术手段,无电应急焊接技术可以解决这一难题。

无电应急焊接技术就是利用战争中唾手可得的火药或平时多见的高热剂(铝热剂)作为能源,利用火药或高热剂产生的高温和熔化的金属将断裂的构件、孔洞、缺损等部分焊接或连接在一起的方法,此方法可以方便快捷地解决战场和极端条件下装备和一些构件的应急抢修和连接问题。

1. 如何制备火药复合型焊条?

用火药制备焊接材料这是近几年来人们为了应急和战场抢修提出的新思路。由于火药属于含能的高分子材料,火药在外界能量作用下,自身进行高速的化学反应,同时产生大量的高温高压气体和热量。火药的特征为具有相对稳定性和化学爆炸性;在微小体积中蕴含有大量能量;能依靠自身的氧实现爆炸反应。其反应的爆炸热能达到上千摄氏度。因此,制备火药复合型材料和使用火药复合型焊条前一定要先了解其火药的特性。

火药燃烧产生的气体主要为还原性气体,用火药作为能源来进行焊接或连接,焊接中可防止被加热的金属表面氧化,火药在熔化金属进行连接构件的同时还对高温焊道具有保护作用,由此可促进焊接力学性能的提高。

火药如果与高热剂复合,火药在使用中还有一定的缓燃剂作用,它在一定程度上可以分散高热剂的热量,减小了铝粉与金属氧化物间的接触面积,起到降低其燃烧激烈程度的作用。

制备火药复合焊条一般可选择火药、高热剂、阻燃剂、造渣剂、安定剂等作为主要配方组分。其中,高热剂是焊条的主要成分之一,其主要作用有两方面:一可以为焊接提供足够的热量;二为连接构件提供焊缝所需的基体金属材料。高热剂燃烧产物中含有大量的液态金属,这些液态金属在焊接过程中可以与熔化的母材一起形成焊缝,确保焊接后构件的力学性能。

  高热剂的种类较多,依据焊接所需能量及针对不同的焊接对象,火药复合焊条中的高热剂可采用 $CuO+Al$ 系、Fe_2O_3+Al 系或两种体系混合使用。

  采用火药制备焊条,尤其是在高热剂含量较高的情况下,焊条的燃烧速度很难控制。过快的燃烧速度不利于焊接操作。为了提高焊接过程的可操作性和构件焊接后的成形性,制备火药复合焊条时,必须向制剂中加入一定量的阻燃剂,通过阻燃剂来控制焊条的燃烧速度。同时,为了使焊道易于成形和使熔化的液态金属得到有效的保护,火药复合型焊条还需要选择合适的造渣剂。使焊接时产生的 Al_2O_3 得到有效分离,且使电弧稳定燃烧,熔化的液态金属得到有效保护。

  实践证明,火药复合焊条在焊接时,其中的高热剂燃烧产物中 Al_2O_3 的质量分数经常达到 30% 以上,而且 Al_2O_3 的熔点较高,高温下 Al_2O_3 又不易与金属产物分离,如果焊缝中残存 Al_2O_3 将极大地影响了焊道的力学性能。一些研究者的试验也证明,在没有造渣剂的情况下,Al_2O_3 就如同石棉网一样,将液态金属同焊接母材分离开来,无法实现构件的有效连接与焊接。在加了造渣剂的情况下,液态金属同焊接的母材可以有效地熔合在一起,较好的实现了构件缺陷的补焊和有效连接。在火药复合型焊条的焊接中,造渣剂的作用一方面可降低 Al_2O_3 的熔点;另一方面造渣剂可与 Al_2O_3 形成熔点低、密度低、黏度适宜的焊渣,浮于熔池上方,保护融化的金属不被氧化、氮化,使其焊接后的金属力学性能提高。火药复合焊条常用的造渣剂有 CaO、SiO_2、CaF_2、NaF、V_2O_5 等。

  为了提高焊条的贮存性能,火药复合焊条中还要加入安定剂。

安定剂的作用是保证火药这种含能高分子材料在常温下能发生缓慢的热分解，其反应过程如下：

$$RCH_2O-NO_2 \longrightarrow NO_2 + RCH_2O - Q \qquad (3-5)$$

$$NO_2 + R'CH_2O \longrightarrow NO + H_2O + CO_2 + R1' + Q1 \qquad (3-6)$$

$$NO_2 + RONO_2 \longrightarrow NO + H_2O + CO_2 + R2 + Q2 \qquad (3-7)$$

从上述反应方程式中不难发现，方程(3-5)属于吸热反应，有利于火药的稳定；方程(3-6)和(3-7)属于放热反应，而且两者的放热总量大于方程(3-5)的吸热量，若贮存时反应热不能及时导出，会形成热积累，会加速火药的热分解形成一些不安全的因素。此外，反应方程式(3-6)和(3-7)主要是由 NO_2 参与完成。为了控制上述反应的进行，常采用添加安定剂的方法进行控制，其控制原理，是通过安定剂不断地消耗方程(3-5)产生的 NO_2，进而减弱了方程(3-6)和(3-7)的进程。常用的安定剂有二苯胺、中定剂、一硝基苯酚、间苯二酚等，依据不同的火药类型选择不同的安定剂。

由于火药燃烧过程中本身就会产生大量的热量，再加上高热剂的燃烧可使制备的焊接材料燃烧热大增，如果制备的火药复合燃烧型焊接材料的燃速较快时，焊接可操作性差。为了控制焊条的燃烧速度，提供其稳定的焊接操作性，还需要向焊条配方内添加阻燃剂进行调节。加入阻燃剂的种类和数量要保证其火药复合焊条的燃烧速度控制在 3~15 mm/s 比较合适。

火药复合焊条的制备，可按照典型的火药成型工艺中的半溶剂法进行，其整个过程包括焊药的驱水、混合、塑化、挤压成型及驱溶等工序。半溶剂法工艺的应用时间较长，技术成熟，具有安全、简便、可大规模生产等特点。

制备好且合格的火药复合型焊条的燃烧应属于截面稳定燃烧型，其点燃与焊接过程中的焊条应保证燃烧稳定性强，不应出现串燃或爆燃现象。要保证其焊条焊接时的稳定燃烧，其焊条在挤压成型过程中，在挤压力和火药粘结剂的共同作用下，要保证制备焊条中各组分之间的大部分气体都能逸出，这可大大减小了各组分间的空隙及气体量，降低了焊条燃烧时气体的热膨胀力，因此可以避免爆燃现象的发生。

  火药燃烧过程中本身就会产生大量的热量，高热剂的燃烧使得燃烧热大增，两者的结合会增大火药的燃烧速度，如果燃速较快时，焊接地可操作性差。为了控制焊条的燃烧速度，提供其稳定的焊接操作性，火药复合型焊条制备时需要向焊条配方内添加阻燃剂进行调节。加入阻燃剂的种类和数量要保证其火药复合焊条的燃烧速度控制在 3~15 mm/s 比较合适。

  为了提高焊道的力学性能或导电生能等，可根据不同的焊接对象，依据焊接母材的化学成分灵活的调整焊条中焊料的组分。

  对于制出不能马上使用的火药复合型焊条，为防止在储存和运输中损坏，应对焊条进行节能型包装。为保证制备的焊条在保存过程中稳定、安全，火药复合焊条包装的数量不能太多，一般一个包装内以 3~5 根为宜。此外，使用火药复合焊条焊接时，焊条一旦被点燃，就会自动蔓延燃烧下去，无法熄灭。而实际焊接过程中，有时焊道较短，一根焊条有时用不完。因此制备焊条时，所制备的焊条长度不宜过长，否则不仅会造成材料的严重浪费，而且也会带来其它方面的安全隐患。另外，也可制备成任意折断的焊条，利用粉药封口技术将火药复合焊条任意长度被截断后不用的部分封闭好，以利于再次使用。

  火药复合焊条是一种新型的焊接材料，这种焊接材料的制备对于有相关弹药专业知识的人来讲相对容易，且能做到安全制备和正确使用。实践也证明，这种火药复合型焊条在抢修的过程中可以发挥巨大作用。但是，火药复合型焊条的原料即含火药又含有高热剂。其中，火药和高热剂在使用时，如果使用、运输或保存不当会引发一些事故。尤其是火药毕竟是一种特殊的含能材料，使用、运输或贮存都有一定的危险性。因此对于没有专业知识和不了解火药性能的人，首次制备焊条这种焊条时，一定要事先了解所用火药和高热剂的性能，确保在安全可靠的前提下制造焊条，在工艺和安全措施完备的前提下进行焊接作业。

2. 如何使用火药复合型焊条快速抢修断裂或有缺陷的构件？

火药复合型焊条同传统的焊条在焊接能源、焊接设备及焊接对象等方面具有很大的优势，它可以解决战场、地震、危机情况下造成的设备破坏及构件断裂等焊接问题。火药复合焊条与同类仅靠铝热反应进行焊接的焊条相比，其在焊接工艺、安全性及成型工艺等方面又有独特之处。

传统的焊接方法进行焊接时，需要外界提供焊接能源。如气焊焊接过程中，利用燃烧放热反应，将外界气源的化学能转变为热能；电弧焊焊接过程中，利用电弧放热原理，将外界电能转化为热能；另外还有激光焊、摩擦焊等等都需要将外界能源转化为热能，进而实现焊接。由此可见，传统的焊接方法都要借助于外部能源，而且其所需的焊接设备器材比较笨重，在战场或其它极端条件下，这些焊接方法就难以实施。火药复合焊条，其主要成分为火药和高热剂，利用火药和高热剂的燃烧热将焊料及焊接母材的熔化，形成焊接母材与焊料间的原子结合，进而实现焊接。

火药复合焊条的焊接综合了熔化焊和钎焊的焊接特征，不仅能够实现同种材料，也可实现异种材料的焊接，即可焊接物理和化学性能相同、相近的金属，也可焊接物理和化学性能相差悬殊的金属组合。如，可以焊接纯铜、黄铜、青铜、紫铜、纯铁、不锈钢、铸铁、铸钢等，也可进行铜与铝、铜包钢、钢与有色金属的焊接。

采用火药复合焊条焊接不需要特殊的设备，焊接技术采用类似于电弧焊的操作方式，焊接工艺则类似于钎焊，整个焊接过程仅需有限的焊接工具即可完成。不过，焊接物表面的尘土、油脂、氧化物或其它附着物必须清除干净，使待焊表面洁净光亮后才可进行焊接作业。否则，焊接后焊点的导电性能与力学性能将受到影响。

为了提高焊道的力学性能或导电性能等，可根据不同的焊接对象，选择适合母材力学性能或化学成分的火药复合型焊条进行焊接。

在焊接位置上，使用火药复合型焊条也可焊接平焊、立焊、横焊和仰焊。其中,仰焊的焊接难度最大。但有些设备不易挪动(如锅炉压力容器、压力管道、电力、石油、化工、造船等行业设备笨重),如果可以进行仰焊可给特殊位置的抢修带来极大的方便。针对战场装备的应急抢修及其它民用设施的抢险救援,仰焊技术的应用,避免了某些复杂部件的拆卸与安装,可极大地提高装备应急抢修的效率。

火药复合焊条的焊接是利用火药和高热剂燃烧产生的热量进行焊接,其中,火药的燃烧产物主要为气体,燃烧后会产生较大的气体推力。仰焊时,液态金属与母材熔池之间的作用力主要有气体推力、重力和表面张力,其中气体推力和表面张力有利于仰焊焊缝的形成,适当条件下两者的共同作用,能够克服重力产生的不利影响,能够实现良好焊接。

火药复合焊条在无电情况下,在应急和战场抢修时具有独特的优点和先进性,它有着迅速地将断裂或有孔洞的构件补焊成功或连接在一起的功能。但这种焊条在使用、运输或保存过程中应当格外注意安全规则。否则,如果使用、运输或保存不当会引发一些事故。尤其是火药毕竟是一种特殊的含能材料,使用、运输或贮存都有一定的危险性。因此对于没有专业知识和不了解火药性能的人,首次使用这种焊条时一定要事先了解所用火药和高热剂的性能,确保在安全可靠的前提下使用焊条,在工艺和安全措施完备的前提下进行焊接作业。

3. 如何在无电情况下修复断裂磨损的设备构件?

在战场或野外,有时有一些工程机械、车辆、铁路或桥梁突然发生事故,在无电源、无气体、无焊接设备的紧急情况下怎么将断裂体焊接在一起一直是摆在人们面前的难题。常用的焊接修复方法有焊条电弧焊、埋弧焊、气体保护焊和气焊。然而,现有的这些焊接方法却都有着一个共同的缺点,即离开了电力和焊接设备,这些焊接方法都将无法实现。因此,现有的焊接技术很难满足其野外或无电情况下的应急抢修要求。

铝热型自蔓延反应由于其反应过程中会放出大量的热，通常能将反应产物加热到其熔点以上，获得熔融的金属与陶瓷产物。因此，该种铝热型自蔓延反应在冶金、涂层的制备以及焊接中都有着潜在的应用，其中一个成功的应用就是铝热焊接。传统的铝热焊接需要借助于反应坩埚和耐热模具等一系列辅助设备才能实现，焊前的准备工作量较大，准备工作也较为繁琐。因此其技术应用的场所受到一定限制。

采用自蔓延焊接技术与手工焊接方法相结合而发展的新型热剂焊接方法是近年来发展起来的一种新型应急抢修焊接技术，该技术基于自蔓延高温合成原理和传统手工电弧焊技术，利用自蔓延高温合成反应放出的热量加热受焊母材至局部熔化，以反应生成的金属产物为填料，采用手工电弧焊的操作方法，实现金属材料的牢固连接。自蔓延焊接不同于传统的手工电弧焊和气焊，焊接时不需要电源、气源和任何辅助设备，只需在待焊接部位预置反应物或使用的自蔓延热剂焊笔或焊条的方法进行焊接，如图 3-75 与图 3-76 所示。

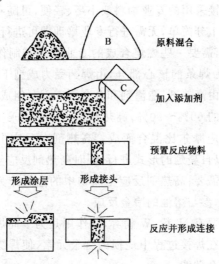

图 3-75　自蔓延预置反应物料焊接法

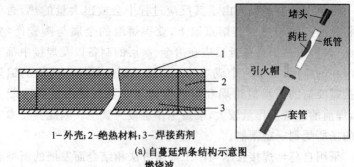

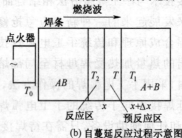

1—外壳; 2—绝热材料; 3—焊接药剂

(a) 自蔓延焊条结构示意图

(b) 自蔓延反应过程示意图

图 3-76 采用自蔓延焊条焊接形成焊缝示意图

  自蔓延焊接采用的专业物料或小巧、轻便，可随身携带的焊条并且焊接过程十分简单，无需进行专业培训即可进行焊接，只是在制作该焊条时，需要一些燃烧合成的专业知识和制作技能。在此焊条中，药柱为焊条的核心部分，由焊药受力成型于纸管之中，组成药柱的焊药由高热剂、造渣剂和合金剂三部分组成，其中高热剂约占焊药总量的 60%~90%，高热剂由 CuO 和 Fe_2O_3 粉与工业雾化铝粉按反应摩尔比混合而成。高热剂在反应中产生大量热量，维持反应以自蔓延的形式进行，同时高热剂反应生成的热量能够保证熔焊的需要；高热剂反应生成物中的金属作为焊缝合金的重要组成部分，参与熔池的冶金反应。

  合金剂主要有 Ni 粉、W 粉等，其作用是为了向焊缝金属中添加或补充母材在焊接过程中烧损的合金元素，使焊缝合金能够获得较理想的综合性能。

  造渣剂主要由 CaO 和 SiO_2 构成，与高热剂反应生成的

Al_2O_3 构成 $CaO-SiO_2-Al_2O_3$ 三元渣系。造渣剂是焊药的重要组成部分,因为高热剂在发生自蔓延反应后将会产生大量的 Al_2O_3(约占反应产物的 30%),如果不能实现渣一金属的有效分离就会影响焊缝成型并在焊缝中析出形成夹杂等缺陷,使焊接接头的力学性能下降,形成安全隐患,严重的会造成生产事故,所以要利用造渣剂的上浮带出 Al_2O_3,实现渣一金属的有效分离,同时也对焊缝金属起到辅助保护作用。

此方法可在高空、野外、地下以及雨雪天气下对损坏的工程机械、车辆、铁路桥梁等损坏的构件进行快速的焊接修理,因此该种热剂焊接方法是一种理想、高效的野外应急维修的新技术手段。

手工自蔓延焊接所需热量来自焊料的自蔓延高温合成反应。因此,焊接材料首先要能够发生燃烧合成反应,焊药中能发生燃烧合成反应并放出热量的材料。为得到焊接所需热量,高热剂不仅要能发生燃烧合成反应,而且反应热要大,以产生足够的热量使母材局部熔化。同时,反应物质能生成一定的金属成分并作为填料充填于焊缝中,反应形成的金属成分能与被焊母材很好的结合。因此,燃烧热大、绝热燃烧温度高的铝热剂,如氧化铜粉、铝粉以及三氧化二铁粉($CuO+Al$ 和 Fe_2O_3+Al)等铝热剂的燃烧合成反应分别为(3-8)、(3-9):

$$Fe_2O_3+2Al=Fe+Al_2O_3+836 \text{ kJ/mol} \quad (3-8)$$

$$3CuO+2Al=3Cu+Al_2O_3+1\,519 \text{ kJ/mol} \quad (3-9)$$

上述反应的绝热燃烧温度分别为 3622K 和 5151K,理论上足以使钢铁构件熔化,且反应生成金属产物 Fe 和 Cu,可以满足焊接金属母材的需要。但是,该类反应放出大量热量的同时也生成大量的 Al_2O_3,约占总反应产物的 40% 左右(质量分数)。Al_2O_3 的熔点高、变形能力差,冷却时难以与金属熔池分离,常与焊缝金属混杂在一起形成夹杂或夹渣。因此,想要获得良好的焊接效果,手工自蔓延焊接中亟待解决的问题是熔渣与金属液的分离。

为解决熔渣与金属液的分离问题,需在焊药中添加适当种类和配比的造渣剂。造渣剂在手工自蔓延焊接复杂的冶金化学反应中能与

Al_2O_3 形成低熔点、低密度、黏度适宜的焊接渣系,并保证以 Al_2O_3 为主的焊接熔渣与液态合金能有效地分离,且熔渣的粘度系数要合适,以使其在反应中熔渣能迅速上浮并覆盖在金属熔池表面,能在液态金属上方形成保护性渣壳,保护液态金属不被氧化、氮化,使焊缝合金不被外界有害气体侵蚀,以保证焊缝金属的力学性能。

根据在焊接过程中所起的作用不同,该技术所用原料由铝热剂、造渣剂和稀释剂组成,其中铝热剂可选择:CuO 粉、NiO 粉、Al 粉。造渣剂可选择:B_2O_3 粉。稀释剂可选择:硅灰石,硅微粉。

制造自蔓延焊接材料时可将铝热剂、造渣剂和稀释剂选择好后湿磨混合 24 h,获得热剂焊接焊料。还可通过分别添加质量分数 4%、6%、8%、10%以及 12%的硅灰石和硅微粉对热剂焊条燃烧速率进行调控,以获得不同燃烧速率的热剂焊条,适应不同条件和不同要求下构件焊接的需要。

在使用自蔓延铝热剂进行自蔓延铝热焊接时,当不添加任何稀释剂时,焊条的燃烧速率较高,可达 1.26～1.29 cm/s;当添加 4%、6%、8%和 12%硅微粉时,焊条的燃烧速率分别下降到 0.79 cm/s、0.73 cm/s、0.63 cm/s 和 0.45 cm/s;而当添加 4%、6%、8%和 12%硅灰石时,焊条的燃烧速率则分别为 0.37 cm/s、0.32 cm/s、0.29 cm/s 和 0.18 cm/s。

实践证明,不同燃烧速率下焊接所得焊缝显微组织的变化与焊接熔池在不同燃烧速率下所经历的温度变化不同,焊缝组织的力学性能不同。因此,良好的焊缝金属组织和焊缝成型可通过不同的焊接燃烧剂组量来完成。良好的燃烧速率的自蔓延热剂焊条或焊接材料,可通过添加不同含量的硅微粉和硅灰石对其热剂的燃烧速率进行调控来完成。

值得注意的问题是在添加剂剂量低时,自蔓延焊条或焊剂的燃烧速度快,焊缝金属组织中容易形成缩松和夹渣等缺陷。随着焊条燃烧速率的降低,焊缝组织中的缩松和夹渣缺陷逐渐消失。当燃烧速率低于一定值后,焊缝金属中容易产生气孔(如图 3-77 和图 3-78 所示)。因此,适量的添加剂是保证适当的焊接速度以确保形成良好的焊缝成型和保证焊缝内部组织的前提,图 3-79 是在合适添加剂情况的下,自蔓延焊笔(焊条)焊接的焊缝,图 3-80 为使用自蔓延焊笔在焊接过程中的照片。由此可见,只要掌握自蔓延焊条的制作方法,选用合适剂量的焊药成分和添加剂,无电条件下的顺利焊接是可以实现的。

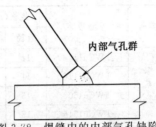

图 3-77 焊缝中的表面气孔缺陷　　图 3-78 焊缝中的内部气孔缺陷

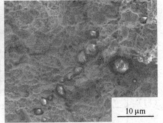

(a) 手工自蔓延焊接接头宏观形貌　　(b) 焊接接头断口微观形貌

图 3-79 采用自蔓延热剂焊笔焊接成型的接头

图 3-80 采用自蔓延焊笔的焊接过程

目前,自蔓延焊条有铜系、铁系、镍系(见表3-45)。各个类别适合焊接的材料不同。在焊接质量上,目前使用的自蔓延燃烧型焊条焊接 Q235 钢时得到的焊接接头焊缝的抗拉强度可达360MPa 以上,基本可以满足现场抢修的要求。

表3-45 自蔓延焊条种类及对应焊接材料的种类

类别	型号	规格(mm)		焊接母材	焊缝材料	焊接厚度
		直径	长度			(mm)
铜系(蓝)	TWCu1108	11	80	铜合金	高铜合金	1~3
	TWCu1116	11	160	铜合金	高铜合金	1~3
	TWCu1508	15	80	铜合金	高铜合金	3~6
	TWCu1516	15	160	铜合金	高铜合金	3~6
铁系(绿)	TWFe1108	11	80	钢材	高铁铜合金	1~3
	TWFe1116	11	160	钢材	高铁铜合金	1~3
	TWFe1508	15	80	钢材	高铁铜合金	3~6
	TWFe1516	15	160	钢材	高铁铜合金	3~6
镍系(白)	TWNi1108	11	80	不锈钢材	高镍铜合金	1~3
	TWNi1116	11	160	不锈钢材	高镍铜合金	1~3
	TWNi1508	15	80	不锈钢材	高镍铜合金	3~6
	TWNi1516	15	160	不锈钢材	高镍铜合金	3~6
切割(红)	TWC1116	11	160	钢材	—	5
	TWC1516	15	160	钢材	—	10

4. 如何控制燃烧性焊条的燃烧速度?

在没有电源与设备的情况下,利用铝热剂可以自己制备燃烧性焊条,可以在没有电源与设备的情况下解决焊接与修补问题。但是,自制的自蔓延焊条的燃烧速度很快,甚至有时自燃烧型焊条的燃烧速度快得难于控制,致使焊缝的成型达不到要求或成形不美观。因此,自蔓延焊条燃烧速度的控制是解决焊缝成型的关键问题之一。

一般情况下,铝热反应制备的焊条中焊药反应剧烈,燃烧速度太快,焊接可控性差,不易操作。为获得良好的焊接质量,控制焊条的燃烧速度,可考虑在焊条的造渣剂中添加一些有益的合金元素或添加剂。为解决这一问题,一些研究人员经过大量实验,总结出添加剂对焊条燃烧速度的影响规律。由图 3-81 和图 3-82 可见,SiO_2 和 CaO 添加均可导致焊条燃烧速度降低,且随添加量增加,焊条燃烧速度逐步下降。焊条渣系中添加 SiO_2 和 CaO 燃烧速度下降的主要原因是由于造渣剂在焊接升温过程中熔化需吸收一定的热量。另外,添加剂与其它组分发生物理化学反应也需消耗一定热量,使焊条燃烧、焊接的热量减少,导致燃烧速度降低。而且经过实验和研究发现,当 SiO_2 的添加量在 0.7%~0.8%,CaO 的添加量在 0.4%~0.5%时,焊条燃烧速度在 12.5 mm/s 左右。此时,焊条燃烧平稳,焊条燃烧速度适当,焊接可控性好,易于操作,焊缝成型较好。

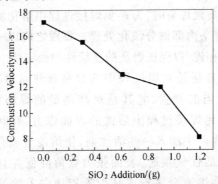

图 3-81 SiO_2 添加量对焊条燃烧速度的影响

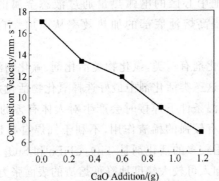

图 3-82 CaO 添加量对焊条燃烧速度的影响

5. 如何采用自蔓延技术焊接具有一定倾角的焊缝或构件？

自蔓延焊接时一种特殊的焊接技术。自蔓延焊接技术可以解决战场或现场没有设备、没有电源、没有气源的焊接问题。但目前大多数的自蔓延焊接技术都致力于解决平焊位置焊接的问题，对于构件具有一定倾角的焊接的研究较少。现有关研究单位在原配方的基础上进行了进一步的优化，解决了不同倾角与自蔓延立焊问题。其优化后的焊药的基本成为（质量分数％）：$Cu+Al$：48.7，Fe_2O_3+Al：23.5，稀释剂 14.7，Ni：5.9，$MnFe$：2.5，$FeSi$：2.6，其它 2.1。在进行不同角度的自蔓延焊接时，可根据构件的厚度和倾角调整焊药成分。

在制备自蔓延焊条时，为避免焊接过程中熔化的产物和金属下淌，最好将焊条内部做分段化处理。每段之间以一定量的低产物燃烧维持剂相连，以保证燃烧的连续性和稳定性。

为了防止自蔓延立焊过程中的自蔓延热量过高，应将自蔓延焊药进行适当的调整，尤其是对高热量的焊药要严格控制。为了改变自蔓延焊接过程中熔池的表面张力，有利于焊接和焊缝成型，可在焊药中加入一些活性剂，使熔池金属存在某种微量元素或接触到活性气氛时，表面张力数值降低并且转为正的温度系数，从而使熔池金属形成从熔池周边向着熔池中心的表面张力流，使熔池中心区的电弧热量通过液态金属的流动直接传向熔池底部，提高熔池底部的加热效率从而加大自蔓延焊接的熔池深度。

常见的活化剂有三类，氯化物类活化剂、氟化物活化剂和氧化物活化剂。在这三类活化剂中最好选择氧化物活化剂。因为氯化物活化剂在高温条件下焊接时会产生对人体有害的有毒气体；氟化物活化剂具有较强的稀渣作用，不利于气焊自蔓延的焊接。目前，国内外使用较多的活化剂是 TiO_2、$TiFe$ 和 SiO_2。

TiO_2 的加入可较大幅度地降低熔渣的表面张力，增大熔渣的扩展功，改善熔渣的覆盖性和改善焊缝成型。但 TiO_2 得加入量要合适。当 TiO_2 含量过低时,熔渣的黏度和表面张力过大,熔渣收缩成块状渣,焊缝成型过高且过窄。当 TiO_2 含量过高时,熔渣太稀,焊接过程中容易造成铁水下流,容易形成焊瘤。

TiFe 出了具有 TiO_2 的作用外,还起到一定的脱氧剂作用。

在制备自蔓延焊条时,最好参考传统电焊条的配方,选择一些合适的造气剂,使得在焊接时发挥造气剂作用防止空气中的有害气体侵入熔池,也可以避免焊接过程中产生气孔。

第四章 焊接中的应力变形控制与矫正焊接变形的方法

第一节 焊接应力

1. 如何减小和控制结构中的焊接应力?

由于钢结构在制作过程中焊接变形的矫正费时、费工,构件制造和安装企业在结构制作前首先考虑的是如何防止与控制钢构件的变形,而往往忽视了焊接过程中和焊后钢结构残余应力的控制。

例如,在构件焊接前为了防止焊接后的变形经常采用一些工装卡具、支撑来增加构件的刚度,以此来控制变形。但忽略了使用工装夹具在增加构建刚度的同时,也增加了构件焊后的残余应力。

对于一些本身刚性较大的构件来讲,如板厚较大、截面本身的惯性矩较大时,焊接时虽然产生的变形会小一些,但产生的内应力较大,甚至有的构件层数的内应力大到可以引发裂纹的程度。因此,对于一些构件截面厚大、焊接节点复杂、拘束度大、钢材强度级别高、构件使用条件恶劣的重要结构要注意焊接应力的控制。

在构件焊接加工的过程中,当金属材料在自由状态下受到整体加热和冷却时,它可进行自由膨胀和收缩,不会产生应力和变形。但金属如受到刚性约束,则产生残余应力而不产生残余变形。

当构件在焊接过程中受到加热和冷却时,其焊缝金属受到周围冷金属的拘束,不能自由膨胀和收缩。当拘束很大(如大平板对接)时,会产生残余应力,不产生残余变形(见图4-1所示);当拘束较小(如小板对接焊)时,既会产生残余应力,又产生残余变形(见图4-2所示)。工件焊接后产生的变形和应力对结构的制造和使用会产生不利影响。

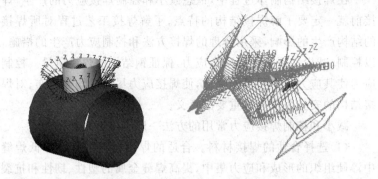

图 4-1　构件的残余应力模拟图

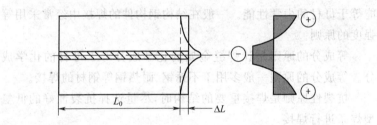

(a) 加热时的应力与变形变化趋势

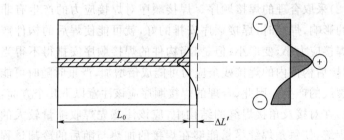

(b) 冷却时的应力与变形变化趋势

图 4-2　板材焊接中的残余应力与变形趋势

在焊接结构制作过程中,欲想减小和控制焊接应力的产生,焊接前就一定要了解焊接结构的特点,了解焊接工艺过程对所焊接的结构产生的影响,采用合理的焊接方法和控制应力产生的措施,以控制、减少和消除焊后残余应力,保证钢结构的焊接质量。控制应力使其应力峰值尽可能降低,使焊接应力尽可能均匀分布,对焊接结构的安全服役有着重要的意义。

减小和控制焊接应力常用的方法一般有以下几种:

(1)选择合适的焊接材料。合适的焊接材料可有效降低焊缝中淬硬组织的形成和应力集中,提高焊缝金属的塑性、韧性和抗裂性能。

焊接材料选择的原则有等强度的原则、等成分的原则和抗裂性原则。等强度的原则是选择焊接材料时,让焊缝金属的力学性能等于母材的力学性能。一般在结构钢构件的焊接中经常采用等强度的原则。

等成分的原则是让焊缝金属的化学成分等于母材的化学成分。等成分的原则一般多用于不锈钢、耐热钢等钢材的焊接。

抗裂性原则是焊接重要的结构时,尽量选择抗裂性好的低氢型焊条进行焊接。

选择等强度原则时,通常都是使焊缝金属的含碳量低于母材,尽量依靠焊接材料中添加一些有益的合金元素来提高焊缝中硅、锰含量来达到与母材同等强度。

(2)采取合理的焊接顺序。焊接顺序对焊接应力的产生有非常大的影响,焊接时,焊接顺序安排的好,就可能使焊后的构件产生的焊接应力小,变形小;但是,当构件的焊接顺序安排得不得当时,焊接后构件内的焊接残余应力可能成倍增加,严重时随时可能引发裂纹的产生。因此,合理的焊接顺序应该注意以下几个方面:

1)在对接及角接焊缝的结构中,应该注意先焊收缩量较大的对接焊缝,使每条焊缝尽量能够在焊接的加热与随后的冷却过程中能够自由收缩。

2)对于构件有多条焊缝时,注意焊接时先焊接工作时受力较大的焊缝,尽量使其工作时受力大的焊缝或部位在结构中形成压应力,使内应力合理分布。这样,可使焊接后的结构在使用中少出问题。

例如,对于工字梁结构(如图 4-3 所示),焊接时就应当先焊受力最大的翼缘对接焊缝,然后焊接腹板对接焊缝,最后焊接预先留出的翼缘角焊缝。这样可使翼缘焊缝预先承受压应力,而腹板则为拉应力。翼缘角焊缝最后焊接,可使腹板有一定的收缩余地。这样焊接构成的承重梁,疲劳强度比先焊腹板的梁高出约 30%。

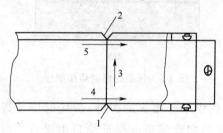

图 4-3 工字梁接头焊接顺序

3)结构中如果存在拼版结构时,拼版焊缝的布置要错开(如图 4-4(a)),各条焊缝不能对齐排列(如图 4-4(b)所示)。拼版的焊接顺序对于板的应力和变形影响至关重要。例如,由板Ⅰ、板Ⅱ和板Ⅲ组成了一条长焊缝、一条短焊缝。焊接拼板时(如图 4-5(a)所示),首先应先焊接错列布置的短焊缝(如图 4-5(b)所示),然后再焊接直通的长焊缝(如图 4-5(c)所示)。这样,焊接过程中可使每条焊缝在加热和冷却时有较大的膨胀与收缩余地。

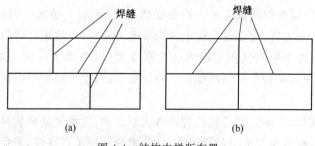

图 4-4 结构中拼版布置

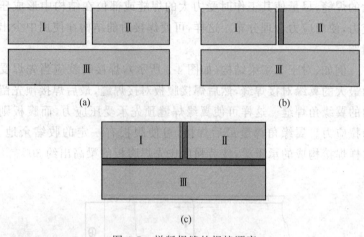

图 4-5 拼版焊缝的焊接顺序

4）对于构件中平面布置的焊缝，焊接时应使焊缝的收缩比较自由，尤其是横向收缩更应保证能自由进行。对接焊缝的焊接方向应该从中心向四边进行，最终的焊接方向应当指向自由端。

（3）降低焊件刚度。焊接封闭焊缝或刚度较大的焊缝时，可以采用反变形法来降低接头的刚度，以减小焊后的残余应力。

（4）减小焊缝尺寸。焊接内应力由局部加热循环而引起，为此，在满足设计要求的条件下，应尽量减小焊缝尺寸和层高，而不是加大焊缝尺寸和层高。焊接过程中，要转变焊缝越高、尺寸越大越安全的观念。

（5）减小焊接拘束度。拘束度越大，焊接应力越大。因此，对于结构来来讲，应尽量在较小的拘束度下施焊，在使用许可的条件下尽可能少用刚性固定的方法控制变形，以免增大焊接拘束度。另外，焊接结构中采用刚度较小的接头形式，也可以使得焊接应力减小。

例如，用翻边式连接代替嵌入式管连接，使焊缝能够较自由地收缩。在残余拉应力的区域内，应当避免几何不连续性，避免应力集中。

(6)锤击法减小焊接残余应力。在每层焊道焊完后立即用圆头敲渣小锤或电动锤击工具均匀敲击焊缝金属,使其产生塑性延伸变形,并抵消焊缝冷却后承受的局部拉应力。但在根部焊道、坡口内及盖面层与母材坡口面相邻的两侧焊道不建议采用锤击焊缝的方法,以免出现熔合线和近缝区的硬化或裂纹。

(7)对于高强度低合金钢,如屈服强度级别大于 345 MPa 时,一般不宜采用锤击焊缝的方法来消除焊接残余应力。此时,可通过除锈过程中钢丸的均匀敲打来消除构件的焊接应力。

对于焊接应力的消除,除了以上介绍的各种方法外,经常采用的方法还有振动法、温差拉伸法、机械拉伸法、整体高温回火法、局部高温回火法等方法。

2. 构件焊接中采用什么方法能直接减小焊接残余应力?

构件焊接中要想直接减小和控制焊接残余应力,可以采用"加热减应区法"进行焊接。"加热减应区法"是在结构的适当部位进行加热,使它产生与焊缝收缩方向相反的伸长变形。在冷却时,加热区的收缩与焊缝的收缩方向相同,由于焊缝的收缩比较自由,从而减小焊后残余应力。

3. 框架结构的焊接中如何利用"加热减应区法"减小和控制焊接残余应力?

利用"加热减应区法"减小和控制框架结构的焊接中的残余应力如图 4-6 所示。对于图 4-6 所示的框架结构中的中间杆件的焊接,要减小和控制焊后残余应力,焊接前就要在图示框架的两侧的阴影区域加热,使其两侧的框架伸长。焊接后,框架在冷却过程中使中间的杆件与两边的杆件同时收缩。这样,框架焊接后构件既减小了焊接应力,又可以保证焊接后的框架在使用过程中不容易产生裂纹。

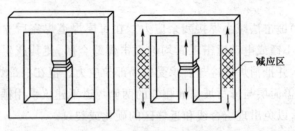

图 4-6　构件的焊接的加热减应区法

4. 如何利用"加热减应区法"减小和控制轮缘在焊接中的残余应力？

对于图 4-7 所示的轮辐与轮缘机构,要减小和控制轮辐与轮缘机构的焊接残余应力,就要在焊接前对其图 4-7 所示的轮缘阴影所示的区域进行加热。这样,焊接后轮缘阴影区的加热部分可以与焊缝同时收缩。焊接后,轮辐与轮缘的焊接构件既减小了焊接应力,又保证了焊接构件不容易产生裂纹。按此方法焊接后的轮缘与轮辐构件由于内应力小,应力分配合理,构件在承受载荷使用的过程中就能经久耐用,可以提高构件的使用寿命。

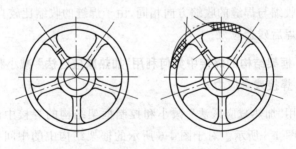

图 4-7　轮缘裂纹及其减应区加热位置

5. 如何利用"加热减应区法"减小和控制轮辐在焊接中的残余应力？

对于图 4-8 所示的轮辐与轮缘机构,要减小和控制轮辐与轮缘机构的焊接残余应力,焊接前应该对其图 4-8 所示的轮辐阴影区域加热。这样,焊接后可以使焊缝与图中所示的两边的阴影区同时收缩。焊后,轮辐与轮缘焊接构件既减小了焊接应力,又保证了焊接构件焊接后不容易产生裂纹。由于构件内应力小,应力分配合理,构件焊接后在承受载荷的过程中就能经久耐用,达到提高构件的使用寿命的目的。

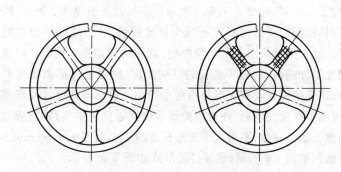

图 4-8　轮辐构件的焊接的加热减应区法

第二节　焊接变形控制与矫正

1. 焊接过程中如何防止与控制储罐底板的变形?

在储罐的制作安装施工过程中,储罐底板面积大,排板情况及样式多种多样,底板包含的焊缝数量多,焊缝较长,若施工措施不当,很容易引起焊接变形,甚至出现质量事故。因此,加强焊接过程中的质量控制,防止焊接过程中钢板的变形是提高储罐安装质量的关键因素之一。

在大型储罐施工中,储罐各部分系采用很多钢板拼接焊接制作而成,在制作过程中比较关键的部位是底板,底板焊接最不容易控制的是底板焊接变形。储罐底板变形原因主要是角变形和波浪变形。在具体的施工过程中,导致底板焊接变形并不是其中的一种,多数情况是两者变形的综合表现。进行焊接施工操作时,需分析产生实际变形的原因,采取针对性措施来减小变形量,从而达到满足施工的要求。

控制焊接变形的方法主要有:改变焊接方法、改变焊接工艺、减小焊缝尺寸、控制焊接线能量、采用合格的焊工对称焊接等。

底板施工与安装焊接接头的方式一般有两种:一种是搭接接头,一种是焊接接头。对于每种接头还有储罐的容积大小之分。例如,对于 500~700 m³ 左右储罐底板的搭接接头的焊接底板,在底板排板时,根据购买的材料尽量减少焊缝数量,且焊缝以中心线对称布置。底板拼缝采用 Z 形搭接焊缝,这种结构相当于钢板在焊接位置增加了加强筋,增强了底板的结构刚度,增强了抵抗失稳变形的能力,还能使横向收缩变形与角变形变小。根据图纸设计及规范要求,罐底板焊接完成后,外观检验要求储罐罐底板平整,其底板局部凹凸度变形的深度,不得大于变形长度的 2‰,且不大于 50 mm。底板排板图如图 4-9 所示,底板搭接形式如图 4-10 所示。

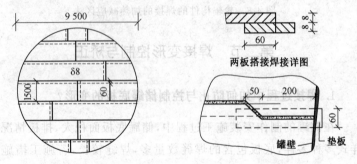

图 4-9　底板搭接排板图(单位:mm)　　图 4-10　底板搭接形式(单位:mm)

根据此罐底板排板情况,如图 4-9 所示底板排扳图,底板是由宽 1.5 m、长度不等、厚 8 mm 钢板组成,全底板共计 16 块,接头布置为搭接接头,选用手工电弧焊接。制作此罐底板及焊接步骤可按如下进行:

(1)底板按图纸要求铺好后,按排板图在罐底中心条板上划出十字线,十字线与罐基本中心线应重合,并在罐底的中心点处打出冲眼中心标记。以此为圆心,按照底板的安装半径在底板上画圆,检查底板铺设是否符合技术要求。如发现偏差，应及时进行调整，直至符合设计要求方可进行点焊。

（2）在进行焊接时，先焊底板所有焊缝靠边缘处 300 mm 的区段部分，焊接前检查垫板 300 mm×60 mm×6 mm 应垫满对接部分焊道且焊道清理干净。焊接时由两名焊工对称施焊，随时用榔头击打焊缝，及时消除焊接应力。全部边缘处 300 mm 焊缝焊接完成后，底板要保持整体平整，将所焊接的焊缝打磨平整。

（3）筒体焊接完成并符合要求后，准备焊接罐壁与底板角环焊缝。先将底板点焊部位用砂轮机打磨掉，这样可以很好的释放焊接角环焊缝产生的内力变形。罐底板边缘内外角环焊缝焊接时，先将 4~6 名焊工均匀布置到储罐内侧，以同样的焊接方向和速度，同时进行分段（每段约 400 mm）的倒退跳焊（如图 4-11 所示）。

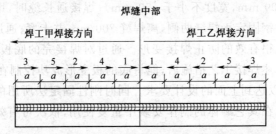

图 4-11　焊缝分段跳焊方法

注：箭头表示焊接方向，序号表示焊接顺序，a 表示跳焊焊接区段长度

当内侧角环焊缝第一遍施焊完后，焊工转到罐外侧，以同样方法施焊外角环焊缝。当外侧角环焊缝施焊至规定的高度后，再进入罐内，完成内侧角环焊缝的施焊。

（4）焊接完角环焊缝后，用大锤敲击罐内焊缝周边，使其产生的应力均匀释放，防止焊接底板时出现波浪变形。检查所有丁字焊缝，对不符合焊接条件的进行修割。所有底板罐底板为搭接焊缝，由两名焊工对称分段（每段约 400 mm）的倒退焊焊接，先焊短焊缝，后焊长焊缝，预留丁字焊缝处各边 200 mm 先不焊，待其他焊缝完全焊接完成后，再完成丁字焊缝焊接。可以有效的防止此处应力集中产生的局部变形。焊接长焊缝时,由中心开始向两侧分段退焊,分段倒退焊接示意图如图 4-12 所示。

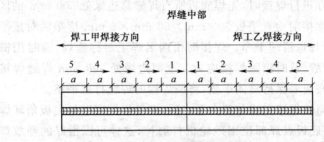

图 4-12 分段倒退退焊法

储罐底板焊接时,根据情况可采取防变形措施(刚性固定法):焊接短缝时,可在焊缝的两端离边缘 150 mm 打上背板(背板长度不小于 600 mm,宽度不小于 150 mm);焊接通长缝时,用龙门定位板将槽钢固定于焊缝两侧,离焊缝 200 mm 并卡紧;通过刚性固定法可以很有效的防止焊接变形。通过对焊接完的底板检查,发现采用上述焊接工艺措施后,能将底的板变形成功控制在 20 mm 以下,可以达到上面的设计要求。同时刚性固定法所用的措施材料还可以在其它罐体的制作安装中重复使用,依次可有效地节约施工成本。

对于 5 000 m³ 以上储罐的安装施工,如某单位施工的罐底材料为 Q235B,焊接方法采用手工电弧焊,焊接材料选用 J422。底板直径 17 m,储罐高度为 24 m。底板制作形式是:中幅板用厚 10 mm 钢板对接,弓形边缘板用厚 14 mm 钢板对接,中幅板搭接在弓形边缘板上,搭接宽度 80 mm。由于罐体内部还要从罐底向罐顶分段安装内件,设计要求底板制作完成后,按照施工验收规范检测局部凹凸度不大于变形长度的 2%,且最大变形量 ≤30 mm。底板排板形式如图 4-13 所示。底板边缘板采用带垫板的对接焊形式焊接。为了避免边缘板与罐壁板角环缝焊接收缩,对边缘板对接短焊缝产生挤压及变形,为此对边缘板对缝坡口做一定的处理,如将组对间隙做成一楔形,外侧间隙 e_1 宜为

$6\sim7$ mm,内侧间隙 e_2 宜为 $8\sim12$ mm。在与壁板装配前先完成靠外侧 400 mm 的焊接,剩余部分焊缝待角缝完成后再焊,如图 4-14 所示。

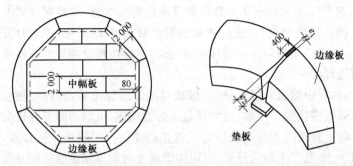

图 4-13 底板排板形式(单位:mm) 图 4-14 边缘板坡口处理形式(单位:mm)

此罐底板中幅板之间的焊缝为带垫板的对接焊形式,底板采用宽度 2 m 的钢板组对,采用较宽板相对于窄板可以减少焊缝数量,降低变形几率。其焊接坡口形式如图 4-15 所示。

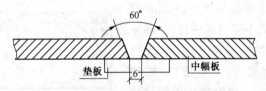

图 4-15 中幅板焊接坡口形式(单位:mm)

制作此罐底板与焊接步骤可参考下面几个方面:

(1)罐壁组装前先施焊边缘板对接焊缝靠外侧 400 mm 部分,然后焊中幅板中间条板短缝,再焊相邻两侧中幅板短缝,短缝施焊时,应将长缝的定位焊割开,相邻两板短缝焊完后,再焊两板间的对接长缝。长缝施焊时,中幅板要用定位板事先固定,焊工应均匀对称分布,由中心开始向外依次分段(每段 $400\sim500$ mm)倒退焊,依次类推,直至所有中幅板焊完。焊接过程中,先预留中幅板丁字焊缝处,同上案例待短缝、长缝焊接完后再焊接完成。

(2)罐体采用倒装法施工,当底部带板立缝焊接完成后,边缘板与底部带板的角环焊缝是罐壁结构的最后一道长焊缝。施焊前,底圈罐内壁与边缘板之间每隔 1.5 m 应打一斜撑,与罐壁成 45°角,支杆长度 1.2 m 左右,可以有效地控制底板变形。采用 6~8 名焊工均匀分布采取分段倒退焊接角环焊缝,焊接方法同上述案例。焊接完成后,进行边缘板剩余对接缝的焊接,焊接时安排 4~6 名焊工均匀分布对称隔缝施焊,与焊接短缝施焊时一样采取倒退焊法。

(3)在中幅板对接焊缝、边缘板对接焊缝焊完后,进行中幅板与边缘板搭接缝焊接前,用大锤敲击焊缝两侧,可以消除部分残余焊接应力并使应力分布较均匀。施焊边缘板与中幅板的搭接缝,采用 4~6 名焊工均匀分布,以同样焊接方向和焊接速度采用分段(每段 500 mm)倒退焊方法完成焊接。焊接完成后,对底板进行检查验收。

实践证明,采用上述焊接措施后将储罐底板变形成功控制在 25 mm 以内。满足了设计单位和使用单位的要求。

对于底板板为 8~10 mm 厚的开坡口的小型储罐底板,一般采用两块板焊接而成,如图 4-16 所示,工艺需要开 X 形坡口,施焊 3~4 遍完成。此储罐底板焊接步骤可按如下步骤进行:

(1)将对接板放到焊接钢平台上点焊组装成 3°的反变形,如图 4-17 所示。

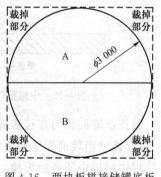

图 4-16 两块板拼接储罐底板

(2)第 1 层焊缝由 2 名焊工从中间向两端跳焊,每段按 300 mm 左右焊接,完成每段焊缝最后使用的那根焊条尽可能用完。第一层焊缝焊接完成后采用相同方法进行第二层焊缝焊道的焊接,但第二层焊缝的焊接接头必须与第一层第一道焊缝的焊接接头错开。

(3)待第一层,第二层焊缝焊接完成后,磨去点焊焊肉,利用大

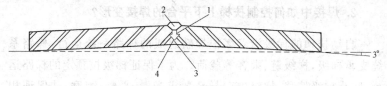

图 4-17　储罐底板组对反变形及焊层顺序

锤及垫木等工具将储罐底板进行手工校正,然后将此底板未焊接侧翻转过来,并点焊固定在焊接钢平台上,以加强刚性,防止变形,最后完成第三层和第四层焊缝的焊接。经过以上对底板焊接的措施,该底板对接焊接完成后外观平整,可以进行与筒体点焊装配。

（4）底板与筒体点焊固定后,不宜直接进行底板与筒体间角焊缝焊接,由于直接焊接时焊缝横向收缩产生角变形,焊接完成后会使得底板出现锅底状的变形。为了防止这种现象的出现,应先在罐内底板上表面断续焊加强钢构件(用槽钢[12 制作成小于筒体内径 40 mm 的米字形状,与底板断续焊间隔 200 mm 的间距,焊 20 mm 长),达到增强底板刚度的目的。当所有准备工作完成后,即可进行底板与筒体间环形角焊缝焊接。安排内外各一名焊工采取对称地间断跳焊,罐内焊接层数为一道,焊角高为 4 mm;罐外焊接层数为两道,焊角高为 6 mm。待焊缝常温冷却后,取下加强钢构件,完成因加强钢构件米字端妨碍未焊接的罐内剩余段角焊缝。制作此罐组装底板反变形、焊层顺序、对接长焊缝 2～4 名焊工分段跳焊焊接方法如图 4-18 所示。

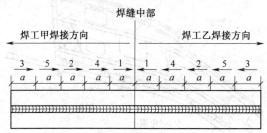

图 4-18　长焊缝分段跳焊方法

注:箭头表示焊接方向,序号表示焊接顺序,a 表示跳焊焊接区段长度。

2. 焊接中如何控制扶梯上下平台的焊接变形？

自动扶梯的梯级沿着多根导轨组成的梯路系统运行，梯路系统支承梯级、梯级链、乘客等载荷。为了保证梯级按预定的梯路运行，防止梯级偏移，梯级(链)导轨要求光滑、平整、耐磨，并保证相应的尺寸精度。上下平台处采用整体式焊接导轨系统，可以在焊接工装上进行，大量节约装配工时，目前，国内有很多的扶梯制造企业采用这种结构。

图 4-19 是其中一个单边焊接模块(上平台左侧)，图 4-20 是设计中对焊接质量的要求。其中，侧板和扁钢，L 形钢材材料均为 Q235A，侧板厚度为 6 mm。焊接技术要求扁钢垂直于侧板，误差小于 $\pm 0.5°$，侧板焊后要求保持一定的平面度。扁钢及 L 型钢与侧板焊接为交错断续焊。对于与这种焊接结构，如果焊接工艺不合理，就会产生了很大的焊接变形，造成不合格。其中，最突出的是问题是焊后扁钢产生挠曲变形，侧板产生波浪变形。实际应用中，左侧和右侧模块需配对使用，如果左右模块变形超出极限公差范围的话，会导致梯级行走的左右梯路导轨高度不一致，形成梯级面倾斜，此缺陷会造成严重的使用后果。为了减小焊接变形，提高产品质量以及装梯生产效率，应从焊接结构和工艺上采取有效措施，防止焊接变形带来的附加工作量。

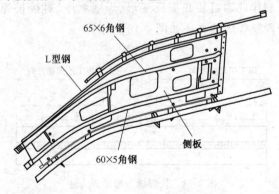

图 4-19　侧板焊装图

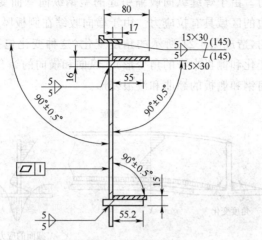

图 4-20 侧板焊接要求(单位:mm)

造成焊接变形的直接原因是由于焊接是一个局部加热和局部冷却的过程,在整个焊接过程中,由于不均匀的加热和冷却,使得焊缝及其附近的温度很高,高温区的金属可以达到该金属的塑性变形温度。而远离焊缝处大部分金属温度很低或者不受热。于是受热部分的金属受热膨胀,而不受热部分的冷金属便阻碍焊缝及近缝区金属的受热膨胀,使得这部分金属欲膨胀却膨胀不出来,反而被两边冷金属限制产生压应力。冷却时,焊缝和近缝区处于高温区的热影响区金属冷却要进行收缩,但是没有加热或者低温的金属又限制其焊缝和高温区金属的收缩,使之焊缝和热影响区产生拉应力。焊接完成之后,在焊接接头内产生焊接,当残余应力超过金属的强度极限时,就产生残余变形。对于图4-20这样的T形焊接截面,由于角焊缝而产生的焊接应力导致沿焊缝纵向的收缩变形及垂直于焊缝的横向收缩变形。T形焊接构件中的残余应力分布如图4-21所示,在离开T形构件一端稍远的某一截面,如$X-X$截面的近缝区产生了很高的平行于轴线方向的拉伸残余应力。右图是$X-X$截面上平行于轴线方向的残余应力分布。在T字接头的焊接中,近缝区存在拉应力,远离焊缝的区域则存在压应力。由于焊缝纵向收缩引起的型钢纵向弯曲变形,使腹板靠近上边的区域具有拉应力。由于横向收缩在侧板厚度方向上分布不均匀,造成图 4-21 所示的角度变化(这种变化包括扁钢的焊接角度变化和侧板本身的角变形)。纵向和横向的综合作用,最终造成了扁钢和侧板的翘曲和波浪变形。

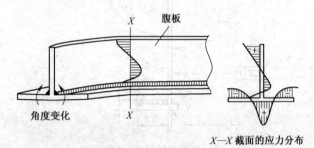

图 4-21　焊接残余应力

引起焊缝收缩的因素很多,主要因素如焊缝的结构、焊接方法、焊接线能量的大小、材性质料和焊接工艺(如焊接顺序和焊接方向)等。

一般规律而言,焊缝的数量越多,焊缝越长,焊接截面的尺寸越大,焊接中产生的热量越多,焊接的变形就越大。角变形随焊角尺寸的增大而增大(例如横向收缩值与角焊缝面积成正比)。因此,焊接中在保证连接强度和接头组织性能的的前提下,要尽可能减少设计焊缝的尺寸。焊接热输入量导致收缩变形的主因素是焊接热输入量大小,热量的输入给焊缝冷却收缩和变形带来很大影响。温度输入高,焊接收缩变形就大。反之,温度输入少焊接收缩变形就小。焊接热输入量(焊接线能量)直接与焊接电流、电弧电压、焊接速度有关。采用大电流快速焊,比小电流慢速焊的变形和应力要小。

对于焊缝产生的焊接变形,不仅与使用的焊接材料有关,变形也与焊接的母材有关。实践证明,所用材料的热物理性能(如热传导系数、比热、比容、热膨胀系数等)和力学性能都对焊接变形有重要的影响。一般热传导系数越小,温度梯度越大,焊接变形越显著;热膨胀系数增加,焊接变形也相应增加。

焊接工艺是直接影响焊接变形的主要原因之一。如焊接方法、构件的定位或固定方法、焊接顺序、焊接工装及夹具的应用等,都会对焊接应力的大小和焊接变形大小产生直接影响。在焊接工艺的各种因素中,焊接顺序对焊接变形的影响较为显著。一般情况下,改变焊接顺序可以改变应力状态和残余应力的分布,好的焊接顺序可显著地减少焊接变形。

此外,焊接中如果采用间断焊的纵向收缩变形要比采用连续焊接的纵向收缩变形小,其效果随 L/a 的比值降低而提高(L 为分段焊缝的长度,a 为两段之间的中心距)。因此,焊接中在保证焊缝强度的情况下,用间断焊缝代替连续焊缝是降低纵向收缩变形的有效措施之一。

实质上,在焊接过程中因结构需要与限制,同一时间加热与冷却速度的不同步而导致的焊接变形是不可避免的。要满足设计和使用要求,防止、避免和减小焊接产生的应力与变形,焊接时必须采取一定的工艺措施控制其应力的产生和减小焊接引起的变形量。焊接中应确保从焊缝结构设计到焊接工艺过程实施(焊接工装、焊接顺序、焊接规范等)都合理。

焊缝结构方面,在保证焊接结构有足够承载能力的前提下,应尽量减小的焊缝尺寸,并尽可能减少焊缝数量。因为过量的焊接金属不仅不会增加焊缝的结构强度,反而会增加收缩应力,增加焊接变形量。

为使焊接接头的焊接填充金属量降至最小,应该选则焊缝填充金属少的坡口形式。如在 T 形结构焊接中,用双边坡口替代单边坡口接头,就可以减小焊接角变形。

为减小焊接变形,在焊接工艺方面可以采用反变形法。反变形法是焊接前使零件预先向焊接变形的相反方向施加反方向的变形。这样,焊接过程中,焊前预置的变形和焊后产生的变形可以相互抵消,使构件达到设计所需要的形状和尺寸,反变形法是克服角变形和弯曲变形非常有效的方法。除此外,反变形法还能减小焊后残余应力。

在实施反变形法时,反变形量的大小需经试验确定。如果反变形法变形量合适,可以使构件达到较好的平直度,满足设计和使用要求。

在没有反变形措施的情况下,可将焊件进行刚性固定,依此来限制焊接构件的变形。使用刚性固定对于构件防止角变形和波浪变形的效果比较好。

焊接中,有夹具固定条件下的焊接收缩量比没有夹具固定的焊接收缩量减少约 40%～70%。常用的刚性固定方法有:将焊件固定在刚性平台上;将焊件组合成刚度更大的结构;利用焊接夹具增加结构的刚度和拘束;利用临时支撑增加结构的拘束等。

合理地选择焊接方法和规范。选用焊接线能量较低的焊接方法,可以有效地防止焊接变形。例如采用 CO_2 气体保护焊,不但效率高,而且可以减少薄板结构的变形,提高焊接质量和焊接生产率。

此外,要减小并避免焊件的变形,应注意严格控制线能量,即在完成焊缝焊接的前提下,尽量减少焊接的热输入,从而缩小焊接热影响区,减少焊接变形及其对接头性能的恶劣影响。

焊接顺序对焊接残余应力和变形的产生影响较大,采用不同的焊接顺序,可以改变残余应力的分布规律。采用合理的焊接顺序来减少变形,这在生产实践中是行之有效的好办法。

安排焊接顺序时一般的原则如下:

(1)尽量采用对称施焊,能使产生的弯曲变形互相抵消。

(2)对某些焊缝布置不对称的结构,应先焊焊缝少的一侧。

(3)在可能的情况下,将连续焊缝改成断续焊缝,可减少焊缝和工件由于受热而产生的塑性变形,或者采用不同的焊接方向和焊接顺序,可使局部焊缝变形适当减少或相互抵消,从而达到总体减小焊接变形的目的。常见的焊接顺序如分段退焊法、分中分段退焊法、跳焊法、分中对称法等(如图 4-22 所示)。

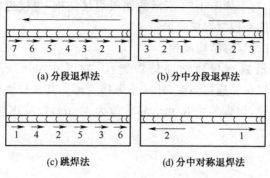

图 4-22 焊接顺序

(a) 分段退焊法　　(b) 分中分段退焊法　　(c) 跳焊法　　(d) 分中对称退焊法

不同焊接顺序和分段时焊接应力的分布如图 4-23 所示。由图 4-23 可见,改变焊接顺序可以减少残余应力峰值。

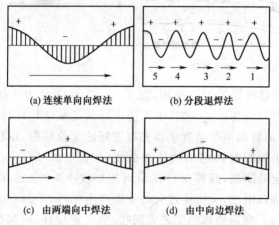

(a) 连续单向向焊法　　(b) 分段退焊法　　(c) 由两端向中焊法　　(d) 由中向边焊法

图 4-23 不同焊接顺序的焊接应力

焊接工程中,为防止焊接角变形,可以采取预先点固焊、采用焊接工夹具、多层焊、多道焊、分段焊等方法。其中,预先点固焊的焊接工艺能保证正确的焊接间隙值,并有一定的抗变形能力。点固焊时,其焊点尺寸、焊点数量、焊角尺寸、焊点之间的距离以及点固焊的顺序需要综合考虑,防止对焊接残余变形产生累积影响。

例如,对于如图 4-24 所示的侧板焊接结构,焊接过程中可采取以下措施来控制焊接变形。

(1) 修改焊缝结构尺寸

侧板沿扁钢导轨增加槽焊缝孔,如图 4-24 所示,间距为 150 mm,以保证连接强度,并减小焊接变形。其余位置保持交错断续角焊缝,焊脚尺寸 K 由 5 mm 改为 4 mm,以减小焊接变形,如图 4-25 所示。

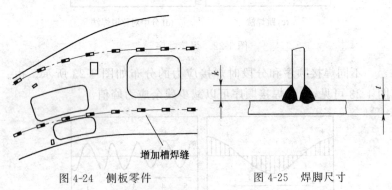

图 4-24　侧板零件　　　　图 4-25　焊脚尺寸

重新修改焊接工装结构,图 4-26、图 4-27 是为了防止与减小焊接应力与变形,一些技术人员进行的工装结构设计与改造。图 4-26(a)将扁钢导轨置于预先布置好的定位柱中,定位柱的包络刚好是拟焊接的扁钢的轮廓曲线(如图 4-27 所示)。定位柱保持一定的间隙,间隙保持在扁钢的厚度 +0.3 mm,既保证一定的焊接自由度,又防止过大的变形产生(如图 4-26(a)、图 4-26(b)所示)。利用侧板的工艺大圆孔,插入定位柱,将侧板刚性固定,如图 4-26(c)所示,使用压块压住侧板,进一步对侧板进行刚性固定。

(2) 优化焊接顺序

工艺顺序为:焊前沿侧板的槽焊缝孔进行点固焊,先焊槽焊缝,焊后进行平整,之后再焊角焊缝。这样的顺序可以减少扁钢的角度焊接变形,并有利于减小焊接内应力,此外,焊角焊缝时,调整焊接顺序为由中心向两端焊,并采用交错断续焊。

(a) 焊接工装

(b) 固定导轨的定位柱

(c) 固定侧板的定位柱

图 4-26　刚性固定

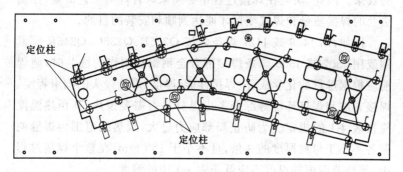

图 4-27　焊接工装

(3) 调整焊接参数

通过调整焊接电流,电弧电压,焊接速度,气体流量等参数来调整焊缝尺寸,保证焊接质量。使用 1.2 mm 焊丝,焊接电压 24 V,焊接电流 250 A,焊接速度 30～50 cm/min,气体流量约 14 L/min,焊丝伸出长度 10～12 mm。

由于焊接过程中采用了合理的结构设计和焊接工艺,并有焊接工装作为控制和减小焊接变形的保证系统,焊接中侧板与扁钢的焊接变形控制效果显著,经过几批次的加工试验,垂直度公差都达到设计要求,平面度公差也基本达到设计要求。

以上焊接实例也说明,在实际生产中只要焊接工作者充分掌握焊接变形的规律和制定预防焊接变形的措施,综合考虑各种影响因素,制定出合理的预防焊接变形和最大限度地减少焊接变形的措施,就能在减少矫正焊接变形的工时,提高产品质量及生产效率。

3. 焊接时如何防止与控制法兰的焊接变形?

法兰作为主要连接件被各行各业在不同的场所和设备中广泛使用着,虽然法兰的结构比较简单,但在焊接时,由于焊缝横向收缩易引起法兰的变形,会给随后的机械加工或装配带来不便。如需矫正法兰的焊接变形要浪费大量的人力、物力,且难于达到预期的效果。因此,法兰在焊接过程中必须采取合理的工艺措施,控制法兰的焊接质量和焊接变形才能达到顺利安装的目的。

例如,用 J426 或 J427 焊条焊接 Q235B、Q235C、Q245R 碳素钢或用 J507 或 J506 焊条焊接低合金钢钢板制作的法兰时,施焊前应根据母材的化学成分、焊接性能、厚度、焊接接头的拘束程度、焊接方法和焊接环境等综合考虑母材是否需要预热,其预热温度应按表 4-1 的规定。为防止局部应力过大,预热的范围为焊缝两侧各不小于母材厚度的 3 倍,且不小于 100 mm,在整个焊接过程中,预热范围内的温度不应低于表 4-1 中的温度。

表 4-1 常用钢号的预热温度参考值

钢 号	厚度(mm)	预热温度(℃)
Q245R	30～50	≥50
	>50～100	≥100
	>100	≥150

续上表

钢 号	厚度(mm)	预热温度(℃)
Q345R	30~50	≥100
	>50	≥150

焊接时,应由持证焊工首先焊接组对成型的法兰对接接头环状的内侧,施焊处应保证焊透与各部分充分熔合。在施焊过程中,每条焊缝应尽可能一次焊完,当中断焊接时,对冷裂敏感的焊件应及时采取后热、缓冷等措施;重新施焊时,仍需按规定进行预热。若焊后立即进行热处理则可不做后热。施焊完毕后用碳弧气刨清除法兰环外侧焊根,显露出内侧的焊缝金属,当确认缺陷和焊渣等被彻底清除后再施焊外侧。当发现焊缝中有超标的夹渣、气孔等缺陷时,应认真分析缺陷产生原因,提出改进措施,再用碳弧气刨将其缺陷清除干净后补焊。焊缝同一部位返修次数不宜超过二次。最后,经无损检测合格后,将法兰毛坯送入退火炉内进行消除应力热处理。不同厚度的母材,不同的材料,焊后热处理所用的温度、时间也不同(按标准执行)。当焊件出炉时,炉温不得高于400℃,出炉后应在静止的空气中冷却。当碳素钢、强度型低合金钢焊后热处理温度低于规定温度的下限时,最短保温时间见表4-2规定。

表4-2 焊后热处理温度低于规定值保温时间

比规定温度范围下限值降低温度数量(℃)	降低温度后最短保温时间(h)
25	2
55	4
80	10
110	20

对于法兰整体焊接变形的控制可按下列方法进行。法兰按图样加工完毕进行标记移植,在与设备筒节或接管焊接时,为控制焊接变形,可采用单体固定或密封面相对固定的固定方法(如图4-28

所示),焊接顺序为先内后外,一般最好每间隔 100 mm 焊接 150 mm,并进行分段对称施焊。同时,焊接过程中要尽量减小所用焊条的直径,合理调整焊接电流。

对于直径较大的单个法兰与短节筒体的焊接(注:短节材料与法兰材料相同),当不能采用图 4-28 所示的固定方法时,先将短节与法兰用焊条点焊固定,在短节和法兰之间采用单面焊加强筋板,筋板的数量应根据法兰直径的大小而定(如图 4-28 所示),筋板应均匀分布在法兰圆周(如图 4-29 所示)。焊接顺序也应先内后外,每间隔 100 mm 焊接 150 mm,并进行分段对称施焊。焊接完成后。待法兰冷却后将加强筋取下,用磨光机将焊点打磨平整。当需要焊后消除应力热处理时,热处理的升、降速度及保温时间按短节壁厚选取。

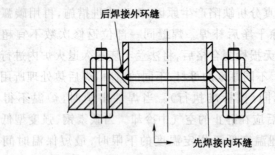

图 4-28 单体固定或密封面相对固定方法

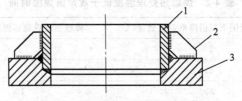

图 4-29 法兰与短节筒体的焊接
1—短节筒体;2—筋板;3—法兰盘

4. 如何减小和避免钢结构焊接中的弯曲变形?

在钢构件加热过程中容易发生变形,变形形式主要有以下几种：纵向变形、横向变形、弯曲变形、角变形、凹凸变形、扭曲变形以及畸变变形等。钢结构焊接过程中变形的方式虽然很多，但在焊接作业中弯曲变形是变形出现的主要表现形式。特别是在焊接梁、柱、桩等时，弯曲变形更为常见。弯曲变形对焊接结构使用产生较大的影响，因此焊接过程中必须加以限制。

钢结构在焊接过程中产生弯曲变形的原因是钢板在焊接时受热不均，热量分布在钢板一侧。加热时构件受热膨胀，但被周边非加热区阻挡，不能充分膨胀，产生压缩塑性变形。冷却后，加热区钢板进行收缩，虽然加热时没有充分膨胀，但收缩时却充分收缩，收缩的结果是焊接后的构件焊缝区比原来没有焊接的构件缩短了一定的长度，使钢板发生弯曲。如果构件上的焊缝未布置在焊件的中心轴上，即焊缝相对于中心轴不对称布置，则焊接后焊件将会产生弯曲变形，焊接前后钢板的弯曲变形形式如图 4-30 所示。

图 4-30 单侧焊缝焊接时钢板在加热与冷却时的变形情况

在生产中，弯曲变形的大小由挠度 f 表示，如图 4-31 所示。挠度 f 是指弯曲杆件中心轴偏离原杆件未弯曲时的中心轴的最大距离。挠度 f 越大，说明杆件弯曲变形

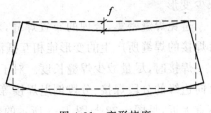

图 4-31 变形挠度

越大。对于槽钢等型钢，要求挠度 $f \leqslant L/1\,000$ 但不大于 5 mm。

一般来说，构件的弯曲变形与加热引起的压缩塑性变形区的宽度、加热区离构件断面重心（或中心轴）的距离及构件的抗弯刚度有关。加热引起的压缩塑性变形区宽度较大，造成的弯曲变形

也较大;焊缝或火焰加热位置不对称于中心轴线,就容易造成弯曲变形;受热部分越接近中心轴,产生的弯曲变形就越小;刚性是截面抵抗变形的能力,抗弯刚度越大,弯曲变形越小。

T形接头双面角焊纵向收缩产生弯曲变形的挠度估算公式(4-1)如下:

$$f = \frac{0.052 F_n e L^2 \times 1.15}{8I} (\text{mm}) \qquad (4-1)$$

式中　F_n——一条角焊缝的截面积;
　　　e——焊缝塑形变形区中心至截面积中心轴的距离;
　　　L——构件长度;
　　　I——构件截面积惯性矩。

一般来讲,构件只要经过焊接,尤其是焊缝布置不对称或焊缝密集都会产生变形,但如果在焊接操作前采取各种反变形的措施,基本上能够避免或减少焊接变形。好的防变形技术措施可以得到优质的焊接结构,可以减少结构焊接后的矫正工作量。

在结构设计上,为减小焊接变形,应尽量设计成对称结构,选择稳定性效好的构件组合形式。对于容易变形且变形后又不易被矫正的结构型式尽量避免使用;尽可能采用现有型钢和钢板煨弯及冲压成型件,或采用冲焊结合构件,增加构件的刚度,减少变形。

避免焊缝密集,合理的布置焊缝,对称的布置焊缝,最好使先后焊接的焊缝所产生的变形能相互抵消。

焊接时,尽量减少焊缝长度。对于过长的焊缝,可以采取自中心向边缘的分段焊接、分段倒退焊接等措施,平行的焊缝之间距离不宜太近,见图 4-32 与图 4-33 所示的分段倒退焊接方法示意。

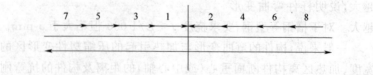

图 4-32　分段倒退焊接方法

减少焊接线能量。尽量采用小直径焊条和小电流进行焊接,焊接过程中还要尽量保持焊件上的温度一致。一般而言,焊接时线能量越小,焊后变形也越小。

选择合理的焊接顺序。对称焊接可以使引起的变形相互抵消,如果焊缝不直或不对称必须采取不对称焊接时,应该先焊接焊缝少的一侧。如果计算焊缝的强度足够时,尽量采用断续焊接,以减小焊接变形。对于焊缝较长的构件,如焊缝在 1.5m 以上,应采取分段退焊法或逐步完成焊接(如图 4-33 所示)。

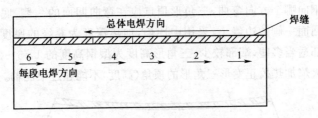

图 4-33 分段退焊法示意图

逐步退焊法可将焊缝全长分为若干段,各段依次焊接,使每段终点与前段起点重合。如果每段长度不大,温差就不会很大。这样就改善了不均匀加热和冷却的程度不大,减少了焊后变形。分段退焊法的每段焊缝长度一般约取 10~20 cm 比较合适。

对于焊接后产生了变形的构件,为了安装和使用就要矫正。矫正变形的实质是设法造成新的变形以抵消残余变形。

在我国对型钢弯曲变形矫正使用比较多的方法有锤击矫正、火焰矫正等。这里着重介绍火焰矫正方法。火焰矫正其实质是利用局部受热的钢材冷却后收缩所引起的新变形抵消已有变形。它不仅适用于低碳钢结构,而且还适用于部分普通低合金钢结构。这些钢经火焰矫正后,其机械性能基本不受影响。

火焰矫正时多采用中性火焰或氧化焰,即氧气与乙炔体积比为 1.1~1.4,若欲使钢材均匀收缩来达到矫正变形的目的,一般可采用氧气与乙炔体积比为 1.1~1.2 的中性焰,中性焰适合矫正 10~30 mm 厚的钢板;若欲使通过钢材沿厚度方向温度不均匀分布而产生不均匀收缩来达到矫正变形的目的,可采用 1.3~1.4 的氧化焰较快地加热钢材表面,氧化焰适合 10 mm 以下厚度的钢板。火焰矫正时,温度通常在 600~800℃ 较适宜。对低碳钢加热温度不宜超过 800 ℃,温度太高,钢材会逐渐熔化而变软,使钢材原有组织遭到破坏。也有的金属火焰矫正时加热温度过高,会引起金属变脆、影响冲击韧性。

火焰矫正变形的方法主要有点状加热、线状加热、三角形加热等三种。对于型钢加热一般采用三角形加热(如图 4-34 所示)。不论型钢向哪个方向弯曲,三角形顶点应在弯曲凹面的一侧,底面在弯曲凸面一侧的边缘上,采用中性焰,加热深度为翼缘的厚度。一般中部适当多些,端部较少,三角形高度为型钢高度的 1/5~2/3,切记火焰加热校正变形三角形的顶角(高度)不能超过中性轴。

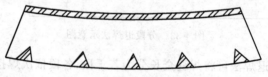

图 4-34　三角形加热法示意图

校正过程中应首先了解变形的情况,何种变形形式以及变形量大小,分析变形的原因并确定矫正的顺序。原则上先校正整体后校正局部,先校正角变形后校正凹凸变形。根据具体情况分析和选择合适的矫正办法。还要考虑是否需要附加重量或附加外力。

焊接变形有的很复杂,有的变形单靠热矫正很难校正成功,这时就要借助额外辅助工具和火焰一起对构件进行校正。

确定用火焰校正变形后,还要确定加热源的数量和温度,划出加热区域。加热区域应避免关键部位和同一部位反复多次加热。

确定首次加热区数量时,首次加热区数量要小于预计的总数。每次加热须待自然冷却至室温时测量变形大小,再确定下次加热区。火焰校正时严禁采用水冷却构件。矫正完成后要对构件进行修整和检查。矫正的效果须在构件完全冷却后才能完全显现出来。

5. 如何计算与估计焊接角变形和波浪变形的大小？

在焊接结构的生产中，不仅会出现结构的总体变形，而且会出现局部变形，对于局部变形有的可表现为角变形，有的可表现为波浪变形的形式。

角变形产生的原因是焊接过程中温度沿厚度方向分布不均匀，造成沿厚度不均匀的塑性变形，这种塑性变形的结果就引起了板一端和另一端的旋转，即产生了局部的角变形。

波浪变形产生的原因是在焊接过程中的压缩应力和焊后的纵向拉力，促使平板失掉稳定性，产生形似波浪状的变形。

角变形是随板的厚度而转移的，薄板焊接时由于温度能沿厚度方向均匀分布，所以角变形不显著。厚板焊接时，由于温度沿厚度方向温度分布相差过大，而使塑性变形范围相对较小，并且厚板具有相当大的刚性，因而角变形也不是最大。

根据有关统计，中等板厚中容易产生角变形，角变形的最大值也容易产生于中板结构中。即，尤其是厚度为 10~25 mm 的钢板最容易产生角变形。

焊接中如增加焊接线能量（增加焊接中的电流和电压等），对厚板来说可以使角变形量增大；对薄板来说可以使角变形量减小；但对中板来讲，变形量则不确定，一般视具体情况而发生变化。

焊接过程中的波浪变形则主要出现在厚度不大的薄板中，因为焊接中引起薄板失掉稳定性的临界压力低于屈服点，因而容易发生失稳的波浪变形。在板厚超过 8~10 mm 时，焊接时钢板失掉稳定性的可能就不大了。

对于对接接头的角变形量，焊接前焊接工作者心中应该大概有个估算值，以便于采取防止变形或减小焊接变形的措施。

例如，对于对接接头的角变形如图 4-35 与图 4-36 所示。当两块钢板不开坡口对接焊的时候，在冷却后一侧钢板对另一侧钢板有一个旋转角 α 的变形产生，如图 4-35 所示。当在平板上堆焊时引起类似变形如图 4-36 所示。如果不考虑沿焊缝在长度上的

不均匀收缩,焊缝是在短时间内瞬时完成,那么接接头可以发生角变形,变形角 β 的值可由下式(4-2)求得

$$\beta = \tan\beta = \frac{\Delta b}{r} = \frac{\alpha T W_b}{r}, \quad \frac{W_b}{2} = r\tan\frac{\theta}{2} \tag{4-2}$$

式中 Δb ——对接焊缝表面的横收缩;
  W_b ——焊缝宽度;
  α ——线膨胀系数;
  T ——材料恢复弹性的温度;
  r ——焊接斜面长度;
  θ ——所计算溶透部分的中心角。

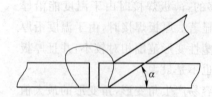
图 4-35 焊接接头的角变形
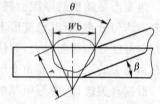
图 4-36 V形坡口对接接头的角变形

在实际使用时,中心角 θ 近似取坡口的开角 θ',那么 $\alpha \approx 0.01$,即

$$\beta = 0.02\tan\frac{\theta'}{2}$$

V形坡口对接接头的角变形(一般情况下开角 θ' 是已知的),$\theta' = 60° \sim 70°$,变形角 $\beta = 0.02\tan(60 \sim 70) \approx 0.012$ rad,因此 V 形坡口对接接头角变形 $\beta = 0.012$ rad。

T字接头的角变形分两种情况:一种是单面焊接的角焊缝,另一种是双面焊接的角焊缝。

单面焊接焊缝,$\theta' = 90°$,坡口对接接头的变形,即

$$\beta = 0.02\tan(90°/2) = 0.02 \text{ rad}$$

那么,单面焊的 T 字接头,角变形是 0.02 rad,计算的此种情况只适用于薄板的计算。

当进行厚钢板单面 T 字焊时,由于焊接热沿钢板厚度上的温

度分布是不均匀的,焊缝收缩除了引起角变形外,底板沿厚度方向也有 δ 角变形。厚板焊接时。焊接规范对此的影响很大,这时变形角 β 可通过下式(4-3)计算

$$\beta = 64 \times 10^{-3} \left(\frac{\kappa}{\delta_n}\right)^2 \tag{4-3}$$

式中 κ —— 焊角;

δ_n —— 底板厚度(mm)。

在进行厚钢板的双面 T 字焊时,其角变形 β 又变化为式(4-4)

$$\tan\beta = \frac{\kappa(c+\delta_n)}{10c\left[c+\dfrac{4}{3}\delta_n+4\kappa\dfrac{\delta_n^3}{c^3}\right]} \tag{4-4}$$

式中 c —— $c = \kappa + \dfrac{\delta_{ct}}{2}$ (mm);

δ_{ct} —— 立板厚度(mm)。

对于薄板来讲,焊接前可进行波浪变形的稳定性计算,由计算结果判定其焊接过程该板的稳定性大小。

由于其焊接薄板的波浪变形是其所受压缩应力超过临界应力所造成的,用 σ_{kp} 表示临界应力,Δ_0 表示可见变形,E 表示弹性系数,如 $\Delta_0 E > \sigma_{kp}$。薄板构件就会失去稳定性。

在薄板结构的焊接生产中,失稳是造成薄板波浪变形的主要形式。一般情况下,薄板的临界应力远低于屈服点,如果薄板的应力上升到屈服点,立即产生波浪变形。

薄板焊接的失稳变形是由于板内的纵向压缩应力作用的结果,如果板内的这种收缩应力超过临界应力的时候,那么就会使板件失掉稳定性,这样就形成波浪形,但这种纵向压缩应力不是由焊缝及近缝区的收缩造成的。波浪是垂直于焊缝中心的,但是在焊缝和近焊缝区是受控的,即不会失掉稳定性,所以波浪变形不会横向穿过焊缝,而是局部的引起波浪,波浪变形是局部的变形的表现。

由于在对接或角接焊缝所引起的收缩的横向变形有时能抵消

局部波浪的产生,这种情况经常发生在紧固状态下焊接,是焊接部位形成拉应力,拉应力抵消产生波浪的压应力,故可防止稳定性的丧失。所以,当被焊工件的平板四面固定,并两面受有均匀的压力时,临界应力如式(4-5)。

$$\sigma_{kp} = \frac{k\pi^2 E}{12(1-\mu^2)} \left(\frac{\delta}{b}\right)^2 \tag{4-5}$$

式中 a、b——焊接板件的长度和宽度;
   k——决定于长 a,宽 b 之比的系数;
   μ——泊松比,$\mu=0.3$;
   δ——板厚。

临界应变如式(4-6)

$$\varepsilon_{kp} = \frac{\sigma_{kp}}{E} = \frac{k\pi^2}{12(1-\mu^2)} \left(\frac{\delta}{b}\right)^2 \tag{4-6}$$

(1)公式中 K 是与长 a,宽 b 有关的系数,如果准备焊接的平板的纵向两边一边固定,一边自由,则

$$K = 0.456 + \left(\frac{b}{a}\right)^2$$

即,

$$\varepsilon_{kp} = 0.411 \left(\frac{\delta}{b}\right)^2 + 0.9 \left(\frac{\delta}{a}\right)^2$$

(2)如果准备焊接的平板的两端没有固定限制与支持,被焊薄板的稳定性最小,则 $a=b$

此时 $\varepsilon_{kp} = 1.311 \left(\frac{\delta}{b}\right)^2$

1)对于焊接的纵向焊缝,假设焊件由 1 个盖板、2 个腹板和若干加强肋组成,由于纵向腰缝焊接后的作用会产生波浪形,这时盖板受压,波浪形则受两横加肋之间的距离 a' 影响。其缩短量

$$\Delta a = \Delta z a$$

如果 $\Delta z > \varepsilon_{kp}$,就会形成波浪形,即缩短量不允许大于 ε_{kp},如果焊后变形 a_1 为 S,卷板变形为弧形,弧长为 L,这时 L 应比

a_1 缩短 $\varepsilon_{kp}a_1$，即 $L=a_1(1-\varepsilon_{kp})$；这时弧长弦变长。

即
$$L - S = (\Delta z - \varepsilon_{kp})a_1$$

即可求得波浪形波峰（挠度）
$$f' = \sqrt{\frac{3}{16}}\sqrt{L^2 - \varepsilon_{kp}{}^2} = \sqrt{\frac{3}{16}}\sqrt{L - \varepsilon_{kp}} \approx 0.613 a_1\sqrt{\Delta z - \varepsilon_{kp}{}^2}$$

当 $\Delta z < \varepsilon_{kp}$ 时，f' 为虚数，因而不产生波浪变形；

当 $\Delta z = \varepsilon_{kp}$ 时，$f' = 0$，也不能产生波浪变形，但当遇有很小的外力作用时就可失掉稳定性，产生变形。因此，$\Delta z = \varepsilon_{kp}$ 是被焊板材处于变形的临界状态的一种形式；

当 $\Delta z > \varepsilon_{kp}$ 时 f' 呈现正值，其 f' 值的大小即为波浪变形的波峰值。

2) 对于横向焊缝的分析也与上面近似。盖板加肋的焊缝属于是横向焊缝，焊接后会产生拉应力，引起盖板整个长度的缩短。板加肋的焊缝能减少波浪形的大小和减小产生波浪形的可能。但当焊接结构无纵向收缩引起的波浪变形存在时，它将会产生残留拉伸应力，在某些状况下，横焊缝的残余拉应力也会引起波浪变形。

如果纵焊缝造成的挠度为 f'，横焊缝造成的挠度为 f''；如果纵焊缝造成的挠度 f' 与横焊缝造成的挠度为 f'' 相等，此时焊后焊接板件的弧长弦变化不是采用 a_1 而是采用 b_1 了。这时，由于横焊缝的横向收缩作用，可以减少的挠度决定于尺寸 b_1 的大小，即

$$f' = 0.613\sqrt{b\Delta}$$

其中
$$\Delta = \frac{f'^2}{0.613^2 b_1}$$

若平均衡收缩 $\Delta_{cp} < \Delta$，Δ_{cp} 值的大小对减少波浪形有重大意义，波浪由 Δ 产生，而 Δ_{cp} 是减少波浪变形，因而最后的波浪决定于 $(\Delta - \Delta_{cp})$ 之差，所以最后波浪的挠度

$$f = f' - f'' = 0.613\sqrt{\frac{f'}{0.613} - b\Delta_{cp}}$$

由以上公式可以看出,有横向焊缝时,薄板焊接结构的波浪变形会减小;波浪变形减少的程度则决定于 Δ_{cp}。一般情况下,对于宽而长的薄板的焊接

$$\Delta_{cp} = 3.53 \times 10^{-6} \frac{qn}{\delta}$$

对于窄而短的薄板焊接

$$\Delta_{cp} = 3.53 \times 10^{-6} \frac{qn}{2\delta}$$

对于有刚性固定的薄板焊接来讲

$$\Delta_{cp} = 3.53 \times 10^{-6} \frac{3qn}{\delta}$$

由此可见,根据以上对角变形和波浪变形的计算和分析可知,在薄板的焊接过程中,掌握焊接变形的机理和规律,能在焊接前估计或者计算出变形的方向和变形的大小是提出防止变形措施的前提。如果在焊接前能科学地提出合理的防止焊接变形的预防措施,就会最大限度地减少所焊接结构焊接变形的发生,从而可大量减少后续的矫正焊接变形的工时,可提高焊接工作的效率,避免一些浪费,使焊接结构的质量也可得到大幅度的提高。

6. 如何控制钢结构的焊接变形?

近些年来,各地大型项目建设速度很快,焊接技术在钢结构的制作中得到了大量的应用。在焊接过程中,不均匀温度场及其引起的局部塑性变形和比容不同的组织不可避免地会产生焊接应力和变形,如何有效地减少应力和变形成为焊接工作者关注的焦点。焊接应力会影响焊接接头的韧性、疲劳强度和抗腐蚀能力,而变形则会影响产品的几何尺寸和装配质量。焊接变形是应力作用的宏观表现,焊接变形有收缩变形、角变形、弯曲变形、波浪边形、扭曲变形五种形式(如图 4-37 所示)。

针对焊接变形产生的原因和影响因素,可以采取相应的控制方法。控制焊接变形的方法一般设计上可从坡口设置、焊缝尺寸

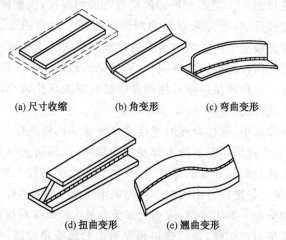

图 4-37 焊接变形的几种表现形式

入手,工艺上可选择合理的焊接顺序,技术措施上可采用反变形法等,操作上对于对称焊缝可采用对称焊接等。

设计上要尽量减少焊缝的数量和尺寸,减小焊缝截面积,在满足强度、焊接工艺等各种要求的前提下,尽可能采用较小的坡口尺寸(角度和间隙)。合理布置焊缝,焊缝之间应尽可能保持足够的距离,尽量避免三轴交叉的焊缝和在工作应力最严重的区域布置焊缝。除了要避免焊缝密集以外,还应使焊缝位置尽可能靠近构件的中和轴,并使焊缝的布置与构件中和轴相对称。

合理设置坡口可以有效减小焊接变形。如对于拼接焊缝,特别是厚板的拼接焊缝,为了减少焊后变形,将坡口设置成非对称坡口,如图4-38所示。

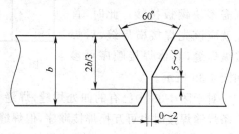

图 4-38 焊接坡口设置(单位:mm)

这种非对称坡口的焊接时,首先在焊坡口较深的一侧焊接,焊接量为坡口的 1/3,然后翻转构件进行背面的焊接;当翻转后的背面焊接完成后,再翻过来焊接前面焊接所剩余坡口的 2/3 部分。两次翻转完成整个构件坡口两面的焊缝的焊接。实践证明,此方法焊接可使构件的翻转次数减少,显著降低辅助工种操作人员的劳动强度。此种焊接顺序可使构件焊接后的变形比较小,焊接生产效率也比较高。

构件焊接中,选择合理的焊接顺序是保证构件焊接质量的关键,合理的焊接顺序既能减小焊接应力集中,又能防止焊接变形。在具有对接及角接焊缝的结构中,应当先焊收缩量较大的对接焊缝,使焊缝尽量能够自由收缩。先焊工作时受力较大的焊缝,使内应力合理分布。如工字梁,应当先焊受力最大的翼缘对接焊缝,然后焊接腹板对接焊缝,最后焊接预先留出的翼缘角焊缝。这样可使翼缘焊缝预先承受压应力,而腹板则为拉应力。翼缘角焊缝最后焊接,可使腹板有一定的收缩余地。这样焊成的梁,疲劳强度比先焊腹板的梁高出约 30%。拼板时应先焊接错列布置的短焊缝,然后焊接直通的长焊缝,使焊缝有较大的横向收缩余地。焊接平面布置的焊缝时,应使焊缝的收缩比较自由,尤其是横向收缩更应保证自由。对接焊缝的焊接方向应当指向自由端。如,在某结构的焊接中,腹板较宽需多块钢板拼接。此时,首先就应该先焊接横焊缝,后焊接纵焊缝,具体焊接顺序可参如图 4-39 所示。

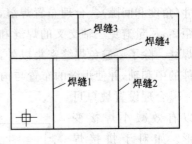

图 4-39 合理安排焊接顺序

对于图 4-39 中已有的四处焊缝,焊缝 1、2、3 应该先焊接,这三条焊缝焊接时也可互换焊接顺序,但焊缝 4 必须在焊缝 1~3 焊接完成后才能进行焊接。选择这样的焊接顺序主要是因为焊接时焊缝受热膨胀,随后随着电弧的移动离开,焊缝和热影响区又要发生冷却收缩。如果先焊接短焊缝 1~3,此时形成了条状的钢板还可以进行自由收缩,自由收缩的构件,焊后构件的焊接应力比较小。同时,在1~3焊缝焊接完成后也会产生一定量的横向收缩,此时再焊接焊缝4,板材产生的纵向收缩已得到释放,应力小,焊接变形就小。反之,如果构件全部点焊完成后,如果不论顺序先后而随机进行焊接,就容易在构件长焊缝和短焊缝的交叉处的丁字口处产生应力集中,且钢板焊后也容易产生波浪状变形。

波板构件焊接时的反变形措施也经常被用在角焊焊接接头的结构中,特别是在薄翼板与腹板的焊接结构中,反变形措施经常被采用。例如,图4-40所示的叠梁,叠板1和2的厚度只有25 mm。在薄翼板与腹板焊接时两端易产生向腹板方向的翘曲变形,为保证叠板1和2中间的贴合程度要求,采取反变形措施(见图4-40(a)),通过焊接热输入准确计算变形量b,这样叠板1和2与腹板焊接后基本能保持平直状态(见图4-40(b))。

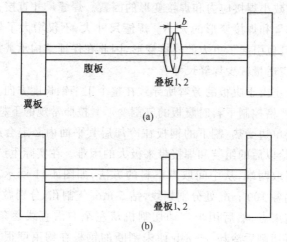

图4-40 反变形措施

焊接结构中有许多对称焊缝,对称焊缝焊接时,应采取对称焊接的工艺施工。尤其是对于构件截面形状对称、焊缝分布均匀,且焊缝是对称的构件,焊接时应采用对称焊接方法施工。例如,腹板上的筋板就属于此种情况。在此种结构中,筋板的两侧均与腹板焊接,因此焊接时应由两名焊工在筋板两侧同时施焊,这样焊后筋板才能基本垂直于腹板。否则,焊完构件筋板的一侧后再焊接另一侧筋板,由于焊接不均匀加热和不均匀冷却引起构件变形,如果焊后的筋板发生变形则很难矫正,焊后筋板也很难再垂直于腹板。即使有的构件焊后可以矫正,则矫正的工作量也很大。

例如,工字钢是大家最常见的焊接结构,如果焊接时工艺措施不当或焊接顺序不合理,就可能产生超标的焊接变形。

工字钢产生焊接变形的根本原因是焊接热场的不均匀性。焊接时,高温区产生了压缩塑性变形,焊后该部位的收缩又受到其他部位的阻止,因而产生了焊接残余应力和变形,主要表现为翼板角变形、腹板失稳、旁弯、拱起和扭曲变形等。

为了减小工字钢焊接应力和焊接变形,在设计焊缝时就要考虑一些能减小焊接应力和焊接变形的因素。焊缝尺寸直接关系到焊接工作量和焊接变形的大小。焊缝尺寸大,不仅增大了焊接工作量,而且也引起了更大的焊接变形,因此在保证结构承载能力的条件下,应适量减少焊缝尺寸。

为防止由于腹板的旁弯所导致在整个工字钢长度方向上的拱起,必须严格控制下料时腹板的气割变形。按照常规的下料方法,由于钢板单边受热,割下的钢板在冷却后其平面内必定会产生侧弯变形,给以后的组装和焊接带来极大的困难。在实际生产中,经常采用留取两端,从中间取点下料的方法,如图 4-41 所示。先在钢板两端各 100 mm 处分别划线,钻 5 mm 气割孔,分别做气割起始点及结束点,然后用半自动切割机从左至右沿直线逐条切割。整块钢板切割后冷却 5~8 h 使未割断的钢板在约束度很大的情况下释放内应力,减少残余应力。然后用手工气割将钢板条割下,去除熔渣。此时根据施工规范对钢板的平直度、对角线差等进行精确测量,若变形过大,可采用冷矫法进行矫正,直至符合要求为止。

工字梁焊接结构由 4 条角焊缝组成(如图 4-42(a)所示),其纵

图 4-41 工件下料示意图(单位:mm)

向收缩量相当于一对带有双面角焊缝的丁字形构件的纵向收缩量,而双面角焊缝的丁字形接头的纵向收缩比单面焊较大。当焊缝在构件中的位置不对称时,焊缝产生一个偏心力,不仅使构件缩短,同时还使构件弯曲(如图 4-42(b)所示)。因此在制定焊接程序时严禁采用图 4-42(c)的装配焊接顺序。在图 4-42(d)中,先将腹板与翼板点固成工字截面,然后再焊接,在焊接时注意焊接程序,如图 4-42(d)中所示次序。在焊接过程中构件的惯性矩基本上不变,上下两对角焊缝所引起的挠曲变形可以抵消,构件基本上保持平直(如图 4-42(e)所示)。另外在焊接过程中 4 条焊缝的施焊方向要保持一致,且连续施焊,在两端各留 100 mm 的余量暂不焊,待对接时再焊接。

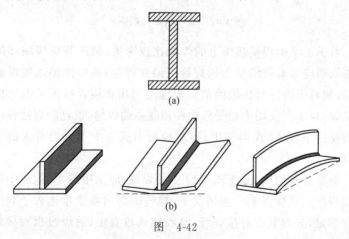

图 4-42

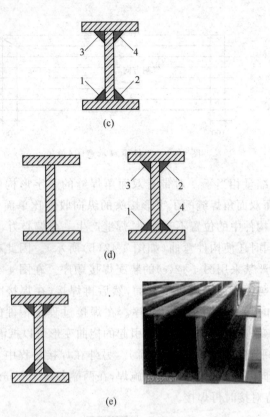

图 4-42 工字钢焊接顺序

由于工字钢焊接接头上的焊缝比较密集,制定其焊接顺序的基本原则应本着收缩量大的焊缝应最先焊接;离中性轴远的焊缝先焊;相对于构件对称轴两侧的焊缝应当用相同焊接工艺参数同时施焊;对于在使用中与受压构件相联系的焊缝,设计的焊接程序应当使这条焊缝(在构件中)形成拉应力或至少不应当有大的压应力。

根据以上原则,对于图 4-42 中的焊缝,应采用图 4-43(a)中的焊接程序。其优点是一般情况下,焊缝的横向收缩量远大于其纵向收缩量,先焊翼板对接焊缝,其收缩比较自由;后焊腹板对接焊缝,其横向收缩受到已焊翼板的拘束,在腹板、翼板中形成了残余压应力。腹板中的残余拉应力有利于提高腹板的稳定性,这对于较薄的腹板尤为重要。而图 4-35(b)是不正确的焊接顺序,焊接时应该尽量避免采用。

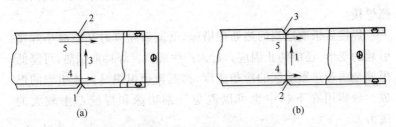

图 4-43 工字钢的焊接顺序

除了以上所述控制措施外,在众多的焊接实践中还总结出了反变形法、加三角筋板和立筋板法等具体的技术措施,可以有选择的使用。

要想减小焊接变形,就要设法减小焊接应力。焊缝应力是由焊接区域热胀冷缩形成的,焊接区域越小,热输入量就越少,变形也就越小。例如,采用小角度坡口、厚板尽量采用双面坡口等都可以减小焊接应力。

焊接中,焊接材料和焊接参数对焊接变形有很大的影响。如果焊接中焊接材料选择得适当可有效降低焊缝中淬硬组织的形成和应力集中,可提高焊缝金属的塑性、韧性和抗裂能力。焊接材料选择时,通常都是使焊缝金属的含碳量低于母材,依靠焊接材料来提高焊缝中硅、锰含量来达到焊缝与母材的等强度。

焊接参数中的焊接线能量与焊接变形成正比,焊接线能量越大,则焊接时产生的塑性变形越大,应力越大,焊后变形也越大,反之则越小。

焊接过程中,合理的焊接工艺可降低焊后构件的变形。对于一些钢结构中的大的长直焊缝,在可能的情况下可将其连续焊接改成分段跳焊焊接或者分段倒退焊接,分段焊的焊接接头要错开,焊接接头处要交错覆盖对方的接头,避免接头对齐。分段焊时也要注意防止焊接变形。当发现构件由于焊接所形成的温度太高时,可以先停下来缓冷一会或翻转进行背面的焊接。多个构件组合焊接时,要先焊拘束度大的构件,后焊拘束度小的构件;如果一个构建的三面都需要焊接时,可适当地改变焊接方向,从中间向两侧焊接。

焊接后采取适当的热处理措施,既能消除应力又能减小焊接引起的变形,还能防止因应力过大产生裂纹。焊接前预热,可降低焊缝金属和热影响区的冷却速度,抑制淬硬组织马氏体组织的形成。预热用在下料中也可以避免气割边缘和焊缝产生较大的应力。

预热时,预热温度的选取即要考虑预热温度对钢结构板材的影响,又要考虑操作者的工作条件。一般来讲,对于厚度 100 mm 左右的低合金钢板,预热温度应高于 100 ℃,有些要求严格的构件,预热温度可在 150～200 ℃之间选择。预热的加热范围一般在切割线或坡口两侧 150～200 mm 左右。构件焊接后进行缓冷或后热,将有利于焊缝中扩散氢的逸出,避免氢富集形成所谓的"氢陷阱"产生更大的应力。构件焊接后的后热温度应高于150 ℃,保温 2～3 h。后热温度也应随环境温度和所焊接构件材料性质的不同而不同。对于焊接构件进行消除应力的退火处理,不但可使焊缝及热影响区中的氢逸出还能改善焊缝及热影响区的组织与性能,焊后构件的退火处理温度一般为 550～600 ℃。

为消除应力防止和减小构件的焊接变形,对于一些不易进行焊缝退火处理的大型结构件可进行振动时效。振动时效的原理是给工件施加一个与固有谐振频率相一致的周期振动力,使其产生共振,从而产生一定的共振能量,使工件内部产生微小的塑性变形,将残余应力造成的晶格扭曲等恢复到平衡状态,从而消除或减小焊接后的残余应力。

将振动时效的方法应用与大型结构构件,具有生产周期短、处理构件效率高,消除应力效果好等优点。

对于生产周期较长和有条件的单位,还可以采取振动时效和自然时效相结合的办法。总之,焊接前后,通过采取适当的设计措施和工艺措施,可以有效地控制钢结构的焊接变形,保证工程质量。但由于影响钢结构焊接变形的因素很多,焊接后有些构件出现些焊接变形也是难免的,但焊前如果采取一些技术措施或焊接后有一些处理方法,可将焊接变形控制在最小范围之内,就能做到不影响钢结构的尺寸精度和安装技术要求。

第三节 焊接变形的矫正

1. 矫正焊接变形的方法有哪些?

焊件的变形形式主要有尺寸收缩、角变形、弯曲变形、扭曲变形、波浪变形等。严重的焊接变形影响结构的尺寸精度和安装技术的要求,为了使构件能够正常安装和使用,通常需要对变形后的焊接构件进行矫正。矫正焊接变形采用的方法通常有两种:机械矫正法和火焰矫正法。其中,机械矫正法是最常用的矫正变形的方法。这种方法以产生塑性变形来矫正焊接变形,但同时在矫正过程中可能产生加工硬化而使材料塑性下降,因此通常只适于塑性好的低碳钢和普通低合金钢。

(1) 机械矫正

机械矫正方法是用千斤顶、拉紧器或压力机等机械设备把已经变了形的构件矫正过来,如图4-44所示。

在机械矫正变形中,锤击与碾压焊缝是最常用的矫正变形方法。锤击焊缝就是使用榔头或大锤击打焊缝周围凸起的地方使变形消失(如图4-45所示)。其中,手工矫正法主要用于矫正薄板、薄壁壳体焊件和小型焊件

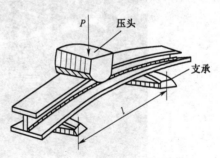

图 4-44 机械矫正方法

的弯曲变形、角变形和薄板的波浪变形等。手工矫正首先是用手锤、大锤锤击焊缝附近,以消除焊件的不直度,再用平板、靠模等衬垫,用三点弯曲的原理消除角变形或壳体的不圆度。

碾压焊缝是矫正变形的比较好的方法,通过碾压,焊缝不但变形得以矫正,其焊接残余应力也会得以进一步消除,碾压焊缝的方法和机械装置及碾压焊缝的过程如图 4-46 所示。

图 4-45　锤击焊缝示意图

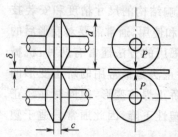

图 4-46　碾压焊缝的机械设备与装置

(2)火焰矫正法

火焰矫正法是利用火焰加热的方法把构件变形的部位局部加

热,引起新的变形,使新产生的变形去对消原有的变形,使构件变平变直。

火焰矫正一般是在构件变形凸出部位采用焊枪加温到 500～600 ℃ 左右(加热部位颜色看到深褐红色即可),然后自然冷却,通过构件在冷却过程中收缩使构件的变形

图 4-47 火焰矫正的加热方法

逐渐消除,如图 4-47 所示。火焰矫正的加热方法有点状加热、线状加热、三角形加热等方法。

火焰加热常用氧气乙炔火焰,也可用其它的可燃气体。火焰矫正法的主要优点是方法简单,劳动强度低,不需用笨重的调修设备。火焰矫正法的主要缺点是火焰矫正依靠操作人员的经验控制与矫正变形。如果矫正变形的操作人员经验不足,则很难达到矫正变形的目的。

2. 如何采用火焰矫正焊接后工字梁的上弯变形?

工字梁在焊接中,腹板和翼缘板的焊缝焊接后,在腹板和翼缘板的中部非常容易产生上拱,如图 4-48(a)所示。

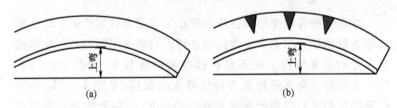

图 4-48 焊后变形产生上拱示意图

矫正这种变形的处理方法是在梁的腹板上部采用等腰三角形加热,第 1 个三角形选择在上拱值最大的部位(如图 4-48(b)中间位置的三角形),三角形底边与腹板边一致,三角形的大小可按上拱值的大小和构件本身的刚度选定,最大三角形的高度为腹板高

度的 2/3 左右,两腰夹角视变形情况而定,一般为 5°～12°。等腰三角形的面积为加热面积,加热时先从三角形底边开始逐步向两腰顶角进行。

火焰矫正变形的加热温度可控制在 500～600 ℃左右(肉眼看,加热部位的颜色看到深褐红色即可),然后自然冷却。当一次加热矫正不过来时,可在第 1 个三角形的两旁再增加 2 个三角形加热(如图 4-48(b)两边位置的三角形)。矫正过程中,应该注意的问题是矫正应该逐步进行,一次矫正的变形量不可过大,否则就容易造成矫枉过正。矫枉过正的产品如再次矫正则很难再矫正过来。

3. 如何采用火焰矫正法矫正工字梁的旁弯变形?

工字梁在焊接完后也经常出现平面旁弯的变形,如图 4-49(a)所示。

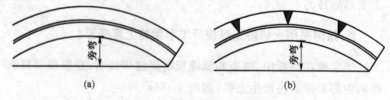

图 4-49 焊后旁弯变形示意图

矫正这种旁弯变形的方法与矫正工字梁焊接后产生上弯变形火焰方法相似。与工字梁焊接后进行火焰矫正不同的是三角形选择在梁的下翼缘板上而不是选择在梁的腹板上,如图 4-49(b)。第 1 个等腰三角形选择在旁弯值最大的部位(见图 4-49(b)中间位置的三角形),三角形布置在外凸的一侧,三角形的顶点不超过腹板的部位。等腰三角形的面积为加热面积,加热时先从三角形底边开始逐步向两腰顶角进行。

火焰矫正变形的加热温度根据材料的不同可控制在 500～600 ℃左右(肉眼看,加热部位的颜色看到深褐红色即可),然后自然冷却。当一次加热矫正不过来时,可在第 1 个三角形的两旁再增加 2 个三角形加热(如图 4-49(b)两边位置的三角形)。矫正过程中,应该注意的问题也是矫正过程应该循序渐进地逐步进行,一次矫正的变形量不可过大,否则,就容易给构件造成矫枉过正。矫枉过正的产品或构件如再次矫正则很难再矫正过来。

工字梁在焊接时由于加热集中在焊缝处,收缩过于集中会发生如图 4-50(a)所示的角变形。

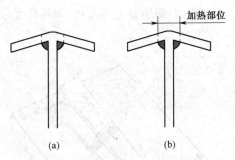

图 4-50 工字梁的角变形示意图

矫正方法这种角变形的方法是利用气体火焰沿着角焊缝作线状加热,如图 4-50(b)所示。加热过程中注意温度不可过高,一般火焰矫正变形的加热温度根据材料的不同可控制在 500～600 ℃左右(肉眼看,加热部位的颜色看到深褐红色即可),然后自然冷却即可达到矫正变形的目的。工字梁的这种角变形比较容易矫正,只是矫正过程中注意其一次矫正的变形量不可过大,否则会产生矫枉过正的现象。

4. 如何利用火焰矫正工字梁的扭曲变形?

工字梁焊接中,扭曲变形也是经常发生的变形形式。这种梁在矫正时,由于梁的刚性比较大,矫正时需要借助一定的外力,否则很难矫正过来。

矫正工字梁焊接后扭曲变形的方法是首先将梁放在平台上,用拉紧装置拉紧(如图 4-51 所示),在梁的中部上翼缘板进行加热,火焰矫正变形的加热温度根据材料的不同可控制在 500～

600 ℃左右(肉眼看,加热部位的颜色看到深褐红色即可),然后自然冷却。其加热宽度为 30~40 mm。加热温度和速度根据扭曲程度的大小而不同,变形大时,加热温度高,速度较慢;若扭曲大时,可在腹板中部同样加热,加热后立即拧紧螺栓。如果这样加热后还有扭曲,则在 A 和 B 两端的腹板加热,A 端在左腹板加热,B 端在右腹板加热,加热线倾斜约 40°角,在加热的同时拧紧螺栓。倘若梁冷却后还有扭曲,则重复上述过程,加热位置尽可能不与前面的重合。

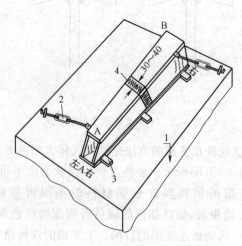

图 4-51　工字梁和箱形梁扭曲变形的矫正
1—平台;2—拉紧器;3—螺栓压板;4—加热线

5. 如何采用火焰矫正箱形梁的角变形?

箱形梁在焊接后由于加热与冷却的控制问题有时也会发生如图 4-52(a)所示的角变形。

处理箱形梁在焊接后角变形的方法,一般可以采用气体火焰沿着箱形梁角焊缝作线状加热,如图 4-52(b)所示。矫正加热过程中温度不可过高,一般火焰矫正的加热温度可根据所焊接材料的不同控制在 500~600 ℃左右(肉眼看,加热部位的颜色看到深

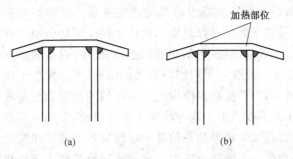

图 4-52 箱形梁的角变形示意图

褐红色即可),然后自然冷却。矫正工字梁焊接后的扭曲变形过程中要循序渐进,一次矫正的变形量不可过大,防止产生矫枉过正。

6. 如何采用火焰矫正钢结构构件的焊接变形?

在钢结构制作过程中,焊接变形是经常出现的,在采取的诸多矫正方法中,火焰矫正是一种便捷、有效的实用方法和技术。

钢结构制作方面的主要构件包括焊接 H 型钢柱、梁、撑等。这些构件在制作过程中都存在焊接变形问题,如果焊接变形不予以及时矫正,不仅会影响结构整体安装,还会降低工程的安全可靠性。

焊接钢结构产生的变形超过技术设计允许变形范围,应按照标准和技术规范的要求进行矫正,使其达到产品质量要求。实践证明,多数变形的构件是可以矫正的。矫正的方法都是以形成新的变形来达到抵消已经发生的变形。

在生产过程中普遍应用的矫正方法,主要有机械矫正法、火焰矫正法和综合矫正法三种。但火焰矫正是一门较难操作的工作,火焰矫正方法和温度控制不当还会造成构件新的更大变形。下面结合对钢构件焊接变形的种类、矫正方法及注意事项结合工程实例进行分析。

钢构件制作过程中,零件之间的连的形式主要是以焊接为主。

构件焊接后一般或多或少的都会产生变形。焊接产生变形的原因,主要是由于焊接过程对整个构件来说是不均匀加热和冷却过程造成的。焊接区域(包括焊缝附近金属)在焊接的高温作用下受热欲膨胀但是受到了周围冷金属的阻碍,于是发生了压缩塑性变形。所以,焊后受高温作用的这一区域的金属就发生收缩。焊接时的实际情况就由于这种收缩不是自由的,受到焊件及其它部分金属的阻碍,其结果是在构件一定区域产生收缩和缩短变形的同时,还产生一定的残余应力。火焰矫正就是利用金属热胀冷缩和塑性变形的原理和超过塑性变形温度产生热胀与冷缩的规律来进行钢结构变形矫正的。

气体火焰矫正又称为火工法矫正,其过程可以利用普通常见的气焊用的氧-乙炔火焰或氧-液化气火焰,工具可以采用普通气焊用的工具和设备。火焰矫正的实质是利用金属局部受火焰加热后的收缩所引起的新的变形去矫正各种已经产生的焊接变形。

火焰矫正过程中控制好火焰矫正的加热温度是火焰矫正的基础,熟悉和掌握好金属构件受热引起变形的规律是做好火焰矫正的关键。而以上两条则需要火焰矫正人员充分发挥主观能动性,不断地总结经验,加强责任心,充分了解金属材料的特性和内部组织结构的变化,同时了解铁碳合金的相图对进行火焰矫正的人员来说也是非常重要的。只有这样,才能利用掌握的变形规律,将构件的变形矫正好。

对于矫正构件的变形,首先要了解构件的变形形式和种类。焊接构件的变形种类大体上可分为以下五种:

(1)纵向缩短或横向缩短。构件焊接后,纵向缩短或横向缩短产生缩短变形。这种变形产生的主要原因是由于焊缝的纵向及横向收缩引起的,如图 4-53 所示。

(2)角变形。角变形产生的主要原因大多数是由于坡口形状不对称、焊接只在一面进行或者是由于焊接过程中焊接顺序安排得不合理造成的,如图 4-54 所示。

(3)弯曲变形。弯曲变形多发生在钢结构焊接的梁、柱中。焊

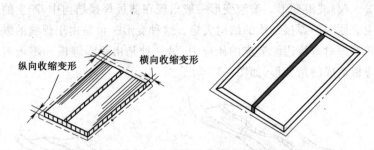

图 4-53 构件在纵向缩短或横向缩短产生缩短

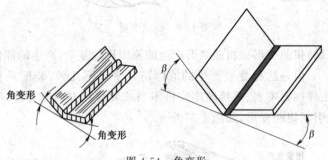

图 4-54 角变形

接梁或柱产生弯曲变形的主要原因是由于焊缝在结构上布置不对称引起的,如图 4-55 所示。

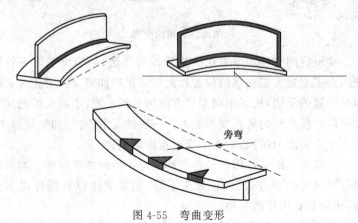

图 4-55 弯曲变形

(4)波浪变形。波浪变形一般出现在薄板焊接结构中,产生的主要原因的焊接结构的结构失稳。这种变形一种是由于焊缝的纵向缩短对薄板边缘造成的压应力,另一种是由于焊缝横向缩短对薄板造成的角变形,如图 4-56 所示。

图 4-56 波浪变形

(5)扭曲变形。扭曲变形产生的原因比较复杂,产生的部位前后不一,但是这种变形产生的原因不外乎以下几种:装配质量不好,工件搁置不当、焊接顺序安排不当或者焊接方向不合理等,都可能引起扭曲变形,如图 4-57 所示。

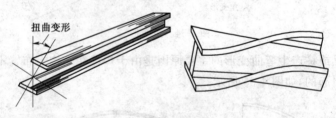

图 4-57 扭曲变形

变形后的构件如果采用火焰矫正的方法,影响火焰矫正效果的因素主要是火焰加热的位置和火焰矫正的加热量。矫正时火焰加热位置的不同,矫正不同变形方向的变形不同,不同火焰的加热量可以获得不同的矫正变形能力。一般情况下,火焰加热量越大,矫正变形的能力越强,矫正的变形量也越大。

火焰矫正的关键因素是首先确定出正确的加热位置。如果加热位置选择的不合适,矫正效果不好,如果加热位置选择得不合理,还会起到相反的效果。

对于低碳钢和普通低合金钢焊接结构来讲,火焰的加热温度常采用 600~800 ℃ 的加热温度矫正。加热过程中的颜色变化见表 4-3 所示的温度和金属颜色的变化。

表 4-3　不同加热温度金属颜色的变化

颜色温度(℃)	颜色温度(℃)	颜色温度(℃)	颜色温度(℃)
深褐红色 550~580	亮樱红色 830~900	深褐红色 550~580	亮樱红色 830~900
褐红色 580~650	橘黄色 900~1 050	褐红色 580~650	橘黄色 900~1 050
暗樱红色 650~730	暗黄色 1 050~1 250	暗樱红色 650~730	暗黄色 1 050~1 250
深樱红色 730~770	亮黄色 1 150~1 250	深樱红色 730~770	亮黄色 1 150~1 250
樱红色 800~830	白黄色 1 250~1 300	樱红色 800~830	白黄色 1 250~1 300

火焰矫正过程中,调整火焰温度控制好后要采取一定的加热轨迹运动使构件受热合理,以加快矫正效果和保证矫正质量。火焰加热运动的轨迹常采用的有点状加热、线状加热和三角形加热。

点状加热是根据结构特点和变形情况特点在构件变形位置加热一点或多点,多点式加热常采用梅花式加热。点式加热对于厚板的加热点要大一些,加热点的直径(d)一般可根据变形大小和板材的厚度调整。对于薄板的火焰矫正,如采用点式加热,其加热点要小些,但一般加热点直径不应小于 15 mm。

板材或构件的变形量越大,点与点之间的距离(a)应小些,一般加热点与点之间的距离(a)在 50~100 mm 之间比较合适。为了提高矫正速度,同时也是为了避免冷却后在加热点处产生小包或突起,往往每加热完一个点后,就立即在该点上用木锤锻打该加热点及其周围。锻打时,其背后要用木锤垫底。对于组织结构要求不是很高的构件,矫正后可以采用浇水冷却。火焰点式加热矫正的方法一般多用于矫正薄板的波浪变形以及薄壁管道的弯曲变形等。

线状加热是矫正过程中火焰沿直线方向移动,或者同时火焰在宽度方向上作横向摆动,形成带状加热。由于矫正过程中加热线的横向收缩一般大于纵向收缩。因此,矫正过程中要注意尽可能发挥加热线的横向收缩作用。矫正过程中,由于横向收缩随着加热线的宽度增加而增加。所以,加热线宽度一般选择在钢板厚度的0.5~2倍左右比较合适。

火焰加热的线状运行轨迹多用于变形量较大或刚性较大的结构,有时也用于薄板的矫正。

火焰加热也可以采用三角形的运行加热轨迹。矫正时,三角形的底边应该在被矫正的钢板边缘,三角形的顶端应朝内。三角形矫正因为其加热面积较大,因而收缩量也较大,常用于矫正厚度较大或刚性较强构件的弯曲或者上拱变形。火焰矫正时,根据构件变形量的大小和构件的刚度大小,矫正时可以同时采用两个或更多个焊炬同时进行加热。

矫正过程中,为提高矫正效果,在加热过程中也可以施加外力,如图4-58所示。

例如,对槽钢的内弯凸起变形的矫正可以在凸起处进行局部加热,加热高度为型材高度的1/5~2/3。

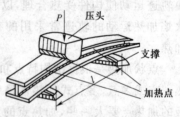

图4-58　加热过程中施加外力

再如,对槽钢的外弯凸起处进行三角形的局部加热,加热高度为型材高度的1/5~2/3。如在构件制作过程中,有一根箱形柱由于焊接不当,焊接后产生了上拱和旁弯变形,其上拱量为(20 mm),旁弯最高量为(60 mm)。同时,箱形柱还伴有扭曲现象。对于这种多种变形叠加的变形,如果对柱子长度尺寸有很严的要求,其扭曲变形应该是该部件的主要变形形式。因此,对于这种复杂的变形,矫正时首先应该先矫正扭曲变形后再矫正上拱变形,最后矫正旁弯变形。

火焰矫正是一种非常有效的矫正变形的方法,使用火焰矫正变形时应该注意以下几点事项:

(1)首先了解被矫正结构的材料的性质,对于矫正可能引起材料的性能有显著下降者,不能采用火焰矫正。

一般情况下,可焊性好的材料制备的构件,经火焰矫正后材质性能变化比较小。

例如。对于利用可焊性能较好的低碳钢(如 Q235)和低合金钢(如 Q345)等材质制作的构件,在火焰加热过程中,如果加热温度严格控制好,一般不超过 800 ℃,矫正后构件的性能下降得很少,一般情况下不影响构件的使用性能。

(2)火焰矫正时,如果使用氧-乙炔火焰进行矫正,火焰一般采用中性焰。如果要求加热深度小也可采用氧化焰,具体要视矫正构件的变形程度大小和矫正的深度决定。

(3)矫正前应该仔细观察变形情况,分析变形引起的原因,再考虑火焰加热的具体位置和矫正的步骤以及矫正量的大小。

(4)夏天在室外进行构件矫正时,应该考虑到天气和日照的影响。不要因为叠加温度影响矫正的效果。在此方面,曾经有人做过实验,中午进行校正而且矫正的很准确。但是,当第二天清晨进行测量时发现矫正后的构件发生了偏差。所以,对于要求较高的构件,火焰矫正时应考虑到气温和日照的影响这个因素。

(5)对于薄板变形的火焰矫正,如矫正过程需要锤击时,应采用木棰。

(6)火焰矫正时,在矫正过程中还应注意在每一个矫正处烤火的面积在一个截面上不得过大,要尽量多选几个截面进行矫正,防止矫正过程中材料性能的下降和防止矫正过程中矫柱过正的发生。

除此之外,还应注意到火焰矫正的同时也会引起新的内应力。不恰当的矫正产生的内应力如果与焊接内应力和负载应力迭加,会使构件(柱、梁、撑等)的纵应力超过允许应力,从而导致承载安全系数的降低。因此在钢构件制作中正确的掌握火焰矫正方法,不仅能够解决各种复杂结构的焊接变形,减少返工、返修率,还能提高生产效率,节约生产成本,保证产品质量。

第五章 焊接安全

1. 如何防止和避免手工电弧焊焊接过程中发生触电？

手工电弧焊属于特种作业,各种检修现场的焊接作业经常采用的是手工电弧焊,其工作原理是将电能转化为热能来加热焊件,工作人员一旦对这些能量失去控制,很可能造成触电伤亡,设备损坏和火灾等恶性事故。

检修焊接中的安全用电是施工中潜在危险性较多的工作,危险源具有一定的隐蔽性,容易被施工管理人员和现场作业人员忽视。焊接作业在检修期间引发触电事故的因素虽然多种多样,但根据其施工环境及其作业特点分析,发生事故的原因有一定规律和共性,只要管理者与操作者认真检查,采取有效措施就可以避免各类事故的发生。

检修时,手工电弧焊可能需要在以下三类不同的工作环境中操作,普通环境、危险环境和特别危险环境。

普通环境。这类环境干燥、无导电粉尘、焊接的地方有木料、沥青或瓷砖等非导电材料敷设的地面。或者金属物品所占面积与建筑物面积之比小于20%。一般,在这类环境中焊接时,操作者触电的危险性较小。

危险环境。危险环境是指相对湿度超过75%,或者是在有导电粉尘、泥、砖、湿木板、钢筋混凝土、金属或其它导电材料制成的地面上焊接。一般当环境中金属占有系数大于20%,或炎热、高温,人体在焊接时接触接地导体而在另一方面接触电器设备的金属外壳等,在这类环境中焊接如果措施不得当可引发触电事故。

特别危险环境。特别危险环境是指相对湿度接近100%。或者是在有腐蚀性气体、蒸汽等游离物环境中焊接,以及在容器、管道内和金属构架上的焊接操作均属于特别危险环境。特别危险环境中焊接,随时可导致各种事故的发生,是焊接过程中必须重视和严格控制的环节。

焊接发生直接电击的原因主要是在焊接操作中,手或身体某部接触到焊条、电极、焊枪或焊钳的带电部分,操作过程中触及绝缘破损的电缆、胶木闸盒破损的开关等,而脚或身体其他部位对地和金属结构之间无绝缘防护。因此,在金属容器、管道、锅炉里及金属结构上的焊条,或在阴雨天、潮湿地的焊接比较容易发生这种触电事故。

电焊变压器的一次绕组与二次绕组之间的绝缘损坏时,变压器反接或错接在高压电源时,人体接触漏电的焊机外壳或绝缘破损的电缆,手或身体某部分触及二次回路的裸导体,或在接线或调节焊接电流时,手或身体某部位碰触接线柱、极板等带电体时也会发生触电事故。

还有的人由于利用厂房的金属结构、轨道、天车、吊钩或其它金属物体代替焊接电缆而发生的触电事故。

要想安全地进行焊接作业,操作者必须懂得安全用电的技术规范和安全措施。由于各类检修中的焊接作业用电存在较大的潜在性危险源和不确定的危险因素。因此,焊接过程中要采取有效的技术措施进行控制才行。对于焊接作业场所明显的危险点可以通过加强安全技术管理及时发现和处理,但对潜在性的危险点则必须通过科学技术措施加以防范。

一般来讲,进行安全焊接操作的具体要求可注意以下几方面内容:

(1) 加强现场施工人员的安全意识培养,对参加施工的全体施工人员实行安全生产教育,使每一个施工人员自觉遵守安全工作规程,现场施工用电安全工作规程执行。

(2) 建立安全检测制度,从临时用电开始就纳入管理范畴,定期对临时用电工程和设施进行检测,即接地电阻值,电气设备绝缘阻值,漏电保护器动作参数等,监视临时用电工程与设备、设施是否安全可靠,并做好检测记录。

(3)电焊操作属于特种作业,从事电焊作业的所有人员必须经过专业技术知识培训和考试,取得特种作业资格证后方可操作。

(4)电焊操作人员的个人防护用品应符合安全标准要求,作业时要使用经过检验合格的电焊工具。

(5)电焊机运到现场或在使用之前,应由主管部门验收合格,露天放置应设置防雨棚,焊机安放要稳固。

(6)电焊机的接线必须遵守一定程序,正确的接线程序为先接地线,次之接焊把线,第三接焊机的二次线,第四接焊机端一次线,最后是电源线接引。拆除电焊机接线的顺序则与上述的顺序相反。

由于触电可分为直接触电和间接触电。直接触电指直接接触或过分接近正常运行的带电体而造成的触电;间接触电是指触及正常时不带电、因故障而带电的金属导体而造成的触电。对于不同种类的触电事故,应采取不同的安全防护措施:

(1)直接触电的防护措施

焊机使用前应检测电焊机绝缘性能是否良好,检验合格的焊机方能使用。电焊机的电源线、电焊引出线绝缘层应无破损老化、导线裸露等情况。如分析焊机的导线绝缘体老化禁止使用,裸露金属接线柱或接线柱应使用防护罩或用绝缘胶布包扎好。

电焊机一、二次线不应超过规定的长度。一般电焊机一次线长度不得超过 5 m,使用中不得拖动一次线。二次线长度不得超过 30 m,并应保证线缆绝缘良好。

电焊机一次、二次侧接线柱不应有松动、烧损的情况,电焊钳、电焊手套等电焊专用工具不应有破损漏电的现象。

(2)间接触电的防护措施

电焊机的一次线侧及二次线侧都应装设防触电保护装置。电焊机的外壳应做保护接地或接零。

为了防止一次高压电窜入二次低压侧造成触电危害。交流焊机二次侧应当接地或接零。每台电焊机有专用的开关箱和一机一闸控制,并由专业电工负责安装。

对于动力线路大于 5.5 kW 的设备,应使用自动开关进行控制,不能使用手动开关(如胶盖闸刀开关)。

操作人员在金属容器内焊接作业时,除了必须遵守检修现场的各项安全规范之外,还要有其独特的安全要求和安全防护措施。例如,容器内用于照明的行灯,其电压不准超过 12 V。行灯变压器的外壳应可靠接地,不准使用自耦变压器,且行灯用的变压器及电焊变压器均不得携入金属容器内,防止一次电源线破损或漏电而引发触电事故。

电焊操作时,操作者应避免人体与金属构件等直接接触,操作者要站立在橡胶绝缘垫上或穿橡胶绝缘鞋,并穿干燥的工作服,戴干燥的焊接专用手套。

操作者在容器内焊接时,容器内部应保持通风,且容器内部温度不得超过 40 ℃;每焊接一段时间后,焊接操作者要到容器外进行通风换气,并进行必要的休息。操作者在容器内工作时,容器外面应设置一名监护人员,以监护操作者的安全。监护者的地点应能清楚地看见和听见焊接操作者的工作和声音,监护人员的位置应设有电源开关,以便根据焊工的工作情况和信号随时切断电源。

2. 如何防止操作者换焊条的时候发生危险?

一般情况下,焊接工作者会很注意并能正确使用与维修焊接电源的一次线(高压端),能做到开关电源和使用中避免高压触电危险的发生。但对于使用中焊机的二次线及其附属设施的防护就往往显得不是非常重视。有时,焊接操作者在焊接过程中无意间感觉被电了一下,当时虽然感觉难受,事后也并不进行仔细检查或认真思考其原因。其实,焊接中有时感觉被电了一下主要是焊机的二次线部分起的作用。其主要原因是操作者接触到了弧焊变压器的二次电路或其附属部分。且目前情况看,焊接工作者大部分情况下发生的触电是焊机空载时由二次侧导致的。原因是电焊机一次电压一般为单相 220 V 或三相 380 V,工频 50 Hz,电压值远远超过安全电压值(36 V),工频 50 Hz 的频率也是危险性最大的频段,触电危险性很大。虽然电焊机二次电压较低,空载时的50~90V,焊接时为 20~40 V,很多焊接操作者认为,这个电压是国家规定的安全电压,不会对人有危害。容易引起人们思想上的麻痹,从而在认为安全电压的范围内遭受电击,严重者还可能酿成触电事故。

电流对人体的危害主要有:通过人体的电流越大,人体的生理反应越强烈,对人体的伤害也越大。按照人体对电流的生理反应强弱和电流对人体的伤害程度,可将电流大致分为感知电流、摆脱电流和室颤电流。

所谓感知电流,即通过人体引起轻微麻感和微弱针刺感的最小电流。通过人体的电流超过感知电流至一定程度时,触电者将因肌肉强烈收缩而不能自行摆脱带电体,人触电后能自行摆脱带电体的最大电流称为摆脱电流。通过人体的电流超过摆脱电流以后,会感到异常痛苦,若时间过长,还可能导致昏迷、窒息、乃至残废,通过人体引起心室发生纤维性颤动的最小电流称为室颤电流。发生心室颤动时,如不及时抢救,很快将导致死亡。室颤电流也为致命电流。

上述几种电流的数值与触电者的性别、年龄以及触电时间等因素密切相关。有关资料表明,当工频 50 Hz 电流通过人体时,成年男性的平均感知电流为 1 mA 左右,摆脱电流为 10 mA 左右,室颤电流为 50 mA 左右。

电压对人体起间接危害作用,特别是二次侧空载电压(50~90 V),由于焊接操作者在工作时与电焊机二次侧接触机会很多,比如手触及焊钳的钳口并通过脚与大地形成回路,又如接触破损的电缆等。从而造成触电,因此,焊机的二次空载电压是焊接触电伤亡的主要危险因素。它主要发生于更换焊条时、在特殊环境下工作或在潮湿的环境、阴雨天作业时。

一般,焊工在正常焊接过程中需经常更换焊条,更换焊条时如果手不小心触及焊钳口或焊钳裸露部分,由于空载电压的存在,此时会通过这只手和两只脚形成一个导电回路。如果操作者所穿的是胶底鞋,地面较干燥,鞋的电阻大约 5 000 Ω 左右,加上人体电阻大约 2 500Ω 左右,则通过人体电流根据欧姆定律为: $I=U/R=70V/(5\,000+2\,500)=9.3$ mA,这一电流的危害会使焊工手部感到抽搐,这也就是我们经常感觉到的手被电得麻木抽搐了一下。但由于此时的电流在 10 mA 以下,操作者仍然可以扔掉焊钳,不会造成太大的危害。

如果电焊工在特殊环境下,比如在容器、管道内或高空作业,遇上绝缘鞋和手套不起作用,此时通过人体的电流就大于人体的摆脱电流(10 mA)。此时的电流通过计算 $I=U/R=70$ V$/2\,500=28$ mA,这一电流虽然比前面分析的室颤电流小,却比摆脱电流大。又加上操作者身体处于容器、管道或高空这样狭窄的环境内不易摆脱焊钳,即使焊接操作者能摆脱焊钳,也会由于抽搐造成操作人员的高空跌落,发生二次事故等。

在夏季,焊接操作者在高温下工作,汗水经常湿透衣物和手套。在潮湿的环境、阴雨天也经常由于抢修需要焊接作业,此时劳保用品绝缘鞋和手套的绝缘性能大幅下降,约为 500 Ω,而人体电阻也降为 500 Ω 左右,焊接操作者的手只要接触焊钳钳口,通过人体的电流就不再是 10 mA、28 mA,而是变为了 70 mA($I=U/R=70$V$/1\,000=70$ mA),电流值远大于人体的摆脱电流甚至超过了人体的室颤电流值,这也是威胁操作者生命的电流,进而造成触电伤亡事故的发生。

为了防止各类触电事故的发生,焊接人员应熟悉和掌握弧焊电源焊接方法的安全特点、有关电的知识、预防触电及触电后急救方法等知识,严格遵守有关部门规定的安全制度。

对于焊接设备,应有良好的隔离防护装置,伸出箱体外的接线端应用防护罩盖好;有插销孔接头的设备,插销孔的导体应隐蔽在绝缘板平面内。

焊接设备应设单独的控制箱,箱内应装有熔断器、过载保护器、漏电保护装置。

焊接设备的外壳、电器控制箱外壳等应设保护接地或接零装置。

改变焊接设备接头、更换焊件需改变二次回路时、转移工作地点、更换保险丝以及焊接设备发生故障需检修时，必须在切断电源后才可进行；推拉闸刀开关电源时，必须戴绝缘手套，同时面部要避开电源开关，以免产生火花烧伤面部。

焊接设备的安装、检查、修理必须有持证电工来完成，焊工不得擅自检查和修理焊接设备。

焊接电缆应使用橡皮护套铜芯多股软电缆，与焊机接线柱采用线鼻子连接压实，禁止采用随意缠绕的方法连接，防止因松动接触不良引起火花过热现象，接线柱上方应有牢固的防护罩。电缆与设备、焊钳、工件的接触要良好，且不应有破损；电缆应定期检查其绝缘性能并保持其完好性。

电缆经过道路时，如不能架空，必须采取加护套穿管等保护措施，但不同电压及不同回路的导线不能穿在同一管内。

严禁使用脚手架、金属栏杆、轨道及其它金属物代替导线使用，防止造成触电事故和引发火灾。

选择结构轻便绝热性能良好的焊钳，使其与电缆的连接简便牢靠，易于操作，焊钳的导线不得外露出电木绝缘体，以防触电。焊钳要有良好的绝缘性，并能牢固地夹紧焊条，与电缆线连接可靠，焊钳与电缆线连接良好是保持焊钳绝缘体不过热、不烧坏、不异常发热的关键。

作业前应认真观察周围及作业面下方的环境，及时消除危险因素。当作业面下方有易燃易爆物等危险存在时，应设监护人员并配备灭火器材。

焊接人员在操作时不应穿带铁钉的鞋或布鞋；焊接所戴手套应确保绝缘，且绝缘手套不得短于 300 mm，制作手套的材料应用柔软的动物皮；焊条电弧焊工的工作服应为白色的帆布工作服，氩弧焊工的工作服为毛料或皮工作服，并且焊工的工作服、绝缘鞋、手套应保持干燥。

操作人员要严格按照电焊机铭牌上的"额定暂载率"和"额定焊接电流"进行操作，防止因超载作业造成损坏而导致触电事故。

焊接工作中更换焊条时，焊工必须用焊工手套。且焊工手套应保持干燥、绝缘可靠。

对于特殊环境下焊接的人员，高空作业时必须系好安全带，地面应有人监护操作者的安全。雨天、雪天、雾天或刮大风时，严禁进行高空焊接作业。

当焊机的操作人员在潮湿的地点进行施工的时候，必须要站在干燥的绝缘板或胶垫上作业，配合人员应穿绝缘鞋或站在绝缘板上，绝缘鞋的绝缘情况应定期检查。

在容器内焊接前，首先要保证容器内清洁、无易燃、易爆、有毒气体。在搞清楚容器内部情况的前提下，方可进入焊接。焊接时也要做到时时刻刻有专人监护操作者的安全。容器内焊接还要注意通风和容器内的温度不能过高。容器内焊接的绝缘工作非常重要，工作地点最好垫上绝缘垫。

夏天在露天工作时，必须有防风雨棚或临时凉棚。

经过以上的分析表明，我们专业的施工技术操作人员必须要严格的执行相关的电焊机使用规则和安装说明，不能违反正确的操作规程来实施焊接。只有这样才能有效地预防和杜绝工程施工操作中各项事故的发生，保证了施工方和劳动者的生命财产安全。

3. 操作者在高频感应焊接场所感到不适怎么办？

高频焊机因具有加热速度快、节能、效率高、操作简便、维修工作量小、携带方便、使用中安全可靠等特点，受到越来越多用户的青睐，其应用也越来越广泛。但部分使用高频焊机的操作人员工作一天后会感到不适。为什么使用高频焊机会给操作者带来身体不适的现象，如何消除或减少高频焊机带给操作者的危害是我们关注的重要课题。

首先，让我们了解一下为什么操作者使用高频焊机焊接后会出现这种身体不适的现象。

高频焊机的工作机制是电网输入至 MOSFET 逆变电源的电流,经输入整流器的整流作用,变成脉动直流;输入整流器输出的脉动直流信号经滤波电路的处理,纹波将减小;滤波后的电流经 MOSFET 的"逆变"作用,转变为高频交流电,电流频率为 MOSFET 的开关频率;该交流电经变压器降压后输入到输出整流器,输出整流器将输出带有纹波的直流信号,经滤波电感后输出到感应线圈上或接触焊头上;感应线圈上或接触焊头上流过的电流是含有纹波的直流电,在静态负载时,纹波主要来自焊接电源内 MOSFET 的开关作用。MOSFET 逆变电源原理如图 5-1 所示。

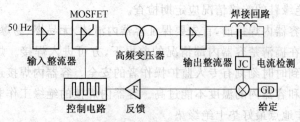

图 5-1 MOSFET 逆变电源原理

由电磁感应定律可知,电流产生磁场,电流的频率、幅值决定了所产生的周围磁场的频率和幅值。高频感应焊机焊接时,工件是置于感应线圈产生的交变磁场中,并由此产生的感应电流将工件加热。从高频焊接电源主电路的结构特点来看,电源周围分布着不同频率的电磁场。其中,把包括有工频的电磁场和不同逆变频率的电磁场。在高频变压器的原边,电压值较小,而变压器的次级电压值较大。工频交流来自于电网,但是由于焊接电源内开关器件对电流的调制作用,此交流信号的高次谐波分量较大,严重时谐波分量的幅值甚至高于基波分量,所以在焊接电源周围会产生工频电场并带有谐波。

高频焊通常使用的电流频率范围为 200～450 kHz,有时使用低至 10 kHz 的频率。在高频焊接过程中,220 V 的工频电经过高频变压器得到较高频率的电压值,一般为 16 000 V 左右。较高的电压在焊接设备周围产生强烈的电磁场,电磁场的频率和电压的频率一致。高频焊的频率范围为 10～800 kHz,在这一频段内,100 kHz 以下的电磁场分别以电场和磁场的形式存在,100 kHz 以上的电磁场以电磁波的形式存在,该电磁场在空间就形成了电磁辐射。焊接电源周围的电磁场是上述电磁场的叠加,但由于焊接电源机壳的屏蔽作用和机壳内其他铁磁物质的影响,上述电磁场在空间分布上非常复杂,这和焊接电源内部结构布局以及机壳的形状、开孔状况有关。

  研究表明,当高频电磁场的场强达到一定数值后,就对人体的健康产生一定的影响。如,影响人的心血管系统,它可以表现为心悸,失眠,女性经期紊乱等。还可能致使人的心动过缓,心搏血量减少,窦性心率不齐,白细胞减少,免疫功能下降。如果是装有心脏起搏器的病人处于高电磁辐射的环境中,电磁的环境会影响心脏起搏器的正常使用危险人的生命。高频电磁辐射污染还会影响人体的循环系统、生殖系统、免疫功能和代谢功能,严重的电磁污染还会诱发癌症并加速人体的癌细胞增殖。因此,焊接从业人员在作业环境中的安全和健康问题必须引起充分的重视。

  那么,焊接技术人员怎么能减小和防止高频电磁的危害那?经有关研究人员对频率为功 250 kHz,率分别为 30、60、100 kW 的高频焊机在正常工作时间内进行测量的研究数据表明,在焊机工作位周围,存在多种频率的磁场,工频、整流电路和逆变电路都会产生各自频率的磁场,并最终复合在一起形成了综合磁场。从测量结果来看,在 60 kW,100 kW 时电场强度、磁场强度的变化比较平缓,在 30 kW 时电场强度、磁场强度的变化比较大。谐波分量主要集中于距感应线圈 40～70 cm 的测量范围当中,同时还出现一些奇异点。可见,高频焊接场所产生的电磁场在距操作位 20～50 cm 距离中急剧衰减,其强度值较高,暴露在的电网输入电缆周围的焊机不可避免地会对周围空间的磁场强度与分布造成影响,因而产生一些测量奇异点。不同位置的电场分布和不同位置的电磁分布如图 5-2 与图 5-3 所示。

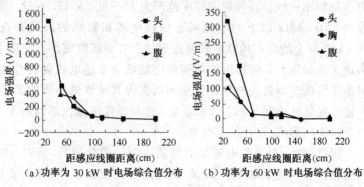

(a) 功率为 30 kW 时电场综合值分布　　(b) 功率为 60 kW 时电场综合值分布

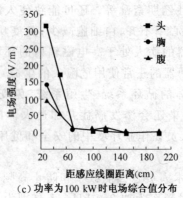

(c) 功率为 100 kW 时电场综合值分布

图 5-2　不同工作位置电场值分布

观察高频电磁场导致的电磁曝露问题，ICNIRP 的参考限值中电场强度、磁场强度是关于频率的分段函数，如表 5-1 所示。在低频段的限值较高，随着频率的增加，限值呈降低趋势，在 250 kHz 的限值是电场强度为 610 V/m，磁场强度为 6.4 A/m。从测量结果看，在焊机正常操作位周围，30 kW 焊机的最大电场值超出 ICNIRP 参考限值中的电场强度，已经超出安全限值。60 kW，100 kW 焊机的最大电场值小于 ICNIRP 参考限值中的电场强度，未超出安全限值。接近感应线圈的焊接操作位 30 kW，60 kW，100 kW 焊机的最大磁场值超出 ICNIRP 参考限值中的磁场强度，已经超出安全限值。

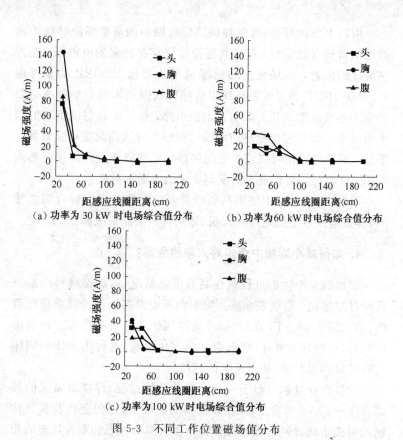

图 5-3　不同工作位置磁场值分布

表 5-1　ICNIRP 的职业标准的参考限值

频　带	电场强度 E(V/m)	磁场强度 H(A/m)
0~1 Hz	—	1.63×10^5
1~8 Hz	20 000	$1.63\times10^5/f^2$
8~25 Hz	20 000	$2\times10^4/f$
0.025~0.82 kHz	$500/f$	$20/f$
0.82~65 kHz	610	24.4
0.065~1 MHz	610	$1.6/f$
1~10 MHz	$610/f$	$1.6/f$
10~400 MHz	61	0.6
400~2 000 MHz	$3f^{1/2}$	$0.008f^{1/2}$
2~300 GHz	137	0.36

由以上分析可见,高频焊机感应线圈周围电磁场能够随距离的增加得到有效衰减,但在其近操作位存在较强的电磁场;在近感应线圈位置,电场强度和磁场强度均超出 ICNIRP 的参考限值。MOSFET 固态电源高频焊机感应线圈周围的磁场频率主要决定于逆变电源的开关频率及谐振电路,幅值随辐射源距离的增大而减小。焊接过程中感应线圈的裸露会导致高频磁场辐射量的增强,不良的操作习惯或过近的接近焊机使得作业距离接近感应线圈,这都会导致作业人员受到更多的电磁辐射。

因此,焊接过程中使用高频焊机要对使用的焊机进行筛选使用,焊接地点尽量远离高频焊机,远离焊机的感应线圈。

4. 如何减小焊接中烟尘对人体的危害?

焊接烟尘产生的过程是在高温电弧情况下,焊接材料端部及其母材被熔化,溶液表面剧烈喷射由药皮焊芯生产的高温高压蒸汽(蒸汽压达 66~13 158 Pa)并向四周扩散。当蒸汽进入四周的空气时,被冷却并氧化,部分凝结成固体微粒,这种由气体和固体微粒组成的混合物,就是所谓的焊接烟尘。

焊接作业过程类似于一个小型的冶炼过程,焊接电弧区的最高温度可达 5 000 ℃ 左右,在如此高的温度下,任何金属及其氧化物均可被熔化、蒸发,而该过程将产生大量的气态和颗粒状态的粉尘、有害气体,其化学成分非常复杂,多达 20 余种,工作现场还存在高频电磁场、射线、电离辐射、噪声等污染因素。当采用手工焊接时,操作人员在距离焊点不足 1 m 处作业,在无有效排烟的情况下,将不可避免地吸入大量有毒、有害的烟尘,操作者长期无保护焊接就人员吸入这些烟尘而患上矽肺或锰中毒等职业病。

常见的焊接方式有焊条电弧焊、气体保护电弧焊、气焊以及埋弧焊、钎焊、等离子弧焊等。

手工焊条电弧焊由焊接电源、焊接电缆、焊钳、焊条、焊件、电弧构成回路,焊接时采用焊条和工件接触引燃电弧,焊条在合适电弧电压和焊接电流下电弧稳定燃烧,产生高温,焊条和焊件局部被加热到熔化状态。焊条端部熔化的金属和被熔化的焊件金属熔合在一起,形成熔池。

在焊接中,电弧随焊条不断向前移动,熔池也随着移动,熔池中的液态金属逐步冷却结晶后便形成了焊缝,两焊件被焊接在一起。

气体保护焊是以外加气体作为电弧介质并保护电弧及焊接区的电弧焊方法,称为气体保护焊。在气体保护焊焊接时,保护气体从焊枪喷嘴中连续不断地喷出,机械地将空气与焊接区隔绝,使电极端部、弧柱区和熔池金属处于保护气罩内,形成局部气体保护层,从而保证焊接过程的稳定性,并获得质量优良的焊缝。

气焊是利用可燃气体与氧气混合燃烧的火焰所产生的高热熔化焊件和焊丝而进行金属连接的一种焊接方法。所用的可燃气体主要有乙炔气,液化石油气,天然气和氢气等,由于乙炔在纯氧中燃烧时放出的有效热量最多,因此目前气焊常用的是乙炔气。

埋弧焊是电弧在焊剂层下燃烧,并进行焊接的方法。它是在手工电弧焊基础上发展起来的一种高效率的自动焊接方法,焊丝送入颗粒状的焊剂下,与焊件产生电弧,使焊丝和焊件熔化形成熔池,熔池金属结晶成为焊缝,部分焊剂熔化形成熔渣,并在电弧区域形成一封闭空间,液态熔池凝固后成为渣壳,覆盖在焊缝金属上面。随着电弧沿焊接方向移动,焊丝不断地送进并熔化,焊剂也不断地撤在电弧周围,使电弧埋在焊剂层下燃烧,控制系统保证整个过程自动进行。

焊接烟尘颗粒由 0.1 μm 左右的球状颗粒集聚而成,而且这些球状颗粒物在空气中浮游,常会集聚成互相连锁的树枝状微粒,一般非低氢型焊条较多,氢型焊条较少,CO_2 气体保护焊有比非氢型焊条更加明显的锁链状。

焊接烟尘是一种十分复杂的物质,已在烟尘中发现的元素多达 20 种以上。常见的有 Fe、Ca、Mn、Si、Mg、k、Na 等。焊接烟尘不仅化学元素种类繁多,而且其化合物也十分复杂,主要成分有氧化铁、氧化钙、氧化锰、氧化钛、氧化镁等,低氢型焊条烟尘中还含有氟化物。电焊烟尘的化学成分,取决于焊接材料(焊丝、焊条、焊剂等)和被焊接材料成分及其蒸发的难易。不同成分的焊接材料和被焊接材料,在施焊时将产生不同成分的焊接烟尘(见表5-2)。

表 5-2 常用结构钢焊条烟尘的化学成分(mg/m^3)

烟尘成份	结 421	结 422	结 507
Fe_2O_3	45.31	48.12	24.93
SiO_3	21.12	17.93	5.62
MnO	6.97	7.18	6.30
TiO_2	5.18	2.61	1.22
CaO	0.31	0.95	10.34
MgO	0.25	0.27	—
Na_2O	5.81	6.03	6.39
K_2O	7.01	6.81	—
CaF_2	—	—	18.92
KF			7.95
NaF			13.71

焊接烟尘的危害,主要由金属和非金属的氧化物、氟化物包括各种盐类以及$CO、O_3、NOX$等成分产生,这些成分中的不可溶物质会引起砂肺病,某些金属氧化物容易引起金属热症状。如,流泪、嗓子干、恶心、记忆力衰退等不良感觉。

焊工职业病的发生不仅与焊接烟尘和气体的浓度与性质及其污染程度有关,还与焊工接触有害污染的机会多少、接触污染物的持续时间多久、焊工个体体质与个人防护状况、焊工所处生产环境的优劣以及各种有害因素的相互作用等有关。一般情况下,只有操作者在焊接作业环境很差或缺乏劳动保护的情况下长期作业,才有引发职业病的可能。尽管如此,为了每一个焊接操作者的身体健康,焊接时进行必要的防护和采取有效的措施是非常必要的。

预防焊接车间污染的途径是污染源的控制、污染源传播途径的治理和个人积极的进行防护。焊接过程中产生的各污染种类和数量主要取决生产设备、生产工艺、及操作者的技术能力。

不同的焊接工艺产生的污染物种类和数量有很大的区别。条件允许的情况下，选用成熟的隐弧焊代替明弧焊，可明显降低污染物的污染程度。

在生产工艺确定的前提下，应选用机械化、自动化程度高的设备，采用低尘低毒焊接材料，以降低烟尘浓度和毒性。在选购新设备时，应注重设备的环保性能，多选用配有净化部件的一体化设备。

高水平的焊接操作者在焊接过程中能够熟练、灵活地操作，能够操作中认真地执行安全操作规程。在操作方面，有经验的焊工或操作者可在焊接过程中注意焊条的倾斜角度、焊条长短、电弧高低及焊件位置情况，并作出相应的技术调整。熟练的焊接操作者与非熟练操作者相比，焊接的发尘量可减少 20% 以上。

通风排烟是治理焊接烟尘的一项重要措施。目前国内外采取的通风排烟措施主要有点排烟、局部排烟、全面通风、全室净化等几种方式。

点排烟方式有大风量低压系统、小风量高压系统和移动式焊烟净化机组几种方式。

大风量低压系统点排烟是利用大风量低压系统，这种点排烟方式排风量较大，一般每个吸口可排烟 500~1 800 m^3/h。点排烟装置通常采用自衡管，管内装有弹簧和摩擦片，使自身可以衡定在任何位置上。这种排烟系统有 2 种排烟方式，一种是不经净化直接排出室外的方式，另一种是备有过滤元件的方式。这种点排烟吸口的布置一般要离焊接点的距离不超出 400 mm，排烟管直径为 75~180 mm，吸口截面积应小于 0.1 m^2 比较合适。

小风量高压点排烟系统，这种方式排风量小，一般为每个吸嘴排风 100~200 m^3/h，吸口离焊接点的距离小于 100 mm，静压 8~14 kPa 之间，采用 50 mm 以下的软管连接吸嘴，吸嘴用永久磁铁座固定，可以搬动和定位。每套系统可以接入 5~25 个吸嘴，从焊接点有效地排除烟气，烟气经除尘器净化后排放入大气。这套系统有一个多纽风机或真空泵用于克服软管的阻力。由于排风量小，软管细，所以使用较方便。但管内流速高，系统阻力大。这种系统占地少，适应性好，大小焊件均可适用。干管上接头数应略多于实际使用数，电焊工随处都可将软管插入系统快速接头使用。根据焊工操作和工件情况，可接用不同吸嘴。也可将吸嘴附装在焊枪上与焊枪做成一体，排风量可由阀门调节，以免过多地吸走保护气体。

移动式焊烟净化机组，这种机组由吸嘴、软管、净化装置、风机等组成，可分为手提式和小车式2种。前者大多做成小型机组，排风量为100～300 m³/h，其可固定在焊机旁、吊装或固定在墙上，也可多台组合并联工作。后者排风量为500～2 000 m³/h。如在集装箱的制造过程中，由于自动化程度较低，主要依靠手工操作来完成焊接作业，工人在不断移动电焊机进行焊接的过程中产生了大量电焊烟尘，在一个大车间中利用全面通风难以将电焊烟尘有效排出，使用移动式焊烟净化机组的岗位，电焊烟尘浓度得到有效控制，但还需在车间内建立有组织的通风系统来改善作业环境的空气质量。

小型焊烟净化机组，可以减少车间内通风、热损耗，其集烟箱内通常具有四级过滤装置。一级：火花熄灭器，防止火花进入后级过滤层，烧损滤料；二级：初中效过滤器，一般采用无纺布，集尘量大；三级：中高效过滤器，一般采用丙纶或纸过滤器或双区静电过滤器；四级：有毒气体净化器，可采用分子筛、活性炭纤维等吸附材料。机组的净化总效率都在99.9%以上，净化后的排风如果用作室内再循环，则其浓度值必须符合《工业企业设计卫生标准》的规定。手提式机组软管用50 mm以下的波纹管，吸烟嘴有的用磁铁固定在焊件上，有的安装在焊工面罩上，适合于密闭容器、舱室内使用。小车式机组采用自衡管定位，有的还备有利用弧光自动开停机的装置。

局部排烟与点排烟不同之处在于后者是用吸嘴直接从焊接点吸走烟气，而前者则是在焊烟发生源附近设置排风罩或排风口将烟气抽走,因此其排风量大于点排烟。局部排烟主要用于工位固定而焊接点在小范围内移动的焊接作业。

(1)对于有双向孔口的密闭容器内部焊接可采用一面吹风,另一面吸风的排烟方式。吹风可用小型风扇,吸风可采用移动式焊烟净化机组。

(2)对于气体切割和电弧切割,可采取地坑排风方式。地坑上设金属格栅以便承受工件重量。如坑面积较大,可将其分成几个隔间各自排风,使排风均匀。地坑底部与排风口之间留有一定距离,以免熔渣堵住排风口。地坑排风的风量可按格栅面风速 $0.7\sim 1.0$ m/s 计算。

(3)氩弧焊一般采取就地焊接,可采用矩形喇叭口局部排风罩,罩口有效截面处风速取 $8\sim10$ m/s。排风量视其风管直径、离电弧或焊炬的距离而定,如风管直径 76 mm,离电弧或焊炬的距离为 $100\sim150$ mm 则风量为 260 m^3/h;如风管直径 90 mm,离电弧或焊炬的距离为 $151\sim200$ mm 则风量为 470 m^3/h;如风管直径 110 mm,离电弧或焊炬的距离为 $201\sim250$ mm 则风量为 720 m^3/h;如风管直径 140 mm,电弧或焊炬的距离为 $251\sim300$ mm,则风量为 1 140 m^3/h。局部排风能将焊烟局限于较小区域内,可经吸风罩及管道及时排除,且有利于焊烟的集中治理排放,是一种经济实用的方式,适用于小型焊件多点集中焊接,但局部排风存在一些缺点,如管道的设置会影响大型设备的移动和操作,管道的积尘问题,管路阻力平衡增加设计及维护的难度。

全面通风。焊接车间除首先采取点排烟与局部排烟外,尚需辅之以全面通风设施以排除未能被这些装置排出的剩余有害物,并不断补入必要的新鲜空气。在某些生产情况下,无法采取上述这些点排烟和局部排烟装置时,全面通风就将成为主要的手段。

全面通风量的确定可根据焊条消耗量及焊条牌号等资料按下式来确定:

$$L = qG$$

式中　L——全面通风量(m^3/h);

q——每公斤焊条所需的排风量(m^3/kg);

G——每小时消耗的焊条量(kg/h)。

q值可按焊条牌号确定,对于结422和结507等焊条,q值可取2 000 m^3/kg;对于不锈钢焊条,q取3 000 m^3/kg;对于高锰焊条,q取4 500 m^3/kg。在进行可行性分析缺乏具体资料时,全面通风量可按每个焊接工位3 500 m^3/h估算。焊条消耗量应由工艺人员提供。

全面通风方式。有组织自然通风通常的做法是屋顶上设置排风天窗或屋顶式自然通风装置,外墙下部设置进风门窗。进、排风都必须有足够的面积和调整风量的装置。由于天窗排风量大,不需耗电,因而有组织自然通风是最经济的。但在采暖地区,进排风量均应能加以调节控制。设计有组织自然通风时,应考虑如下几点:

(1)单跨焊接厂房最有利于采取有组织自然通风;多跨厂房时,焊接区最好靠外墙布置。

(2)工艺布置应避免焊烟随气流而污染比较清洁的区域。

(3)天窗的设置部位和标高应尽量考虑到焊接密集区焊烟最浓的区段。屋顶自然通风装置现在用的较多的是彩钢板自然通风气楼,其投资少,通风效果好,经久耐用,随着轻钢厂房快速发展,彩钢板自然通风气楼将应用于对温度变化要求不严格的车间中,发挥其重要的作用。

机械通风依靠机械设备进行全面通风,就气流组织而言有如下几种方式供选择:

(1)上升流方式:底部机械进风,顶部机械排风。这种方式与焊烟上升方向一致,故有利于烟气的排除。实验表明,在无横向气流干扰情况下,焊接车间内烟尘有一最大浓度带,这个高度可称为合适高度。在设计全面排风时,应将排风口尽可能设在这个高度附近。在实际生产过程中,由门、窗进风引起的干扰气流及人流、物流、吊车运行等影响,排风口高度如能处于合适高度的±40%范围内是仍可获得一定的效果。但如果超过了上述高度的1.7倍,则需要将正常排风量加大一二倍。上升流方式的缺点是烟气在上升过程中已通过焊工呼吸带,造成对作业环境的一定污染。

(2)水平流方式:自车间一侧外墙机械送风,而由相对的另一侧外墙排风(最好是机械排风)。当车间跨度较小时,可只在车间一侧安装送风机或排风机。对于多跨的大型车间,可在车间一侧外墙安装送风机,在中间跨安装接力诱导风机,而在车间另一侧外墙安装排风机。此时应将污染严重的跨布置在下风侧。

(3)下降流方式:由车间上部送风系统送入新鲜空气,由地面或侧墙底部的排风口排风。这种方式可避免烟气逸散及对作业环境的污染。但由于排风与热烟气呈逆流向,因此排风量将加大,相应的送风系统也要加大,所需动力要加大。

(4)引射方式:外墙两侧设喷口以引射方式送入新鲜空气,以一定角度向上吹出,使烟气向上流动,最后经天窗排出。也可由轴流风机代替喷口,但在采暖车间冬季送风应加热。

(5)吹吸方式:这种通风方式是在两跨中柱或单跨一侧柱上设喷口,送出引自室外的新鲜空气。喷口角度可调,其安设高度应以送风气流的覆盖作用不被破坏为准则。在送风射流所及的对面外墙上,按不同高度安装两层排风口或轴流风机向外排风。另外,还有某些变异型的吹吸式吸风罩,如某风幕集烟尘风机,其吸尘罩是这样设计的:吸风口位于中央,两侧是送风口。一路风流由出风口压出。产生正压锥形风幕并罩住烟尘源。另一路风流由吸风口吸入经柔性排风筒排入净化备。产生的正压锥型风幕流场包围并罩住了尘源,风机吸风口产生负压流场并与正压流场逐渐"短路",风流充分混扰烟尘源后吸入风机,然后排入净化系统,完成其集烟尘及净化过程。

全室净化。分散式净化机组设置在车间柱间一定标高处(视车间高度和最高浓度带而定,通常在 4~5 m 高度上安装)。净化机组多采用静电型。净化后空气不易吹向焊烟发生处。机组清灰方式有自动和手动定期振打清灰及定期人工清洗。机组由预过滤、电离器、集尘极、后过滤器及电源部分组成,装卸维护均很方便。另外,也有报道与焊枪一体的电晕等离子体就地净化焊接烟尘装置。

集中式净化再循环系统。该方式设置集中的净化装置,用风管将各吸风口接入净化装置,烟气经净化后仍排入车间内。净化装置可采用滤筒式高效纸过滤器。

控制焊接烟尘及有害气体途径有 2 种。一种为全面通风,另一种为局部排风。全面通风也称为稀释通风,它是用清洁空气稀释室内空气中的有害物浓度,使室内空气中有害物浓度降低,使之不超过卫生标准规定的最高允许浓度值,同时不断地将污染空气收集净化或者排至室外大气中。全面通风包括自然通风和机械通风 2 种方式。

对于户外焊接作业或敞开的空间焊接,一般可采用自然通风方式,而对于室内的焊接操作通常则可采用机械通风方式。

机械通风可通过安装在墙上或天花板上的轴流风机,把车间内焊接产生的烟尘排出室外,或者使用空气净化器,使烟尘经过净化器净化后在车间内循环使用,使车间内的烟尘浓度下降,达到室内焊接少烟尘或无烟尘的目的。

局部排风是对局部气流进行治理,使局部工作地点不受有害物的污染,保持良好的空气环境。

一般局部排风机组由集气罩、风管、净化系统和风机等部分组成。局部排风按集气方式的不同可以分为固定式局部排风系统和移动式局部排风系统组成。

固定式局部排风系统主要用于操作地点和操作方式固定的大型焊接生产车间,固定式局部排风系统可根据实际情况固定集气罩的位置。

移动式局部排风系统的工作状态相对灵活,可根据不同的工作位置和操作形式,采用不同的工作姿态,保证方便人员操作和处理效率高。

焊接烟尘和有害气体的净化系统通常采用袋式或静电除尘与吸附剂相结合的净化方式。一般看来,焊接烟尘和有害气体的净化系统处理效率比较高、工作状态也比较稳定。

焊接烟尘和有害气体的个人防护一般应用在一些特定的场所。如,水下作业、高空作业、罐中作业以及船仓中进行焊接作业时。在这些特殊的场所,由于受到治理条件的限制,整体防护难以实现,这时个人防护成为主要的防护措施。从事电焊作业者在作业时,为了减轻或防止电焊烟尘造成的危害,应戴好口罩,穿好工作服,不在工作场所吸烟,不在工作场地喝水、吃东西。

另外,在电焊作业中如发生不适症状,应立即停止工作,并马上脱离现场,请医生诊治。

5. 如何避免高空焊接作业带来的危险?

在施工安装现场,高空焊接作业随处可见,由高空焊接作业引发的人身伤害事故也屡屡发生。高空焊接作业,受作业面狭窄及作业面远离地面等因素的影响,一旦发生事故,很难进行应急救援,事故程度远比普通地面焊接作业严重。

高空焊接作业的危险主要包括高处坠落、触电、火灾、物体打击等。因此,有效控制这些危险因素,可以确保高空焊接作业安全,避免各类事故发生。

为保证高空作业者的安全,在管理上要保证高空焊接作业人员必须经过安全教育并持证上岗,上岗工作前应进行身体健康检查,对患有高血压、心脏病、癫痫病以及医学上证明不能登高作业的疾病者,一律不准进行高空焊接作业。

雷雨天气、大雾天气及六级以上的风速的天气均不允许进行高空焊接作业。

从事高空焊接作业必须按规定办理高空作业许可证和动火作业许可证,确保各项安全防护措施到位后方可进行作业。

对高处焊接作业应设监护人,监护人应经过正规的监护培训,考试合格,持证上岗,监护过程中监护人不得私自离开监护现场。

焊接操作者焊接前应正确穿戴工作服、绝缘鞋、防护手套、耳塞等。绝缘鞋应满足抗热、不易燃和防滑的要求。为防止焊工皮肤不受电弧以及弧光的伤害,焊接操作者宜穿浅色或白色帆布工作服,工作服袖口应扎紧,扣好领口,皮肤不外露。

为保证高空作业者的安全和方便操作,操作者应佩戴头戴式电焊面罩,电焊面罩装配在安全帽上;焊接中要使用全身式安全带,安全带应具备阻燃性能,绳长不能超过 2 m。安全带应挂在牢固的固定点上(如图 5-4 所示)。

图 5-4　安全带系挂牢固示意图

高处焊接作业之前应首先清除作业点周围及下方地面火星飞落所及范围内可燃易爆物品。高处焊接作业应采取防火花飞溅措施,在焊接点下方放置接火盆或铺设防火毯,焊接点下方地面设置警戒区进行隔离(如图 5-5 所示)。

图 5-5　在焊接点下方铺设防火毯,焊接作业现场配备灭火器

在规定的禁火区内,严禁任何操作者进行焊接作业。若需要焊接时,应把工件拆除,移到指定的可以动火区内域或在安全区内进行。

使用氧气-乙炔火焰进行焊接或切割时,乙炔气瓶应直立(禁止卧放),乙炔气瓶与氧气瓶应相距不少于 5 m,并与火源距离不得少于 10 m。焊接作业现场应配备足够的灭火器,以备需要时可立即使用。

焊接用的气体胶管和电缆应妥善固定。禁止将气体胶管、电缆线搭在肩上或缠在腰间。工作结束后清理动火现场,不留火种,确认安全后才能离开现场。

高空作业使用的电焊机,要坚持使用"一机一箱一闸一漏"的原则。即每台电焊机必须配备一个独立的电源控制箱,控制箱内有自动空气开关和漏电保护器。

在距离高压线、裸导线或低压线小于 2 m 的范围内高处作业时,必须停电后进行焊接作业。电源切断后,还要挂有人看守并挂"有人工作,严禁合闸"标识牌。

电焊机外壳要有良好的接地,且接地电阻值不超过 4 Ω。焊钳和二次电缆线必须绝缘良好,不能有破损、裸露或漏电现象。电焊机回路线应接在焊件上,把线不能与其他设备搭接。严禁使用构件、轨道、管道、脚手架或其他金属物搭接起来代替焊接电缆或地线使用。

为防止高空焊接坠落的发生,高空焊接作业之前必须首先挂好安全带,安全带应挂在上方牢固可靠处。作业区周围的空洞应设盖板、安全网,平台边沿应装设护栏;作业人员不得在无防护的空洞或平台边沿焊接作业,也不得骑坐或站在栏杆外工作。若采用移动式脚手架进行焊切物品清理干净,以防落下伤人。

对于在室内的高空焊接作业,要防止焊接产生的烟尘和气体使操作者中毒窒息。由于熔焊的过程中会产生大量的金属粉尘,焊接作业如果在密闭的容器高空中,会引起电焊工尘肺、锰中毒和金属热等职业病。因此,在空间狭小或密闭空间内进行焊接作业时,应防止焊接空间积聚有害气体,要采取全面、局部、强制通风换气方法,但此时禁止直接通氧气。在焊接中尽量采用低尘、低毒焊条,减少作业空间有害烟尘含量。焊接工艺上,应尽量采用单面焊双面成型工艺,减少焊接人员进入密闭容器的次数。采用自动焊、半自动焊代替手工焊也是改善焊接工作人员条件,减少焊接人员接触有害气体及烟尘的好方法。

6. 操作者的眼部与面部应该如何防护?

在电弧焊接过程中,引弧后会产生强光、紫外线(按波长分为 UVA,UVB,UVC)和红外线等辐射,辐射的强度与焊接材料、焊接工艺等相关。电弧焊接中的熔滴、熔池和高温固态金属可看成是黑体,发出近似黑体的辐射,释放出连续谱线。在一定焊接工艺条件下,焊接电流越大,弧光辐射强度会越大。

《工作场所有害因素职业接触限值》(GBZ2.2—2007)中规定,UVB 紫外线 8 h 职业接触限值不能高于 $0.26\ \mu W/cm^2$。但在电弧焊接实际工作过程中,紫外线的辐射强度远高于《工作场所有害因素职业接触限值》的要求。特别是在开始焊接的引弧瞬间,经过采集的数据显示,在距离电弧柱 40 cm(TIG、86A、中碳钢)位置的 UVB 的平均辐照值为 $1\ 092\ \mu W/cm^2$,远高于《工作场所有害因素职业接触限值》中规定的 UVB 紫外线 8 h 职业接触限值不能高于 $0.26\ \mu w/cm^2$ 的极限值。面对这样高的 UVB 紫外线值,在未佩戴焊接面罩的情况下,按美国政府工业卫生师协会(ACGIH)的要求,在这样的环境中每天允许接触的时间不允许超过 4 s。

电弧焊焊接过程会产生非常强的可见光,其波长涵盖 400~700 nm 范围。焊接电弧的光亮度变化范围大,焊接电流大小变化引起的可见光光亮度变化约有数百至上千倍,焊接电弧产生的可见光亮度远远超过人的眼睛裸视能承受的光亮度,电弧产生的光亮度甚至超过人的肉眼所能承受的光亮度达 1 万倍以上。电弧焊产生的可见光其波长涵盖 400~780 nm 的可见光范围,尤其是波长为 400~500 nm 的蓝光更需要引起操作者重视并加强眼睛的保护。波长 440 nm 的蓝光极具穿透性,对视网膜极具伤害,这点希望能引起管理者和操作者的注意,并重点防护。

电弧焊产生的辐射对焊接作业者的眼睛和皮肤会造成急性、慢性和长期的伤害;强可见光可能引发短暂失明,引起视力下降、畏光等反应;红外辐射更多的是热效应,长期的辐射可能引发焊工白内障,短期的辐射也可能灼伤皮肤、加速皮肤的老化;紫外线会对眼睛的角膜和晶状体造成危害,引发电光性眼炎,并可能导致失明和白内障;此外,UVA 紫外线可能引发皮炎,UVB 紫外线和 UVC 紫外线还可能引发皮肤癌症。

由此可见,电弧焊接弧光辐射频谱中包括的紫外线、可见光和红外线等部分,是一种能够对人体造成伤害的高能闪烁光,它对人体不同部位会造成一定的伤害。因此,为了操作者的身心健康,工作时就要采取适当的保护措施,保护操作者免受电焊弧光的伤害。

防止电弧焊接弧光给操作者带来危害,可以从选择合适的焊接面罩和健全管理制度、提高焊工自我防护意识等多方面入手。

首先,对眼睛和面部保护就要注意选择合适的焊接面罩类型。焊接面罩有多种类型。如,常见的手持式(如图 5-6 所示)和头戴式(如图 5-7 所示)。

图 5-6 传统手持焊接面罩

图 5-7 头戴式自动变光焊接面罩

手持式焊接面罩最大的特点就是使用方便且价格便宜。但手持式面罩的缺点也非常明显,即操作者一只手需要持续的拿握面罩,工作中无法用双手进行精确的焊接及辅助操作,焊工劳动强度也高。

头戴式焊接面罩使用时则不需持续用手握拿,操作者焊接过程中可以用双手随时精确操作和做一些辅助工作。因此,对于有较高焊接质量或特殊工位焊接作业的,头戴式焊接面罩具有明显优势。

除此之外,依其面罩的工作原理又可分为传统焊接面罩(又称为黑玻璃焊接面罩)和自动变光焊接面罩。

传统焊接面罩的黑玻璃滤光片只有单一遮光号,使用时需随焊接工艺和使用环境及其黑亮度的改变,需要变更不同遮光号的滤光片。焊工在焊接前或每次更换焊条必须要移开焊接面罩以便看清楚焊接对象和焊接位置。工作时频繁的移动焊接面罩,会加速焊工眼睛的疲劳,影响焊接质量,同时也影响焊接作业的效率。在多人同时进行焊接作业的场合,传统面罩还容易受到相邻焊工焊接弧光辐射的伤害。传统焊接面罩的黑玻璃滤光片上不同的遮光号对应相应的紫外线透射比、可见光透射比和红外线透射比等参数。焊接时,想保护好眼睛就要使其镜片达到较高紫外线和红外线的阻隔率,因此必须选择较高遮光号的滤光片,而较高遮光号的滤光片看外面的环境亮度较黑,即使在电弧光作用下可能也会影响观察焊接情况,可能使焊接质量受到影响。

自动变光焊接面罩上的自动变光滤光屏具有亮态和暗态两种状态,部分自动变光焊接面罩的滤光片有单个或多个遮光号可供选择,其遮光号仅与可见光的透过率相关。自动变光滤光片对紫外线和红外线的防护均采用独立的阻隔片,其防护水平相当于遮光号 12 或 13 的传统黑玻璃,紫外线的透射比小于 2×10^{-6},近红外线的透射比小于 2.7×10^{-5}。

自动变光焊接面罩是采用了光电控制技术,在开机状态下使面罩呈遮光号为 3 的亮态,便于焊工看清楚焊接对象、焊接位置。一旦起弧焊接,焊接滤光片瞬间由亮态变化到预先设定的暗态遮光号,确保焊工在焊接准备及焊接过程中均能清晰地观察焊接部位,从而避免了盲动盲从的焊接状态。当熄弧后,自动变光滤光片会立即返回亮态遮光号,使焊工可以清楚观察焊接质量或移动到下一个焊接位置。在此期间,焊工无需掀起或放下焊接面罩,即使周边存在其它操作者共同操作,周围焊接点的弧光辐射也不会伤害到操作者本人。

在自动变光焊接面罩使用中,焊接面罩响应的灵敏度决定了其是否适合更小电流焊接的防护要求。在自动变光焊接面罩中,有的焊接面罩具备多档灵敏度调节,甚至在焊接电流低至 0.1 A 左右时也能准确变光,方便其操作者的焊接和准备工作进行。在自动变光焊接面罩使用中,自动变光焊接滤光片由暗态返回亮态的延迟调节是非常实用的功能,在停止焊接后,它能够降低熔池余光对焊工眼睛的有害影响。

依据在自动变光焊接面罩是否能够连接送气装置,焊接面罩又可以分为送气式和非送气式两种。送气式焊接面罩又可以分为电动送风式和长管供气式等种类,电动送风式和长管供气式自动变光焊接面罩在使用时,可在为操作者防护电焊弧光的同时,还能提供优异的呼吸防护(如图 5-8 所示)。

图 5-8　电动送风式焊接面罩

对于电弧焊接作业人员眼面部防护产品,国内外都制定了相应的焊接眼面部防护装备的标准。焊接面罩的型式多种多样,在选择焊接面罩时,务必选择符合标准且满足当前焊接工艺和质量控制要求、使用与维护简便、适合焊接作业者、且佩戴舒适的焊接面罩。

在选择焊接面罩时,首先根据焊接作业量大小、焊接质量控制要求及作业环境情况等选择。对于没有特殊焊接质量要求,或者焊接作业量很小,选择普通手持焊接面罩基本能满足要求。因普通黑玻璃焊接面罩存在片刻的盲焊盲从问题,且焊接中需频繁移下戴上焊接面罩,因此适合用于无特殊工艺要求的普通焊件,或焊接量不大、对焊接效率无严格要求的场合。而对于作业量大,或者对焊接质量要求较高,或者需要在空间狭小进行焊接作业,或者需要双手操作时,头戴式焊接面罩具有更好的灵活性和便利性。其次,应根据焊接工艺质量和焊接效率的要求选择面罩。如果从降低焊工劳动强度和焊接质量出发,可考虑使用自动变光焊接面罩。如果根据焊接工艺、发尘量大小、焊接烟尘的属性、作业环境条件及焊工对舒适度的要求,可考虑选择送气式焊接面罩或非送气式焊接面罩。如果焊接过程中的发尘量大、烟尘的危害性高、环境温度高的焊接操作环境,适宜选择送气式焊接面罩。焊接中某些材料容易受到焊工汗液等排出物影响的场合,选用长管送气式焊接面罩将会是更合适的选择。

在选好了焊接面罩的形式和滤光片类型后,操作者就可以根据焊接工艺要求和个人的需求,参照《职业眼面部防护-焊接防护第 1 部分:焊接防护具》(GB/T 3609.1—2008)或者《个人眼护具-焊接滤光片技术要求》(EN169)标准的推荐,选择适合当前焊接工艺并适合自己使用的黑玻璃滤光片的遮光号或设置相应的自动变光焊接面罩的遮光号,然后实验焊接测试选择真正适合自己的遮光号。

另外,焊接滤光保护片和帽壳的抗冲击性能也是选择者需要考虑的重要因素。焊接面罩要在使用中能经受直径为 22 mm,重约 45 g 的钢球从 1.3 m 高处自由落下的冲击。冲击后要保证焊接面罩的整体外观无变形、无裂纹、无碎片及无影响防护性能的其它缺陷。焊接面罩的材料应用不导电的材料制作,要有耐燃性,燃烧速度应小于 760 mm/min。焊接面罩的金属部件如经 10% 食盐溶液浸泡 15 min 后取出后,自然状态的面罩在室温下干燥 24 h,观察其表面应无变化。

除以上各项要求外,焊接面罩还应满足观察窗、滤光片、保护片和尺寸要吻合,要有很好的固定装置,面罩缝隙中不能漏入辐射光;铆钉及其他部件要牢固,没有松动和脱落现象。金属部件不与人体面部接触;表面光洁,无毛刺,无锐角或可能引起眼、面部不适的其它缺陷。选用了面罩后,务必要进行试用,并根据个人特点调整到合适的状态。只有舒适的面罩,焊接工作者在整个作业时间佩戴才能提供充分的保护。

参 考 文 献

[1] 李淑华等. 典型构件焊接[M]. 北京:机械工业出版社,2012.1.
[2] 付俊,余勇,张从平. 330 mm 汽轮机高压外缸缸体裂纹焊接修复和变形控制[J]. 东方汽轮机,2007,(11):59-65.
[3] 谢礼兴. 手工电弧焊修复铸铁轴承座[J]. 宁夏工程技术,2007,6(3):239-242.
[4] 张元彬,任登义,邹增大. 高碳高硬度冷焊焊缝韧性改善[J]. 山东建筑工程学院学报,1999,14(1):71-75.
[5] 李丽荣,陈咏华. 电弧冷焊在铸铁补焊中的工艺方法[J]. 青海大学学报,2005,23(2):31-35.
[6] 姜运健. 电站耐热铸钢件冷补焊工艺综述[J]. 河北电力技术,1998,17(6):35-39.
[7] 秦国梁,苏玉虎,林建. 铝合金/镀锌钢板脉冲 MIG 电弧熔-钎焊就额头的组织与性能[J]. 金属学报,2012,48(8):1018-1024.
[8] 苟维杰,王丽红. 高频感应焊接场所电磁曝露的研究[J]. 工业安全与环保,2012,38(7):91-93.
[9] 曹晓凤. 焊接烟尘治理[J]. 科技信息,2012,19:448-449.
[10] 焊接学会第Ⅷ委员会. 焊接卫生与安全[M]. 北京:机械工业出版社,1987:22-102.
[11] 梁玉琳. 高处焊接作业安全[J]. 现代职业安全.2011,121(9):112-113.
[12] 王强. 电焊烟尘净化[J]. 综合技职业与健康.2011,27(11):1305-1306.
[13] 欧泽兵. 电弧焊焊工的眼面部防护[J]. 现代职业安全.2012,125(1):106-108.
[14] 常文平,江劲勇,杜仕国等. 火药复合焊条及应用[J]. 铸造技术.2011,(32)1:1425-1427.
[15] 席卫东. 谈储罐底板焊接变形控制[J]. 山西建筑.2012,38(24):126-129.
[16] 刘朝晖. 焊接变形控制及在扶梯上下平台焊接的应用[J]. 机电工程技术,2012,41(4):89-94.
[17] 王效慧,张全喜. 法兰的质量控制及焊接变形[J]. 工业技术科技资讯,2011,13:94-05.
[18] 陈英,苑成友. 焊接局部变形的计算与分析[J]. 煤矿机械.2011,32(6):150-153.
[19] 吕仲,韩巧珍. 钢结构焊接变形控制[J]. 电焊机.2011,41(8):73-75.
[20] 宋益风. 浅析如何有效控制钢结构的焊接变形及应力[J]. 福建建材,2012,135(7):11-14.
[21] 冉龙平. 弧形闸门的焊接措施及焊接变形的矫正方法[J]. 贵州水力发电,2012,26(3):64-67.
[22] 王尤祥. 非标钢构件变形的火焰矫正方法[J]. 工程技术,2012,4:117-119.

[23] 杨忠,刘光强.Φ4.3 m×64 m 回转窑轮带裂纹的现场修复[J].水泥,2011,8: 64-65.
[24] 殷宗香.浅析常见的带压补焊方法[J].中国石油和化工标准与质量.2012, 4:283.
[25] 左玉杰,张秀占,吴小薇等.油水罐车罐体渗漏的焊接修复[J].油气田地面工程,2012,31(1):73.
[26] 王哲,黄力刚.模具修复中的焊接技术[J].装备制造技术.2011,7:143-45.
[27] 陈秋平,王有庆,杨军,高云.大口径管道焊缝返修操作技术[J].金属热加工, 2012,6:37-40.
[28] 屈海利,何建设,宋花平等.输油气管道破断非焊接抢修技术[J].管道技术与设备.2011,5:37-39.
[29] 韩清珊.浅析如何处理湿式螺旋煤气柜的漏点[J].企业技术开发,2012,31(2): 172-173.
[30] 苗晋娟,张金凤.铸钢件 ASTMA4876A 粉碎盘焊接修复工艺[J].铸造技术, 2012,33(5):608-609.
[31] 崔红利."被迫夹渣法"焊接工艺在槽形齿座修复中的应用[J].中小企业管理与科技(上旬刊)2011,1:281-283.
[32] 于连康.转向辊焊接裂纹分析及焊接工艺[J].金属热加工,2012,8:30-31.
[33] 肖诗祥.陶质焊接衬垫吸湿性研究[J].船海工程.2011,40(5):114-117.
[34] 汤克刚,王宁,唐行华.油气长输管线焊接裂纹的返修工艺[J].金属加工. 2012.4:33-36.
[35] 邱霞菲,王瑞权.铝合金气焊修复工艺研究及应用实例[J].金属铸锻焊技术, 2011,40(19):203-206.
[36] 秦优琼.电极触头钎焊连接研究进展[J].焊接技术,2011,40(9):1-4.
[37] 陈海英.冶金焊接中常见缺陷的成因和防止措施[J].黑龙江冶金,2011,31(2):38-40.
[38] 徐辉,马玉录,曾为民等.冷焊技术在修复渣浆泵中的应用[J].粘接,2005,26 (1):46-47.
[39] 刘跃进,刘杰,宋东方.52K 铣床床身铸造裂纹的结构钢焊条电弧冷焊修复工艺[J].农业装备与车辆工程,2009,221(12):53-55.术,2007(5):77-78.
[40] 王敏.冷焊及化学密封技术在设备修理中的应用[J].制造技术与机床,2007, (9):10 3-104.
[41] 宗培言,张立荣,于文馨.高炉阀门密封面冷焊工艺[J].阀门,2003,2):28-29。
[42] 何为平,赵淑玲,康怀云.铸造缺陷的修复新工艺[J].洛阳工业高等专科学校学报,2003,13(2):17-18.
[43] 吴红涛,耿德标,李毅等.高温再热蒸汽管道水压堵阀阀体裂纹的补焊[J].阀

门,2011(5):41-42.

[44] 杨飞. 工程机械产品中胶粘剂的具体应用分析[J]. 化学工程与装备,2011,4: 86-87.

[45] 董永祺. 复合材料粘结剂的新发展[J]. 纤维复合材料,2001,42(4):42-45.

[46] 汤路,孙加军. 粘结技术的应用[J]. 中国现代教育装备,2009,81(11):54-55.

[47] 王志良. 无机粘结技术[J]. 航天工艺,1998,4:21-25.

[48] 史永基,史东军. 液晶石墨粘结技术[J]. 新技术新工艺,1998,3:31.

[49] 王盟,王德峰,宋晓颖. 工程胶粘剂在工程车辆传动系统中的应用[J]. 机械工程师,2003,7:78-79.

[50] 赵正启,胡东升. 厌氧胶粘结技术在机械制造及设备维修方面的应用[J]. 中华纸业,1999,4:48-49.

[51] 王传姝,夏志翔. 粘结技术在方厢车生产中的应用[J]. 专用汽车,2009,1:58-60.

[52] 王永科,张晓虹. 乐泰密封粘接技术在化工设备维修中的应用[J]. 甘肃科技,2007,23(6):36-37.

[53] 林梅,张涛,孙新岭等. 储油状态下油罐渗漏冷焊技术快速修补的研究状况[J]. 装备制造技术,2007.5:78-79.

[54] 孟凡东. 浅谈如何提高焊接操作技术水平[J]. 中国高新技术企业,2009,116(5):45-46.

[55] 汪选国,丰李发. 手工单面焊陶瓷衬垫试验研究[J]. 船海工程,2006,172(3):55-59.

[56] 关长江,李伟,罗淑芬. 不锈钢薄板($\delta \leqslant 0.3$ mm)的焊接工艺[J]. 焊接,2008,2:59-64.

[57] 杨眉,刘清友,汤小文. 金刚石焊接工艺研究[J]. 机械工程材料,2003,27(9):30-33.

[58] 王泽光. 用普通低碳钢焊条补焊灰口铸铁[J]. 焊接技术,2009,3:49-50.

[59] 曲立峰,辛文彤,李志尊等. Zn含量对铜合金手工自蔓延焊接Cu-Zn焊缝金属凝固组织的影响[J]. 热加工工艺,2012,(41)3:136-139.

[60] 胡军志,马世宁,陈学荣等[J]. 焊接学报,2006,1:45-50.

[61] 王建江,李淑华. 军械维修新材料新技术新工艺[M],国防工业出版社,2012.10.

[62] 刘浩东,张龙,辛文彤等. MSHS立焊倾角对接头组织及性能的影响[J]. 焊接技术,2012,(41)1:13-17.